# 建筑施工技术

JIANZHU SHIGONG JISHU

主　编　刘　镇　杨　茜　张隆博
副主编　林国栋　吴雪梅　王媛媛

大连理工大学出版社

**图书在版编目(CIP)数据**

建筑施工技术 / 刘镇，杨茜，张隆博主编. -- 大连：大连理工大学出版社，2021.2(2023.7 重印)

ISBN 978-7-5685-2689-0

Ⅰ. ①建… Ⅱ. ①刘… ②杨… ③张… Ⅲ. ①建筑施工—技术 Ⅳ. ①TU74

中国版本图书馆 CIP 数据核字(2020)第 172965 号

大连理工大学出版社出版

地址:大连市软件园路 80 号　邮政编码:116023

发行:0411-84708842　邮购:0411-84708943　传真:0411-84701466

E-mail:dutp@dutp.cn　URL:https://www.dutp.cn

北京虎彩文化传播有限公司印刷　　大连理工大学出版社发行

---

幅面尺寸:185mm×260mm　印张:19.75　字数:506 千字

2021 年 2 月第 1 版　　2023 年 7 月第 2 次印刷

---

责任编辑:吴媛媛　　责任校对:陈星源

封面设计:张　莹

---

ISBN 978-7-5685-2689-0　　定　价:51.80 元

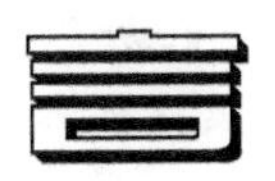

# 前 言

《建筑施工技术》是辽宁省职业教育“十四五”首批规划教材。

建筑施工就是把设计图纸在指定区域通过技术手段和组织措施变成一个现实存在体。随着经济不断发展，人们对其居住环境的要求不断提高，也要求建筑工程质量不断提高，故施工技术的好坏就成了保障建筑质量安全的关键。建筑施工技术课程是高职高专土建大类多个专业的一门实践性、综合性较强的专业核心课程，是施工员、质检员、建造师等职业岗位培训、鉴定、考试的核心内容。它的任务是研究建筑工程施工的一般规律，建筑施工各主要工种工程的施工技术、工艺原理以及建筑施工新技术、新工艺的发展。

本教材的编写从职业教育培养目标的实际出发，根据高职高专土建类专业人才培养目标的要求，立足于职业岗位对施工技术知识和技能的需要，理论联系实际，注重能力为本，较系统地阐述了各分部分项工程施工流程、工艺原理、控制要点等。

本教材在编写过程中力求突出以下特色：

1. 以立德树人为根本，在教材的整体框架设置、教学内容编排、工程案例学习等各个方面有机融入社会主义核心价值观教育。通过“学习强国小案例”，提供课程思政元素，既有“3D 打印铺路”“高寒高铁”等创新技术，又有“营造法式”“灌溉工程”等历史技艺；既有多吉这样的工程院院士，又有郭洪猛这样的90后小将；既有长城、故宫等中国文化，又有“智慧城市”“超级材料”等中国智慧。

2. 教材内容以国家职业院校专业人才培养标准为基础，以施工员、质检员等国家职业标准为前提，以岗位能力培养为核心，以施工过程为导向，以工作任务为载体，通过校企合作共同构建全新体系。将行业规范、工程实践融入课程设计和教学实施中，构建10个课题模块。教材编写由院校教师和企业专家合力完成，教材致力于实现课程内容

与岗位技能的对接，实现教学过程与建设生产过程的对接。

3.教材内容紧跟建筑行业转型升级，既有目前行业典型施工工艺，又与时俱进加入了装配式项目新技术；既讲授传统建造方式，又拓展BIM技术在施工中的应用，实现了建筑施工技术教材内容的新突破。同时，教材内容遵循现行的国家标准和行业规范，并配有绿色建筑和创新施工技术，拓展了学生视野；教材还引入了“鲁班杯”“世纪杯”等国优、省优项目的施工方案，让学生能够将教材的知识和技能与工程应用对接。

4.教材实现了立体化教学资源匹配，增加了现场视频、施工动画、项目案例、标准试题及习题答案等丰富的数字化资源，同时将精品资源课程建设与教材编制同步进行，实现内容的线上和线下无缝连接及“教师为主导、学生为主体”的教学模式改变，辅助学生探究学习和创新应用，强化重点、易化难点，解决网上授课、现场学习的困难，提高教学兴趣，达成教学目标。

本教材以培养高等技术技能型建筑工程技术人才为目标，可作为应用型高职高专土木工程类相关专业课程的教材，也可作为土木工程施工技术与管理人员的培训教材和参考书。

本教材由大连职业技术学院刘镇、杨茜、张隆博任主编，由大连渤海建筑集团有限公司林国栋、大连市住房城乡建设事务服务中心吴雪梅、大连市建筑业协会王媛媛任副主编。具体编写分工如下：刘镇编写课题1和课题9；杨茜编写课题6、课题7和课题8；张隆博编写课题2和课题3；林国栋编写课题5；吴雪梅编写课题4；王媛媛编写课题10。

在编写本教材的过程中，大连市建筑业协会、大连渤海建筑集团有限公司、山东百库教育科技有限公司、广联达科技股份有限公司等提出了宝贵的修改建议并提供部分资料，在此表示衷心的感谢！同时，我们也参考、引用和改编了国内外出版物中的相关资料以及网络资源，在此对这些资料的作者表示深深的谢意！请相关著作权人看到本教材后与出版社联系，出版社将按照相关法律的规定支付稿酬。

由于时间仓促，书中仍可能有不妥之处，恳请使用本教材的读者批评指正，以便及时改进。

**编　者**
2021年1月

所有意见和建议请发往：dutpgz@163.com
欢迎访问职教数字化服务平台：https://www.dutp.cn/sve/
联系电话：0411-84707424　84708979

# 课题 1

# 土石方工程施工

## 能力目标

能够识读岩土工程勘察报告；能明确工程地质和水文地质条件；能对土方相关参数进行分析及应用；能够用方格网等方法计算土方工程量；能够结合现场情况编制单项土方工程施工方案、土方施工技术交底；能够进行土方工程施工质量验收检查；能够利用BIM技术进行土石方工程精细化管理。

## 知识目标

熟悉建筑工程勘察内容、勘察方法；熟悉土的物理性质、土的工程分类；掌握土方工程量的计算方法；掌握土方工程场地平整、降排水、支护、开挖、回填的施工方法和要求；熟悉土方施工机械的特点和适用范围；掌握土石方工程冬雨季施工措施；了解BIM技术对土石方工程实施的改革。

## 素质目标

培养学生阅读专业技术文件的能力；培养学生使用专业术语的严谨态度；培养学生的专业计算分析能力；培养学生编制专项施工方案的能力；培养学生利用信息化技术的能力； 培养学生的团队协作能力；引导学生对我国自然资源情况的正确认识；让学生树立环境保护、水土保持的意识；带领学生了解中国古建筑中数学思想，坚定中国建筑文化自信；引导学生正视我国智能制造和智慧建造发展水平，坚定中国工业发展的道路自信。

土石方工程施工
1.岩土工程勘察概述
岩土工程勘察内容
岩土工程勘察方法
岩土工程勘察报告阅读
2.土的基本性质
土的组成
土的基本性质
土的工程分类
3.土方工程量计算
场地平整土方计算
基坑和基槽土方量计算
4.土方工程施工准备与辅助工作
土方工程的概述
施工准备
建筑边坡
排水与降水
5.土方机械化施工
推土机施工
铲运机施工
挖土机施工
6.基坑(槽)施工
放线
基坑开挖方案
基坑支护
7.土方的填筑与压实
填筑的要求
填土压实的方法
填土压实的影响因素
8.土方工程冬雨季施工
冻土的定义、特性及分类
地基土的保温防冻
冻土的开挖
冬季回填土施工
土方工程的雨季施工
9.BIM与土方工程
BIM技术在土方工程中的应用目标与内容
BIM技术应用业务流程
BIM技术应用软件方案
BIM技术应用成果

课题1 思维导图

# 1.1 岩土工程勘察概述

学习强国小案例

**超1 000亿立方米大气田！渤海天然气勘探获重大突破**

作为清洁能源的天然气，在我国其生产基地主要集中于西部。根据历年的数据，我国西部的天然气产量占全国总产量的八成以上，而消耗地区却集中在我国的中东部，消耗量达到了我国天然气总消耗量的七成。近些年来，在我国经济高速发展的同时，环境问题也日趋严峻，尤其是东部和华北地区。因此对于天然气这种清洁能源的需求也日益上升，对其进口的依存度也是大幅上涨，2018年我国天然气进口依存度大幅上涨至45.3%。管道天然气和液化天然气作为我国进口天然气的主要来源，主要依赖于土库曼斯坦和澳大利亚、卡塔尔等国，提升国内的自身产能已十分必要。随着我国50年来最大的油气田在渤海湾地区被发现，探明地质储量超过1 000亿立方米，充分显示出我国在渤海天然气勘探领域所取得的重大突破，显现出了我国科研人员在通过渤海湾这一特殊地区所具备的特殊条件推断其可能蕴藏着大型油气田，即"油型盆地"的论证的成功。不仅如此，此次重大发现也昭示着我国产学研一体化联合攻关方式的重大胜利。

岩土工程勘察是指根据建设工程的要求，查明、分析、评价建设场地的工程地质、水文地质、环境特征和岩土工程条件，编制勘察文件的活动。岩土工程勘察报告是指在通过勘察手段获得的原始资料的基础上进行整理、统计、归纳、分析、评价，提出工程建议，形成的系统的、为工程建设服务的勘察技术文件。

《岩土工程勘察规范》(GB 50021—2001)(2009年版)规定：各项建设工程在设计和施工之前，必须按基本建设程序进行岩土工程勘察。岩土工程勘察应按工程建设各勘察阶段的要求，正确反映工程地质条件，查明不良地质作用和地质灾害，精心勘察、精心分析，提出资料完整、评价正确的勘察报告。勘察报告提供给设计单位和施工单位，其内容应以满足设计和施工的要求为原则。

## 1.1.1 岩土工程勘察的目的、主要内容和阶段

**1. 岩土工程勘察的目的**

岩土工程勘察的目的在于利用各种勘察手段和方法，取得详细的岩土工程资料和设计所需岩土参数，调查研究和分析评价建筑场地和地基的工程地质条件，提出解决岩土工程问题的方法与措施，建议建筑物地基基础应采取的设计与施工方案，为设计和施工提供所需的工程地质资料。

**2. 岩土工程勘察的主要内容**

对于不同类别工程，岩土工程勘察主要内容也有差别。对于房屋建筑和构筑物的岩土工程勘察，应在搜集建筑物上部荷载、功能特点、结构类型、基础形式、埋置深度和变形限制等方面资料的基础上进行。其主要工作内容应符合下列规定：

(1)查明建设场地与地基的稳定性、地层结构、持力层和下卧层的工程特性、土的应力历史和地下水条件及不良地质作用。

(2)提供满足设计施工所需的岩土工程参数,确定地基承载力,预测地基变形特征。

(3)提出地基基础、基坑支护、工程降水和地基处理设计与施工方案的建议。

(4)提出对建筑物有影响的不良地质作用的防治方案建议。

(5)对抗震设防烈度等于或大于6度的场地,进行场地与地基的地震效应评价。

**3. 岩土工程勘察阶段**

在进行工程勘察前,建设单位(项目法人)需要以勘察委托书的形式向勘察单位提供工程的建设阶段、功能特点、结构类型、建筑物层数及使用要求等资料,勘察单位根据勘察委托书确定勘察阶段,选择合适的勘察手段和方法,为基础设计、施工提供相应的参数和资料。

岩土工程勘察工作按勘察阶段分为可行性研究勘察、初步勘察和详细勘察三个阶段。可行性研究勘察应符合选择场址方案的要求,并对拟建场地的稳定性和适宜性做出评价。初步勘察应符合初步设计的要求,目的在于对场地内各拟建建筑地段的稳定性做出评价,为确定建筑物总体平面布置和建筑物的地基基础方案提供资料和依据;对不良地质现象的防治提供资料和建议。详细勘察应符合施工图设计的要求,目的在于针对单体建筑物或建筑群提出详细的岩土工程资料和设计、施工所需的岩土参数;对建筑地基做出岩土工程评价,并对地基类型、基础形式、地基处理、基坑支护、工程降水和不良地质作用的防治等提出建议。

基坑或基槽开挖后,当岩土条件与勘察资料不符或发现必须查明的异常情况时,应进行施工勘察;在工程施工或使用期间,当地基土、边坡体、地下水等发生未曾估计到的变化时,应进行监测,并对工程和环境的影响进行分析评价。

## 1.1.2 岩土工程勘察的方法

为获取所需要的工程地质资料及设计所需要的参数,可以采取的勘察方法很多,现介绍常见的钻探法、原位测试和室内土工试验三种方法。

**1. 钻探法**

钻探法是指利用钻机和专业工具,以机械和人力为动力,向地下钻孔,以取得工程地质资料的勘探方法。该法用来鉴别和划分土层,并测定岩土层的物理力学性质。钻探的方法很多,包括回转钻进、岩芯钻进、冲击钻进、锤击钻进、振动钻进、冲洗钻进、洛阳铲钻进等。钻进方法和钻进工艺应根据岩土类别、岩土可钻性分级和钻探技术要求等确定。

**2. 原位测试**

原位测试是指在岩土体所处的位置,在基本保持岩土原来的结构、温度和应力状态下,对岩土体进行的测试。原位测试的具体方法应根据岩土条件、设计对参数的要求、地区经验和测试方法的适用性等因素选用,包括静力触探试验、圆锥动力触探试验、标准贯入试验、十字板剪切试验、旁压试验等,其中常见的方法为静力触探试验、圆锥动力触探试验和标准贯入试验。

(1)静力触探试验:用静力匀速将标准规格的探头压入土中,同时量测探头阻力,测定土的力学特性,具有勘探和测试双重功能。

(2)圆锥动力触探试验:用一定质量的重锤,以一定高度的自由落距,将标准规格的圆锥形探头贯入土中,根据打入土中一定距离所需的锤击数,判定土的力学特性,具有勘探和测试双重功能。圆锥动力触探试验的类型可分为轻型、重型和超重型三种,其规格和适用土类见表1-1。

表 1-1　　圆锥动力触探试验类型表

| 类型 | | 轻型 | 重型 | 超重型 |
|---|---|---|---|---|
| 落锤 | 锤的质量/kg | 10 | 63.5 | 120 |
| | 落距/cm | 50 | 76 | 100 |
| 探头 | 直径/mm | 40 | 74 | 74 |
| | 锥角/(°) | 60 | 60 | 60 |
| 探杆直径/mm | | 25 | 42 | 50～60 |
| 指标 | | 贯入 30 cm 的度数 $N_{10}$ | 贯入 10 cm 的度数 $N_{63.5}$ | 贯入 10 cm 的度数 $N_{120}$ |
| 主要适用岩石 | | 浅部的填土、砂土、粉土、黏土 | 砂土、中等密实以下的碎石土、极软岩 | 密实和很密的碎石土、软岩、极软岩 |

(3)标准贯入试验：利用一定的锤击功能(落锤质量为 63.5 kg，落距为 76 cm)，将一定规格的对开管式的贯入器打入钻孔孔底的土中，根据打入土中的贯入阻抗，判别土层的变化和土的工程性质的一种原位测试方法。与圆锥动力触探试验的差别主要在于将圆锥形探头换成对开管式标准贯入器，落锤质量统一采用 63.5 kg。

**3. 室内土工试验**

室内土工试验是指现场取土之后在实验室进行的试验操作，以确定土的各项指标等，为岩土工程勘察报告提供必要的基础资料，为施工提供参数。室内土工试验包括土的物理性质试验、土的压缩-固结试验、土的抗剪强度试验、土的动力性质试验以及岩石试验等，试验项目和试验方法应根据工程要求和岩土性质的特点确定。

室内土工试验的主要试验指标包括：

(1)一般物理指标试验：主要用来测定岩土的含水率、密度、相对密度、界限含水率等，从而判断出岩土的一般物理性质。

(2)颗粒分析：主要用来对岩土进行科学、准确的定名。

(3)剪切试验：主要用来测定岩土的内聚力、内摩擦角。

(4)压缩试验：主要用来对土的压缩性进行判定，以便最终确定土的压缩系数、压缩模量。

(5)岩石抗压强度试验：检测岩芯试样的抗压强度，确定岩石的强度分级。

(6)水质分析：主要用来分析离子浓度，对地下水类型进行判定。

## 1.1.3　岩土工程勘察报告

**1. 岩土工程勘察报告的内容**

岩土工程勘察的最终成果以《××工程初步(或详细)岩土工程勘察报告》的形式提出。勘察报告书一般分为两部分：文字部分和图表部分。

(1)文字部分包括的内容

①勘察目的、任务要求和依据的技术标准。

②拟建工程概况。

③勘察方法和勘察工作布置。

④场地地形、地貌、地层、地质构造、岩土性质及其均匀性。

⑤各项岩土性质指标，岩土的强度参数、变形参数、地基承载力的建议值。

⑥地下水埋藏情况、类型、水位及其变化。

⑦土和水对建筑材料的腐蚀性。

⑧可能影响工程稳定的不良地质作用的描述和对工程危害程度的评价。

⑨场地稳定性和适宜性的评价。

(2)图表部分包括的内容

①勘探点平面布置图。

②工程地质柱状图。

③工程地质剖面图。

④原位测试成果图表。

⑤室内土工试验成果图表。

**2. 岩土工程勘察报告的阅读、分析及应用**

岩土工程勘察报告是建筑基础设计和基础施工的依据,因此对设计和施工人员来说,正确阅读、理解和使用勘察报告是非常重要的。应当全面熟悉勘察报告的文字部分和图表部分,对建筑场地的工程地质和水文地质条件有个全面的认识,不能只注重个别参数和结论。

(1)勘察报告的阅读

①根据工程的设计阶段和工程特点,分析勘察工作是否符合规范规定,计算参数能否满足施工要求;结论与建议是否对拟建工程有针对性和关键性;发现问题或质疑的可与勘察单位协商,必要时向建设单位申请补充勘察。

②查看场地内及附近地区有无潜在的不良地质现象,如泥石流、滑坡、岩溶等。

③查看场地的地形变化,如局部凹陷、高低起伏等。

④查看地下水的埋藏条件,如水位、水质,水位的升降是否受季节影响。

⑤勘察报告中的结论和建议对拟建工程的适用、准确度。

(2)勘察报告的分析及应用

阅读勘察报告时,应注意报告中对场地稳定性、地基土层均匀性、地下水及地基持力层选择的分析与评价。

①场地稳定性评价:对地质构造及地层成层条件、不良地质现象以及分布规律、危害程度和发展趋势进行分析与评价,特别在地质条件复杂地区应引起高度重视。在施工中的应用,主要是是否采取护壁及采取护壁的结构形式;另外需要考虑的就是根据开挖的深度,计算可能的土方开挖量,这是土方开挖定单价需要考虑的主要因素。

②地基土层均匀性评价:地基土层的不均匀性可能会造成建筑物的不均匀沉降,影响上部结构墙体出现裂缝等工程事故。因此,当地基中存在杂填土、软弱夹层或各类天然土层的厚度在平面分布上差异较大时,就必须注意不均匀沉降的问题。在看勘察报告的基础上与现场开挖的土层情况进行对比,主要是看土层情况、厚度情况,是否与勘察报告吻合。因为这些指标直接与造价有关。

③地下水的评价:基坑降水方案的设计应按照勘察报告提供的相关参数(丰、枯水期地下水位、渗透系数等)计算。相关的计算参数应严格按照勘察报告提供的相关参数和基坑的深度、平面位置确定降水井的孔径、深度及数量,同时要考虑地下水是否有腐蚀性。

④地基持力层的选择:地基持力层的选择应该综合考虑场地的土层分布情况和土层的物理力学性质以及建筑物的体形、结构类型、荷载等情况。地基基础设计从地基、基础和上部结构的整体概念出发,在场地稳定性达到要求的同时,还必须满足地基承载力和基础沉降两项基本要求,努力做到经济节约和充分发挥地基潜力,应尽量采用天然地基浅基础的设计方案。

# 1.2　土的基本性质

## 1.2.1　土的组成

土一般由土颗粒、水和空气三部分组成，即形成了由固体颗粒(固相)、水(液相)和气体(气相)组成的三相体系。其中固体颗粒形成了土的骨架，骨架中的孔隙被水和气体充填，如图1-1所示。在每一个土单元中，这三部分之间的比例关系随着周围条件的变化而变化，三者相互间比例不同，反映出土的物理状态不同，如干燥、稍湿或很湿，密实、稍密或松散。当土中孔隙没有水时，称为干土，由固体颗粒和空气组成，为二相体系；当土中孔隙全部被水充满时，称为饱和土，由固体颗粒和水组成，也是二相体系。这些指标是最基本的物理性质指标，对评价土的工程性质，进行土的工程分类具有重要意义。

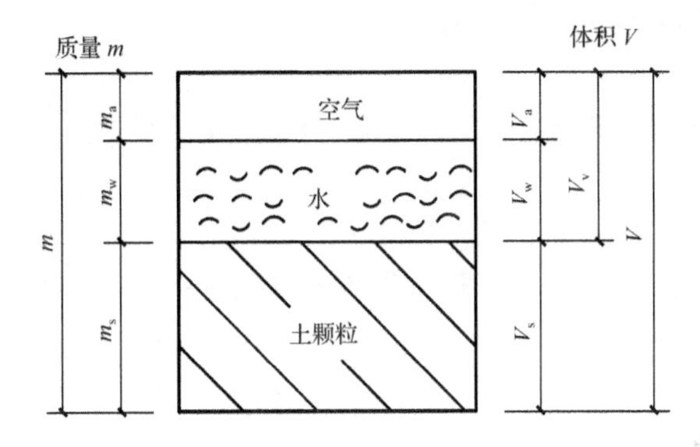


图1-1　土的组成简图

$m_s$—土颗粒质量；$m_w$—土中水质量；$m_a$—土中气体质量($m_a \approx 0$)；$m$—土的总质量，$m=m_s+m_w+m_a$；
$V_s$—土颗粒体积；$V_w$—土中水体积；$V_a$—土中气体体积；$V_v$—土中孔隙体积，$V_v=V_a+V_w$；$V$—土的总体积，$V=V_a+V_w+V_s$

(1)土的固体颗粒(土的固相)

土的固体颗粒是土中最主要的组成部分，土的固体颗粒大小和形状、矿物成分及组成对土的物理力学性质有很大影响。

(2)土中水(土的液相)

土中水的含量及性质明显地影响土的性质，尤其对于黏土。水在土中的存在状态有液态水、气态水和固态水三种。固态水是指土中的水在温度低于0 ℃时冻结成的冰。气态水是指土中出现的水蒸气，一般对土的性质影响不大。液态水是土中水存在的主要状态，包括结合水和自由水两大类。

(3)土中气体(土的气相)

土中气体是存在于土孔隙中未被水占据的部分，可分为与大气连通的非封闭气体和与大气不连通的封闭气体两种。非封闭气体成分与空气相似，受外荷载作用时易被挤出土体外，对土的性质影响不大。封闭气体不能逸出，在细粒土中存在，形成了与大气隔绝的封闭气泡，因气泡的栓塞作用，降低了土的透水性，增加了土的弹性和压缩性，对土的性质有较大影响。

## 1.2.2 土的基本性质

**1. 土的自然密度和干密度**

(1)土的自然密度

土在自然状态下单位体积的质量称为土的自然密度,即

$$\rho=m/V \tag{1-1}$$

式中 $\rho$——土的自然密度,$kg/m^3$;

$m$——土在自然状态下的质量,kg;

$V$——土在自然状态下的体积,$m^3$。

实验方法:黏性粒土用环刀法;粗颗粒土用灌砂法;易碎难切割土用蜡封法。

(2)土的干密度

单位体积土中固体颗粒的质量称为土的干密度,即

$$\rho_d=m_s/V \tag{1-2}$$

式中 $\rho_d$——土的干密度,$kg/m^3$;

$m_s$——土中固体颗粒的质量,kg;

$V$——土在自然状态下的体积,$m^3$。

干密度反映了土的紧密程度,常用于回填土夯实质量的控制指标。

学习强国小案例

**有了这张图,任意一千米内土壤含水量一目了然**

土壤水力参数对农作物生长、农业生态系统、天气预报、空气质量等领域具有重大意义。全世界科学家都梦想着拥有一张能够精准预测全球土壤水力数据的“超级地图”。天津大学表层地球系统科学研究院副教授张永根利用机器学习方法建立了全新的土壤转换函数模型,并利用从世界各地采集点获得的5万个土壤样品,提取出近12万个数据对模型进行验证,从而构建了全球第一张基于物理背景的土壤水力超级世界地图。由其绘制的“土壤水力物理背景超级世界地图”是全球首张精确到“千米级”的超级地图。有了这张图,科学家可以得到全球任意一千米网格范围内表层土壤的残余含水量、饱和含水量、饱和渗透系数、田间持水量、植物可利用水分等参数,极大降低了土壤水力研究及污染治理的成本。超级地图系统问世以来,张永根把网站和使用方法无偿向全世界公布。这些数据正在被全球科研工作者用来预测和防治水土流失、快速治理地下水污染、计算干旱地区精准农业节约用水、为数值天气预报提供陆面过程的参数等。

**2. 土的含水量**

土的含水量是指土中所含水的质量与土中固体颗粒质量之比,用百分率表示,即

$$w=m_w/m_s\times100\% \tag{1-3}$$

式中 $w$——土的含水量,%;

$m_w$——土中水的质量,kg;

$m_s$——土中固体颗粒的质量,kg。

土的含水量对土方的开挖、土方边坡的稳定性及回填土夯实等都有一定的影响,所以施工时应使土的含水量处于最佳含水量范围之内。

**3. 土的可松性**

自然状态下的土开挖后，其体积因松散而增大，虽经回填夯实，但仍不能恢复到原来的体积，这种性质称为土的可松性。土的可松性的大小用可松性系数表示，即

$$K_s = V_2/V_1 \tag{1-4}$$

$$K'_s = V_3/V_1 \tag{1-5}$$

式中 $K_s$——最初可松性系数；

$K'_s$——最终可松性系数；

$V_1$——土在自然状态下的体积，$m^3$；

$V_2$——土挖出后在松散状态下的体积，$m^3$；

$V_3$——挖出的土经回填夯实后的体积，$m^3$。

土的可松性与土的类别和密实状态有关，$K_s$ 用于确定土的运输量、挖土机械的数量及留设堆土场地的大小；$K'_s$ 用于确定回填土、弃(借)土及场地的平整。

**4. 土的渗透性**

土的渗透性也称透水性，是指土体被水透过的性质。土体孔隙中的水在重力作用下会发生流动，渗透速度与土的渗透性(渗透性的大小用渗透系数表示)有关，即

$$v = k \cdot \frac{h}{L} = ki \tag{1-6}$$

式中 $v$——渗透速度，m/d；

$k$——渗透系数，m/d；

$L$——渗流路程，m；

$h$——高、低两点的水头差，m；

$i$——水力坡度。

土的渗透系数的大小对施工排、降水方法的选择，涌水量的计算，以及边坡支护方案的确定等都有很大的影响，不同土的渗透系数见表1-2。

**表1-2　土的渗透系数**

| 土的类别 | $k/(m \cdot d^{-1})$ | 土的类别 | $k/(m \cdot d^{-1})$ |
|---|---|---|---|
| 黏土 | <0.005 | 中砂 | 5.0～20.0 |
| 亚黏土 | 0.005～0.1 | 均质中砂 | 25～50 |
| 轻压黏土 | 0.1～0.5 | 粗砂 | 20～50 |
| 黄土 | 0.25～0.5 | 砾石 | 50～100 |
| 粉土 | 0.5～1.0 | 卵石 | 100～500 |
| 细砂 | 1.0～1.5 | 漂石(无砂质填充) | 500～1 000 |

## 1.2.3 土的工程分类

土的分类方法较多，如根据土的颗粒级配或塑性指数分类，根据土的沉积年代分类，根据土的工程特点分类，等等。而土的工程性质对土方工程施工方法的选择、劳动量和机械台班的消耗及工程费用都有较大的影响，应高度重视。在建筑施工中，根据土的开挖难易程度(硬度系数)可将土分为松软土、普通土等八类，土的工程分类及鉴别方法见表1-3。前四类属于一般土，后四类属于岩石。

表 1-3 土的工程分类及鉴别方法

| 土的分类 | 土的名称 | 坚实系数 $f$ | 密度/(t·m⁻³) | 开挖方法及工具 |
|---|---|---|---|---|
| 一类土（松软土） | 砂土、粉土、冲积砂土层、疏松的种植土、淤泥（泥潭） | 0.5～0.6 | 0.6～1.5 | 用锹、锄头挖掘，少许用脚蹬 |
| 二类土（普通土） | 粉质黏土；潮湿的黄土；夹有碎石、卵石的砂；粉土混卵（碎）石；种植土、填土 | 0.6～0.8 | 1.1～1.6 | 用锹、锄头挖掘，少许用镐翻松 |
| 三类土（坚土） | 软及中等密实黏土；重粉质黏土、砾石土；干黄土、含有碎石、卵石的黄土或粉质黏土；压实的填土 | 0.8～1.0 | 1.75～1.9 | 主要用镐，少许用锹、锄头挖掘，部分用撬棍 |
| 四类土（砂砾坚土） | 坚硬密实的黏土或黄土；含碎石、卵石的中等密实的黏土或黄土；粗卵石；天然级配砂石；软泥灰岩 | 1.0～1.5 | 1.9 | 整个先用镐、撬棍，后用锹挖掘，部分用楔子及大锤 |
| 五类土（软石） | 硬质黏土；中等密实的页岩、泥灰岩、白垩土；胶结不紧的砾岩；软石灰及贝壳石灰石 | 1.5～4.0 | 1.1～2.7 | 用镐或撬棍、大锤挖掘，部分使用爆破方法 |
| 六类土（次坚石） | 泥岩、砂岩、砾岩；坚实的页岩、泥灰岩，密实的石灰岩；风化的花岗岩、片麻岩、石灰岩；微风化的安山岩、玄武岩 | 4.0～10.0 | 2.2～2.9 | 用爆破方法开挖，部分用风镐 |
| 七类土（坚石） | 大理石；辉绿岩；粗、中粒花岗岩；坚实的白云岩、砂石，砾岩、片麻岩、石灰岩；微风化的安山岩、玄武岩 | 10.0～18.0 | 2.5～3.1 | 用爆破方法开挖 |
| 八类土（特坚土） | 安山岩；玄武岩，花岗片麻岩；坚实的细粒花岗岩、闪长岩、石英岩、辉长岩，辉绿岩、玢岩、角闪岩 | 18.0 以上 | 2.7～3.3 | 用爆破方法开挖 |

土方施工与土的级别关系密切，若现场开挖土质为较松软的黏土、人工填土、粉质黏土等，则要考虑土方边坡稳定；若施工所遇为岩石类土，则对土方施工方法、机械的选择及劳动量配置均有较大影响。

## 1.3 土方工程量计算

在土方工程施工前，必须计算土方的工程量。但是由于土方工程大都外形复杂、不规则，因此一般情况下，将其划分为一定的几何形状，采用具有一定精度且与实际情况近似的方法进行计算。值得注意的是工程造价人员对土方工程量计算的依据是清单或者定额计算规则，和实际挖土量会有差别。

### 1.3.1 场地平整土方计算

场地平整是将现场平整成施工所要求的设计平面。场地平整首先要确定场地设计标高，计算挖、填土方工程量，确定土方平衡调配方案，并根据工程规模、施工期限、土的性质及现有机械设备条件，选择土方机械，拟订施工方案。

**1. 场地设计标高的确定**

如设计文件对场地设计标高无明确规定和特殊要求，则可参照下述步骤和方法确定：

(1)计算场地设计标高

如图1-2(a)所示,将项目施工现场地形图划分方格网(或利用地形图的方格网),先确定每个方格的角点自然标高(实际标高),通常一般在现场打设木桩定好方格网,然后用测量仪器直接测出。

场地设计标高的设定一般要求是使场地内的土方在平整前和平整后相等,从而达到挖方量和填方量平衡,如图1-2(b)所示。设达到挖填平衡的场地平整标高为 $H_0$,则根据挖填平衡条件,$H_0$ 的计算公式为

$$H_0=\frac{\sum H_1+2\sum H_2+3\sum H_3+4\sum H_4}{4N} \tag{1-7}$$

式中　$N$——方格网数;

$H_1$——一个方格独有的角点标高,m;

$H_2$——两个方格共有的角点标高,m;

$H_3$——三个方格共有的角点标高,m;

$H_4$——四个方格共有的角点标高,m。

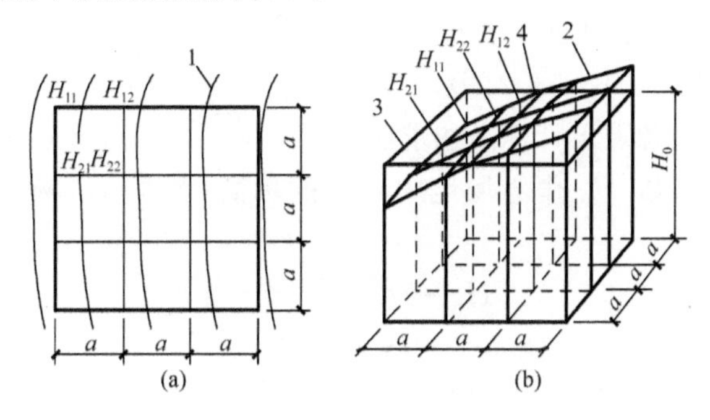


图1-2　场地设计标高计算简图

1—等高线;2—自然地坪;3—设计标高平面;4—自然地面与设计标高平面的交线(零线);

$a$—方格网边长;$H_{11}$、$H_{12}$、$H_{21}$、$H_{22}$—任一方格的四个角点的标高;$H_0$—设计标高

(2)场地设计标高的调整

按式(1-7)计算的设计标高 $H_0$ 系一理论值,实际上还需考虑以下因素进行调整:

①由于具有可松性,按 $H_0$ 进行施工,填土将有剩余,必要时可相应地提高设计标高。

②由于设计标高以上的填方工程用土量或设计标高以下的挖方工程挖土量不等,需相应地增减设计标高。

③由于边坡挖、填量不等,或经过经济比较后将部分挖方就近弃于场外、部分填方就近从场外取土而引起挖、填土方量的变化,需相应地增减设计标高。

(3)考虑泄水坡度对角点设计标高的影响

若按上述计算及调整后的场地设计标高进行场地平整,则整个场地将处于同一水平面,但实际上由于排水的要求,场地表面均应有一定的泄水坡度。因此,应根据场地泄水坡度的要求(单向泄水或双向泄水),计算出场地内各方格角点实际施工时所采用的设计标高。

①单向泄水时,场地各点设计标高的求法

场地用单向泄水时,以计算出的设计标高 $H_0$ 作为场地中心线(与排水方向垂直的中心线)的标高(图1-3),场地内任意一点的设计标高为

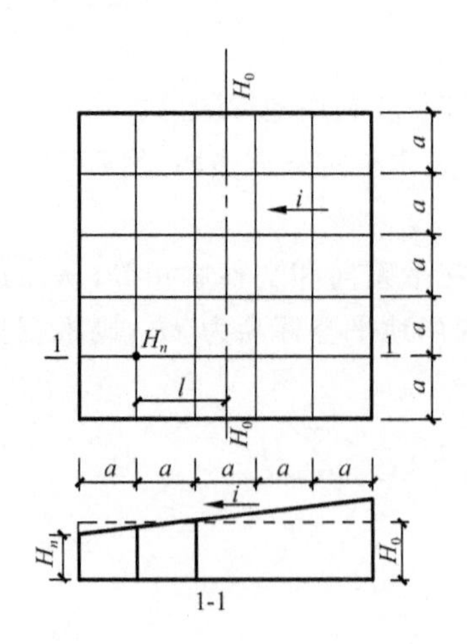


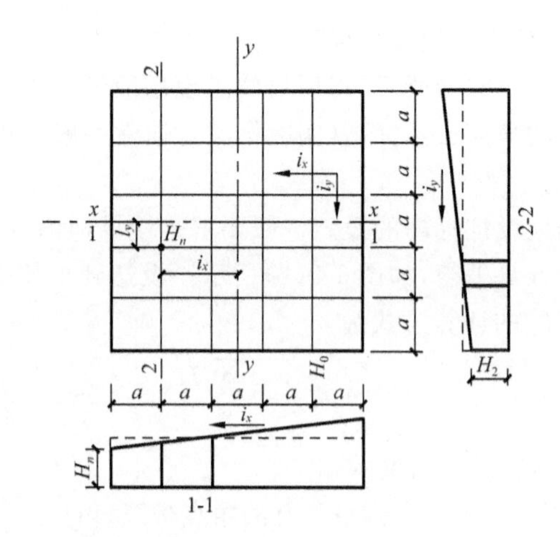


图 1-3 单向泄水和双向泄水标高

$$H_n = H_0 \pm li \tag{1-8}$$

式中 $H_n$——场地内任一点的设计标高；

$l$——该点至场地中心线的距离；

$i$——场地泄水坡度(不小于 2%)。

②双向泄水时，场地各点设计标高的求法

场地用双向泄水时，以 $H_0$ 作为场地中心点的标高(图 1-3)，场地内任意一点的设计标高为

$$H_n = H_0 \pm l_x i_x \pm l_y i_y \tag{1-9}$$

式中 $l_x$、$l_y$——该点对场地中心线 $x$-$x$、$y$-$y$ 的距离；

$i_x$、$i_y$——$x$-$x$、$y$-$y$ 方向的泄水坡度。

例如，图 1-4 中 $H_1$ 点的设计标高为

$$H_1 = H_0 - li = H_0 - 1.5ai \tag{1-10}$$

例如，图 1-5 中 $H_2$ 点的设计标高为

$$H_2 = H_0 - 1.5ai_x - 0.5ai_y \tag{1-11}$$

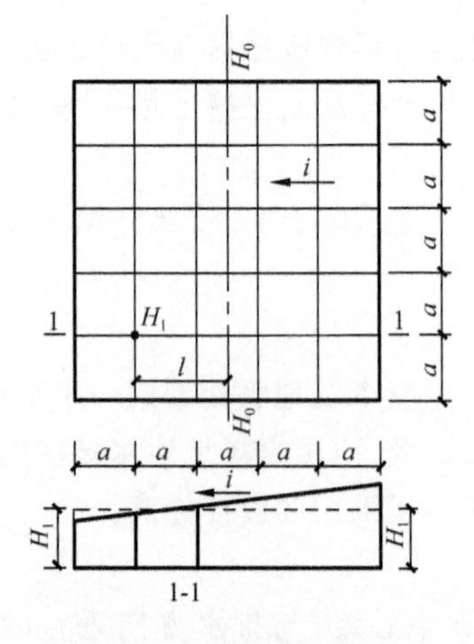


图 1-4 单向泄水坡度的场地

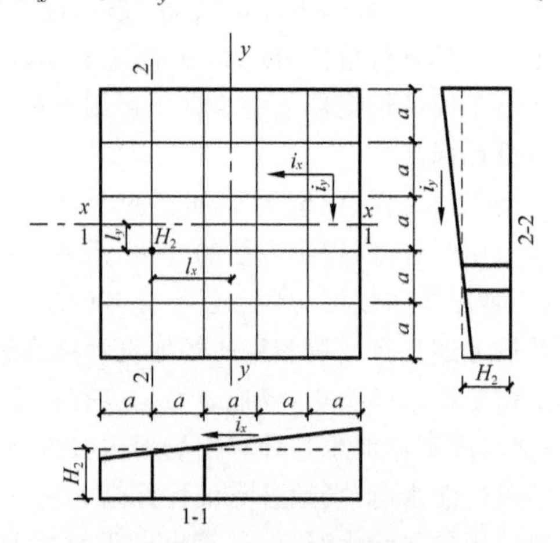


图 1-5 双向泄水坡度的场地

**2. 场地土方工程量计算**

大面积场地平整的土方工程量(简称土方量)，通常采用方格网法计算。即根据方格网各

方格角点的自然地面标高和实际采用的设计标高，算出相应的角点填挖高度(施工高度)，然后计算每一方格的土方量，并算出场地边坡的土方量。这样便可求得整个场地的填、挖土方总量。其步骤如下：

(1)划分方格网并计算各方格角点的施工高度

根据已有地形图(一般用 1∶500 的地形图)划分成若干个方格网，尽量使方格网与测量的纵、横坐标网对应，方格的边长一般采用 10～40 m，将设计标高和自然地面标高分别标注在方格角点的左下角和右下角。

各方格角点施工高度的计算公式为

$$h_n = H_n - H \tag{1-12}$$

式中　$h_n$——角点施工高度，即填挖高度。以"+"为填，"-"为挖；

$H_n$——角点的设计标高(当无泄水坡度时，即场地的设计标高)；

$H$——角点的自然地面标高。

(2)计算零点位置

在一个方格网内同时有填方或挖方时，要先算出方格网边的零点位置，并标注于方格网上，连接零点就得零线，它是填方区与挖方区的分界线(图 1-6)。

零点位置的计算公式为

$$\begin{cases} x_1 = \dfrac{h_1}{h_1 + h_2} \cdot a \\ x_2 = \dfrac{h_2}{h_1 + h_2} \cdot a \end{cases} \tag{1-13}$$

式中　$x_1$、$x_2$——角点至零点的距离，m；

$h_1$、$h_2$——相邻两角点的施工高度，均用绝对值，m；

$a$——方格网的边长，m。

在实际工作中，为省略计算，常采用图解法直接求出零点，如图 1-6 所示，借助尺在各角上标出相应比例并用尺相连，与方格相交点即零点位置。此法甚为方便，同时可避免计算或查表出错。

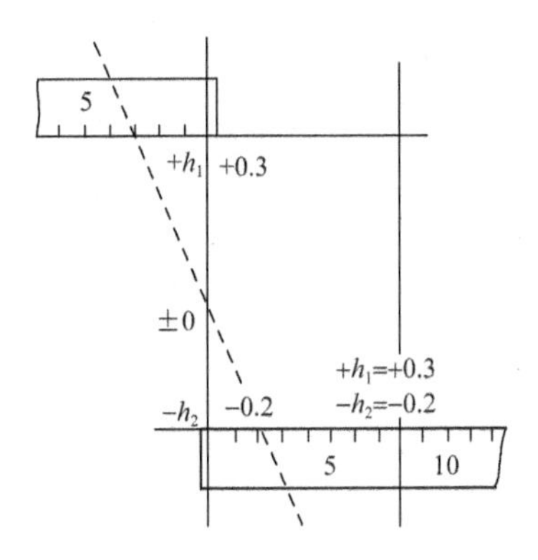


图 1-6　零点位置图解法

(3)计算土方量

按方格网底面积图形和表 1-4 所列体积计算公式计算每个方格内的挖方或填方量。

表 1-4　　体积计算公式

| 项目 | 图例 | 计算公式 |
|---|---|---|
| 一点填方或挖方（三角形） | | $V=\frac{1}{2}bc\cdot\frac{\sum h}{3}=\frac{bch_3}{6}$<br>当 $b=c=a$ 时，$V=\frac{a^2h_3}{6}$ |
| 两点填方或挖方（梯形） | | $V_+=\frac{b+c}{2}\cdot a\cdot\frac{\sum h}{4}=\frac{a}{8}(b+c)(h_1+h_3)$<br>$V_-=\frac{d+e}{2}\cdot a\cdot\frac{\sum h}{4}=\frac{a}{8}(d+e)(h_2+h_4)$ |
| 三点填方或挖方（五角形） | | $V=(a^2-\frac{bc}{2})\cdot\frac{\sum h}{5}=(a^2-\frac{bc}{2})\frac{h_1+h_2+h_4}{5}$ |
| 四点填方或挖方（正方形） | | $V=\frac{a^2}{4}\cdot\sum h=\frac{a^2}{4}(h_1+h_2+h_3+h_4)$ |

注：①$a$ 为方格网的边长；$b$、$c$ 为零点到角点的边长；$h_1$、$h_2$、$h_3$、$h_4$ 为方格网四角点的施工高度，用绝对值代入；$\sum h$ 为填方或挖方施工高度总和，用绝对值代入；V 为填方或挖方的体积。

②本表计算公式是按各计算图形底面积乘以平均施工高度得出的。

(4)计算土方总量

将挖方区(或填方区)所有方格的计算土方量汇总，即得到该场地挖方和填方的土方总量。

**3. 横截面法**

横截面法适用于地形起伏变化较大的地区，或者地形狭长、挖填深度较大又不规则的地区，计算方法较为简单方便，但精度较低。其计算步骤和方法如下：

(1)划分横截面

根据地形图、竖向布置或现场测绘，将要计算的场地划分横截面 A-A′、B-B′、C-C′等，如

图 1-7 所示，使横截面尽量垂直于等高线或主要建筑物的边长，各横截面间的间距可以不等，一般取 10 m 或 20 m，在平坦地区可取大些，但最大不超过 100 m。

(2)画横截面图形

按比例绘制每个横截面的自然地面和设计地面的轮廓线。自然地面轮廓线与设计地面轮廓线之间的剖面，即挖方或填方的横截面。

(3)计算横截面面积

按表 1-5 计算每个横截面的挖方或填方截面积。

(4)计算土方量

根据横截面面积，按下式计算土方量，即

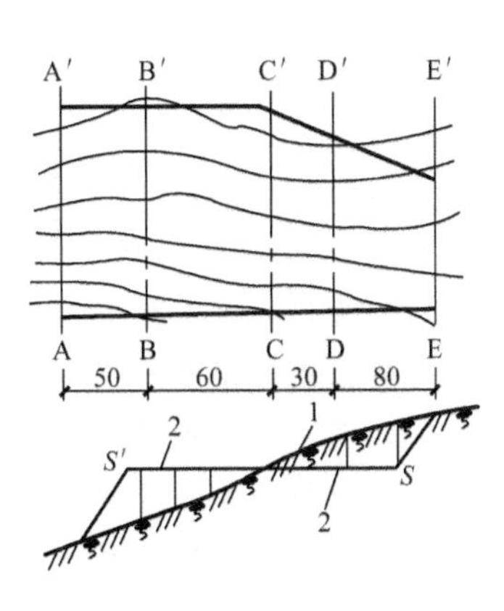

图 1-7 划分横截面

$$V=\frac{S+S'}{2}\cdot d \tag{1-14}$$

式中 $V$——相邻两横截面间的土方量，$m^3$；

$S$、$S'$——相邻两横截面的挖(－)[或填(＋)]的截面积，$m^2$；

$d$——相邻两横截面的间距，m。

(5) 土方量汇总

按表 1-5 格式汇总全部土方量。

**表 1-5** 土方量汇总

| 横截面 | 填方面积/$m^2$ | 挖方面积/$m^2$ | 截面间距/m | 填方体积/$m^3$ | 挖方体积/$m^3$ |
|---|---|---|---|---|---|
| A-A′ | | | | | |
| B-B′ | | | | | |
| C-C′ | | | | | |
| 合计 | | | | | |

**4. 边坡土方量计算**

平整场地、修筑路基、路堑的边坡挖、填土方量的计算常用图算法。图算法是根据地形图和边坡竖向布置图或现场测绘，先将计算的边坡划分为两种近似的几何形体，如图 1-8 所示，一种为三角棱体(如体积①～③、⑤～⑦)；另一种为三角棱柱体(如体积④)，然后应用表 1-4 中的公式分别进行土方计算，最后将各块汇总即得场地总挖土(－)、填土(＋)的量。

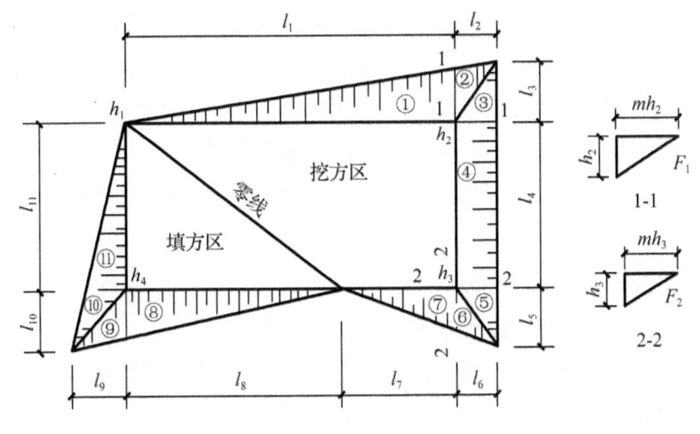

图 1-8 场地边坡计算简图

学习强国小案例

**中国古建筑中的数学元素**

中国的古建筑,独具特色,凝聚了历代工匠们的智慧。工匠们总能使用逻辑严谨的数学语言记录建筑的空间形式和施工方案,将精妙的数学计算运用得淋漓尽致。中国古建筑体系中运用了严谨的"数学方法",使得其与其他艺术门类(如书法、水墨画等)有了显著的不同。仔细研读"举折之制"(中国古建筑中关于屋顶曲线形式设计的说法),我们可以发现屋顶曲线的每一折都是在其"前一折"的基础上做有规律的量值变化。我国少数民族的传统建筑也包含着许多数学应用,苗居以"步架"的构造模数和"八"的数字模式相结合,可在平面空间上任何一个方向调节伸缩,以适应各种需要。在没有当今高新科技的条件下,古人仍旧能够创造出丰富的曲线形态,其中一个非常重要的数学基础就是数列。这种思想在我国建筑历史上叫作叠涩。它是一种古代砖石结构建筑的砌法,通过一层层堆叠向外挑出或收进,向外挑出时要承担上层的重量。叠涩法主要用于早期的叠涩拱、砖塔出檐、须弥座的束腰、墀头墙的拔檐等,常见于砖塔、石塔、砖墓室等建筑物。

**5. 土方的平衡与调配计算**

计算出土方的施工标高、挖填区面积、挖填区土方量,并考虑各种变动因素(如土的松散率、压缩率、沉降量等)进行调整后,应对土方进行综合平衡与调配。土方平衡与调配工作是土方规划设计的一项重要内容,其目的在于使土方运输量或土方运输成本为最低的条件下,确定填、挖方区土方的调配方向和数量,从而达到缩短工期和提高经济效益的目的。

进行土方平衡与调配时,必须综合考虑工程和现场情况、进度要求和土方施工方法,以及分期分批施工工程的土方堆放和调运问题,经过全面研究,确定平衡与调配的原则之后,才可着手进行土方平衡与调配工作,如划分调配区,计算土方的平均运距、单位土方的运价,确定土方的最优调配方案。

(1)土方的平衡与调配原则

土方的平衡与调配应遵循以下原则:

①挖方与填方基本达到平衡,减少重复倒运。

②挖(填)方量与运距的乘积之和尽可能为最小,即总土方运输量或运输费用最少。

③好土应用在回填密实度要求较高的地区,以避免出现质量问题。

④取土或弃土应尽量不占农田或少占农田,弃土尽可能用于有规划地造田。

⑤分区调配应与全场调配相协调,避免只顾局部平衡,任意挖填破坏全局平衡。

⑥调配应与地下构筑物的施工相结合,地下设施的填土应留土后填。

⑦选择恰当的调配方向、运输路线、施工顺序,避免土方运输过程中出现对流和乱流现象,同时便于机具调配、机械化施工。

**6. 土方平衡与调配的步骤及方法**

土方平衡与调配需编制相应的土方调配图,其步骤如下:

(1)划分调配区。在平面图上先画出挖填区的分界线,并在挖方区和填方区适当划出若干调配区,确定调配区的大小和位置。划分时应注意以下几点:

①划分应与房屋和构筑物的平面位置相协调,并考虑开工顺序、分期施工顺序。

②调配区的大小应满足土方施工用主导机械行驶操作的尺寸要求。

③调配区的范围应和土方量计算所用的方格网相协调。一般可由若干个方格组成一个调配区。

④当土方运距较大或场地范围内土方调配不能达到平衡时，可考虑就近借土或弃土，此时一个借土区或一个弃土区可作为一个独立的调配区。

(2)计算各调配区的土方量并标注在图上。

(3)计算各挖、填方调配区之间的平均运距，即挖方区土方重心至填方区土方重心的距离。取场地或方格网中的纵、横两边为坐标轴，以一个角作为坐标原点，如图1-9所示，按式(1-15)求出各挖方或填方调配区土方重心坐标 $x_0$ 及 $y_0$。

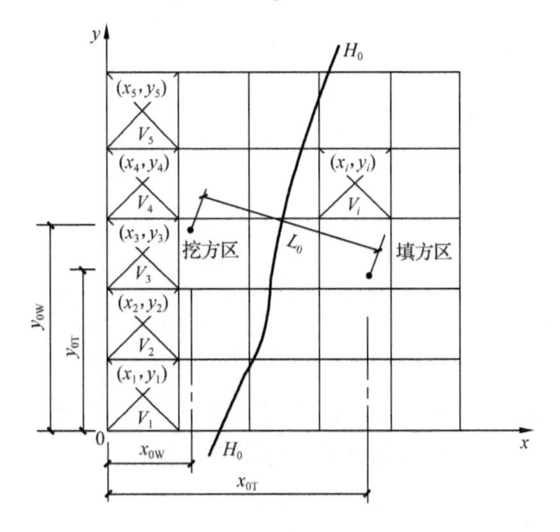


图1-9　土方调配区间

$$\begin{cases} x_0 = \dfrac{\sum(x_i V_i)}{\sum V_i} \\ y_0 = \dfrac{\sum(y_i V_i)}{\sum V_i} \end{cases} \tag{1-15}$$

式中　$x_i$、$y_i$——$i$ 块方格的重心坐标；

　　$V_i$——$i$ 块方格的土方量。

填、挖方区之间的平均运距 $L_0$ 为

$$L_0 = \sqrt{(x_{0T} - x_{0W})^2 + (y_{0T} - y_{0W})^2} \tag{1-16}$$

式中　$y_{0T}$、$x_{0T}$——填方区的重心坐标；

　　$y_{0W}$、$x_{0W}$——挖方区的重心坐标。

在一般情况下，也可用作图法近似地求出调配区的形心位置0以代替重心坐标。重心求出后标于图上，用比例尺量出每对调配区之间的平均运距($L_{11}$、$L_{12}$、$L_{13}$…)。

所有填、挖方调配区之间的平均运距均需逐个计算，并将计算结果列于土方平衡与运距表内，见表1-6。

表 1-6 土方平衡与运距表

| 挖方区 \ 填方区 | $B_1$ | $B_2$ | $B_3$ | … | $B_j$ | … | $B_n$ | 挖方量/m³ |
|---|---|---|---|---|---|---|---|---|
| $A_1$ | $L_{11}$ $x_{11}$ | $L_{12}$ $x_{12}$ | $L_{13}$ $x_{13}$ | … | $L_{1j}$ $x_{1j}$ | … | $L_{1n}$ $x_{1n}$ | $a_1$ |
| $A_2$ | $L_{21}$ $x_{21}$ | $L_{22}$ $x_{22}$ | $L_{23}$ $x_{23}$ | … | $L_{2j}$ $x_{2j}$ | … | $L_{2n}$ $x_{2n}$ | $a_2$ |
| $A_3$ | $L_{31}$ $x_{31}$ | $L_{32}$ $x_{32}$ | $L_{33}$ $x_{33}$ | … | $L_{3j}$ $x_{3j}$ | … | $L_{3n}$ $x_{3n}$ | $a_3$ |
| … | … | … | … | … | … | … | … | … |
| $A_i$ | $L_{i1}$ $x_{i1}$ | $L_{i2}$ $x_{i2}$ | $L_{i3}$ $x_{i3}$ | … | $L_{ij}$ $x_{ij}$ | … | $L_{in}$ $x_{in}$ | $a_i$ |
| … | … | … | … | … | … | … | … | … |
| $A_m$ | $L_{m1}$ $x_{m1}$ | $L_{m2}$ $x_{m2}$ | $L_{m3}$ $x_{m3}$ | … | $L_{mj}$ $x_{mj}$ | … | $L_{mn}$ $x_{mn}$ | $a_m$ |
| 填方量/m³ | $b_1$ | $b_2$ | $b_3$ | … | $b_j$ | … | $b_n$ | $\sum_{i=1}^{m} a_i = \sum_{j=1}^{n} b_j$ |

注：$L_{11}$、$L_{12}$、$L_{13}$为调配区之间的平均运距；$x_{11}$、$x_{12}$、$x_{13}$…为调配区土方量。当填、挖方调配区之间的距离较远，采用自行式铲运机或其他运土工具沿现场道路或规定路线运土时，其运距应按实际情况进行计算。

(4)确定土方最优调配方案。对于线性规划中的运输问题，可以用“表上作业法”来求解，使总土方运输量为最小值，即最优调配方案。总土方运输量公式为

$$W = \sum_{i=1}^{m}\sum_{j=1}^{n} L_{ij}x_{ij} \tag{1-17}$$

式中 $L_{ij}$——第 $i$、$j$ 调配区之间的平均运距，m；

$x_{ij}$——第 $i$、$j$ 调配区的土方量，m³。

(5)绘出土方调配图。根据以上计算，在图中标出调配方向、土方数量及运距。

**【例题 1-1】** 根据某建筑场地地形划分方格网，如图 1-10 所示，场地设计泄水坡度分别为 0.3%和 0.2%。土质为粉质黏土，建筑设计生产工艺和最高洪水位等方面均无特殊要求。求场地设计标高，并计算场地平整挖、填土方工程量(方格网边长 $a$=20 m)。

**解：**

1.计算场地初始设计标高 $H_0$(单位：m)

$$H_0 = \frac{1}{4N}(\sum H_1 + 2\sum H_2 + 3\sum H_3 + 4\sum H_4) =$$

$$\frac{1}{(4\times 9)}\times[(9.45+10.71+8.65+9.52)+2\times(9.75+10.14+9.11+8.80+10.27+9.86+8.91+9.14)+4\times(9.43+9.68+9.16+9.41)] = 9.47$$

2.计算通过泄水坡度调整后各个角点的设计标高(单位：m)

$H_1 = 9.47-30\times0.3\%+30\times0.2\% = 9.44$

$H_2 = 9.47-10\times0.3\%+30\times0.2\% = 9.50$

$H_3 = 9.47+10\times0.3\%+30\times0.2\% = 9.56$

$H_4 = 9.47+30\times0.3\%+30\times0.2\% = 9.62$

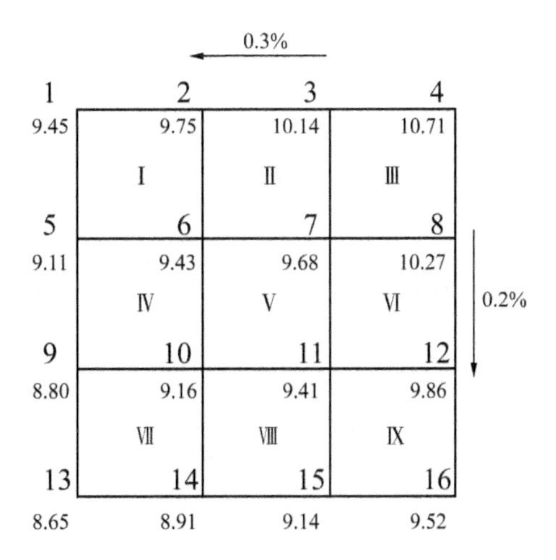


图 1-10　某建筑场地方格网

$H_5=9.47-30\times0.3\%+10\times0.2\%=9.40$

$H_6=9.47-10\times0.3\%+10\times0.2\%=9.46$

$H_7=9.47+10\times0.3\%+10\times0.2\%=9.52$

$H_8=9.47+30\times0.3\%+10\times0.2\%=9.58$

$H_9=9.47-30\times0.3\%-10\times0.2\%=9.36$

$H_{10}=9.47-10\times0.3\%-10\times0.2\%=9.42$

$H_{11}=9.47+10\times0.3\%-10\times0.2\%=9.48$

$H_{12}=9.47+30\times0.3\%-10\times0.2\%=9.54$

$H_{13}=9.47-30\times0.3\%-30\times0.2\%=9.32$

$H_{14}=9.47-10\times0.3\%-30\times0.2\%=9.38$

$H_{15}=9.47+10\times0.3\%-30\times0.2\%=9.44$

$H_{16}=9.47+30\times0.3\%-30\times0.2\%=9.50$

3. 计算各方格角点的设计标高与自然标高的高差，即施工高度 $h$（单位：m）

$h_1=9.44-9.45=-0.01$

$h_2=9.50-9.75=-0.25$

$h_3=9.56-10.14=-0.58$

$h_4=9.62-10.71=-1.09$

$h_5=9.40-9.11=+0.29$

$h_6=9.46-9.43=+0.03$

$h_7=9.52-9.68=-0.16$

$h_8=9.58-10.27=-0.69$

$h_9=9.36-8.80=+0.56$

$h_{10}=9.42-9.16=+0.26$

$h_{11}=9.48-9.41=+0.07$

$h_{12}=9.54-9.86=-0.32$

$h_{13}=9.32-8.65=+0.67$

$h_{14}=9.38-8.91=+0.47$

$h_{15}=9.44-9.14=+0.30$

$h_{16}=9.50-9.52=-0.02$

4.计算零点位置,确定零线(单位:m)

方格边线一端施工高度为“+”,同时另一端施工高度为“-”,则设其边线必有一不挖不填的点,即“零点”。

$$x_{5,1}=a\cdot\frac{h_5}{h_5+h_1}=20\times\frac{0.29}{0.29+0.01}=19.33 \qquad x_{1,5}=0.67$$

$$x_{2,6}=a\cdot\frac{h_2}{h_2+h_6}=20\times\frac{0.25}{0.25+0.03}=17.86 \qquad x_{6,2}=2.14$$

$$x_{7,6}=a\cdot\frac{h_7}{h_7+h_6}=20\times\frac{0.16}{0.16+0.03}=16.84 \qquad x_{6,7}=3.16$$

$$x_{7,11}=a\cdot\frac{h_7}{h_7+h_{11}}=20\times\frac{0.16}{0.16+0.07}=13.91 \qquad x_{11,7}=6.09$$

$$x_{12,11}=a\cdot\frac{h_{12}}{h_{12}+h_{11}}=20\times\frac{0.32}{0.32+0.07}=16.41 \qquad x_{11,12}=3.59$$

$$x_{15,16}=a\cdot\frac{h_{15}}{h_{15}+h_{16}}=20\times\frac{0.30}{0.30+0.02}=18.75 \qquad x_{16,15}=1.25$$

5.画出零线,相邻零点的连线即零线,根据方格网挖、填图形(图 1-11),计算其土方量。

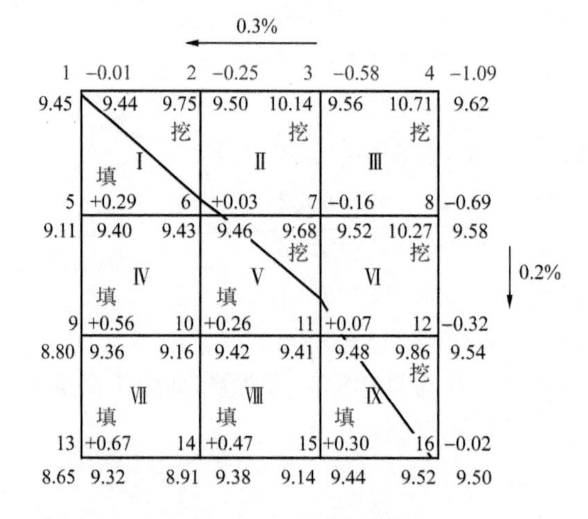


图 1-11 方格网零线图

计算各方格挖、填方量(单位:m³)

方格Ⅰ $V_{\text{Ⅰ挖}}=\frac{20}{8}\times(0.67+17.86)\times(0.01+0.25)=12.04$

$V_{\text{Ⅰ填}}=\frac{20}{8}\times(19.33+2.14)\times(0.29+0.03)=17.18$

方格Ⅱ $V_{\text{Ⅱ挖}}=(20^2-\frac{2.14\times3.16}{2})\times\frac{0.25+0.58+0.16}{5}=78.53$

$V_{\text{Ⅱ填}}=\frac{1}{6}\times(2.14\times3.16\times0.03)=0.03$

方格Ⅲ $V_{\text{Ⅲ挖}}=\frac{20^2}{4}\times(0.58+1.09+0.16+0.69)=252$

$V_{\text{Ⅲ填}}=0$

方格Ⅳ　$V_{Ⅳ挖}=0$

$$V_{Ⅳ填}=\frac{20^2}{4}\times(0.29+0.03+0.56+0.26)=114$$

方格Ⅴ　$V_{Ⅴ挖}=\frac{1}{6}\times(16.84\times13.91\times0.16)=6.25$

$$V_{Ⅴ填}=(20^2-\frac{16.84\times13.91}{2})\times\frac{0.03+0.26+0.07}{5}=20.37$$

方格Ⅵ　$V_{Ⅵ挖}=(20^2-\frac{6.09\times3.59}{2})\times\frac{0.16+0.69+0.32}{5}=91.04$

$$V_{Ⅵ填}=\frac{1}{6}\times(6.09\times3.59\times0.07)=0.26$$

方格Ⅶ　$V_{Ⅶ挖}=0$

$$V_{Ⅶ填}=\frac{20^2}{4}\times(0.56+0.26+0.67+0.47)=196$$

方格Ⅷ　$V_{Ⅷ挖}=0$

$$V_{Ⅷ填}=\frac{20^2}{4}\times(0.26+0.47+0.07+0.30)=110$$

方格Ⅸ　$V_{Ⅸ挖}=\frac{20}{8}\times(1.25+16.41)\times(0.02+0.32)=15.01$

$$V_{Ⅸ填}=\frac{20}{8}\times(3.59+18.75)\times(0.30+0.07)=20.66$$

方格网的总挖方量

$$\sum V_{挖}=12.04+78.53+252+0+6.25+91.04+0+0+15.01=454.87$$

方格网的总填方量

$$\sum V_{填}=17.18+0.03+0+114+20.37+0.26+196+110+20.66=478.50$$

## 1.3.2　基坑和基槽土方量计算

**1. 基坑土方量计算**

基坑是指长宽比小于或等于 3 的矩形土体。基坑土方量可按立体几何中拟柱体(由两个平行的平面作为底的一种多面体)体积公式计算,如图 1-12(a)所示,即

$$V=\frac{H}{6}(A_1+4A_0+A_2) \tag{1-18}$$

式中　$V$——基坑土方量,$m^3$;

$H$——基坑深度,m;

$A_1$、$A_2$——基坑上、下底的面积,$m^2$;

$A_0$——基坑中截面的面积,$m^2$。

**2. 基槽土方量计算**

基槽土方量计算可沿长度方向分段后,按照上述同样的方法计算,如图 1-12(b)所示,即

$$V_1=\frac{L_1}{6}(A_1+4A_0+A_2) \tag{1-19}$$

式中　$V_1$——第一段的基槽土方量,$m^3$;

$L_1$——第一段的基槽长度,m;

$A_0$、$A_1$、$A_2$——意义同前。

将各段土方量相加，即得总土方量

$$V=V_1+V_2+\cdots+V_n \tag{1-20}$$

式中　$V_1$、$V_2$、…、$V_n$——各段土方量，$m^3$。

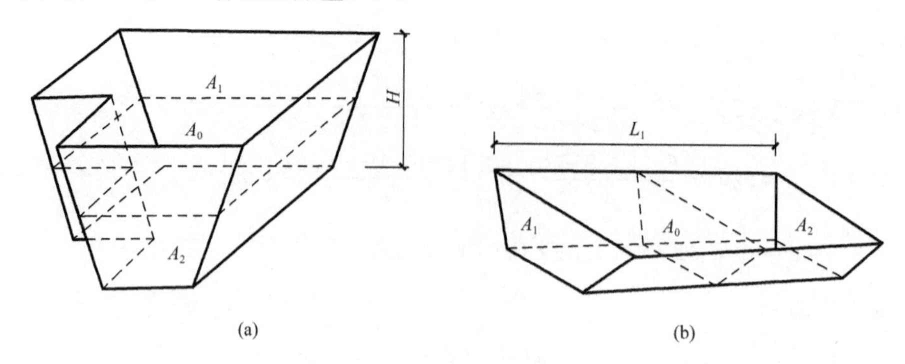


图 1-12　基坑和基槽土方量计算

# 1.4　土方工程施工准备与辅助工作

## 1.4.1　土方工程概述

**1. 土方工程的施工内容**

(1)场地平整，依据工程条件确定场地平整标高，计算场地平整土方量、基坑(槽)开挖土方量；合理进行土方量调配，使土方总施工量最小。

(2)合理选择施工机械，保证使用效率。

(3)安排好运输道路、弃土场、取土区，做好降水、土壁支护等辅助工作。

(4)土方的回填与夯实，包括回填土的选择、填土夯实的方法。

(5)基坑(槽)开挖并做好监测、支护等工作，防止流砂、管涌、塌方等问题产生。

**2. 土方工程的施工特点**

建筑施工一般从土方工程开始，工程量大，施工工期长，劳动强度大且多为露天作业，由于受到气候、水文地质、邻近及地下建(构)筑物等因素的影响，在施工过程中常常会遇到难以确定因素的制约，施工条件复杂。因此，在土方工程施工前必须做好地形地貌、工程地质管线测量、水文气象等资料的收集和详细分析研究工作，并进行现场勘察。在此基础上根据有关要求，选择好施工方法和机械设备，拟订出经济可行的施工方案，做好施工组织设计，确保施工安全和工程质量。

## 1.4.2　施工准备

土方开挖前完成场地清理、排除地面水、测量放线及修筑临时设施等基础性工作。同时应该结合工程实际，在土石方工程开挖施工前，完成支护结构、地面排水、地下水控制、基坑及周边环境监测、施工条件验收和应急预案准备等工作的验收，合格后方可进行土石方开挖。

**1.场地清理**

场地清理包括清理地面、地下各种障碍物。如拆除房屋、古墓，拆迁或改建通信、电力设施及上、下水管线，迁移树木等工作。

**2.排除地面水**

场地内低洼地区积水和雨水必须排除，使场地保持干燥，便于工程施工。地面水的排除一般采用排水沟、截水沟、挡水土坝等措施。

场地应尽量利用自然地形设置排水沟，使水直接排至场外或流向低洼处，再用水泵抽走。主排水沟最好设置在施工区域边缘或道路两旁，其横断面和纵向坡度应根据最大流量确定。一般排水沟横断面不小于0.5 m×0.5 m，纵向坡度不小于0.3%。排水沟应注意清理，保持畅通。

**3.测量放线**

测量放线是指根据已定位的外墙轴线交点桩(角桩)，详细测设出建筑物各轴线的中心桩，然后根据中心桩用白灰撒出基槽开挖边界线。

**4.修筑临时设施**

修筑好临时道路及供水、供电等临时设施，以及生活和生产临时用房，做好材料、机具及土方机械的进场工作。

## 1.4.3 建筑边坡

建筑边坡是指在建筑场地及其周边，由于建筑工程和市政工程开挖或填筑施工所形成的人工边坡和对建(构)筑物安全或稳定有不利影响的自然斜坡。建筑边坡工程的设计使用年限不应低于被保护的建(构)筑物设计使用年限。考虑工程地质、水文地质、边坡高度、环境条件、各种作用、邻近的建(构)筑物、地下市政设施、施工条件和工期等因素，因地制宜，精心设计，精心施工。

建筑边坡支护结构形式应考虑场地地质和环境条件、边坡高度、边坡侧压力的大小和特点、对边坡变形控制的难易程度以及边坡工程安全等级等因素。通常采用坡率法或者边坡支护。

**1.坡率法**

坡率法是指通过调整、控制边坡坡率维持边坡整体稳定和采取构造措施保证边坡及坡面稳定的边坡治理方法。坡率法通常使用在坡顶无重要建(构)筑物，场地有放坡条件的项目中。不良地质段、地下水发育区、软塑及流塑状土时不应采用。

边坡坡度用土方挖方深度 $H$ 与放坡宽度 $B$ 之比表示(图1-13)，即

$$边坡坡度=H/B=1/m \tag{1-21}$$

式中，$m=B/H$，称为边坡系数。

边坡的大小主要与土质、挖方深度、挖方方法、边坡留置时间的长短、边坡附近的各种荷载状况及排水情况有关。

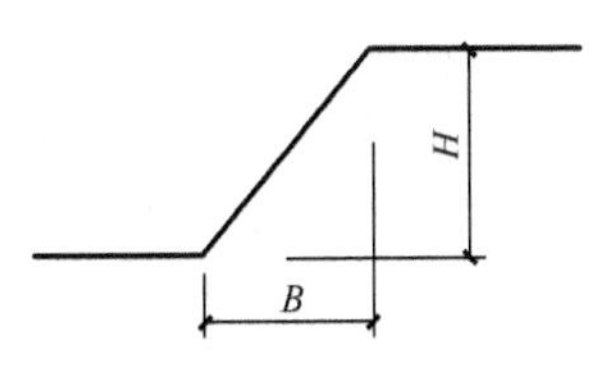


图1-13 边坡坡度的表示方法

**2.边坡支护**

不同边坡支护结构的条件见表1-7。

表 1-7 边坡支护结构的条件

| 支护结构条件 | 边坡环境条件 | 边坡高度 $H$/m | 边坡工程安全等级 | 备注 |
|---|---|---|---|---|
| 重力式挡墙 | 场地允许，坡顶无重要建（构）筑物 | 土质边坡，$H\leqslant 10$<br>岩质边坡，$H\leqslant 12$ | 一、二、三级 | 不利于控制边坡变形。土方开挖后边坡稳定性较差时不应采用 |
| 悬臂式挡墙<br>扶壁式挡墙 | 填方区 | 悬臂式挡墙 $H\leqslant 6$<br>扶壁式挡墙 $H\leqslant 10$ | 一、二、三级 | 适用于土质边坡 |
| 桩板式挡墙 | | 悬臂式，$H\leqslant 15$<br>锚拉式，$H\leqslant 25$ | 一、二、三级 | 桩嵌固段土质较差时不宜采用，当对挡墙变形要求较高时宜采用锚拉式桩板挡墙 |
| 板肋式或格构式锚杆挡墙 | | 土质边坡 $H\leqslant 15$<br>岩质边坡 $H\leqslant 15$ | 一、二、三级 | 边坡高度较大或稳定性较差时宜采用逆做法施工。对挡墙变形有较高要求的边坡，宜采用预应力锚杆 |
| 排桩式<br>锚杆挡墙 | 坡顶建（构）筑物需要保护，场地狭窄 | 土质边坡 $H\leqslant 15$<br>岩质边坡 $H\leqslant 30$ | 一、二、三级 | 有利于控制边坡变形。适用于稳定性较差的土质边坡，由外倾软弱结构面控制的岩质边坡，垂直开挖施工尚不能保证稳定的边坡 |
| 岩石锚喷支护 | | Ⅰ类岩质边坡，$H\leqslant 30$<br>Ⅱ类岩质边坡，$H\leqslant 30$<br>Ⅲ类岩质边坡，$H\leqslant 30$ | 一、二、三级 | 适用于岩质边坡 |

学习强国小案例

**四部委治理华北地下水超采 将利用南水北调回补地下水**

为切实解决我国华北地区地下水超采问题，为促进经济社会可持续发展提供水安全保障，2019 年，水利部、财政部、国家发展改革委、农业农村部联合印发了《华北地区地下水超采综合治理行动方案》（以下简称《方案》），要求对华北地区地下水的超采治理采用系统化的推进方式，逐步使地下水在采补方面维持平衡，减少流域和区域的水资源开发。《方案》不仅总结提炼了华北地下水超采治理工作和试点经验，并以此为基础，重点推进了以“节”“控”“调”“管”为主的治理措施。在增加水源供给方面提出了一系列涉及跨流域调水的措施：加快完善中线一期配套工程，加强科学调度，逐步增加向华北供水量，为地下水超采治理创造条件。同时，在保障正常供水目标的前提下，相继为京津冀河湖水系进行生态补水，回补地下水；抓紧实施东线一期北延应急供水工程，增加向京津冀地区供水能力。加快东线二期工程前期论证工作；根据黄河来水情况和流域内用水需求，在现状用水基础上和来水条件具备的情况下，相继为海河流域增加补水量。除此之外，《方案》还提出将地下水超采治理作为对华北相关省市最严格水资源管理制度考核的重要内容，各相关部门若对压采措施不落实或未完成目标任务，则要被进行问责。

## 1.4.4 排水与降水

在基坑开挖过程中，当基坑底面低于地下水位时，由于土壤的含水层被切断，地下水将不断渗入基坑。这时如不采取有效措施进行排水，降低地下水位，不但会使施工条件恶化，而且基坑经水浸泡后会导致地基承载力下降和边坡塌方。因此，为了保证工程质量和施工安全，在基坑开挖前或开挖过程中，必须采取措施降低地下水位，使基坑在开挖中坑底始终保持干燥。对于地面水（雨水、生活污水），一般采用在基坑四周或流水的上游设排水沟、截水沟或挡水土堤等办法解决。对于地下水则常采用人工降低地下水位的方法，使地下水位降至所需开挖的深度以下。无论采用何种方法，降水工作都应持续到基础工程施工完毕并回填土后才可停止。

地基明沟降水施工工艺

**1. 明沟、集水井的排水布置**

基坑明排水是在基坑开挖过程中，在坑底设置集水井，并沿坑底的周围或中央开挖排水沟，使水流入集水井内，然后用水泵抽出坑外。明排水法包括普通明沟排水法和分层明沟排水法两种。

(1)普通明沟排水法

普通明沟排水法是采用截、疏、抽的方法进行排水，即在开挖基坑时，沿坑底周围或中央开挖排水沟，再在沟底设置集水井，使基坑内的水经排水沟流入集水井内，然后用水泵抽出坑外，如图 1-14 和图 1-15 所示。

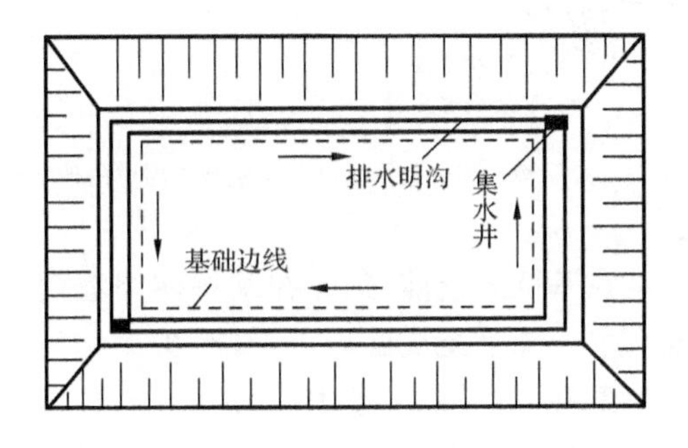


图 1-14　坑内明沟排水

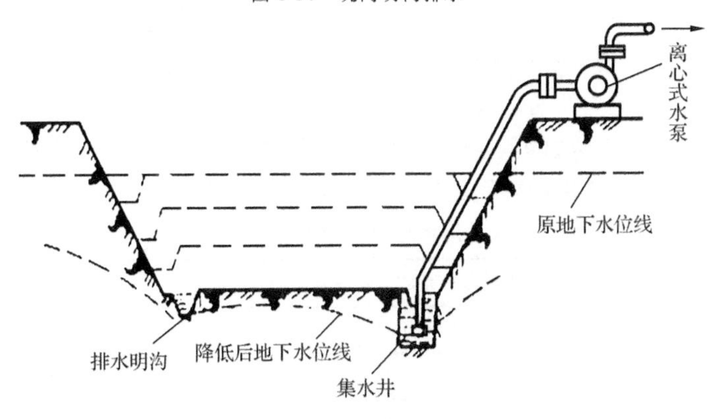


图 1-15　集水井降水

根据地下水量、基坑平面形状及水泵的抽水能力，每隔 30～40 m 设置一个集水井，集水井的截面一般为(0.6 m×0.6 m)～(0.8 m×0.8 m)，其深度随着挖土的加深而加深，并保持低于挖土面 0.8～1.0 m，井壁可用竹笼、砖圈、木枋或钢筋笼等做简易加固。当基坑挖至设计标高后，井底应低于坑底 1～2 m，并铺设 0.3 m 厚的碎石滤水层，以免由于抽水时间较长而将泥沙抽出，并防止井底的土被搅动。一般基坑排水沟的深度为 0.3～0.6 m，底宽应不小于 0.3 m，排水沟的边坡为 1.1～1.5 m，沟底设有 0.2%～0.5%的纵坡，其深度随着挖土的加深而加深，并保持水流的畅通。基坑四周的排水沟及集水井必须设置在基础范围以外，以及地下水流的上游。

(2)分层明沟排水法

对于基坑较深，开挖土层由多种土壤组成，中部夹有透水性强的砂类土壤，为避免上层地下水冲刷下部边坡，造成塌方，可在基坑边坡上设置2～3层明沟及相应的集水井，分层阻截土层中的地下水，如图1-16所示。这样一层一层地加深排水沟和集水井，逐渐达到设计要求的基坑断面和坑底标高。其排水沟与集水井的设置及基本构造与普通明沟排水法基本相同。

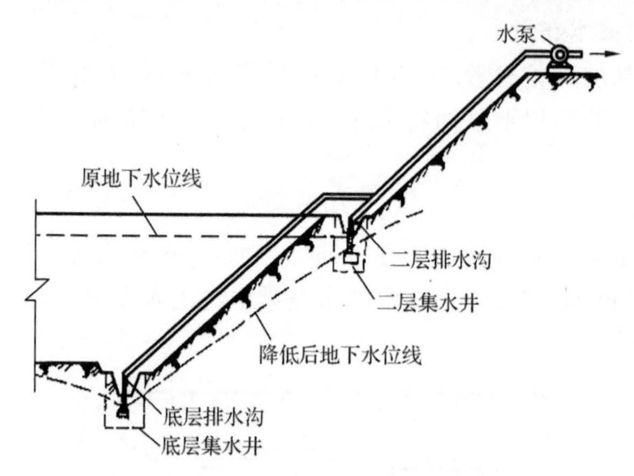


图1-16 明沟及相应的集水井分层阻截土层中的地下水

**2. 人工降低地下水位**

人工降低地下水位，就是在基坑开挖前，预先在基坑四周埋设一定数量的滤水管(井)，利用抽水设备从中抽水，使地下水位降落至坑底以下，直至施工结束为止。这样，可使所挖的土始终保持干燥状态，改善施工条件，同时还使动水压力方向向下，从根本上防止流砂发生，并增大土中有效应力，提高土的强度或密实度。因此，人工降低地下水位不仅是一种施工措施，也是一种地基加固方法。采用人工降低地下水位，可适当改成陡边坡以减少挖土量，但在降水过程中，基坑附近的地基土壤会有一定的沉降，施工时应加以注意。

人工降低地下水位的方法有轻型井点、喷射井点、电渗井点、管井井点及深井泵等。各种方法的选用，视土的渗透系数、降低水位的深度、工程特点、设备及经济技术比较等具体条件参照表1-8选用。其中以轻型井点采用较广，下面做重点介绍。

**表1-8** **人工降低地下水位的方法比较**

| 项次 | 井点类别 | 土层渗透系数/(cm·s$^{-1}$) | 降低水位深度/m |
| --- | --- | --- | --- |
| 1 | 单层轻型井点 | $10^{-5}$～$10^{-2}$ | 3～6 |
| 2 | 多层轻型井点 | $10^{-5}$～$10^{-2}$ | 6～12(由井点层数而定) |
| 3 | 喷射井点 | $10^{-6}$～$10^{-3}$ | 8～20 |
| 4 | 电渗井点 | $<10^{-6}$ | 宜配合其他形式降水使用 |
| 5 | 深井井点 | $\geqslant 10^{-5}$ | $>10$ |

(1)轻型井点设备

轻型井点设备由管路系统和抽水设备组成(图1-17)。

管路系统包括滤管、井点管、弯联管及总管等。

滤管(图 1-18)为进水设备,通常采用长 1.0～1.2 m、直径 38 mm 或 51 mm 的无缝钢管。管壁钻有直径为 12～19 mm 的、呈星棋状排列的滤孔,滤孔面积为滤管表面积的 20%～25%。骨架管外面有两层孔径不同的铜丝布或塑料布滤网。为使流水畅通,在骨架管与滤网之间用塑料管或梯形铅丝隔开,塑料管沿骨架管绕成螺旋形。滤网外面再绕一层 8 号粗钢丝保护网,滤管下端为一锥形铸铁头,滤管上端与井点管连接。井点管为直径 38 mm 或 51 mm、长 5～7 m 的钢管,可整根或分节组成。井点管的上端用弯联管与总管相连。集水总管用直径 100～127 mm 的无缝钢管,每段长 4 m,其上端装有与井点管连接的弯联管,间距 0.8 m 或 1.2 m。

抽水设备是由真空泵、离心泵和水气分离器(又叫集水箱)等组成。一套抽水设备的负荷长度(集水总管长度):采用 W5 型真空泵时,不大于 100 m;采用 W6 型真空泵时,不大于 200 m。

(2)轻型井点的布置

井点系统的布置,应根据基坑的大小与深度、土质、地下水位高低与流向、降水深度要求等确定。

①平面布置:当基坑或沟槽宽度小于 6 m,水位降低值不大于 5 m 时,可用单排线状井点,布置在地下水流的上游一侧,两端延伸长度一般不小于沟槽宽度(图 1-19)。如沟槽宽度大于 6 m 或土质不良,宜用双排线状井点(图 1-20)。面积较大的基坑宜用环状井点(图 1-21)。有时也可布置为 U 形井点,以利于挖土机械和运输车辆出入基坑。环状井点四角部分应适当加密,井点管距离基坑一般为 0.7～1.0 m,以防漏气。井点管间距一般为 0.8～1.5 m,或由计算和经验确定。

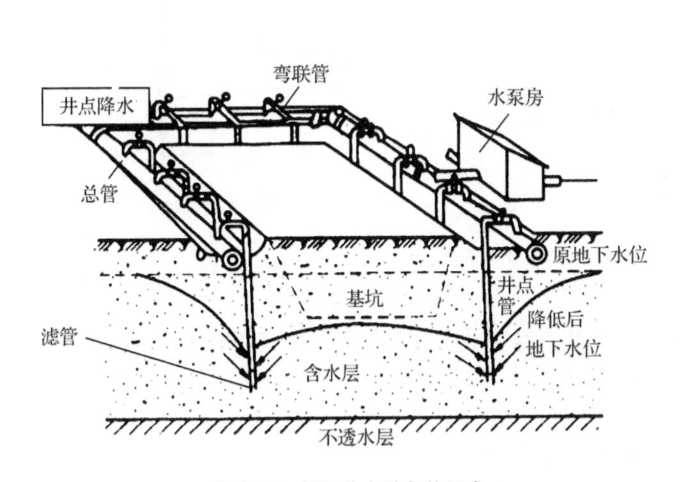


图 1-17　轻型井点设备的组成

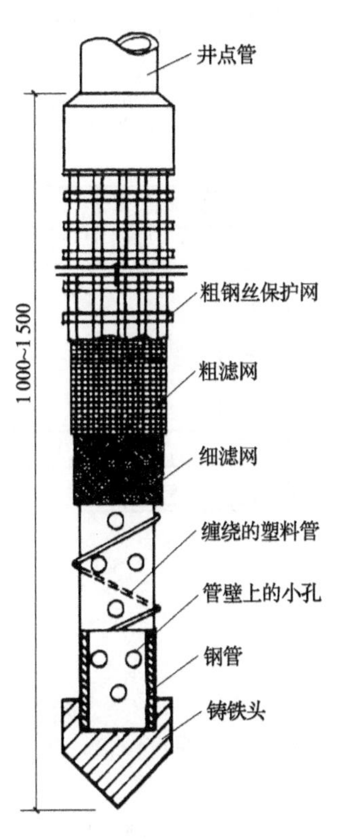


图 1-18　滤管的构造

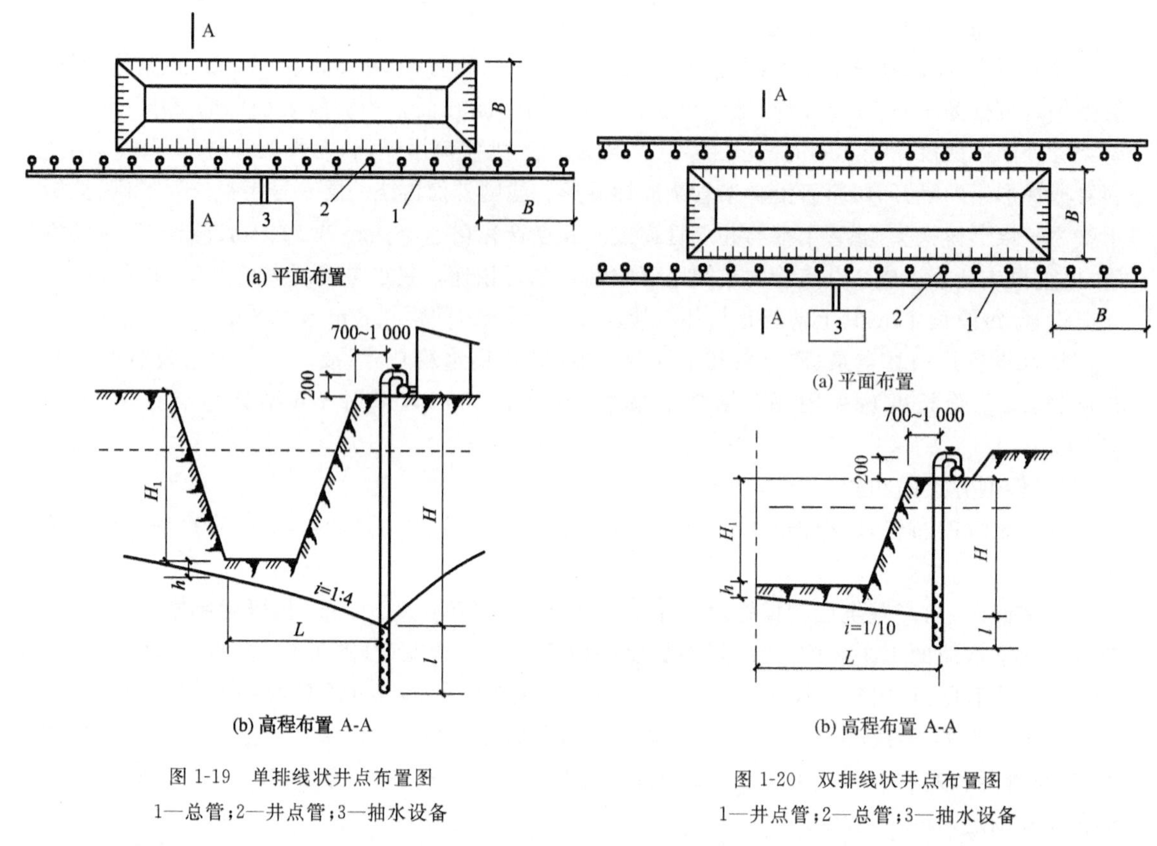


图 1-19 单排线状井点布置图

1—总管；2—井点管；3—抽水设备

图 1-20 双排线状井点布置图

1—井点管；2—总管；3—抽水设备

当采用多套抽水设备时，井点系统应分段，各段长度应大致相等。分段地点宜选择在基坑转弯处，以减少总管弯头数量，提高水泵抽吸能力。水泵宜设置在各段总管中部，使泵两边水流平衡。分段处应设阀门或将总管断开，以免管内水流紊乱，影响抽水效果。

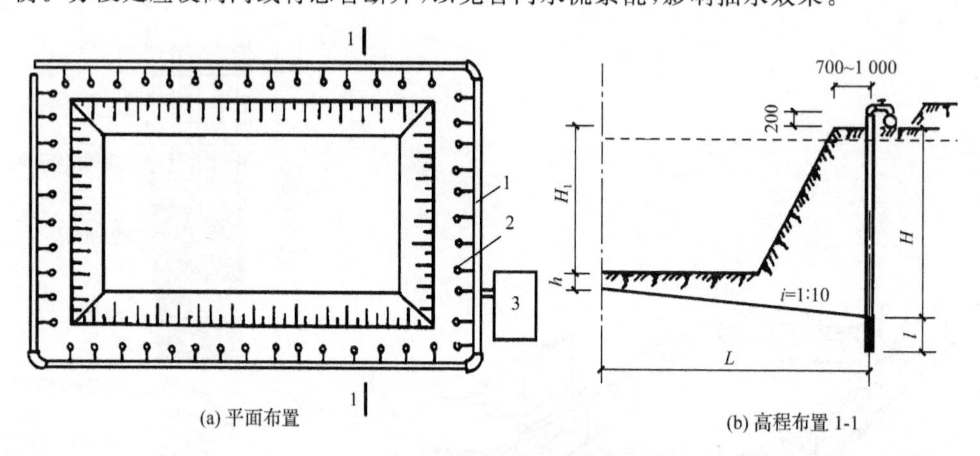


图 1-21 环状井点布置图

1—总管；2—井点管；3—抽水设备

②高程布置：轻型井点的降水深度，在井点管底部处，一般不超过 6 m。

井点管的埋设深度 $H$（不包括滤管长）按下式计算：

$$H \geqslant H_1 + h + iL \tag{1-22}$$

式中 $H_1$——井点管埋设面至基坑底面的距离，m；

$h$——基坑中心处基坑底面（单排井点时，为远离井点一侧坑底边缘）至降低后地下水位的距离，一般为 0.5～1.0 m；

$i$——地下水降落坡度，双排线状井点、环状井点为 1/10，单排线状井点为 1/4；

$L$——井点管至基坑中心的水平距离（在单排井点中，为井点管至基坑另一侧的水平距离），m。

此外，确定井点管埋深时，还要考虑井点管一般要露出地面 0.2 m 左右，如果计算出的 $H$ 值大于井点管长度，则应降低井点管的埋置面（但以不低于地下水位为准），以适应降水深度的要求。在任何情况下，滤管必须埋在透水层内。为了充分利用抽吸能力，总管的布置标高宜接近地下水位线（可事先挖槽），水泵轴心标高宜与总管平行或略低于总管。总管应具有 0.25%～0.5%坡度（坡向泵房）。

当一级井点系统达不到降水深度要求时，可视其具体情况采用其他方法降水。如上层土的土质较好，可先用集水井排水法挖去一层土再布置井点系统；也可采用二级井点，即先挖去第一级井点所疏干的土，然后再在其底部装设第二级井点（图 1-22）。

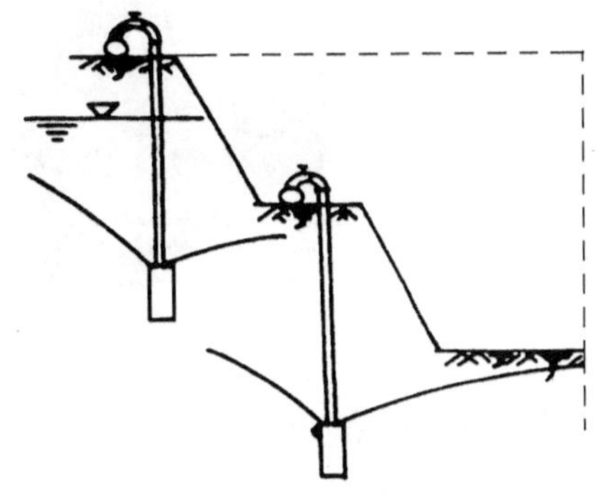

图 1-22 二级轻型井点

## 1.5 土方机械化施工

土方工程施工包括土方的开挖、运输、填筑和压实等。由于土方工程量大、劳动繁重，施工时应尽量采用机械化施工，以减少繁重的体力劳动，加快施工进度。

### 1.5.1 推土机施工

推土机由拖拉机和推土铲刀组成。按铲刀的操纵机构不同，推土机可分为钢索式和液压式两种。目前最常用的是液压式推土机，如图 1-23 所示。

图 1-23 液压式推土机

推土机能够单独完成挖土、运土和卸土的工作，具有操作灵活、运转方便、所需工作面小、行驶速度快、易于转移等特点。推土机的经济运距在 100 m 以内，效率最高的运距为 60 m。为提高生产率，可采用槽形推土、下坡推土及并列推土等方法。

## 1.5.2 铲运机施工

铲运机是一种能独立完成铲土、运土、卸土、填筑、场地平整的土方施工机械。按行走方式其可分为牵引式铲运机和自行式铲运机(图 1-24);按铲斗操纵系统其可分为液压操纵和机械操纵两种。

图 1-24 自行式铲运机

铲运机对道路要求较低,操纵灵活,具有生产率较高的特点。它适用于在一至三类土中直接挖、运土。铲运机的经济运距为 600～1 500 m,当运距为 800 m 时效率最高。铲运机常用于坡度在 20°以内的大面积场地平整、大型基坑开挖及填筑路基等情况,不适用于淤泥层、冻土地带及沼泽地区。

为了提高铲运机的效率,可以采用下坡铲土、推土机推土助铲等方法,这样可缩短装土时间,使铲斗的土装得较满。铲运机在运行时,应根据填、挖方区的分布情况,结合当地的具体条件,合理选择运行路线(一般有环形路线和"8"字形路线两种形式),提高生产率。在施工中,根据挖、填区的分布情况不同,铲运机的运行路线一般有以下几种:

**1. 环形路线**

当施工地段较短、地形起伏不大时,采用小环形路线[图 1-25(a)、图 1-25(b)],这种路线每循环一次能完成一次铲土和卸土。当挖填交替且挖填之间的距离较短时,可采用大环形路线[图 1-25(c)],这种路线每循环一次能完成多次铲土和运土,从而减少铲运机的转弯次数,提高工作效率。另外,施工时应常调换方向,以避免机械行驶部分的单侧磨损。

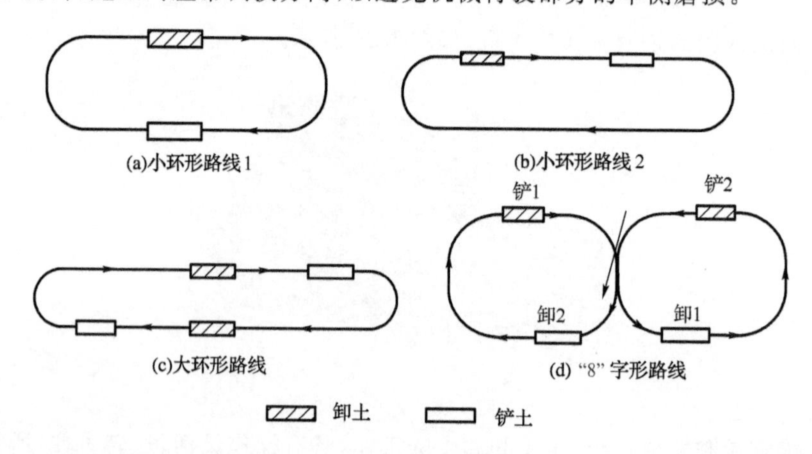


图 1-25 铲运机的运行路线

**2. "8"字形路线**

当地势起伏较大、施工地段较长时,可采用"8"字形路线[图 1-25(d)]。这种运行路线每循环一次完成两次铲土和卸土，减少了转弯次数和运距，因此节约了运行时间，提高了生产率。这种运行方式在同一循环中两次转运方向不同，还可以避免机械行驶部分的单侧磨损。

### 1.5.3 挖土机施工

挖土机（又称挖掘机）是基坑（槽）开挖的常用机械，当施工高度较大、土方量较多时，可配自卸汽车进行土方运输。单斗挖土机按其工作装置和工作方式不同可分为正铲、反铲、拉铲和抓铲四种（图1-26）；按行走方式不同可分为履带式和轮胎式两种；按操纵机构不同可分为机械式和液压式两种。由于液压式挖土机具有很大的优越性，因此应用较为普遍。

(a) 正铲　(b) 反铲　(c) 拉铲　(d) 抓铲

图1-26　单斗挖土机

**1. 正铲挖土机**

正铲挖土机一般仅用于开挖停机面以上的土，其挖握力大，效率高，适用于含水率不大于27%的一类至四类土。它可直接往自卸汽车上装土，进行土的外运工作。其作业特点是“前进向上，强制切土”。由于挖掘面在停机面的前上方，因此正铲挖土机适用于开挖大型、低地下水位且排水通畅的基坑以及土丘等。

根据挖土机的开挖路线与运输机械相对位置不同，正铲挖土机的作业方式主要有侧向装土法和后方装土法。侧向装土法是挖土机沿前进方向挖土，运输机械停在侧面装土[图1-27(a)]。该方法卸土动臂回转角度小，运输机械行驶方便，生产率高，应用较广。后方装土法是挖土机沿前进方向挖土，运输机械停在挖土机后面装土[图1-27(b)]。这时卸土动臂回转角度大，装车时间长，生产率低，且运输车辆需要倒车，因此只用于开挖工作面狭小且较深的基坑。

**2. 反铲挖土机**

反铲挖土机适用开挖停机面以下的一类至三类的砂土和黏土，作业特点是“后退向下，强制切土”。它主要用于开挖基坑（槽）或管沟，亦可用于地下水位较高处的土方开挖，经济合理的挖土深度为3～5 m。挖土时可与自卸汽车配合，也可以就近弃土。其作业方式有沟端开挖与沟侧开挖两种。

沟端开挖是挖土机停在沟端，向后倒退着挖土，汽车停在两旁装土[图1-28(a)]。

沟侧开挖是挖土机沿沟槽一侧直线移动，边走边挖，将土弃于距基槽较远处。此法一般在挖土宽度和深度较小、无法采用沟端开挖或挖土不需要运走时采用[图1-28(b)]。

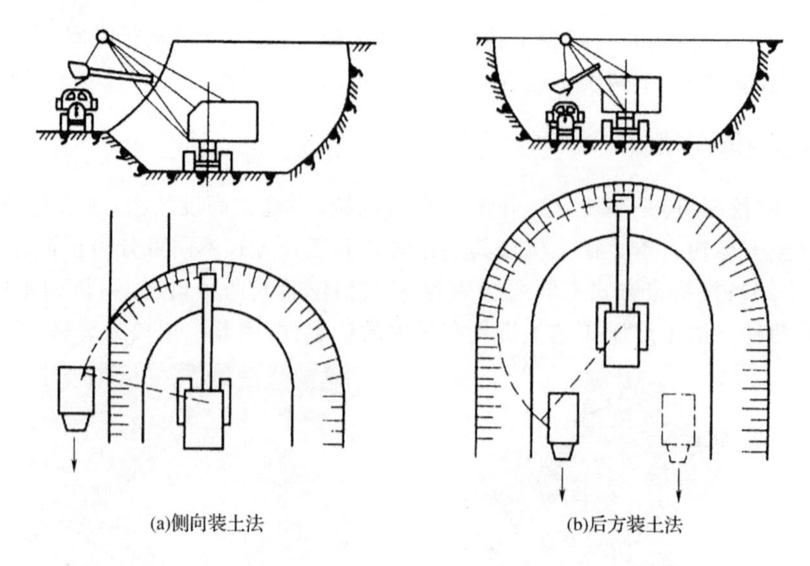

(a)侧向装土法　　(b)后方装土法

图 1-27　正铲挖土机的作业方式

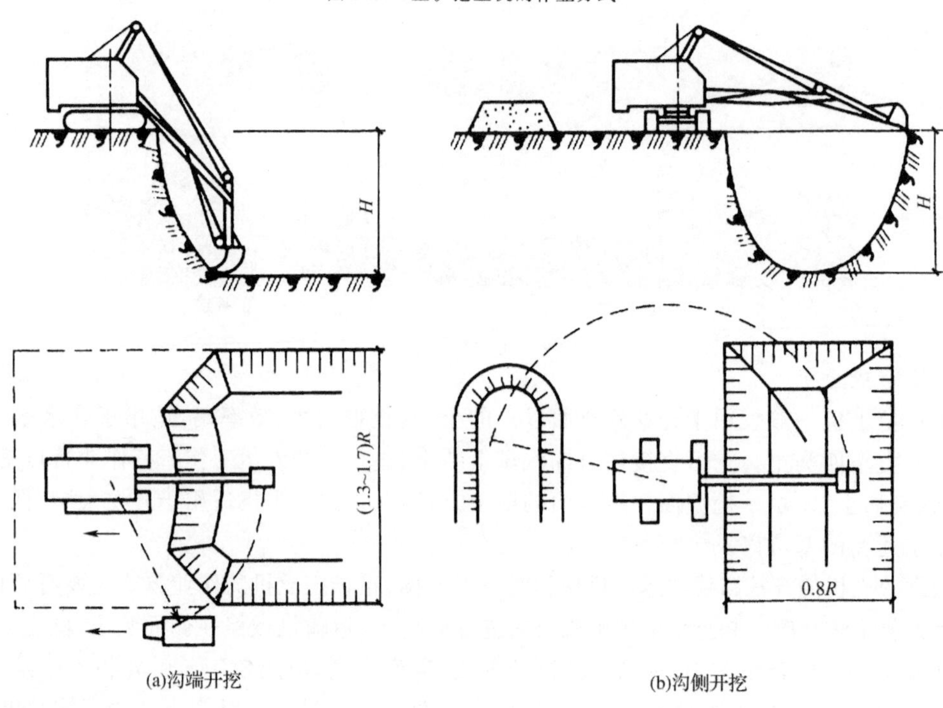


(a)沟端开挖　　(b)沟侧开挖

图 1-28　反铲挖土机的作业方式

**3. 拉铲挖土机**

拉铲挖土机施工时，依靠土斗自重及拉索拉力切土。它适用于开挖停机面以下的一类至三类土。作业特点是"后退向下，自重切土"。它的开挖深度和半径较大，常用于较大基坑(槽)、沟槽、大型场地平整和挖取水下泥土的施工。工作时一般直接弃土于附近。拉铲挖土机的作业方式与反铲挖土机的作业方式相同，有沟端开挖和沟侧开挖两种。

**4. 抓铲挖土机**

抓铲挖土机是在挖土机臂端用钢丝绳吊装一个抓斗。其作业特点是"直上直下，自重切土"。抓铲挖土机的挖掘力较小，能开挖停机面以下的一类至二类土。适用于开挖较松软的土，特别是在窄而深的基坑（槽）、深井采用抓铲效果较好。抓铲挖土机还可用于疏通旧有渠道以及挖取水中淤泥，或用于装卸碎石、矿渣等松散材料。

学习强国小案例

**国产盾构机：走向世界的大国重器**

2019 年 8 月 7 日，我国首次出口欧洲的大直径盾构机“胜利号”在位于湖南长沙的中国铁建重工集团股份有限公司的第一产业园的车间里进行了组装，这台有五六层楼高、直径为 11 米级的大直径盾构机下线后将运往俄罗斯。国产盾构机这一大国重器，与“中国高铁”一起成为中国高端智能制造装备“走出去”的“金名片”。被称作“工程机械之王”的盾构机，其技术水平是衡量一个国家地下施工装备制造水平的重要标志。但是在之前很长一段时间内，因为技术水平不过关，我国铁路、地铁等隧道挖掘都只能依赖从国外进口的盾构机。自 2009 年开始，盾构机国产化、产业化取得了显著成果。我国首台土压平衡盾构机“开路先锋 19 号”于 2010 年成功下线，这台设备的国产化率达 87%，让原本均价在 1.5 亿元左右的“洋盾构机”，立即在中国被迫降价 30%。现在因过硬的质量，中国盾构机越来越多地出现在国际工程项目中。未来，我们将努力实现盾构机领域中国设计、世界制造的目标。

## 1.6　基坑（槽）施工

### 1.6.1　放线

基槽放线：根据房屋主轴线控制点，首先将外墙轴线的交点用木桩测设在地面上，并在桩顶钉上铁钉作为标志。房屋外墙轴线测定以后，再根据建筑物平面图，将内部开间所有轴线都一一测出。最后根据边坡系数计算的开挖宽度在中心轴线两侧用石灰在地面上撒出基槽开挖边线。同时在房屋四周设置轴线延长桩，以便于基础施工时复核轴线位置。

柱基放线：在基坑开挖前，从设计图上查对基础的纵横轴线编号和基础施工详图，根据柱子的纵、横轴线，用经纬仪在矩形控制网上测定基础中心线的端点，同时在每个柱基中心线上测定基础定位桩，每个基础的中心线上设置四个定位木桩，其桩位离基础开挖线的距离为 0.5～1.0 m。若基础之间的距离不大，则可每隔 1～2 个或几个基础打一定位桩，但两个定位桩的间距以不超过 20 m 为宜，以便拉线恢复中间柱基的中线。桩顶上钉一钉子，标明中心线的位置。然后按施工图上柱基的尺寸和边坡系数确定的挖土边线的尺寸，放出基坑上口挖土灰线，标出挖土范围。

### 1.6.2　基坑开挖方案

采用反铲挖土机施工，预留 20～30 cm 人工修坡。土方开挖严格依设计规定的分层开挖深度按作业顺序施工。

基坑采用信息化施工，为确保基坑开挖过程中的安全，必须对基坑进行监测。

(1)观测点的布置。在坡顶上每隔 10 m 布置一个观测点。

(2)观测精度要求。满足国家三级水准测量精度要求,水平误差控制在 6.00 mm 以内,垂直误差控制在 0.5 mm 以内。

(3)观测时间的确定。基坑开挖每一步都应做基坑变形观测,观测时间为每天一次,必要时连续观测,基坑开挖 7 天后,可由每天一次放宽到 3 天一次,15 天后为每周观测一次。

(4)注意事项。每次观测应用相同的观测方法和观测线路,观测期间使用同一种仪器、同一个人操作,不能更换,以保证精度要求。加强对基坑各侧沉降、变形的观测,特别对有地下管线的各边坡可进行重点观测。

(5)质量问题处理。如发生质量问题,要立即口头上报监理,并在 4 小时内递交有关质量问题的书面详细报告,包括时间、部位、细节描述、产生原因、处理措施等。土方开挖过程中,若基坑变形突然加大,应立即停止开挖,并及时回填,也可以在其背后进行挖土卸荷,以保证基坑稳定。开挖过程中,若局部存水,则可以采用明沟排水法集中,用潜水泵抽到地面排水系统。

(6)技术资料。基础施工项目经理部在施工过程中负责收集、整理各种原始资料和记录,并及时上报监理。按照国家有关标准和要求,完成技术资料的分类、归档工作。在每项分项工程完成后,在监理规定的时间内,提交符合的竣工资料(包括竣工图)一份。

学习强国小案例

**77.3 米,国内最深基坑纪录诞生**

2020 年 5 月 21 日,中铁五局滇中引水龙泉倒虹吸接收井基坑开挖顺利完成。该工程引领国内深井基坑施工水平迈向了新高度,达到了国内未曾有的开挖深度为 77.3 米,是国内超深基坑开挖施工领域中的里程碑。该工程基坑为半径 8.5 米的圆形结构,开挖深度为 77.3 米,围护结构采用 1.5 米厚的地下连续墙帷幕止水,地连墙成槽深度达 90 多米,墙顶设锁口圈梁。基坑开挖及内衬采用上部 −4.1 至 −57.4 米"整体逆作,局部顺作",下部 −57.4 至 −77.3 米全逆作的方案施工。该工程坑内施工区域场地狭小,机械设备操作空间有限,交叉作业多,地质条件差,土方吊运困难,且由于基坑为国内最深基坑,国内尚无相关施工经验可以借鉴,施工难度很大。项目部权衡了基坑特点和工期的要求,为降低深基坑作业的时间和成本,采用了"整体逆作,局部顺作"的施工工法。该引水工程途经六座城市,线路全长六百多千米,竣工后,不仅可以为当地水域充分补水,而且可以改善大范围的灌溉面积,大量滇中人口直接受益。

## 1.6.3 基坑支护

### 1. 建筑基坑支护要求

《建筑地基基础工程施工质量验收标准》(GB 50202—2018)规定,土石方开挖的顺序、方法必须与设计工况和施工方案相一致,并遵循"开槽支撑,先撑后挖,分层开挖,严禁超挖"的原则。因此当深基坑开挖采用放坡,而无法保证施工安全或现场无放坡条件时,一般根据基坑侧壁安全等级采用支护结构临时支挡,以保证基坑的土壁稳定。

基坑支护逆作法施工工艺

建筑基坑支护是指为保护地下主体结构施工和基坑周边环境的安全，对基坑采用的临时性支挡、加固、保护与地下水控制的措施。建筑基坑支护结构设计可根据建筑基坑侧壁的安全等级参照表 1-9 选择。

**表 1-9 建筑基坑侧壁安全等级及重要性系数**

| 安全等级 | 破坏后果 | $\gamma_0$ |
|---|---|---|
| 一级 | 支护结构破坏、土体失稳或过大变形对基坑周边环境及地下结构施工影响很严重 | 1.1 |
| 二级 | 支护结构破坏、土体失稳或过大变形对基坑周边环境及地下结构施工影响一般 | 1.0 |
| 三级 | 支护结构破坏、土体失稳或过大变形对基坑周边环境及地下结构施工影响不严重 | 0.9 |

注：$\gamma_0$ 为重要性系数。有特殊要求的建筑基坑侧壁安全等级可根据具体情况另行确定。

基坑支护结构选择应根据上述基本要求，综合考虑基坑实际开挖深度、基坑平面形状尺寸、工程地质和水文条件、施工作业设备、邻近建筑物的重要程度、地下管线的限制要求、工程造价等因素，比较后优选确定。

**2. 浅基坑(槽)支护**

在基坑(槽)施工中，若土质与周边环境允许，放坡开挖较为经济，但在不允许放坡开挖或按规定放坡所增加的土方量过大时，则需要设置土壁支护。对宽度不大、深 5 m 以内的浅沟(槽)，一般宜设置简单的横撑式支撑，其形式需根据实际开挖深度、土质条件、地下水位、施工时间、施工季节和当地气象条件、施工方法与相邻建(构)筑物情况进行选择。

横撑式支撑根据挡土板的不同分为水平挡土板和垂直挡土板两类。水平挡土板的布置分为间断式、断续式和连续式三种；垂直挡土板的布置分为断续式和连续式两种。对宽度较大、深度不大的浅基坑(槽)，其支撑(护)形式常用的有斜柱支撑、拉锚支撑、短桩横隔板支撑和临时挡土墙支撑等。

**3. 深基坑支护**

深基坑支护受周边环境、土层结构、工程地质、水文情况、基坑形状、基坑安全等级、开挖深度、降水方法、施工设备条件和工期要求以及技术经济效果等因素影响，制订方案时应综合全面考虑。深基坑支护虽为临时性辅助结构，但对保证工程顺利进行、临近地基和已有建(构)筑物安全影响极大。深基坑支护结构按其工作机理和围护墙的形式可以分为多种类型，常见的有水泥土搅拌桩支护、灌注排桩支护、钢板桩支护、土层锚杆支护、土钉墙和地下连续墙支护等形式，这些支护方法也可根据现场实际情况组合使用。

(1)水泥土搅拌桩支护

①水泥土搅拌桩支护是通过沉入到地下的设备将喷入的水泥浆与软土强制拌和，使软土硬结成具有整体性、稳定性和足够强度的水泥加固土。这种桩是依靠自重和刚度支挡周围土体和保护坑壁稳定的。

按施工机具和方法不同，水泥土搅拌桩支护结构分为深层搅拌桩、旋喷桩和粉喷桩。

②深层搅拌桩的施工工艺：深层搅拌机就位→预搅下沉→喷浆搅拌提升→重复搅拌下沉→重复搅拌提升直至孔口。深层搅拌桩的施工工艺如图 1-29 所示。

③为了提高水泥土墙的刚性，也有在水泥土搅拌桩内插入 H 型钢或粗钢筋，使之成为既能受力又能抗渗的支护结构，可用于较深的基坑(8～10 m)支护，水泥掺入比为 20%。

搅拌粉喷桩工艺流程

(2)灌注排桩支护

①灌注排桩支护是在基坑周围用钻机钻孔、吊钢筋笼，现场灌注混凝土成桩，形成排桩进行挡土支护。桩的排列形式有间隔式、双排式和

连接式等，其平面布置形式如图1-30所示。一般桩体顶部设联系梁，连成整体共同工作。

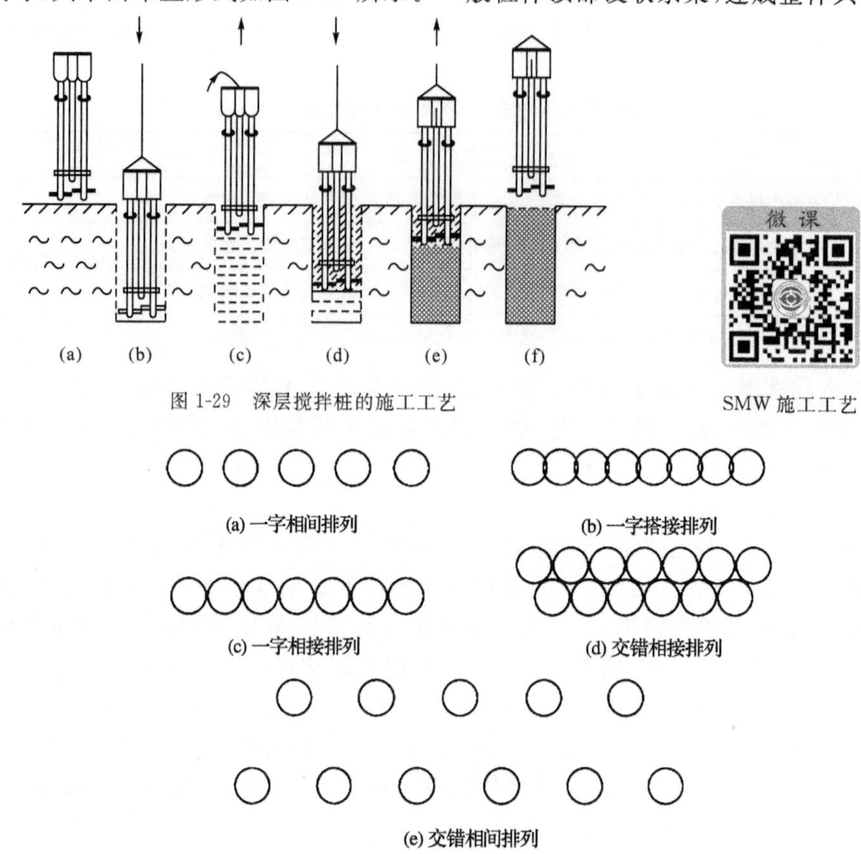


图1-29　深层搅拌桩的施工工艺

SMW施工工艺

图1-30　灌注排桩的平面布置形式

②工艺流程：钻孔定位→埋设护筒→钻机就位→冲孔施工→清孔→吊放钢筋笼→安装导管→二次清孔→浇筑混凝土→测量检查。

③灌注排桩支护具有桩刚度较大，抗弯强度高，施工设备简单，需要工作场地不大，噪声低，振动小，费用较低等优点。适用于黏土、开挖面积较大、深度大于6 m的基坑，以及在不允许邻近建筑物有较大下沉、位移时采用。此法一般在土质较好时可用于悬臂为7～10 m的情况；若在顶部设拉杆，中部设锚杆，则可用于3～4层地下室开挖的支护。

(3)钢板桩支护

①钢板桩支护是指用一种特制的带锁口或钳口的钢板(图1-31)，相互连接打入土层中，构成一道连续的板墙，主要作为深基坑开挖的临时挡土、挡水围护结构。钢板桩支护搭设方便、承载力高，主要适用于软弱土基和地下水位较高的深基坑工程。这种支护需用大量特制钢材，一次性投资较高。

拉森钢板桩围堰施工工艺

②工艺流程：测量放线→施工定位→基坑开挖至垫层底→排水系统设置→回填→ 拔除钢板桩。

③钢板桩支护形式：常用的钢板桩支护的断面形式有平板形、Z形和波浪形。

钢板桩支护由钢板挡墙系统和拉锚、锚杆、内支撑等支撑系统构成，其形式有悬臂式板桩和有锚板桩。悬臂式板桩易产生较大变形，一般用于深度较小的基坑，悬臂长度在软土层中不大于5 m；有锚板桩可提高板桩的支护和抗变形能力。

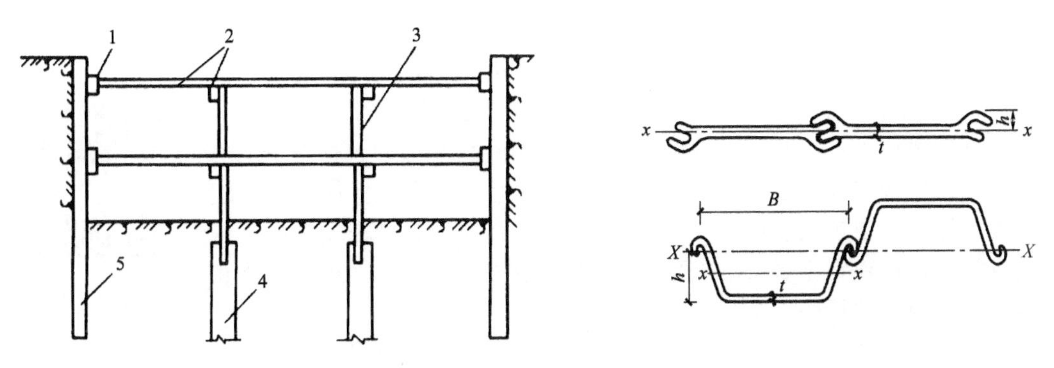


图 1-31 钢板桩支护
1—围檩；2—纵、横向水平支撑；3—立柱；4—工程桩或专设桩；5—围护排桩

④钢板桩打设

钢板桩施工时要正确选择打桩方法，以便使打设后的钢板桩墙有足够的刚度和良好的挡水性能。钢板桩打设常采用以下方法：

● 单独打入法：是指从板桩墙一角开始逐根打入，直至打桩工程结束。其优点是钢板桩打设时不需要辅助支架，施工简便，打设速度快；缺点是易使钢板桩的一侧倾斜，且误差积累后不容易纠正，平整度难于控制。这种打法只适于对钢板桩墙质量要求一般，钢板桩长度不大于10 m 的情况。

● 围檩插桩法：是指在桩的轴线两侧先安装围檩，将钢板桩依次锁口咬合并全部插入两侧围檩间(图 1-32)。其作用是插入钢板桩时起垂直支撑作用，保证位置准确；施打过程中起导向作用，保证板桩的垂直度。具体做法是先对四个角板桩施打，封闭合拢后，再逐块将板桩打到设计标高的要求。其优点是板桩安装质量高，但施工速度较慢，费用也较高。

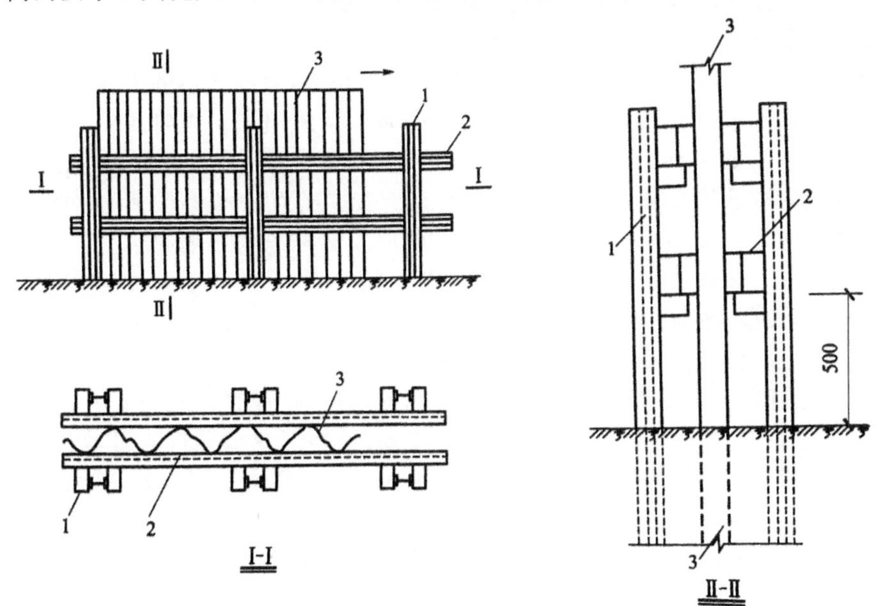


图 1-32 双层围檩插桩法
1—围檩桩；2—围檩；3—钢板柱

● 分段复打法：是指安装一侧围檩，先将两端钢板桩打入土中，在保证位置、方向和垂直度后，用电焊固定在围檩上，起样板和导向作用；然后将其他钢板桩按顺序以 1/2 或 1/3 钢板桩高度逐块打入。

⑤钢板桩拔除：基坑回填后一般要拔出钢板桩，以便重复使用。对拔桩后留下的桩孔，必须及时进行回填处理，通常是用砂子灌入板桩孔内，使之密实。

(4)土层锚杆支护

边坡锚杆施工工艺

①土层锚杆支护(图1-33)是指将设置在钻孔内、端部伸入稳定土层中的钢筋或钢绞线与孔内注浆体锚固在土层中而组成的受拉杆体。钢筋或钢绞线一端伸入稳定土层中，另一端与支护结构相连接。锚杆端部的侧压力通过拉杆传给稳定土层，以达到控制基坑支护的变形、保持基坑土体和坑外建筑物稳定的目的。

②工艺流程：定位→钻孔→安放拉杆→注浆→(张拉)锚固。

③土层锚杆由锚头、拉杆(钢索)、支护结构、锚固体等部分组成。

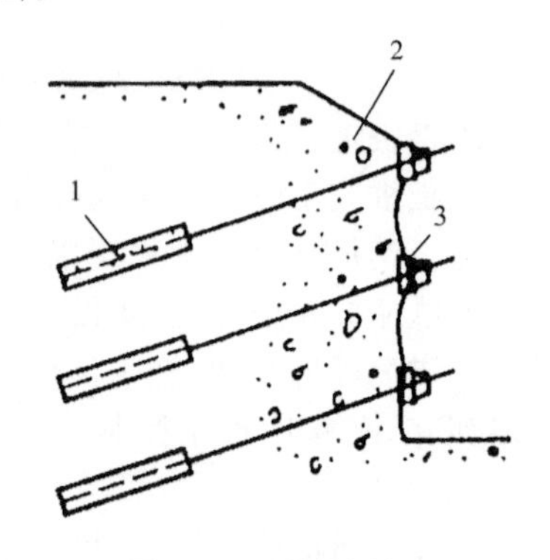

图1-33 土层锚杆支护
1—土层锚杆；2—破碎岩体；3—混凝土板或钢横撑

④埋置深度：最上层锚杆要有足够的覆土厚度，即锚杆的垂直分力应小于上面的覆土重量。最上层锚杆上面需有不小于4 m的覆土厚度。锚杆层数：取决于支护结构的截面和其所承受的荷载。上、下层间距不宜小于2.5 m，水平间距不宜小于1.5 m。锚杆倾角：《建筑地基基础设计规范》(GB 50007—2011)规定宜为15°～35°。锚杆长度：一般要求锚固体置于滑动土体之外的好土层中，通常长度为15～25 m，锚固体长度为5～7 m。《建筑地基基础设计规范》(GB 50007—2011)规定：锚杆自由段长≥5 m，超过潜在滑裂面(或者主动滑动面)1 m。锚杆定位支架沿锚杆轴线方向每隔1.0～2.0 m设置一个，锚杆杆体的保护层厚度不得小于20 mm。

(5)土钉墙支护

土钉墙支护施工工艺

①土钉墙是以土钉作为主要受力构件的边坡支护技术，它由密集的土钉群、被加固的原位土体、喷混凝土面层和必要的防水系统组成。土钉支护亦称土钉墙，如图1-34所示。

②工艺流程：按设计要求自上而下分段、分层开挖工作面→修整坡面(平整度允许偏差为±20 m)→埋设喷射混凝土厚度控制标志物→喷射第一层混凝土→钻孔、安放土钉→注浆、安放连接件→绑扎钢筋网，喷射第二层混凝土→设置坡顶、坡面、坡脚的排水系统。

③土钉墙一般由土钉、面层和排水系统组成。

● 土钉。土钉宜采用HPB300、HRB335级钢筋制成，钢筋直径宜为16～32 mm，土钉长度宜为开挖深度的50%～120%，间距宜为1～2 m，呈矩形或梅花形布置，与水平夹角宜为5°～20°，并且钻孔直径为70～120 mm，注浆材料宜用水泥浆或水泥砂浆，其强度等级不宜低于M10。

● 面层。采用喷射混凝土面层并配置钢筋网，钢筋直径宜为6～10 mm，间距宜为150～300 mm，混凝土强度等级不宜低于C20，面层厚度不宜小于80 mm，喷射作业应分段进行，同一分段内喷射顺序应自下而上，一次喷射厚度不宜小于40 mm。喷射混凝土终凝2 h后，应喷水养护，养护时间宜为3～7 h。

● 排水系统。在坡顶和坡脚设排水设施，并可在坡面设置泄水孔。

(6)地下连续墙支护

①地下连续墙是基础工程在地面上采用一种挖槽机械，沿着深开挖工程的周边轴线，在泥

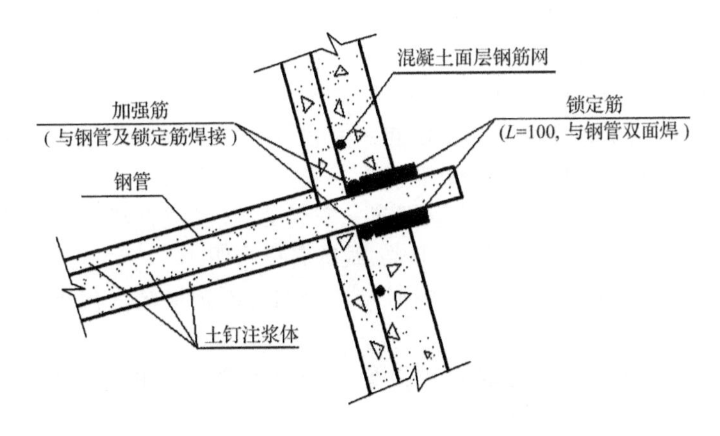


图 1-34 土钉支护

浆护壁条件下，开挖出一条狭长的深槽，清槽后，在槽内吊放钢筋笼，然后用导管法灌筑水下混凝土，筑成一个单元槽段，如此逐段进行，在地下筑成一道连续的钢筋混凝土墙壁，作为截水、防渗、承重、挡水结构，如图 1-35 所示。

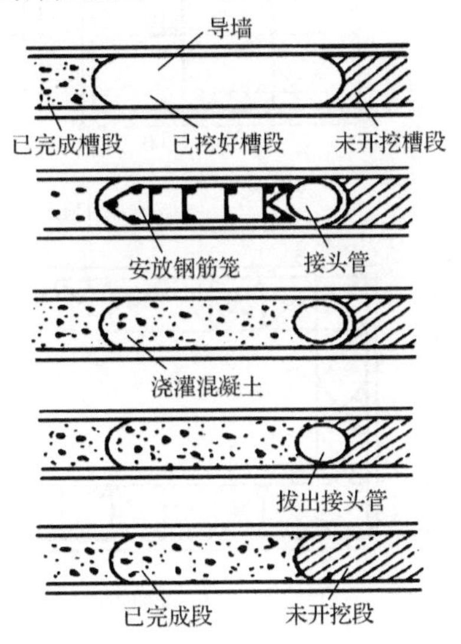


图 1-35 地下连续墙支护

微课

地下连续墙施工工艺

②工艺流程：导墙施工→挖槽与清槽→泥浆制备与管理→地下连续墙段接头施工→钢筋笼的制作与吊装→浇筑水下混凝土。

③地下连续墙导墙施工槽段放线后，应沿地下连续墙轴线两侧构筑导墙，导墙要具有足够的刚度和承载能力，一般用现浇钢筋混凝土制作，混凝土的设计强度等级不宜低于 C20。导墙底面不宜设置在新近填土上，且埋深不宜小于 1.5 m。

接头施工：槽段接头应满足混凝土浇筑压力对其强度和刚度的要求。安放槽段接头时，应紧贴槽段垂直缓慢地沉放至槽底。遇到阻碍时应先清除，然后再入槽。混凝土浇灌过程中应采取防止混凝土产生绕流的措施。

对有防渗要求的接头，应在吊放地下连续墙钢筋笼前，对槽段接头和相邻墙段的槽壁混凝土面用刷槽器或其他方法进行反复清刷，清刷后的槽段接头和混凝土面不得夹泥。

(7)内支撑式支护

①内支撑式支护是由内支撑系统和挡土结构两个部分组成的。基坑开挖所产生的土压力

和水压力主要由挡土结构来承担,同时也是由挡土结构来将这两部分侧向压力传递给内支撑,有地下水时也可防止地下水渗漏,是稳定基坑的一种临时支挡方式。一般情况下,支撑结构的布置形式有水平支撑体系和竖向支撑体系两种。

②工艺流程:第一层土方开挖→人工修底→安装第一道腰梁、内支撑梁底模板→绑扎第一道腰梁、支撑梁钢筋→安装梁侧模→浇筑混凝土→养护→第二层土方开挖→人工修底→安装第二道支撑、腰梁底模板→绑扎支撑、腰梁钢筋→安装支撑、腰梁侧模→混凝土浇筑→混凝土养护→开挖第三层基坑土方→人工修底、平整、做坑底排水明沟。

③深基坑工程中的支护结构一般有两种形式,分别为围护墙结合内支撑系统的形式和围护墙结合锚杆的形式。

④内支撑(图 1-36)适用于各种地基土层,缺点是内支撑会占用一定的施工空间。常用的有钢管内支撑和钢筋混凝土内支撑。

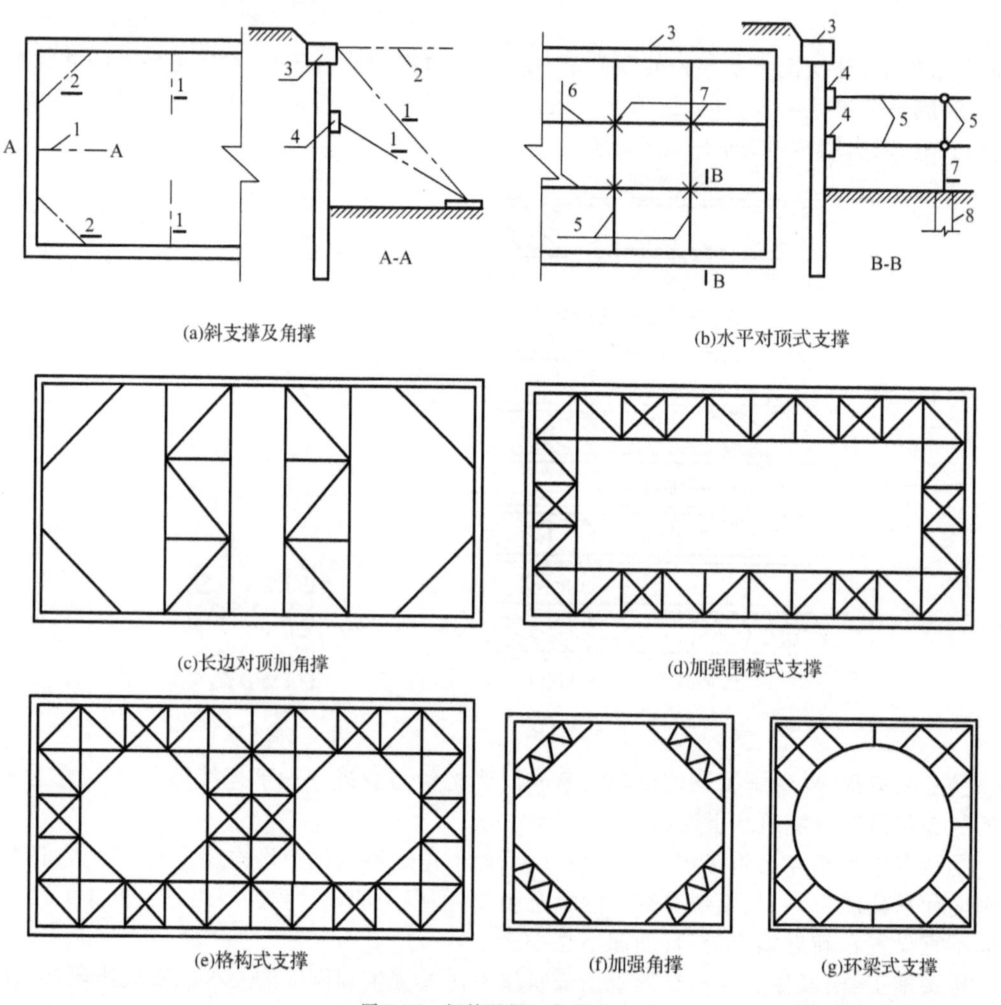


图 1-36 钢筋混凝土内支撑

1—斜支撑;2—角撑;3—冠梁;4—围檩;5—横向水平支撑;6—纵向水平支撑;7—支撑立柱;8—立柱基础

钢管内支撑的优点是施工速度快,装拆方便;缺点是支撑的刚度略差,基坑支护结构易变形。多道钢管内支撑有助于控制支护结构变形。

钢筋混凝土内支撑刚度大、变形小,能有效控制挡墙和周围地面的变形。它可随挖土逐层就地现浇,其布置的基本形式有斜支撑及角撑、水平对顶式支撑、长边对顶加角撑、加强围檩式支撑、格构式支撑、加强角撑、环梁式支撑等,如图1-36所示。形式可随基坑形状而变化,适用于周围环境要求较高的深基坑。

## 1.7 土方的填筑与压实

在土方填筑前,应清除基底上的垃圾、树根等杂物,抽除坑穴中的水、淤泥。在建筑物和构筑物地面下的填方或厚度小于0.5 m的填方,应清除基底上的草皮、垃圾和软弱土层。在土质较好、地面坡度不陡于1/10的较平坦场地的填方,可不清除基底上的草皮,但应割除长草。在稳定山坡上填方,当山坡坡度为1/10～1/5时,应清除基底上的草皮;当坡度陡于1/5时,应将基底挖成台阶,台阶面内倾,台阶宽高比为1∶2,台阶高度不大于1 m。当填方基底为耕植土或松土时,应将基底碾压密实。在水田、沟渠或池塘上填方前,应根据实际情况采用排水疏干、挖除淤泥或抛填块石、砂砾、矿渣等方法处理后再进行填土。填土区如遇有地下水或滞水,则必须设置排水措施,以保证施工顺利进行。

### 1.7.1 填筑的要求

为了满足填方工程强度和稳定性方面的要求,必须正确选择填土的种类和填筑方法。

填方土料应符合设计要求。碎石类土、砂土和爆破石渣,可用作表层以下的填料。当填方土料为黏土时,填筑前应检查其含水量是否在控制范围内。含水量大的黏土不宜作为填土。含有大量有机质的土,吸水后容易变形,承载能力降低,不宜用作填土;另淤泥、冻土、膨胀土等也不应作为填土。填土应分层进行,并尽量采用同类土填筑。当采用不同土填筑时,应将透水性较大的土层置于透水性较小的土层之下,不能将各种土混杂在一起使用,以免填方内形成水囊。

碎石类土或爆破石渣作为填料时,其最大粒径不得超过每层铺土厚度的3/4,铺填时,大块料不应集中,且不得填在分段接头或填方与山坡连接处。

学习强国小案例

**探访雄安容东片区临时土方堆存场项目:打造国内首个工厂化、数字化存土场**

河北省雄安新区容东片区临时土方堆存场总容量为1 200万立方米,是国内首个工厂化、数字化存土场。通过系列智能装置实现装卸土方、自动计量、车辆智能清洗、路面自动喷淋等操作,可保证体型庞大的土方车不断穿梭往返过后,地面依旧整洁干净。这种智能、高效且绿色的作业方式解决了雄安新区容东片区建设期间尘土的污染问题。

完成土方装卸的车辆驶出土场,进入涉水池简单冲洗底盘和轮胎上的泥土,之后通过洗轮机,此时红外感应系统自动开启设备,彻底清洗车辆底盘及轮胎。然后车辆进入吹干系统,仅20秒就能吹干车体上的浮水,这一套清洗系统使车辆在后续行驶中更为整洁,对环境更为友好。除此之外,场内道路两侧设有的自动喷淋装置能够接通环境监测系统,通过智能分析大气扬尘等指标自动开启,有效降低场内扬尘污染。

该项目以信息化手段,将智能化管理实现在智能称重、车辆清洗、智能监控、自动计量等系统中。通过集中控制平台与车辆绑定对场区状况进行监测,收集车辆称重信息、车辆运输车次、驾驶员工作时间等各项数据,实现准确高效及安全生产,打造高标准高质量的示范项目。

## 1.7.2 填土压实的方法

填土压实的方法一般有碾压法、夯实法和振动压实法。

**1. 碾压法**

碾压法是指利用机械滚轮的压力压实土壤，使之达到所需的密实度，此法多用于大面积填土工程。碾压机械有光面碾(压路机)、羊足碾(图 1-37)和气胎碾(图 1-38)。光面碾对砂土、黏土均可压实；羊足碾需要较大的牵引力，且只宜压实黏土，因为在砂土中使用羊足碾会使土颗粒受到“羊足”般较大的单位压力后向四周移动，从而使土的结构遭到破坏。

气胎碾工作时是弹性体，其压力均匀，填土质量较好。它还可利用运土机械进行碾压，也是较经济合理的压实方案，施工时使运土机械行驶路线能大体均匀地分布在填土面积上，并达到一定重复行驶遍数，使其满足填土压实质量的要求。

图 1-37 羊足碾

图 1-38 气胎碾

**2. 夯实法**

夯实法是指利用夯锤自由下落的冲击力来夯实土壤，主要用于小面积回填。夯实法分人工夯实和机械夯实两种。

夯实机械有夯锤、内燃夯土机和蛙式打夯机，人工夯实用的工具有木夯、石夯、飞硪等。夯锤是借助起重机悬挂一重锤进行夯土的夯实机械，适用于夯实砂性土、湿陷性黄土、杂填土以及含有石块的填土。打夯机种类如图 1-39 所示。

(a) 电动立夯机

(b) 蛙式打夯机

图 1-39 打夯机种类

**3. 振动压实法**

振动压实法是指将振动压实机放在土层表面，借助振动机构使压实机振动，土颗粒在振动力的作用下发生相对位移而达到紧密状态。这种方法用于振实非黏土效果较好。

若使用振动碾进行碾压，则可使土受振动和碾压两种作用，碾压效率高，适用于大面积填方工程。

## 1.7.3 填土压实的影响因素

填土压实的影响因素较多，主要有压实功、土的含水量以及每层铺土厚度。

**1. 压实功的影响**

填土压实后的密度与压实机械在其上所施加的功有一定的关系。土的密度与压实功的关系曲线如图1-40所示。当土的含水量一定时，在开始压实时，土的密度急剧增大，待到接近土的最大密度时，压实功虽然增大许多，但土的密度却没有变化。实际施工中，对于砂土只需碾压或夯击2～3遍，对粉土只需3～4遍，对粉质黏土或黏土只需5～6遍。此外，松土不宜用重型碾压机械直接滚压，否则土层有强烈起伏现象，效率不高。如果先用轻碾压实后再用重碾压实，就会取得较好效果。

**2. 含水量的影响**

在同一压实功条件下，填土的含水量对压实质量有直接影响。较为干燥的土颗粒之间的摩阻力较大，因而不易压实。当含水量超过一定限度时，土颗粒之间孔隙由水填充而呈饱和状态，也不能压实。当土的含水量适当时，水起了润滑作用，土颗粒之间的摩阻力减小，压实效果好。每种土都有其最佳含水量，土在其最佳含水量的条件下，使用同样的压实功进行压实，所得到的密度最大，土的干密度与含水量的关系曲线如图1-41所示，各种土的最佳含水量和最大干密度可参考表1-10。工地简单检验黏土含水量的方法一般是以手握成团落地开花为适宜，为了保证填土在压实过程中处于最佳含水量状态，当土过湿时，应予翻松晾干，也可掺入同类干土或吸水性土料；当土过干时，则应预先洒水润湿。

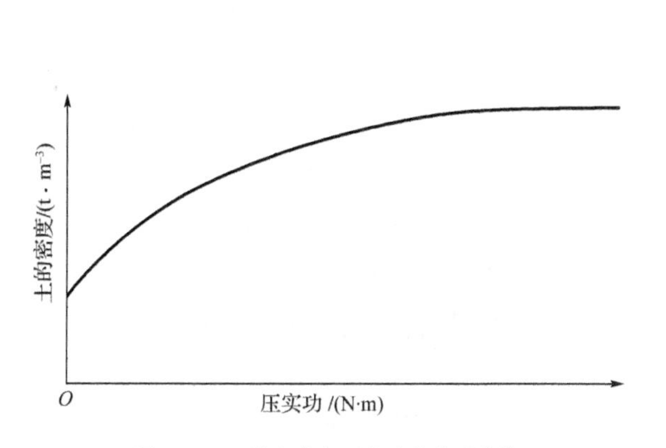


图1-40 土的密度与压实功的关系曲线

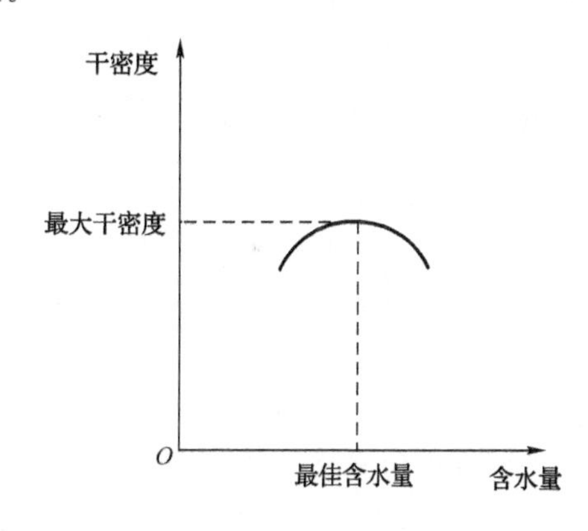


图1-41 土的干密度与含水量的关系曲线

**表1-10** 土的最佳含水量和最大干密度参考表

| 项次 | 土的种类 | 变动范围 | | 项次 | 土的种类 | 变动范围 | |
|---|---|---|---|---|---|---|---|
| | | 最佳含水量/%（质量比） | 最大干密度/（$g \cdot cm^{-3}$） | | | 最佳含水量/%（质量比） | 最大干密度/（$g \cdot cm^{-3}$） |
| 1 | 砂土 | 8～12 | 1.80～1.88 | 3 | 粉质黏土 | 12～15 | 1.85～1.95 |
| 2 | 黏土 | 19～23 | 1.58～1.70 | 4 | 粉土 | 16～22 | 1.61～1.80 |

注：①表中土的最大干密度应根据现场实际达到的数字为准。

②一般性的回填可不做此项测定。

**3. 铺土厚度的影响**

土在压实功的作用下，其压实应力随深度增大而逐渐减小(图 1-42)，其影响深度与压实机械、土的性质和含水量等有关。铺土厚度应小于压实机械压土时的作用深度，但其中还有最优土层厚度问题。铺得过厚，要压很多遍才能达到规定的密实度；铺得过薄，则也要增加机械的总压实遍数。最优的铺土厚度应能使土方压实而机械的功耗最小。

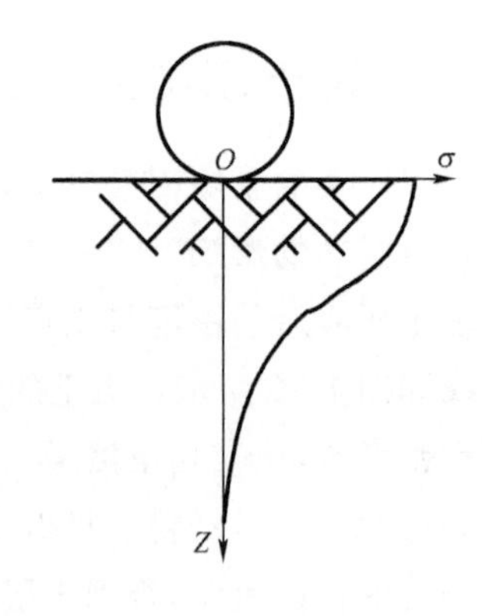

图 1-42　压实应力与深度的关系曲线

上述三方面因素之间是互相影响的。为了保证压实质量，提高压实机械的生产率，重要工程应根据土质和所选用的压实机械在施工现场进行压实试验，以确定达到规定密实度所需的压实遍数、铺土厚度及最优含水量。

# 1.8　土方工程冬雨季施工

在结冻状态下，土的机械强度会大大提高，使土方工程冬季施工造价增高，工效降低，寒冷地区土方工程施工一般宜在入冬前完成。当必须在冬季施工时，其施工方法应根据本地区气候、土质和冻结情况并结合施工条件进行技术经济比较后确定。施工前应周密计划，做好准备，做到连续施工。

## 1.8.1　冻土的定义、特性及分类

当温度低于 0 ℃时，含有水分而冻结的各类土称为冻土。我们把冬季土层冻结的厚度叫作冻结深度。土在冻结后，体积较冻结前增大的现象称为冻胀。

按季节性冻土地基冻胀量的大小及其对建筑物的危害程度，将地基土的冻胀性分为四类。

Ⅰ类：不冻胀。冻胀率 $K_a \leqslant 1.0\%$，对敏感的浅基础均无危害。

Ⅱ类：弱冻胀。$K_a = 1.0\% \sim 3.5\%$，对浅埋基础的建筑物也无危害，在最不利条件下，可能产生细小的裂缝，但不影响建筑物的安全。

Ⅲ类：冻胀。$K_a = 3.5\% \sim 6.0\%$，浅埋基础的建筑物将产生裂缝。

Ⅳ类：强冻胀。$K_a > 6.0\%$，浅埋基础将产生严重破坏。

## 1.8.2　地基土的保温防冻

地基土的保温防冻是在冬季来临时土层未冻结之前，采取一定的措施使基础土层免遭冻结或减少冻结的一种方法。在土方冬季开挖中，土的保温防冻法是最经济的方法之一，常用的有如下两种：

**1. 保温材料覆盖法**

面积较小的基槽(坑)的防冻，可直接用保温材料覆盖，表面加盖一层塑料布。常用的保温材料有炉渣、锯末、膨胀珍珠岩、草袋、树叶等。在已开挖的基槽(坑)中，靠近基槽(坑)壁处覆盖的保温材料需加厚，以使土壤不致受冻。

**2. 暖棚保温法**

已挖好的较小的基槽(坑)的保温与防冻可采用暖棚保温法。做法是在已挖好的基槽(坑)上搭置骨架后铺上基层,再覆盖保温材料;也可搭塑料大棚,在棚内采取供暖措施。

学习强国小案例

**"高寒高铁"刷新高铁技术新高度**

哈牡(哈尔滨至牡丹江)高铁作为我国"八纵八横"高铁网中最北的"一横",经受住了多次严寒考验,次次将旅客快捷、平稳地送达目的地。哈牡高铁经过的地区最低温度达到了−40 ℃,为保障线路供电,哈牡高铁沿线建设了317座电塔。

哈牡高铁在修建线路过程中创造性地采用了一系列新技术:在路基冻结深度范围内填筑非冻胀性填料,在路基坡脚两侧设置"保温层",在对路基起到保温作用的同时,有效防止了冻胀变形;而在隧道修建过程中,施工单位也采用了全新的防水材料,既保温又防水,攻克了在高寒地区的隧道施工难题;等等。如今,我国在高寒铁路的建设运营方面已积累起丰富的经验,哈牡高铁成功通过严寒考验,向世界进一步展示了中国高铁技术的"新高度"。

## 1.8.3 冻土的开挖

冻土的开挖方法有人工法开挖、机械法开挖、爆破法开挖三种。

(1)人工法开挖。人工法开挖适用于开挖面积较小、场地狭窄、不具备其他方法进行土方破碎开挖的情况。开挖时一般用大铁锤和铁楔子劈冻土。

(2)机械法开挖。机械法开挖适用于大面积的冻土开挖。破土机械根据冻土层的厚度和工程量的大小选用。当冻土层厚度小于0.25 m时,可直接用铲运机、推土机、挖土机挖掘;当冻土层厚度为0.6～1.0 m时,可用打桩机将楔形劈块按一定顺序打入冻土层,劈裂破碎冻土,或用起重设备将质量为3～4 t的尖底锤吊至5～6 m高时,脱钩使其自由落下,击碎冻土层(击碎厚度可达1～2 m),然后用斗容量大的挖土机进行挖掘。

(3)爆破法开挖。爆破法开挖适用于面积较大、冻土层较厚的土方工程。采用打炮眼、填药的爆破方法将冻土破碎后,用机械挖掘施工。

## 1.8.4 冬季回填土施工

由于冻结土块坚硬且不易破碎,回填过程中又不易被压实,待温度回升、土层解冻后会形成较大的沉降。因此,为保证冬季回填土的工程质量,在冬季回填土施工时必须按照施工及验收规范的规定组织施工。

冬季填方前,要清除基底的冰雪和保温材料,排除积水,挖除冻结土块或淤泥。对于基础和地面工程范围内的回填土,冻结土块的含量不得超过回填土总体积的15%,且冻结土块的粒径应小于15 cm。填方宜连续进行,且应采取有效的保温防冻措施,以免地基土或已填土受冻。填方时,每层的虚铺厚度应比常温施工时减少20%～25%。填方的上层应用未冻的、不冻胀或透水性好的土料填筑。

### 1.8.5 土方工程的雨季施工

**1. 雨季施工准备**

在雨季到来时，对施工现场、道路及设施必须做好有组织的排水，对施工现场临时设施、库房要做好防雨排水的准备；对现场的临时道路进行加固、加高，或在雨季加铺炉渣、砂砾或其他防滑材料；在施工现场应准备足够的防水、防汛材料（如草袋、油毡雨布等）和器材工具等。

**2. 土方工程的雨季施工**

雨季开挖基槽（坑）或管沟时，开挖的施工面不宜过大，应从上至下分层分段依次施工，随时将底部做成一定的坡度，应经常检查边坡的稳定，适当放缓边坡或设置支撑。雨季不要在滑坡地段进行施工。大型基坑开挖时，为防止被雨水冲塌，可在边坡上加钉钢丝网片，再浇筑50 mm 厚的细石混凝土。地下的池、罐构筑物或地下室结构，完工后应抓紧进行基坑四周回填土施工和上部结构的继续施工，否则会引发地下室和池、罐等构筑物上浮的事故。

## 1.9 BIM与土方工程

学习强国小案例

**建筑工人"刷脸"上班 大数据赋能"智慧工地"**

江苏省邳州市中国二十冶云鼎新宜家安置房项目通过引入"智慧工地"完成对工地的科学化管理，比如"刷脸"进工地：工人面向摄像头，验证通过后便可进入工地。考勤设备实时上传工人的考勤记录，项目工资由平台自动计算，自动生成包括月工作量、工资情况在内的详细记录。银行通过每月的核算后，通过专用账号直接把工资转到工人的工资卡上。再如：通过该项目定制的一套能"思考"的云平台系统——"工地大脑"，集成人员、设备、物料、安全、质量、进度等要素，形成"工地智能指挥部"；通过摄像头实时监控施工现场；通过数控中心监测设备、消防、水电等方面。一旦超标，对应的指示灯就会亮起。目前，云技术、大数据、人工智能在建筑工地也实现了运用，借助"智慧工地"，建筑工地施工项目将实现精细化、信息化、标准化的管理，实现绿色建造和生态建造。

在目前的施工过程中，BIM 技术的运用与其起到的作用可谓是越来越明显，越来越出众。那么，BIM 技术在土方工程施工过程中的应用有哪些方面的体现呢？

### 1.9.1 BIM 技术在土方工程中的应用目标与内容

通过创建项目场地以及基坑等分部分项工程的 BIM 模型，打破场地平整、土方开挖、施工降排水、边坡支护等设计、施工和监测间的隔阂，直观体现项目全貌，实现多方无障碍信息共享，让不同团队在同一环境下工作。通过三维可视化沟通，全面评估土方工程全部项目，使管理更科学，措施更有效，进而提高工作效率，节约投资。具体内容包括：

(1)项目所在环境三维地质模型的建立。

(2)土石方工程量的核算。

(3)地下基坑支护结构及降排水措施三维模型的建立。

(4)基坑开挖和降排水施工顺序的模拟。

(5)支护结构各部分的工程量统计。

(6)自动统计三维模型转二维的自动成图。

(7)基于 BIM 的基坑信息化施工与检测。

## 1.9.2 BIM 技术应用业务流程

(1)收集项目相关岩土工程勘察报告和设计资料,并通过无人机航拍获取地形、地质数据,建立三维地质数据模型。

(2)获取周边建筑物、道路及地下管线等设施的数据,建立施工场地布置模型。

(3)导入地形数据模型及施工场地模型数据,进行基坑工程的支护体系模型建立。

(4)土方开挖施工方案设计及施工模拟。

(5)根据土方开挖设计数据及地形数据进行土方算量。

(6)导入基坑变形监测数据。

(7)基坑监测人员及管理人员确定危险点后调取基坑监测报表,确认危险点是否属实并及时启动应急预案。

## 1.9.3 BIM 技术应用软件方案

土方工程 BIM 应用软件有多种选择,常用的有 Civil 3D、Revit、Navisworks、ANSYS 等,具体应用可参考图 1-43。

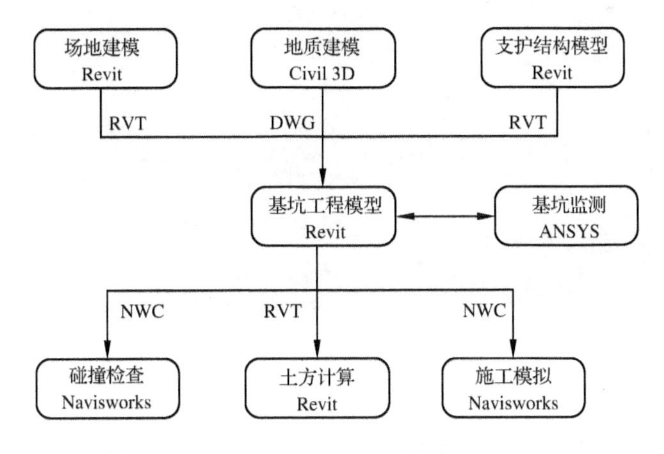


图 1-43 土方工程 BIM 应用软件方案

## 1.9.4 BIM 技术应用成果

### 1. 三维可视化 BIM 模型

基坑施工 BIM 模型包括:地质结构模型、支护结构模型和施工场地模型,如图 1-44 所示。

图 1-44 基坑工程支护模拟图

以勘察报告为初始数据，将二维地勘资料转换成三维地勘模型，在 Revit 中与基坑结构模型合并，可实时、任意视角地查看地下室结构构件与不同深度土层之间的关系，快速查看土层属性信息，指导设计、施工。

**2. 施工模拟**

如图 1-45 所示，在输入相关信息后，可直观地看到土方开挖和支护施工过程、周边环境变化、建成后的运营效果等，同时可以科学地指导方案优化和现场施工，方便业主和监理及时了解工程进展状况，让更多非专业领域人员参与进来。

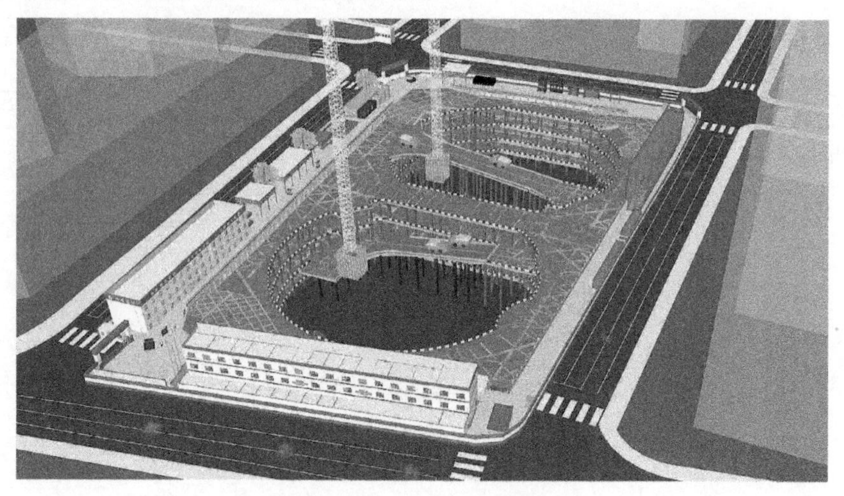

图 1-45 基坑工程施工模拟演示图

**3. 工程算量**

根据支护结构各构件定义对应的属性、名称，在视图区可自动生成工程明细表，明细表中可根据需求查看任意命名构件的工程数量，如图 1-46 所示。

**4. 信息化施工和监测**

利用 BIM 信息模型，可有效地避开地下管线，协同各施工作业安全施工。将地勘模型集成到 Revit 中，并赋予土层属性，可使监理、设计、施工人员能在平台上进行设计、校核工作。

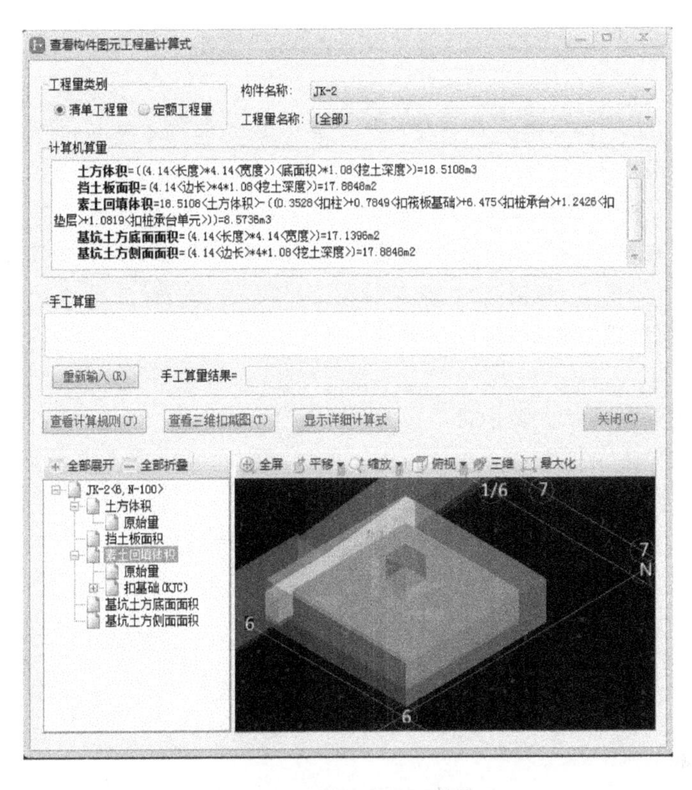


图 1-46　基坑工程 BIM 算量

将 BIM 技术引入基坑工程监测工作,可解决以往在基坑围护结构变形监测过程中不能直观表现其变形情况和变形趋势的缺点,如图 1-47 所示。

图 1-47　基于 BIM 基坑工程监测

## 思考与练习

### 背景资料

某建筑工程建筑面积为 205 000 m², 采用混凝土现浇结构,筏形基础,地下 3 层,地上 12 层,基础埋深为 12.4 m,该工程位于繁华市区,施工场地狭小。

工程所在地区地势北高南低，地下水流从北向南。施工单位的降水方案计划在基坑南边布置单排轻型井点。

基坑开挖到设计标高后，施工单位和监理单位对基坑进行了验槽，并对基底进行了钎探，发现地基东南角有约 350 $m^2$ 软土区，监理工程师随即指令施工单位进行换填处理。

施工总承包单位将深基坑支护设计委托给专业设计单位，专业设计单位根据岩土工程勘察报告选择了地下连续墙加内支撑支护结构形式。施工总承包单位编制了深基坑开挖专项施工方案，内容包括工程概况、编制依据、施工计划、施工工艺技术、劳动力计划。该方案经专家论证，补充了有关内容后，按程序通过了审批。

**问题：**

课题1思考与练习

1. 该工程基坑开挖降水方案是否可行？说明理由。

2. 施工单位和监理单位两家单位共同进行工程验槽的做法是否妥当？说明理由。

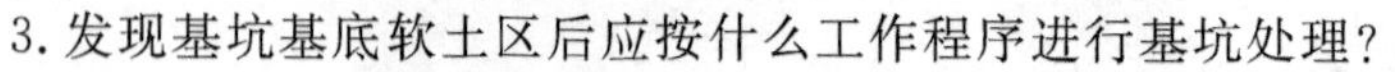

3. 发现基坑基底软土区后应按什么工作程序进行基坑处理？

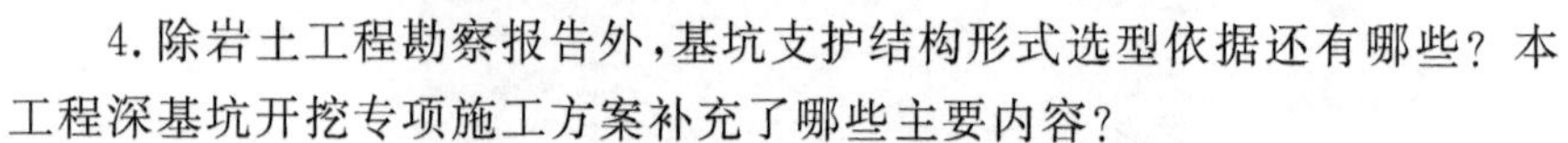

4. 除岩土工程勘察报告外，基坑支护结构形式选型依据还有哪些？本工程深基坑开挖专项施工方案补充了哪些主要内容？

## 拓展资源与在线自测

别墅建设项目土方开挖方案

非开挖埋管施工技术

施工扬尘控制技术

课题1

# 课题 2

# 地基与基础工程施工

## 能力目标

能够根据现场实际选用适用的地基处理方法；能明确钢筋混凝土浅基础施工工艺、钢筋混凝土灌注桩施工工艺、预制桩施工工艺；能够进行地基工程施工质量验收检查；能够利用BIM技术进行土石方工程精细化管理。

## 知识目标

熟悉建筑工程地基处理的内容、地基处理的方法；熟悉钢筋混凝土浅基础施工、钢筋混凝土灌注桩施工、预制桩施工的优缺点；掌握钢筋混凝土浅基础施工、钢筋混凝土灌注桩施工、预制桩施工的一般方法和要求；掌握地基处理工程冬雨季施工措施；了解BIM技术对地基处理工程实施的改革。

## 素质目标

培养学生阅读专业技术文件的能力；培养学生使用专业术语的严谨态度；培养学生的专业计算分析能力；培养学生编制专项施工方案的能力；培养学生利用信息化技术的能力；培养学生的团队协作能力；培育学生爱岗敬业、精益求精的工匠精神；拓展学生地下空间、水下空间思维能力；引导学生了解传统建筑文化营造技艺，坚定中国建筑文化自信；带领学生回顾我国超级工程施工发展水平，坚定中国建筑业发展的道路自信。

地基与基础工程施工
1.地基处理
换填垫层处理地基施工
强夯处理地基施工
水泥粉煤灰碎石桩
振冲地基
2.钢筋混凝土浅基础施工
钢筋混凝土独立基础施工
钢筋混凝土条形基础施工
钢筋混凝土筏形基础施工
3.钢筋混凝土灌注桩施工
泥浆护壁成孔灌注桩施工
沉管灌注桩施工
干作业钻孔灌注桩施工
人工挖孔灌注桩施工
4.预制桩施工
预制桩施工准备
打桩施工工艺及质量要求
锤击打桩法施工
静力压桩法施工
桩承台施工
5.冬季和雨季施工
雨季施工特点及要求
冬季施工特点及要求
冬雨季地基与基础施工要采取的措施
6.BIM与基础工程
BIM技术在基础工程中的应用目标与内容
BIM技术在基础施工过程中的可视化
BIM技术在基础施工过程中的应用流程
BIM技术应用软件方案
BIM技术应用成果


课题2 思维导图

# 2.1　地基处理

学习强国小案例

**“地下城”怎么建，深地空间研究有答案**

对深地空间开发利用是全世界都在研究的科研项目，是世界性的前沿科研话题。芬兰将深入地下 120 米的空间打造成含盐湿润空气的氧吧，这个地下公园常年恒温(11～12 ℃)，几乎没有任何过敏源和细菌，可适合患呼吸道、肺结核等疾病的病人进行疗养。位于英国北威尔士的矿洞游乐场，在地下 150 米，拥有保温保湿环境下世界最大的地下蹦床。这些地下空间具有恒温恒湿、隔音隔震、天然抗自然灾害、低本底辐射、环境清洁等独特优势。目前国际上地下空间利用率大概是 30%，而我们国家仅有 17%。我国已将深地开发列入国家重大科技专项。关于未来“地下城”该怎么建设，中国工程院院士、深圳大学深地科学与绿色能源研究院院长谢和平提出了关于“地下城”5.0 版建设的战略构想并进行了科研论证。在我们国家对于地下空间的利用率非常小且目前深地开发战略已开展的情况下，这些地下空间如何合理开发利用，就成为国家首要预研的重大战略科研项目。

地基是承受上部结构荷载的土层，若建筑物直接建造在地基土层上，该土层不经过人工处理便能直接承受建筑物荷载作用，则这种地基称为天然地基。若建筑物所在场地地基为软土、软弱土、人工填土等土层，这些土层不能承受建筑物荷载作用，必须经过人工处理后才能使用，则这种经人工处理后的地基称为人工地基。本课题主要学习地基处理方法中的换填垫层、强夯、水泥粉煤灰碎石桩和振冲地基。

## 2.1.1　换填垫层地基施工

**1. 换填垫层的定义及适用范围**

(1)定义。《建筑地基处理技术规范》(JGJ 79－2012)规定，换填垫层是指挖除基础底面下一定范围内的软弱土层或不均匀土层，回填其他性能稳定、无侵蚀性、强度较高的材料，并夯压密实形成的垫层，如图 2-1 所示。

地基换填土施工工艺

(2)适用范围。换填垫层法适用于浅层软弱地基及不均匀地基的处理。

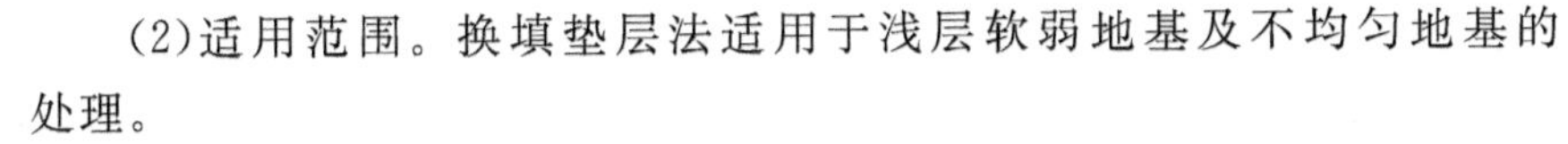

**2. 换填垫层的构造**

换填垫层的设计，应根据建筑形状、结构特点、荷载性质和地质条件，并结合机械设备与当地材料来源等综合分析。既要满足建筑物地基强度和变形的要求，又要符合经济合理的原则；既要求换填垫层有足够的厚度，又要求有足够的宽度。

(1)垫层材料的选择原则

①砂石。宜选用碎石、卵石、角砾、圆砾、砾砂、粗砂、中砂或石屑(粒径小于 2 mm 的部分不应超过总重的 45%)，应级配良好，不含植物残体、垃圾等杂质。当使用粉细砂或石粉(粒径

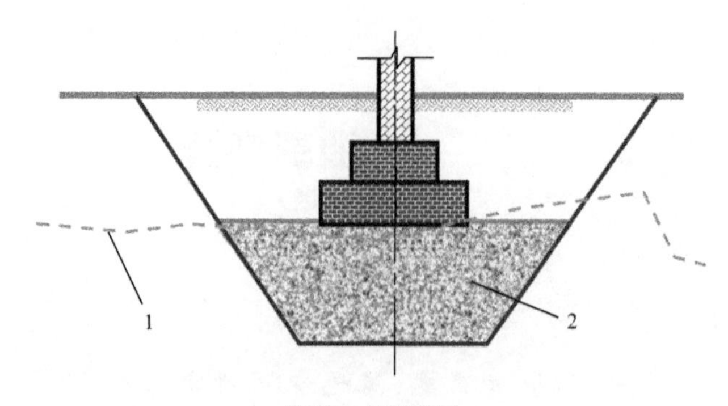


图 2-1 换填垫层

1—软土层;2—垫层

小于 0.075 mm 的部分不应超过总重的 9%)时,应掺入不少于总重 30%的碎石或卵石。砂石的粒径不宜大于 50 mm。对湿陷性黄土地基,不得选用砂石等透水性材料。

②粉质黏土。土中有机质含量不得超过 5%,也不得含有冻土或膨胀土。当含有碎石时,其粒径不宜大于 50 mm。用于湿陷性黄土或膨胀土地基的粉质黏土垫层,土料中不得夹有砖、瓦和石块。粉质黏土和灰土土料的施工含水量宜控制在最优含水量 $w_{op}\pm2\%$ 的范围内,粉煤灰垫层的施工含水量宜控制在最优含水量 $w_{op}\pm4\%$ 的范围内,最优含水量可通过击实试验确定,也可按当地经验确定。

③灰土。体积配合比宜为 2∶8 或 3∶7。土料宜用粉质黏土,不宜使用块状黏土和砂质粉土,不得含有松软杂质,并应过筛,其粒径不得大于 15 mm。石灰宜用新鲜的消石灰,其粒径不得大于 5 mm。

④粉煤灰。可用于道路、堆场和小型建筑、构筑物等的换填垫层。

⑤矿渣。主要用于道路、堆场和地坪,也可用于小型建筑、构筑物地基。

(2)垫层的厚度

垫层的厚度应根据需置换软弱土的深度或下卧土层的承载力确定,即作用在垫层底面处土的自重压力(标准值)与附加压力(设计值)之和不大于软弱土层经深度修正后的地基承载力设计值。

换填垫层的厚度不宜小于 0.5 m,也不宜大于 3.0 m。垫层厚度过大,将造成施工困难,也不经济;若垫层厚度过小,则垫层的作用不明显。

(3)垫层的宽度

①垫层底面宽度。垫层底面宽度应满足基础底面应力扩散的要求。

②垫层顶面宽度。垫层顶面宽度可从垫层底面两侧向上,按基坑开挖放坡确定。每边超出基础底边不宜小于 300 mm。

**3. 施工准备**

(1)材料准备。根据设计要求选择材料,经试验检验材料的颗粒级配、有机质含量、含泥量等,确定混合材料的配合比。

(2)施工机具准备。垫层施工应根据不同的换填材料选择施工机械。粉质黏土、灰土宜采用平碾、振动碾或羊足碾,中小型工程也可采用蛙式打夯机、柴油夯;砂石等宜采用振动碾;粉煤灰宜采用平碾、振动碾、平板振动器、蛙式打夯机;其他机具可准备铁锹、铁耙、量具、水桶、喷壶、手推胶轮车、2 m 靠尺等。

(3)技术准备。编制施工方案,进行技术交底。

**4. 换填垫层处理地基施工工艺**

施工工艺流程：基土清理→抄平放线、设标桩→混合料拌和均匀→分层铺设、分层夯实→找平、验收。

(1)基土清理。砂石地基铺设前，应将基底表面浮土、淤泥及淤泥质土、杂物清除干净，槽侧壁按设计要求留出坡度，当基底表面标高不同时，不同标高的交接处应挖成阶梯形，阶梯的宽高比宜为 2∶1，每阶高度不宜大于 500 mm，并应按先深后浅的顺序施工，基坑开挖时应避免坑底土层受到扰动，可保留 200～300 mm 厚的土层暂不挖去，待铺填垫层前再挖到设计标高。严禁扰动垫层下的软弱土层，防止承载力降低、受冻或受水浸泡。在碎石或卵石垫层底面宜设置 150～300 mm 的砂垫层或铺一层土工织物，以防止软弱土层表面的局部破坏。

(2)抄平放线、设标桩。在基槽或基坑内按 5 m×5 m 网格设置标桩(钢筋或木桩)，控制每层砂石的铺设厚度。

(3)分层铺设、分层夯实。采用人工级配砂砾石，应先将砂和砾石按配合比设计严格计量，拌和均匀后再铺设。垫层的施工方法、分层铺设厚度、每层压实遍数等宜通过试验确定，除接触下卧软土层的垫层底部应根据施工机械设备及下卧层土质条件确定厚度外，一般情况下，垫层的分层厚度为 200～300 mm，为保证分层压实质量，应控制机械碾压速度，垫层的压实标准见表 2-1。

**表 2-1　垫层的压实标准**

| 施工方法 | 换填材料类别 | 压实系数 |
|---|---|---|
| 碾压、振密或夯实 | 碎石、卵石 | 0.94～0.97 |
| | 砂夹石(其中碎石、卵石占总重的 30%～50%) | |
| | 土夹石(其中碎石、卵石占总重的 30%～50%) | |
| | 中砂、粗砂、砾砂、角砾、圆砾、石屑 | |
| | 粉质黏土 | |
| | 灰土 | 0.95 |
| | 粉煤灰 | 0.90～0.95 |

注：压实系数是指土的控制干密度与最大干密度的比值；土的最大干密度宜采用击实试验确定。

(4)找平、验收。垫层最后一层完成后，应拉线或用靠尺检查标高和平整度，超高处用铁锹铲平，低洼处应补打灰土。

## 2.1.2　强夯地基施工

**1. 强夯地基的定义及适用范围**

(1)强夯法：是指反复将夯锤提到高处使其自由落下，给地基以冲击和振动能量，将地基土夯实形成地基的处理方法，如图 2-2 所示。

(2)强夯置换法：是指将夯锤提到高处使其自由下落形成夯坑，并不断夯击坑内回填的砂石、钢渣等硬粒材料形成地基的处理方法。强夯置换法在设计前必须通过现场试验确定其适用性和处理效果。

(3)适用性：强夯法适用于处理碎石土、砂土、低饱和度的粉土与黏土、湿陷性黄土、素填土和杂填土等地基；强夯置换法适用于高饱和度的粉土与软塑至流塑的黏土等对变形控制要求不严的地基工程。当强夯施工所产生的振动对邻近建筑物或设备产生有害的影响时，应设置

图 2-2　强夯法

监测点，并采取挖隔振沟或防振措施。

**2. 强夯地基构造**

(1)强夯技术参数的确定。强夯法或强夯置换法在施工之前，应在施工现场有代表性的场地上选取一个或几个试验区，进行试夯或试验性施工，试验区数量应根据建筑场地的复杂程度、建筑规模及建筑类型确定，以确定或验证设计强夯技术参数。

①有效加固深度：应根据试验确定。缺少试验资料或经验时可按表 2-2 选择。

**表 2-2　强夯法的有效加固深度**　m

| 单击夯击能 /(kN・m) | 碎石土、砂土 | 粉土、黏性土及湿陷性黄土 |
|---|---|---|
| 1 000 | 4.0～5.0 | 3.0～4.0 |
| 2 000 | 5.0～6.0 | 4.0～5.0 |
| 3 000 | 6.0～7.0 | 5.0～6.0 |
| 4 000 | 7.0～8.0 | 6.0～7.0 |
| 5 000 | 8.0～8.5 | 7.0～7.5 |
| 6 000 | 8.0～9.0 | 7.0～8.0 |
| 8 000 | 9.0～9.5 | 8.0～9.0 |

②点夯和满夯的区别：满夯是对整个场地而言的，意在增大土质的密实度，进而提高场地的地基承载力。点夯是对某些具体位置进行强夯，可以在夯点放一些碎石，通过碎石挤压周围土体，以增大土质密实度，形成碎石桩。

③夯点的夯击次数：应按现场试夯得到的夯击次数-夯沉量关系曲线确定，且最后两击的平均夯沉量不宜大于下列数值：当单击夯击能小于 3 000 kN・m 时为 50 mm；当单击夯击能为 3 000～6 000 kN・m 时为 100 mm；当单击夯击能大于 6 000 kN・m 且不足 10 000 kN・m 时为 200 mm。每个夯击点的夯击数一般为 3～10 击。

④夯击遍数：应根据地基土的性质确定。一般情况下，采用点夯 2～4 遍，最后再以低能量满夯 1～2 遍，满夯可采用轻锤或低落距锤多次夯击，锤印搭接。两遍之间应有一定的时间间隔，对渗透性较差的黏性土地基，间隔时间宜为 3～4 周，对渗透性较好的地基可连续夯击。

⑤夯点的布置原则：应根据基础的形式和加固要求由设计确定，一般采用等边三角形、等腰三角形或正方形布置。对于筏形基础，夯点可按等边三角形、等腰三角形或正方形布置；对于条形基础，夯点可成行、成列布置；对于独立基础，可按柱网位置每柱单点或每柱多点成组布置，在基础下面必须布置夯点。夯点布置及夯击顺序如图 2-3 所示。第一遍夯击时夯点间距可取夯锤直径的 2.5～3.5 倍，第二遍夯击时夯点位于第一遍夯击的夯点之间。

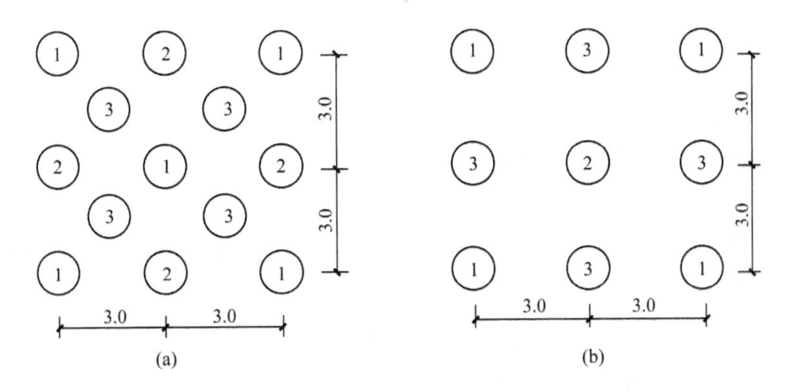


图 2-3 夯点布置及夯击顺序

(2)强夯处理范围。强夯处理范围应大于建筑物基础范围,每边超出基础外缘的宽度宜为基底下设计宽度的 1/3～1/2,且不宜小于 3 m,如图 2-4 所示。

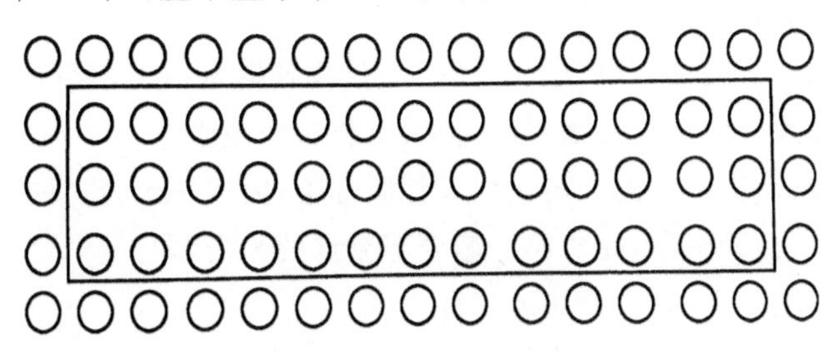

图 2-4 强夯夯点布置范围

**3. 施工准备**

(1)主要施工机具

①夯锤:强夯用夯锤质量可取 10～150 t,底面形状宜采用圆形或多边形。夯锤的材质最好为铸钢,若条件有限,也可用钢板壳内填混凝土。

②起重机具:宜选用 15 t 以上的履带式起重机或其他专用的起重设备。当起重机吨位不够时,亦可采取加钢支腿的方法,起重能力应大于夯锤质量的 1.5 倍。当采用履带式起重机时,可在臂杆端部设置辅助门架,或采用其他安全措施,防止落锤时机架倾覆。

③脱钩器:要求有足够强度,起吊时不产生滑钩;脱钩灵活,能保持夯锤平稳下落,同时挂钩方便、迅速。

④推土机:用 120～320 型,用作回填、整平夯坑。

⑤检测设备:有标准贯入、静载荷试验、静力触探或轻便触探等设备以及土工常规试验仪器。

(2)作业条件

①应有岩土工程勘察报告、强夯场地平面图及设计对强夯的效果要求等技术资料。

②强夯范围内的所有地上、地下障碍物已经拆除或拆迁,对不能拆除的已采取防护措施。

③场地已整平,并修筑了机械设备进出道路,表面松散土层已经预压。雨季施工周边已挖好排水沟,防止场地表面积水。

④已选定检验区做强夯试验,通过试夯和测试,确定强夯施工的各项技术参数,制订强夯施工方案。

⑤当强夯所产生的振动对周围邻近建(构)筑物有影响时,应在靠建(构)筑物一侧挖减振

沟或采取适当抗振加固措施,并设观测点。

⑥测量放线,定出控制轴线、强夯场地边线,钉木桩或点白灰标出夯点位置,并在不受强夯影响的处所,设置若干个水准基点。

**4. 强夯法地基处理的施工工艺流程和要点**

(1)强夯法的施工工艺流程

强夯法的施工工艺流程:平整场地→定位夯点位置→起重机就位→测量高程→夯击→测量高程→重复以上工序。

(2)强夯法的施工要点

①清理并平整施工场地。

②标出第一遍夯击时夯点位置,并测量场地高程。

③起重机就位,夯锤置于夯点位置。

④测量夯前锤顶高程。

⑤将夯锤起吊到预定高度,开启脱钩装置,待夯锤脱钩自由下落后放下吊钩,测量锤顶高程。如果发现因坑底倾斜而造成夯锤歪斜,应及时将坑底整平。

⑥重复第⑤步,按设计规定的夯击次数及控制标准,完成一个夯点的夯击。

⑦换夯点,重复步骤③~⑥,完成第一遍全部夯点的夯击。

⑧用推土机将夯坑填平,并测量场地高程。

⑨在规定的间隔时间后,按上述步骤逐次完成全部夯击遍数,最后用低能量满夯将场地表层松土夯实,并测量夯后场地高程。

**5. 强夯置换法地基处理的施工工艺流程和要点**

(1)强夯置换法的施工工艺流程

强夯置换法的施工工艺流程:平整场地→定位夯点位置→起重机就位→测量高程→夯击→测量高程→填料→重复以上工序→铺设垫层。

(2)强夯置换法的施工要点

①夯击并逐击记录夯坑深度。当夯坑过深而发生起锤困难时停夯,向坑内填料直至与坑顶平,记录填料数量,如此重复直至满足夯击次数及控制标准,完成一个夯击。当夯点周围软土挤出影响施工时,可随时清理并在夯点周围铺垫碎石,继续施工。

②按由内而外、隔行跳打原则完成全部夯点的施工。

③推平场地,用低能量满夯将场地表层松土夯实,并测量夯后场地高程。

④铺设垫层,并分层碾压密实。

## 2.1.3 水泥粉煤灰碎石桩地基施工

**1. 水泥粉煤灰碎石桩的定义及适用范围**

(1)定义。水泥粉煤灰碎石桩(简称 CFG 桩)是在碎石桩的基础上掺入适量石屑、粉煤灰和少量水泥,加水拌和后制成的具有一定强度的桩体,如图 2-5 所示。其骨料仍为碎石,用掺入石屑的方法来改善颗粒级配;用掺入粉煤灰的方法来改善混合料的和易性,并利用其活性减少水泥用量;用掺入少量水泥的方法使其具有一定的黏结强度。

CFG 桩施工工艺

(2)适用范围。CFG 桩适于多层和高层建筑地基,如砂土、粉土、松散填土、粉质黏土、黏土、淤泥质黏土等的处理。

**2. 水泥粉煤灰碎石桩的构造**

(1)水泥粉煤灰碎石桩应选择承载力和压缩模量相对较高的土层作为桩端持力层。

(2)桩径:长螺旋钻中心压灌、干成孔和振动沉管成桩宜取 350～600 mm;泥浆护壁钻孔灌注桩宜取 600～800 mm。

(3)桩距:应根据基础形式、设计要求的复合地基承载力和复合地基变形、土性及施工工艺确定。箱形基础、筏形基础和独立基础,桩距宜取桩径的 3～5 倍。

(4)桩顶与基础之间应设褥垫层,褥垫层材料应符合设计要求,厚度宜取 40%～60%桩径,材料宜用中砂、粗砂、级配砂石或碎石等,最大粒径不宜大于 30 mm;对于较干的砂石材料,虚铺后可适当洒水再进行夯实。

**3. 施工准备**

(1)技术准备

①根据设计要求,经试验确定混合料配合比。

②试成孔应不少于 3 个,以复核地质资料以及设备、工艺是否适宜,核定选用的技术参数。

③编制施工方案和进行技术交底。

(2)材料准备

①卵石(或碎石):粒径 20～50 mm。

②砂:杂质含量小于 5%。

③粉煤灰:用符合Ⅲ级及以上标准的粉煤灰。

④水泥:用强度等级不低于 32.5 级的普通硅酸盐水泥,水泥进场应有出厂合格证和复验报告,其他材料应经试验符合设计要求。

(3)机具准备

根据水泥粉煤灰碎石桩的设计资料及施工参数,提出该地基处理所需要的施工机具与设备,例如振冲器、起吊机具、填料机具等。

**4. 水泥粉煤灰碎石桩处理地基施工工艺流程**

(1)长螺旋钻孔灌注成桩:适用于地下水位以上的黏土、粉土、素填土,中等密实以上的砂土。

施工工艺流程:原地面处理→测量放样→钻机就位→钻孔至设计深度→停机→泵送 CFG 桩混合料→混合料注满后,按规定速度边泵送边提升钻杆至表面→成桩→钻机移位。

(2)长螺旋钻孔、管内泵压混合料灌注成桩:适用于黏土、粉土、砂土以及对噪声污染要求严格的场地。

施工工艺流程:原地面处理→测量放样→钻机就位→钻孔至设计深度→停机→混合料入管→向管内泵压灌注混合料直至灌满→均匀拔管至桩顶→钻机移位。

(3)振动沉管灌注成桩:适用于粉土、黏土及素填土地基。

施工工艺流程:原地面处理→测量放样→沉管机就位→下沉至设计深度→停机→混合料入管→均匀拔管至桩顶→沉管机移位。

**5. 施工顺序及要点**

(1)沉管要求

①根据设计桩长、沉管入土深度确定机架高度和沉管长度，并进行设备组装。

②桩机就位，桩管保持垂直，垂直度偏差不大于 1.5%。

③若采用预制钢筋混凝土桩尖，则需埋入地表以下 300 mm 左右。

④开始沉管。启动电动机，沉管到预定标高，停机。

⑤记录激振电流变化情况。一般可每 1 m 记录一次。

(2)投料

沉管至设计标高后须尽快投料，直到管内混合料与钢管投料口平齐。若投料量不够，则应在拔管过程中空中投料，以保证成桩桩顶标高满足设计要求。

施工前应按设计要求由实验室进行配合比试验，使用混凝土搅拌机进行搅拌，时间不少于 2 min，振动沉管坍落度一般为 30～50 mm。

(3)桩机就位

调整长螺旋钻机，使桩架与水平面垂直，同时使钻头对准桩位。垂直度偏差不大于1.5%。桩位偏差：满堂基础不大于 0.4$D$($D$ 为桩径)；条形基础不大于 0.25$D$；单排布桩不大于 60 mm。

(4)钻孔灌料

①长螺旋钻机钻至设计深度后，应准确掌握提拔钻杆的时间，混合料泵送量应与拔管速度相配合，在砂性土、砂质黏土、黏土中提拔的速度为 1.2～1.5 m/min，在淤泥质土中应当放慢，否则容易产生缩颈或断桩。遇到饱和砂土或饱和粉土层，不得停泵。

②根据长螺旋钻机的进尺标志，控制施工桩顶标高，施工桩顶标高宜高出设计桩顶标高不小于 0.5 m。

(5)留置试块

成桩过程中，抽样做混合料试块，每台机械一天应做一组(3 块)试块(边长为 150 mm 的立方体)，标准养护，测定其立方体 28 d 抗压强度。

(6)清理桩间土

CFG 桩施工结束后，即可清理桩间土和截桩头。清土时，不得扰动桩间土；截桩头时，将多余桩体凿除，桩顶面应水平，不得造成桩顶标高以下桩身断裂。

(7)褥垫层施工

①褥垫层材料应符合设计要求，材料宜用中砂、粗砂、级配砂石或碎石等，最大粒径不宜大于 30 mm；对较干的砂石材料，虚铺后可适当洒水再进行夯实。

②褥垫层厚度由设计确定，宜为 150～300 mm，当桩径大或桩距大时褥垫层厚度宜取高值。

③虚铺完成后采用平板振捣器夯实至设计厚度；夯填度不得大于 0.9；施工时严禁扰动基底土层。

## 2.1.4　振冲地基施工

**1. 振冲地基的定义及适用范围**

(1)定义。振冲地基又称振冲桩复合地基，是以起重机吊起振冲器，启动潜水电动机带动偏心振动块，使振冲器产生高频振动，同时开动水泵，通过喷嘴喷射高压水流成孔，然后分批填以砂石骨料形成一根根桩体，桩体与原地基构成复合地基，以提高地基的承载力，减少地基的沉降量和沉降差的一种加固方法。该法具有技术可靠，机具设备简单，操作技术易于掌握，施工简便，节省三材，加固速度快，地基承载力高等特点。

(2)适用范围。振冲地基按加固机理和效果不同，可分为振冲置换法和振冲密实法两类。前者适用于不排水、抗剪强度小于 20 kPa 的黏土、粉土、饱和黄土及人工填土等地基，后者适用于砂土和粉土等地基，不加填料的振冲密实法仅适用于处理黏土颗粒含量小于 10%的粗砂、中砂地基。

**2. 振冲地基构造**

(1)振冲法设计包括处理范围、孔位布置和间距、填料选择。

(2)处理范围根据建筑物的重要性和场地条件确定，通常都大于基底面积。对于一般地基，在基础外缘宜扩大 1～2 排桩；对可液化地基，在基础外缘应扩大 2～4 排桩。

(3)孔位布置和间距：振冲孔通常按等边三角形、正方形或矩形布置。当为砂性土地基时，振冲孔间距根据砂土颗粒组成、密实要求、振冲器功率而定，一般为 1.8～3.5 m；当为黏性土地基时，振冲孔间距根据荷载大小、土的抗剪强度而定，一般为 1.5～2.5 m。

(4)填料选择：当加固砂土地基时，可用粒径为 0.5～5.0 cm 的粗砂、砾石、碎石、矿渣等作为填料；当加固黏性土地基时，可用粒径不大于 5.0 cm 的碎石、卵石、含石砾砂、矿渣、碎砖等作为填料。

**3. 施工准备**

(1)原材料要求

填料可用坚硬、不受侵蚀影响的碎石、卵石、角砾、圆砾、矿渣以及砾砂、粗砂、中砂等；粗骨料粒径以 20～50 mm 较合适，最大粒径不宜大于 80 mm，含泥量不宜大于 5%，不得含有杂质、土块和已风化的石子。

(2)主要施工机具

①振冲机具设备：振冲器、起重机、排浆泵、水泵(水泵要求水压为 400～600 kPa，流量为 20～30 $m^3/h$)，每台振冲器备用一台水泵。

②振冲器的起吊设备：8～15 t 履带式起重机、轮胎式起重机、汽车吊或轨道式自行塔架等。

③控制设备：包括控制电流操作台、150 A 电流表、500 V 电压表以及供水管道、加料设备(吊车或翻斗车)等。

④填料设备：填料设备常用装载机、吊车、翻斗车、人力车。

(3)作业条件

①岩土工程勘察报告已完成。

②建筑场地地面上所有障碍物和地下管线、电缆、旧基础等均已全部拆除或搬迁。振动对邻近建筑物及厂房内仪器设备有影响时，已采取有效保护措施。

③施工场地已进行平整，对桩机运行的松软场地已进行预压处理，周围已做好有效的排水

措施。

④轴线控制桩及水准基点桩已设置并编号,且经复核;桩孔位置已经放线并钉标桩定位或撒石灰。

⑤已进行成孔、夯填工艺和挤密效果试验,确定有关施工工艺参数(分层填料厚度、夯击次数和夯实后的干密度、打桩次序),并对试桩进行了测试,承载力、挤密效果等符合设计要求。

(4)作业人员

①主要作业人员:机械操作人员、壮工。

②施工机具应由专人负责使用和维护,大、中型机械的特殊机具需执证上岗,操作者须经培训后,执有效的合格证书方可操作。主要作业人员已经过安全培训,并接受了施工技术交底(作业指导书)。

**4. 振冲地基的施工工艺流程与要点**

(1)施工工艺流程

灌水→振冲定位→振冲成孔→成桩。

(2)施工要点

①施工前应先在现场进行振冲试验,以确定成孔合适的水压、水量、成孔速度、填料方法、达到土体密实时的密实电流、填料量和留振时间等要素。

②振冲前应按设计图确定冲孔中心位置并编号。

③启动水泵和振冲器,水压可用 400～600 kPa,水量可用 200～400 L/min,使振冲器以 1～2 m/min 的速度徐徐沉入土中。每沉入 0.5～1.0 m,宜留振 5～10 s 进行扩孔,待孔内泥浆溢出后再继续沉入。当下沉达到设计深度时,振冲器应在孔底适当停留并减小射水压力,以便排除泥浆进行清孔。成孔也可将振冲器以 1～2 m/min 的速度连续沉至设计深度以上 0.3～0.5 m 时,将振冲器往上提到孔口,再同法沉至孔底。如此往复 1～2 次,使孔内泥浆变稀,排泥清孔 1～2 min 后,将振冲器提出孔口。

④填料和振密的方法一般采用成孔后,将振冲器提出孔口,从孔口往下填料,然后再下降振冲器至填料中进行振密(图 2-6),待密实电流达到规定的数值,将振冲器提出孔口。如此自下而上反复进行直至孔口,成桩操作即告完成。

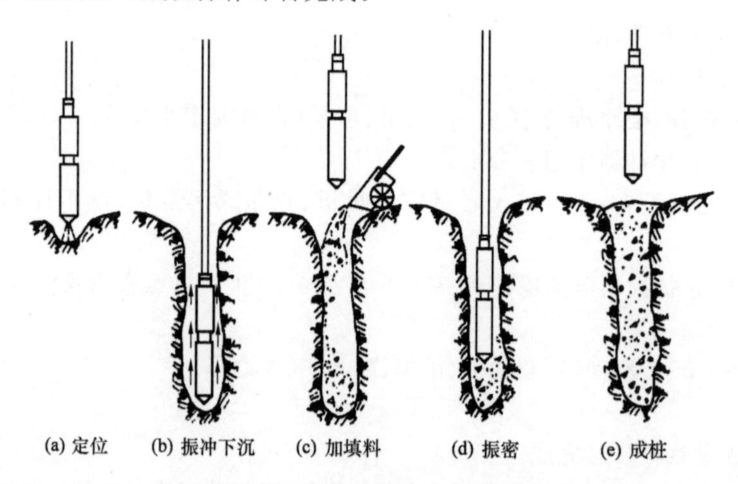


图 2-6 填料和振密的方法

⑤振冲桩施工时桩顶部约 1 m 范围内的桩体因土覆压力下密实度难以保证,一般应予挖除另做地基,或用振动碾压使之压实。

⑥冬季施工应将表层冻土破碎后成孔。每班施工完毕后应将供水管和振冲器水管内的积水排净，以免冻结影响施工。

## 2.2　钢筋混凝土浅基础施工

学习强国小案例

**山西运城平陆独特的窑洞营造技艺**

地处山西最南端的平陆县，地形地貌复杂，境内山陵沟滩纵横，自古就有“平陆不平沟三千”的民谚。其土质结构紧密，多为坚实黏性土层，为地窨院的产生提供了优越的地质条件。在当时物质匮乏、地面建房困难、其他所需生产资料极少的历史条件下，其建造成本特别低，居住时冬暖夏凉、防风防狼、防火防盗的优点，使其成为当地先民们的最佳选择，也因此推动了别具一格的民居建筑——地窨院的诞生。地窨院产生至今已有四千余年的历史，具有中国北方“地下四合院”之称。其营建方式比较复杂，根据日常生活需要，一般挖 5 到 12 孔窑，包括居住的主窑、厨窑、牲口窑、柴草窑、磨窑、厕窑等。修建地窨院一般需经三年，建成后可居住数百年。近年来，随着人们对绿色、环保、低碳、节能生活方式的倡导，地窨院“绿色环保、节能安全、舒适自然”的珍贵特点及其所蕴涵的历史文化价值，受到众多海内外专家的关注。地窨院的营造技艺以及与其相关的民俗保护、传承、开发和利用也正按计划有序、全面地开展。

在工程实践中，基础的分类涉及多个方面，按埋置深度分为深基础（$d>5$ m）和浅基础（$d\leqslant 5$ m）。浅基础按材料分为砖基础、毛石基础、素混凝土基础和钢筋混凝土基础等；按构造形式分为独立基础、条形基础、筏形基础和箱形基础等。深基础主要有桩基础、沉井和地下连续墙等几种类型。本课题主要学习浅基础中的钢筋混凝土独立基础、钢筋混凝土条形基础和钢筋混凝土筏形基础。浅基础当中的砌体基础放在课题 3。地基与基础示意图如图 2-7 所示。

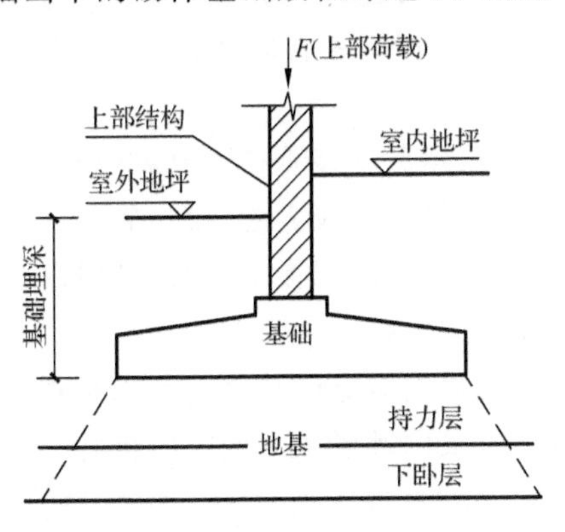


图 2-7　地基与基础

## 2.2.1 钢筋混凝土独立基础施工

施工工艺流程：基础放线→钢筋绑扎→支基础模板→隐蔽验收→混凝土浇筑、振捣、养护→拆除模板。

独立柱基础施工工艺

**1. 基础放线**

柱下独立基础的基坑多为相互独立的，基础放线时要认真核对图纸平面尺寸，根据控制网，用直线定位法在每个独立基础四面都设置基础定位桩，在此基础上进行柱基础抄平。

**2. 钢筋绑扎**

独立基础钢筋绑扎施工工艺流程如图 2-8 所示。

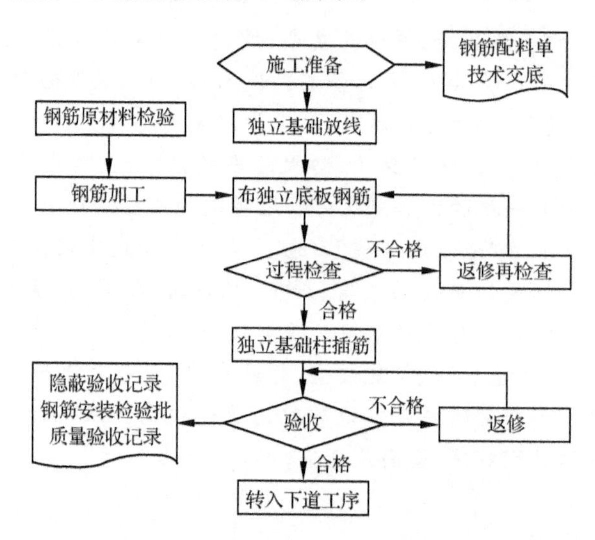


图 2-8 独立基础钢筋绑扎施工工艺流程

**3. 模板工程**

阶梯形基础木模板由上阶侧板、下阶侧板、斜撑、平撑、木桩等组成，每个台阶模板由四块侧板拼装而成，其中两块侧板的尺寸与相应的台阶侧面尺寸相等，另两块侧板长度应比相应的台阶侧面长 150～200 mm，高度相等，四块侧板用木挡拼成方框。上一台阶模板的其中两块侧板最下一块拼板要加长，以便搁置在下一台阶的模板上，下一台阶模板的四周要设斜撑及平撑。

其安装顺序：先安装下阶模板，然后安装阶梯形基础钢筋，再安装上阶模板。阶梯形独立基础各台阶的模板用平面模板和角模连接成方框，模板宜横排，不足部分改用竖排组成，可用横楞支撑。上阶模板可用抬杠固定在下阶模板上，抬杠可用钢楞，最下一层台阶模板最好在基底上设置锚固桩或斜撑支撑，如图 2-9 所示。

模板拆除：侧面模板在混凝土强度能保证其棱角不因拆模板而受损坏时方可拆模。拆模前设专人检查混凝土强度，拆除时采用撬棍从一侧顺序拆除，不得采用大锤砸或撬棍乱撬，以免造成混凝土棱角破坏。

**4. 混凝土工程**

浇筑混凝土之前，应对基础事先按设计标高和轴线进行校正，并清除淤泥和杂物等，同时注意排除开挖出来的水及现场的流动水，以防冲刷新浇筑的混凝土。混凝土施工工艺流程：浇

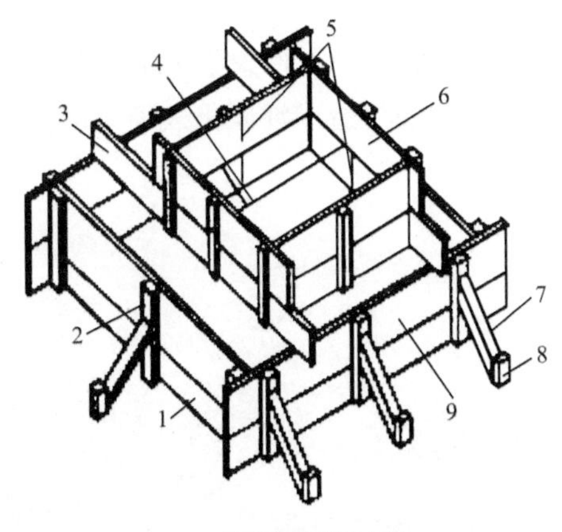

(a) 杯形基础模板支模

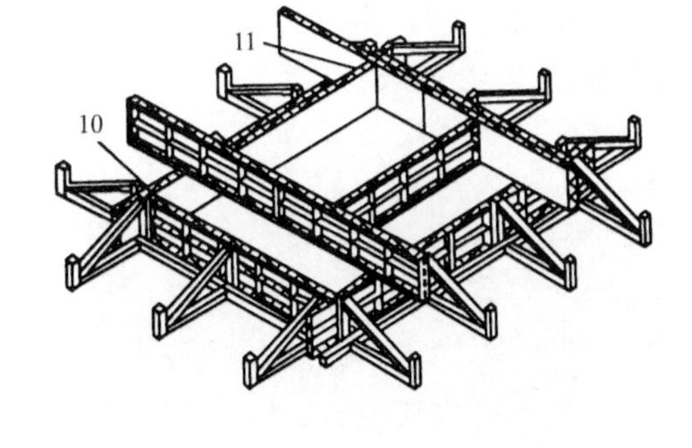

(b) 阶梯形现浇基础模板

图 2-9　基础模板

1—拼板；2—背方；3—轿杠木；4—对拉铅丝；5—中心线；6—第二阶模板；

7—斜撑；8—木桩；9—第一阶模板；10—下阶模板；11—上阶模板

筑前准备工作→混凝土浇筑→混凝土振捣→混凝土找平→混凝土养护→模板拆除→下道工序。

(1)混凝土浇筑

浇筑单阶柱基时可按台阶分层一次浇筑完毕，不允许留设施工缝，每层混凝土一次浇筑，顺序是先边角后中间，务必使混凝土充满模板。

浇筑多阶柱基时，为防止垂直交角处出现吊脚(上层台阶与下口混凝土脱空)，可在第一级混凝土捣固下沉 2～3 cm 暂不填平，在继续分层浇筑第二级混凝土时，沿第二级模板底圈将混凝土做成内外坡，外圈边坡的混凝土在第二级混凝土振捣过程中自动摊平，待第二级混凝土浇筑后，将第一级混凝土对齐模板顶边拍实抹平。

(2)混凝土振捣

混凝土振捣如图 2-10 所示，采用插入式振捣器，插入的间距不大于振捣器作用部分长度的 1.25 倍。上层振捣棒插入下层 3～5 cm。尽量避免碰撞预埋件、预埋螺栓，防止预埋件移位。

图 2-10　混凝土振捣

(3)混凝土找平

混凝土浇筑后，表面比较大的混凝土使用平板振捣器振一遍，然后用刮杆刮平，再用木抹子搓平，如图 2-11 所示。收面前必须校核混凝土表面标高，不符合要求处立即整改。

(4)混凝土养护

已浇筑完的混凝土,应在 12 h 左右覆盖和浇水。一般常温养护不得少于 7 d,特种混凝土养护不得少于 14 d。养护设专人检查落实,防止由于养护不及时,造成混凝土表面裂缝。混凝土养护如图 2-12 所示。

图 2-11 混凝土找平

图 2-12 混凝土养护

## 2.2.2 钢筋混凝土条形基础施工

施工工艺流程:基础放线→钢筋绑扎→支基础模板→隐蔽验收→混凝土浇筑、振捣、养护→拆除模板。

条形基础施工工艺

**1. 基础放线**

根据轴线桩及图纸上标注的基础尺寸,在混凝土垫层上用墨线弹出轴线和基础放线;绑筋支模前,应校核放线尺寸。

**2. 钢筋绑扎**

条形基础钢筋绑扎施工工艺流程如图 2-13 所示。

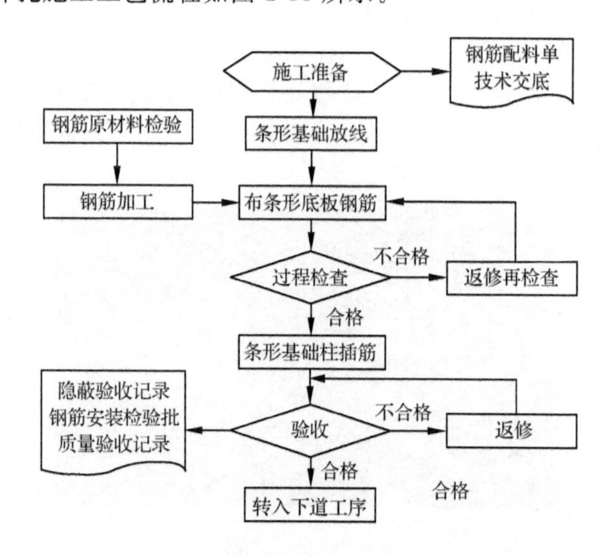


图 2-13 条形基础钢筋绑扎施工工艺流程

**3. 模板工程**

条形基础支撑模板一般由侧板、斜撑、平撑组成(图 2-14)。条形基础模板两边的侧模一般可横向设置,模板下端外侧用通长横楞连固,并与预先埋设的锚固件楔紧。

模板安装根据基础边线就地拼模板。将基槽土壁修整后用短木方将钢模板支撑在土壁上。然后在基槽两侧地坪上打入钢管锚固桩，将钢管吊架，使吊架保持水平，用线锤将基础中心引测到水平杆上，按中心线安装模板，用钢管、扣件将模板固定在吊架上，用支撑拉紧模板，也可用工具式梁卡支模。

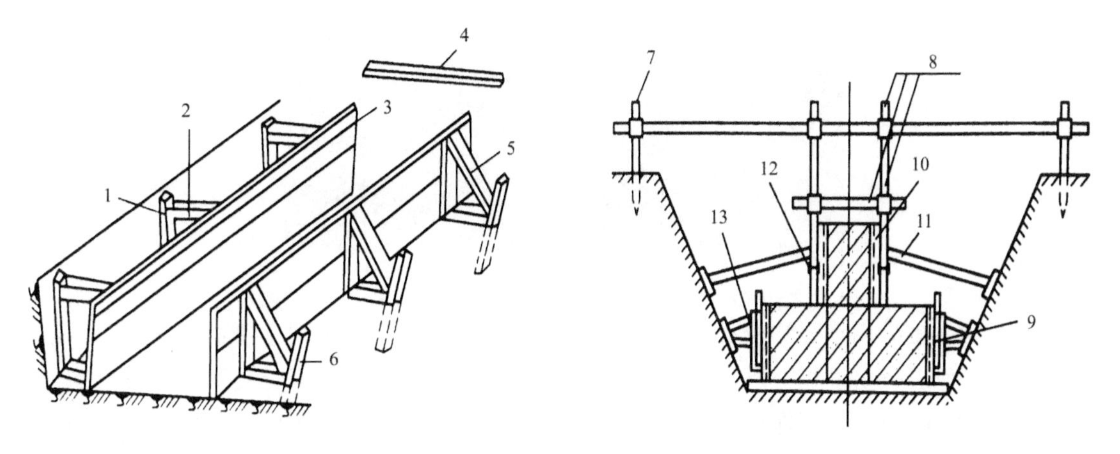


图 2-14　条形基础支撑模板

1—垫木；2—平撑；3—侧板；4—搭头木；5—斜撑；6—木挡；7—钢管 $\phi$48×35；
8—钢管吊架；9—下阶钢模板；10—上阶钢模板；11—斜撑@3 000；12—钩头螺栓；13—斜托架@1 500

**4. 混凝土工程**

浇筑混凝土之前，应对基础事先按设计标高和轴线进行校正，并清除淤泥和杂物等，同时注意排除开挖出来的水及现场的流动水，以防冲刷新浇筑的混凝土。混凝土施工工艺流程：浇筑前准备工作→混凝土浇筑→混凝土振捣→混凝土养护→模板拆除→下道工序。

## 2.2.3　钢筋混凝土筏形基础施工

施工工艺流程：基底土质验槽→施工垫层→在垫层上弹线抄平→绑扎筏板下层网片钢筋→绑扎梁钢筋→绑扎柱及剪力墙插筋→绑扎筏板上层网片钢筋→浇筑筏板及上部梁混凝土。

**1. 基础放线**

根据轴线桩及图纸上标注的基础尺寸，在混凝土垫层上用墨线弹出轴线和基础放线；绑筋支模前，应校核放线尺寸。

**2. 钢筋绑扎**

(1)绑扎筏板下层网片钢筋。根据在防水保护层弹好的钢筋位置线，先铺下层网片的长向钢筋，钢筋接头尽量采用焊接或机械连接。后铺下层网片上面的短向钢筋，钢筋接头尽量采用焊接或机械连接。

(2)绑扎梁钢筋。在放平的梁下层水平主钢筋上，用粉笔画出箍筋间距。箍筋与主筋要垂直，箍筋转角与主筋交点均要绑扎，主筋与箍筋非转角部分的相交点成梅花交错绑扎。箍筋的接头，即弯钩叠合处沿梁水平筋交错布置绑扎。

(3)绑扎筏板上层网片钢筋。

**3. 模板工程**

(1)砖胎模。适用于高板位梁板式筏形基础，一般梁侧模采取在垫层上两侧砌半砖代替钢

（或木）侧模与垫层形成个砖壳子，俗称“砖胎模”，如图 2-15 所示。

图 2-15 砖胎膜

（2）筏形基础采用组合钢模板或木模板。施工时，可采用先在垫层上绑扎底板、梁的钢筋和柱子锚固插筋，浇筑底板混凝土；待达到 25％设计强度后，再在底板上支梁模板，继续浇筑完梁部分混凝土；也可采用底板和梁模板一次同时支好，混凝土一次连续浇筑完成，梁侧模板采用支架支承并固定牢固。

**4. 混凝土工程**

在浇筑混凝土前，清除模板和钢筋上的垃圾、泥土等杂物，木模板浇水加以润湿。混凝土浇筑方向应平行于次梁长度方向，对于平板式筏形基础，则应平行于基础长边方向。

**5. 后浇带工程**

当筏形基础长度很长时，应考虑在中部适当部位留设后浇带（图 2-16），以避免出现温度收缩裂缝和便于进行施工分段流水作业。对超厚的筏形基础，应考虑采取降低水泥水化热和降低浇筑入模温度等措施，以避免出现过大的温度收缩应力，导致基础底板裂缝。

地基与基础阶段后浇带施工

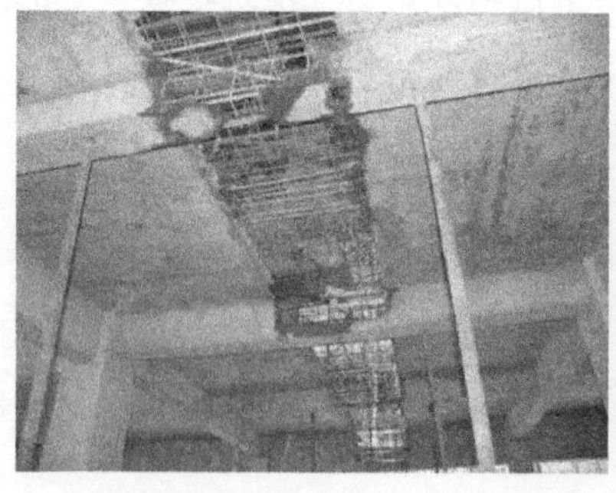

图 2-16 后浇带

（1）《高层建筑混凝土结构技术规程》（JGJ 3－2010）第 12.2.3 条规定：高层建筑地下室不宜设置变形缝。当地下室长度超过伸缩缝最大间距时，可考虑利用混凝土后期强度，降低水泥用量；也可每隔 30～40 m 设置贯通顶板、底部及墙板的施工后浇带。后浇带可设置在柱距三等分的中间范围内以及剪力墙附近，其方向宜与梁正交，沿竖向应在结构同跨内；底板及外墙的后浇带宜增设附加防水层；后浇带封闭时间宜滞后 45 d 以上，其混凝土强度等级宜提高一级，并宜采用无收缩混凝土，低温入模。

(2)后浇带的类型。《混凝土结构工程施工规范》(GB 50666－2011)第 2.0.10 条对后浇带的定义是：考虑环境温度变化、混凝土收缩、结构不均匀沉降等因素影响，将梁、板(包括基础底板)、墙划分为若干部分，经过一定时间后再浇筑的具有一定宽度的混凝土带。

①沉降后浇带：为解决高层建筑主楼与裙房的沉降差而设置的后浇施工带。

②温度后浇带：为防止混凝土因温度变化拉裂而设置的后浇施工带。

③伸缩后浇带：为防止因建筑面积过大，结构因温度变化，混凝土收缩开裂而设置的后浇施工缝。

(3)后浇带的设置构造要求(图 2-17)。

①后浇带的留置宽度一般为 800～1 000mm，现常见的有 800 mm、1 000 mm、1 200 mm 三种。

②后浇带的接缝形式有平头缝、阶梯缝、槽口缝和 X 形缝四种。

③后浇带内的钢筋，有全断开再搭接，不断开另设附加筋的规定。

基础浇筑完毕，表面应覆盖和洒水养护，并防止浸泡地基。待混凝土强度达到设计强度的 25％以上时，即可拆除梁的侧模。

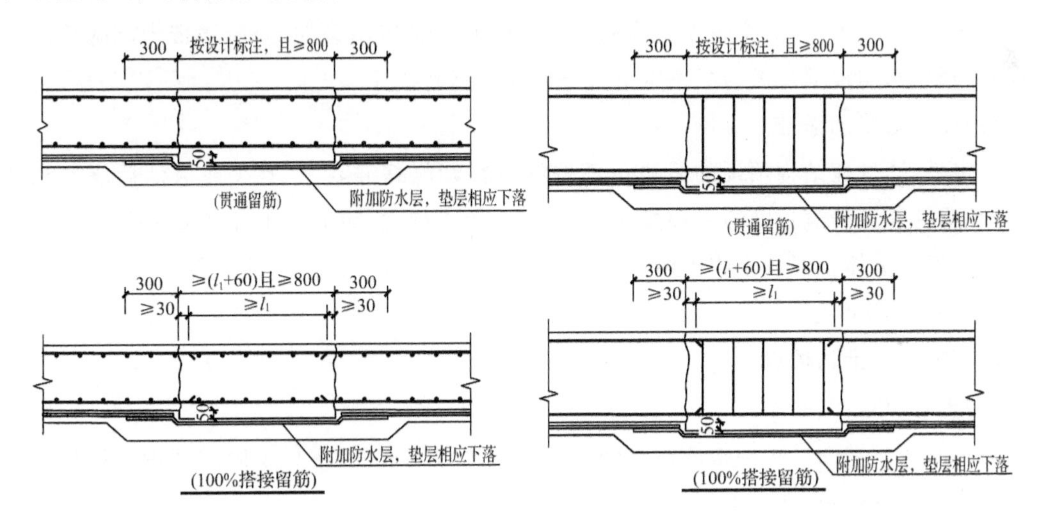


图 2-17　后浇带的设置构造要求

**6. 取消后浇带施工技术**

(1)技术背景

目前超长超宽大体积混凝土施工通常通过留设后浇带来控制混凝土的裂缝产生，而后浇带的留设则给工程施工质量及进度带来了诸多不便。取消后浇带施工技术既能解决混凝土裂缝的问题，也能节省大量因留置后浇带而产生的人工、材料成本，同时还能加快工期。

(2)后浇带施工的难点

①温度后浇带浇筑时间比两侧延后至少两个月。

②后浇带两侧支撑体系需单独支设，且保留至浇筑完成并达到拆模条件，直接影响了结构施工的工作空间和施工通道。

③后浇带两侧都为施工缝，破坏了结构防水的整体性。

④后浇带保护及后期浇筑前的清理费时费力，且质量得不到保障。

**7. 取消后浇带的方法及依据**

(1)跳仓法

①原理：跳仓法是充分利用了混凝土在 5～10 d 内性能尚未稳定和没有彻底凝固前容易将内应力释放出来的“抗与放”特性原理，将建筑物地基或大面积混凝土平面机构划分成若干个区域，按照“分块规划、隔块施工、分层浇筑、整体成型”的原则施工，其模式和跳棋一样，即隔一段浇一段，相邻两段间隔时间不少于 7 d，以避免混凝土施工初期部分激烈温差及干燥作用，因而就不用留后浇带了。

②依据：《大体积混凝土施工标准》(GB 50496—2018)、《超长大体积混凝土结构跳仓法技术规程》(DB11/T 1200—2015)、《补偿收缩混凝土应用技术规程》(JGJ/T 178—2009)。

③原则：分仓缝间距不宜大于 40 m，分仓缝宜设置在柱网尺寸中部 1/3 范围内，各分仓块混凝土浇筑工程量尽量相等或接近，分仓缝新老混凝土接合面按施工缝进行处理，相邻仓混凝土浇筑时间间隔不宜小于 7 d。

④适用范围：跳仓法应用需满足以下条件：年温度变化幅度不大的地下空间结构；混凝土强度等级为 C25～C40；后浇带位置为温度后浇带时满足应用条件，当后浇带为沉降后浇带时情况较为复杂，需根据具体情况决定是否采用施工缝替代。

(2)设置膨胀加强带

①定义：通过在结构预设的后浇带部位浇筑补偿收缩混凝土，减少或取消后浇带和伸缩缝、延长构件连续浇筑长度的一种技术措施，可分为连续式、间歇式和后浇式三种。

②依据：《大体积混凝土施工标准》(GB 50496—2018)、《补偿收缩混凝土应用技术规程》(JGJ/T 178—2009)。

**8. 取消后浇带的优点**

(1)提升质量

取消后浇带增强了结构整体性、抗震性、耐久性和抗渗性，避免了因后浇带后期处理不到位所产生的各种隐患，保证工程质量。

(2)缩短工期

取消后浇带，减少了剔凿及二次浇筑等工序，提前对结构进行封闭，为二次结构及装修工作提前插入创造了条件，可大大缩短施工工期。

(3)节约成本

取消后浇带后，模板及支撑不用单独设置，并且此位置模板及支撑可随同层楼板模板及支撑体系同时拆除并周转使用，可节省模架租赁费用；不需要二次剔凿和清理，节约人工费；不需要单独防护，节约防护费用；止水带可少设或不设置，节约止水带费用。

# 2.3　钢筋混凝土灌注桩施工

学习强国小案例

**港珠澳大桥之后，伶仃洋上再起超级工程**

国家“十三五”重大工程、《珠三角规划纲要》确定建设的重大交通基础设施项目——深圳至中山通道(以下简称深中通道)全长 24 km，设计八车道、限速 100 km/h，距港珠澳大桥正北 38 km，是又一项世界级超大“桥、岛、隧、海底互通”四位一体集群工程。受航运和空运等条件限制，深中通道设计采用了“东隧西桥”的设计方案，核心工程包括两座人工岛、一座沉管隧道和伶仃洋航道大桥。海底沉管隧道 6.8 km，是目前世界上建设规模最大的沉管隧道，也是我国首例钢壳混凝土沉管隧道；世界最高跨海悬索桥——伶仃洋航道大桥是三跨全漂浮体系悬索桥，即完全漂在海上的特大悬索桥。深中通道的多项中国创新技术正一步步引领世界交通基础设施建设达到新高度。深中通道是推动粤港澳大湾区建设的重要工程，是粤东通往粤西乃至大西南的便捷通道，计划 2024 年全线通车，届时珠江两岸将实现半小时通达。

灌注桩是指直接在桩位上用机械成孔或人工挖孔，在孔内安放钢筋、灌注混凝土而成型的桩。与预制桩相比，灌注桩具有不受地层变化限制，不需要接桩和截桩，节约钢材，振动小、噪声小等特点。灌注桩按成孔方法分为泥浆护壁成孔灌注桩、沉管灌注桩、干作业钻孔灌注桩、人工挖孔灌注桩等。本课题主要学习以上四种混凝土灌注桩。

## 2.3.1　泥浆护壁成孔灌注桩施工

泥浆护壁成孔灌注桩是通过桩机在泥浆护壁条件下慢速钻进，将钻渣利用泥浆循环带出，并保护孔壁不致坍塌，成孔后再使用水下混凝土浇筑的方法将泥浆置换出来而成的桩。

泥浆护壁成孔灌注桩按成孔工艺和成孔机械的不同，可分为如下主要几种：

(1)冲击成孔灌注桩：适用于黄土、黏性土或粉质黏土和人工杂填土层，特别适合于有孤石的砂砾石层、漂石层、坚硬土层、岩层，对流砂层亦可克服，但对淤泥及淤泥质土，则应慎重使用。

冲孔灌注桩施工工艺

(2)冲抓成孔灌注桩：适用于一般较松软黏土、粉质黏土、砂土、砂砾层以及软质岩层，孔深在 20 m 内。

(3)回转钻成孔灌注桩：适用于地下水位较高的软、硬土层，如淤泥、黏性土、砂土、软质岩层。

(4)潜水钻成孔灌注桩：适用于地下水位较高的软、硬土层，如淤泥、淤泥质土、黏土、粉质黏土、砂土、砂夹卵石及风化页岩层中使用，不得用于漂石。

此外，还有旋挖成孔泥浆护壁桩、多支盘泥浆护壁灌注桩等。

**1. 泥浆护壁成孔灌注桩施工流程**

测定桩位→埋设护筒→桩机就位→制备泥浆→机械(潜水钻机、冲击钻机、旋挖钻机、支盘成型机等)成孔→泥浆循环出渣→清孔→安放钢筋笼→浇筑水下混凝土。

**2. 泥浆护壁成孔灌注桩的施工技术要求**

(1)测定桩位。根据轴线控制桩进行桩位放线,在桩位打孔,内灌白灰,并在其上插入钢筋棍。桩位的放样允许偏差:群桩为 20 mm;单排桩为 10 mm。

(2)埋设护筒和制备泥浆

①埋设护筒。成孔前,在现场放线定位,按桩位挖去桩孔表层土,并埋设护筒。护筒是用厚 4～8 mm 的钢板制成的圆筒,上部设 1～2 个溢浆孔,其内径应大于钻头直径 100 mm(正、反循环钻孔)或 200 mm(冲击成孔);护筒的埋设深度在黏土中不宜小于 1.0 m,在砂性土中不宜小于 1.5 m,护筒下端外侧应采用黏土填实,其高度应满足孔内泥浆面高度的要求。护筒的作用是固定桩孔位置,保护孔口,防止地面水流入;增大孔内水压力,防止塌孔,成孔时引导钻头的方向。

②制备泥浆。除能自行造浆的黏土层以外,均应制备泥浆。泥浆制备应选用高塑性黏土或膨润土。在钻孔过程中,向孔中注入相对密度为 1.1～1.5 的泥浆,使桩孔内孔壁土层中的孔隙渗填密实,避免孔内漏水,保持护筒内水压稳定;泥浆相对密度大,加大了孔内的水压力,可以稳固孔壁,防止塌孔;通过循环泥浆可将切削碎的泥石渣屑悬浮后排出,起到携砂、排土的作用,并对钻头具有冷却与润滑作用。在施工期间,护筒内的泥浆面应高出地下水位 1.0 m 以上,在受水位涨落影响时,泥浆面应高出最高水位 1.5 m 以上。

(3)桩机就位、机械成孔

①使用回转钻机成孔,在钻机就位时必须使钻具中心和护筒中心重合,保持平稳,不发生倾斜和位移,为准确控制钻孔深度,应在机架上画出控制标尺,以便在施工中进行观测。在软土层中钻进,应根据泥浆补给及排渣情况控制钻进速度;钻机转速应根据钻头形式、土层情况、扭矩及钻头切削齿磨损情况进行调整,硬质合金钻头的转速宜为 40～80 r/min,钢粒钻头的转速宜为 50～120 r/min,牙轮钻头的转速宜为 60～180 r/min。

②选择冲击成孔,在开孔时应低锤密击,成孔至护筒下 3～4 m 后可正常冲击;岩层表面不平或遇孤石时,应向孔内投入黏土、块石,将孔底表面填平后低锤快击,形成紧密平台,再进行正常冲击,孔位出现偏差时,应回填片石至偏孔上方 300～500 mm 处后再成孔;成孔过程中应及时排除废渣,排渣可采用泥浆循环或淘渣筒。淘渣筒直径宜为孔径的 50%～70%,每钻进 0.5～1.0 m 应淘渣一次,淘渣后应及时补充孔内泥浆;成孔施工过程中应按每钻进 4～5 m 更换钻头验孔;在岩层中成孔,桩端持力层应按每 100～300 mm 清孔取样,非桩端持力层应按每 300～500 mm 清孔取样。

③使用旋挖钻机成孔时,成孔前及提出钻斗时均应检查钻头保护装置、钻头直径及钻头磨损情况,并应清除钻斗上的渣土;成孔钻进过程中应检查钻杆垂直度;在砂层中钻进时,宜降低钻进速度及转速,并提高泥浆相对密度和黏度;应控制钻斗的升降速度,并保持液面平稳;成孔时桩距应控制在 4 倍桩径内,排出的渣土距桩孔口距离应大于 6 m,并应及时清除;在较厚的砂层成孔宜更换砂层钻斗,并减小旋挖进尺;旋挖成孔达到设计深度时,应清除孔内虚土。

④使用支盘成型机成孔时,支盘形成宜自上而下,挤扩前后应对孔深、孔径进行检测,符合

质量要求后方可进行下道工序；成盘时应控制油压，黏性土应控制在 6～7 MPa，密实粉土、砂土应为 15～17 MPa，坚硬密实砂土应为 20～25 MPa，成盘过程中应观测压力变化；挤扩盘过程中及支盘成型器提升过程中，应及时补充泥浆，保持液面稳定。分支、成盘完成后，应将支盘成型器吊出，并应进行泥浆置换，置换后的泥浆相对密度应为 1.10～1.15；每一承力盘挤扩完成后应将支盘成型器转动 2 周扫平渣土；当支盘时间较长，孔壁缩颈或塌孔时，应重新扫孔。

(4)泥浆循环出渣

桩架及钻杆定位后，钻头可潜入水、泥浆中钻孔（冲孔）；边钻孔边向桩孔内注入泥浆，通过正循环或反循环排渣法将孔内切削产生的土粒、石渣排至孔外，如图 2-18 所示。

①正循环排渣法：泥浆由钻杆内部注入，并从钻杆底部喷出，携带钻下的土渣沿孔壁向上流动，由孔口将土渣带出流入沉淀池，经沉淀的泥浆流入泥浆池再注入钻杆，由此进行循环。

②反循环排渣法：泥浆由钻杆与孔壁间的环状间隙流入钻孔，然后利用砂石泵在钻杆内形成真空，使钻下的土渣由钻杆内腔吸出至地面而流向沉淀池，沉淀后再流入沉浆池。

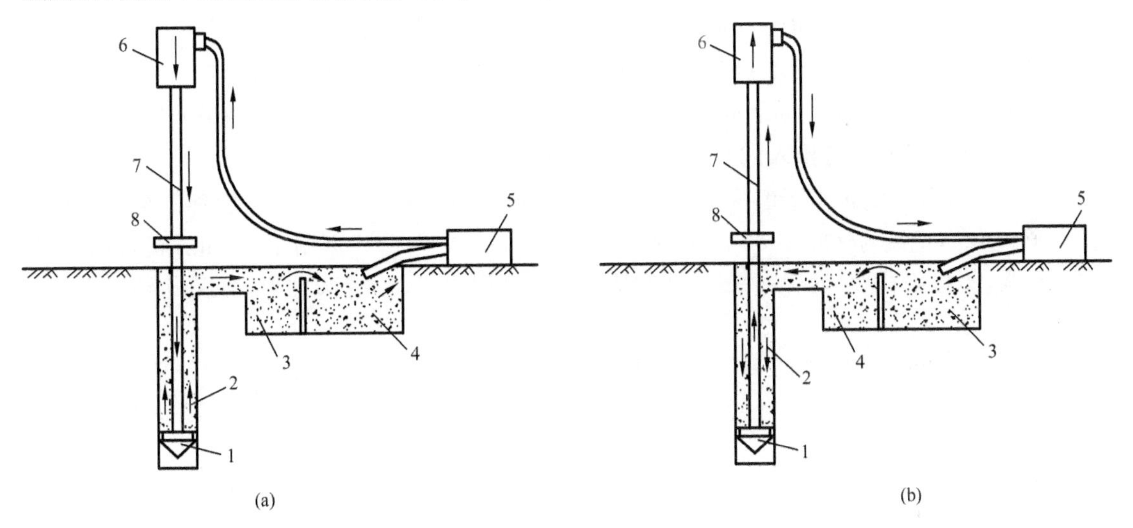


图 2-18 排渣法

1—钻头；2—泥浆循环方向；3—沉淀池；4—沉浆池；5—泥浆泵，6—水龙头；7—钻杆；8—钻机回旋装置

(5)清孔。当钻孔达到设计深度后，应及时进行孔底清理。清孔的目的是清除孔底沉渣、淤泥和浮土，以减小桩基的沉降量，提高承载能力。

正循环清孔时，可利用成孔钻具直接进行，清孔时应先将钻头提离孔底 0.2～0.3 m，输入泥浆循环清孔。孔深小于 60 m 的桩，清孔时间宜为 15～30 min；孔深大于 60 m 的桩，清孔时间宜为 30～45 min。

泵吸反循环清孔时，应将钻头提离孔底 0.5～0.8 m，输入泥浆进行清孔，输入孔内的泥浆量不应小于砂石泵的排量，保持补量充足。同时，应合理控制泵量，避免过大，吸垮孔壁。

气举反循环清孔时，排浆管底下放至距沉渣面 30～40 mm，气水混合器至液面距离宜为孔深的 55%～65%；开始送气时，应向孔内供浆，停止清孔时应先关气后断浆；送气量应由小到大，气压应稍大于孔底水头压力，若孔底沉渣较厚、块体较大或沉渣板结，则可加大气量；清孔时应维持孔内泥浆液面的稳定。

清孔后，排出孔口的循环泥浆性能要符合规范要求，其中黏性土相对密度为 1.1～1.2，砂土相对密度为1.1～1.3，砂夹卵石相对密度为1.2～1.4，含砂率小于8%，孔底残留沉渣厚度应符合下列规定：端承型桩不大于50 mm，摩擦型桩不大于100 mm。

(6)安放钢筋笼。清孔完毕后，应立即吊装安放钢筋笼，并固定在孔口钢护筒上，及时进行水下混凝土浇筑。

钢筋笼埋设前应在其上设置定位钢筋环、混凝土垫块或于孔中对称设置3～4根导向钢筋，以确保保护层的厚度。下节钢筋笼宜露出操作平台1 m；上、下节钢筋笼主筋连接时，应保证主筋部位对正，且保持上、下节钢筋笼垂直，焊接时应对称进行；钢筋笼全部安装入孔后应固定于孔口，安装标高应符合设计要求，允许偏差应为±100 mm。钢筋笼吊放入孔时，不得碰撞孔壁，同时固定在护筒上，以防钢筋笼受混凝土浮力影响而上浮。

钢筋笼吊装完毕后，应安置导管或气泵管二次清孔，并应进行孔位、孔径、垂直度、孔深、沉渣厚度等检验，合格后应立即灌注混凝土。

(7)浇筑水下混凝土

①水下灌注的混凝土配合比应符合下列规定：混凝土具有良好的和易性和流动性，配合比应通过试验确定；坍落度宜为180～220 mm；水泥用量不应小于360 kg/m。

水下混凝土的含砂率宜为40%～50%，并宜选用中粗砂；粗集料的粒径应小于40 mm。为改善和易性和缓凝，可掺入减水剂、缓凝剂和早强剂等外加剂。

②施工机具。浇筑水下混凝土的主要施工机具包括导管、漏斗和隔水栓等。导管壁厚不宜小于3 mm，直径为200～250 mm，使用前应试拼装、试压；漏斗可用4～6 mm钢板制作，要求不漏浆、不挂浆；隔水栓一般采用C20混凝土预制而成，宜制成圆柱形，直径比导管内径小20 mm。

③浇筑水下混凝土的施工顺序：安放导管，悬挂隔水栓→浇筑首批混凝土→剪断铁丝，隔水栓下落到孔底→连续浇筑混凝土，提升导管→混凝土灌注完毕，拔出护筒，如图2-19所示。

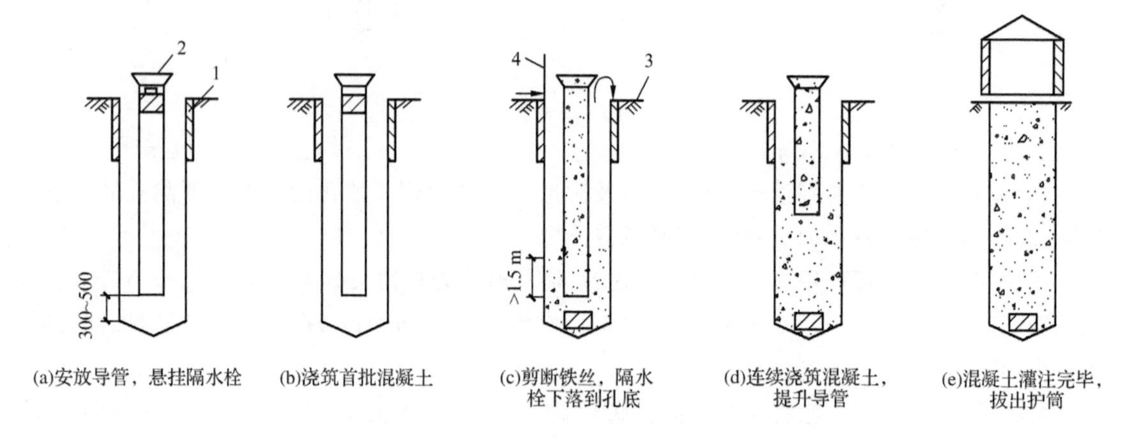


图2-19 浇筑水下混凝土施工顺序

1—护筒；2—漏斗；3—隔水栓；4—测绳

开始浇筑混凝土时，为使隔水栓能顺利排出，导管底部至孔底的距离宜为300～500 mm，桩直径小于600 mm时，可适当加大导管底部至孔底的距离。

施工时应有足够的混凝土储备量，使导管一次埋入混凝土面以下0.8 m以上。混凝土灌注过程中导管应始终埋入混凝土内，埋深宜为2～6 m，导管应勤提勤拆，严禁导管提出混凝土面，应由专人测量导管埋深及管内外混凝土面的高差，填写水下混凝土浇筑记录。

浇筑水下混凝土必须连续施工，不得中断，否则先浇筑的混凝土达到初凝，将阻止后浇筑的混凝土从导管中流出，造成断桩。导管提升速度应与混凝土的上升速度相适应，始终保持导管在混凝土中的插入深度不少于 1.5 m，也不能使混凝土溢出漏斗或流进槽内。

控制最后一次灌注量，桩顶不得偏低，一般在桩顶的浇筑标高比设计标高高 0.5～0.8 m，以便凿除桩顶的泛浆后达到设计标高的要求。

## 2.3.2　沉管灌注桩施工

沉管灌注桩施工是指利用锤击打桩设备或振动沉桩设备，将带有钢筋混凝土的桩尖（或钢板靴）或带有活瓣式柱靴的钢管沉入土中（钢管直径应与桩的设计尺寸一致），形成桩孔，然后放入钢筋骨架并浇筑混凝土，随之拔出套管，利用拔管时的振动将混凝土捣实，便形成所需要的灌注桩。与泥浆护壁成孔灌注桩施工相比，沉管灌注桩施工避免了一般钻孔灌注桩桩尖浮土造成的桩身下沉、持力不足的问题，同时也有效改善了桩身表面浮浆现象，另外，该工艺也更节省材料。但是施工质量不易控制，拔管过快容易造成桩身缩颈，而且由于是挤土桩，先期浇筑好的桩易受到挤土效应而产生倾斜断裂甚至错位。按照沉桩机具不同，沉管灌注桩分为两种：如图 2-20 所示，利用锤击沉桩设备沉管，拔管成桩，称为锤击沉管灌注桩；如图 2-21 所示，利用振动器振动沉管、拔管成桩，称为振动沉管灌注桩。由于施工过程中，锤击会产生较大噪声，振动也会影响周围建筑物，故不太适合在市区运用，已有一些城市规定在市区禁止使用。这种工艺非常适合土质疏松、地质状况比较复杂的地区，但遇到土层有较大孤石时，该工艺无法实施，应改用其他工艺穿过孤石。

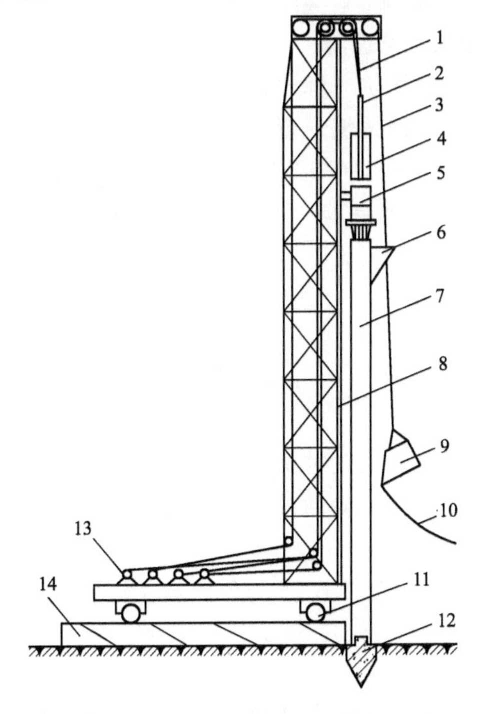


图 2-20　锤击沉管灌注桩机械设备

1—桩锤钢丝绳；2—柱管滑轮组；3—吊斗钢丝绳；4—桩锤；5—桩帽；6、9—混凝土料斗；7—桩管；8—桩架；10—回绳；11—行驶用钢管；12—预制桩靴；13—卷扬机；14—枕木

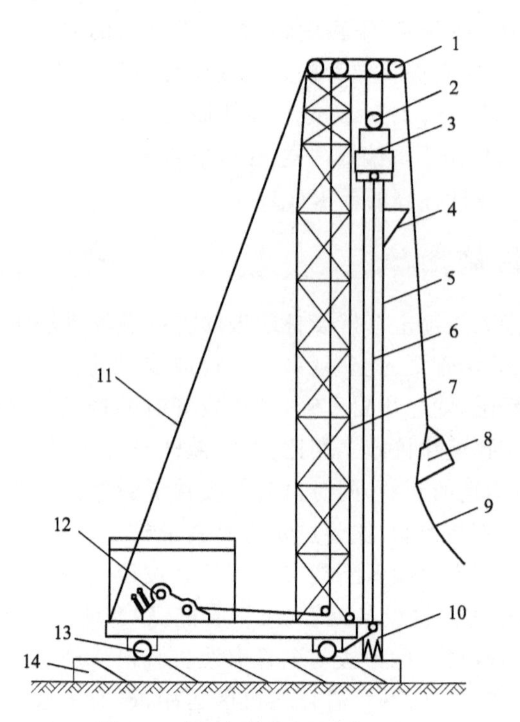


图 2-21 振动沉管灌注桩机械设备

1—导向滚轮；2—滑轮组；3—振动器；4、8—混凝土料斗；5—桩管；6—加压钢丝绳；7—桩架；9—回绳；10—活瓣桩靴；11—缆风绳；12—卷扬机；13—行驶用钢管；14—枕木

**1. 锤击沉管灌注桩的施工工艺流程**

桩位放线，安放桩尖→桩机就位→锤击沉管→开始浇筑混凝土→边锤击边拔管，并继续浇筑混凝土→下钢筋笼，继续浇筑混凝土→拔管，成型，如图 2-22 所示。

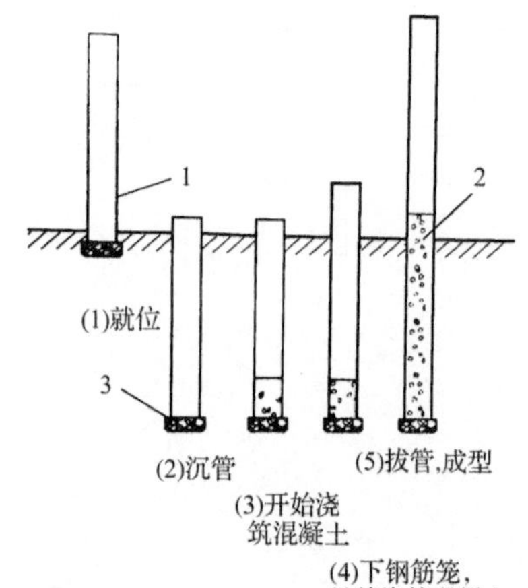


图 2-22 锤击沉管灌注桩施工工艺

1—桩管；2—钢筋笼；3—桩尖

**2. 锤击沉管灌注桩的施工技术要求**

(1)桩位放线，安放桩尖。

①根据轴线控制桩进行桩位放线，在桩位打孔，内灌白灰，并在其上插入钢筋棍。

②桩位的放样允许偏差：群桩为 20 mm；单排桩为 10 mm。

③安放桩尖：混凝土预制桩尖或钢桩尖的加工质量和埋设位置应与设计相符，桩管与桩尖的接触应有良好的密封性。

(2)桩机就位。桩机就位后吊起桩管，将桩管对准预先埋设在桩位上的预制桩尖或对准桩位中心，利用桩机及桩本身自重，把桩尖竖直压入土中。

(3)锤击沉管。沉管时先用低锤锤击，观察无偏移后，才正常施打，直至符合设计要求深度。如沉管过程中桩尖损坏，应及时拔出桩管，用土或砂填实后另安桩尖重新沉管。为了提高桩的质量和承载能力，锤击沉管灌注桩的施工方法有单打法、复打法和反插法等。

①单打法：借助桩管自重将桩尖垂直压入土中一定深度后，检查桩管、桩锤和桩架是否处

于同一条垂直线上，在桩管垂直度偏差满足要求后，即可于桩管顶部安放桩帽。起锤沉管，锤击时，先宜低锤轻击，观察桩管无偏差后，方可正式施打，直至将桩管沉至设计标高或要求的贯入度。单打法适用于含水量较小的土层，且宜采用预制桩尖。

②复打法：单打法施工时易出现颈缩和断桩现象。颈缩是指桩身某部位进土，致使桩身截面缩小；断桩常见于地面以下 1～3 m 内软硬土层交界处，是由施打邻桩使土侧向外挤造成的。因此，为保证成柱质量，避免颈缩和断桩现象产生，常采用复打法扩大灌注桩桩径，提高承载力。

复打法施工，是指在单打法施工完毕并拔出桩管后，清除粘在桩管外壁上的污泥和散落在桩孔周围地面上的浮土，立即在原桩位上再次埋设桩尖，进行第二次沉管，使第一次灌入的混凝土向四周挤压扩大桩径，然后灌注混凝土，拔管成桩。施工中应注意前、后两次沉管轴线重合，复打施工必须在第一次灌注的混凝土初凝之前完成。复打法适用于软弱饱和土层。

③反插法：钢管每提升 0.5 m，再下插 0.3 m，这样反复进行，直至拔出。

施打时注意：桩的中心距在 5 倍桩管外径以内或小于 2 m 时，均应跳打施工；中间空出的桩须待邻桩混凝土达到设计强度的 50%以后，方可施打。

(4)灌注混凝土，下放钢筋笼。

①桩管沉至设计标高后，先检查桩管内有无泥浆和水进入，并确保桩尖未被桩管卡住，然后立即灌注混凝土。

②向套管内灌注混凝土时，第一次应尽量灌满。混凝土坍落度宜为 6～8 cm，配筋混凝土坍落度宜为 8～10 cm。

③根据不同土质的充盈系数，计算出单桩混凝土需用量，以核对混凝土实际灌注量。充盈系数(实际灌注混凝土量与理论计算量之比)不应小于 1，一般土质为 1.1，软土为 1.2～1.3；当充盈系数小于 1 时，应采用全桩复打。

④桩顶混凝土一般宜高出设计标高 500 mm 左右，待以后施工承台时再凿除。

⑤当混凝土灌至钢筋笼底标高时，放入钢筋笼，继续浇筑混凝土及拔管。

(5)拔管。桩管内混凝土尽量填满，一边拔管，一边锤击混凝土。拔管时要均匀，保持连续密锤轻击，并控制拔管速度，一般土层以不大于 1 m/min 为宜，软弱土层与软硬交界处，控制在 0.8 m/min 内为宜。在拔管过程中，应继续向管内灌注混凝土，以保证灌注质量，始终保持管内混凝土量略高于地面，直至桩管全部拔出地面为止。

**3. 振动沉管灌注桩的施工工艺流程**

振动沉管打桩机就位→进一步调整好桩架位置→开启振动装置进行沉管→ 桩管下沉到设计标高后停机→将钢筋笼从进料口安插至设计标高→浇筑混凝土→拔管→成桩，如图 2-23 所示。

**4. 振动沉管灌注桩的施工技术要求**

(1)流动性、塑状淤泥土层不宜采用反插法施工。

(2)桩管内应至少保持 2 m 以上高度的混凝土，或不低于地面，并随时向桩管内添加混凝土，以保证桩管内的混凝土高度。

(3)按照施工图纸及施工规范制作成的钢筋笼，经检验后，应放置在成品区域待用，距离作业场地不少于 100 m，不得任意乱踩或沾染泥污。

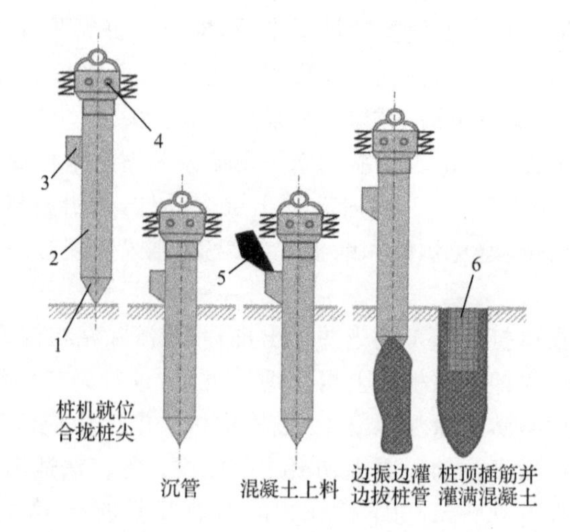


图 2-23 振动沉管灌注桩施工工艺

1—活瓣桩尖；2—桩管；3—上料口；4—振动锤；5—混凝土料斗；6—钢筋笼

## 2.3.3 干作业钻孔灌注桩施工

干作业钻孔灌注桩不需要泥浆或套管护壁，是直接利用机械成孔，放入钢筋笼，浇灌混凝土而成的桩。常用的是螺旋钻孔灌注桩，适用于黏土、粉土、砂土、填土和粒径不大的砾砂层，也可用于非均质含碎砖、混凝土块、条石的杂填土及大卵石、砾石层。干作业钻孔灌注桩施工过程如图 2-24 所示。

长螺旋钻孔压灌混凝土旋喷扩孔桩施工工艺

钻孔灌注桩施工工艺

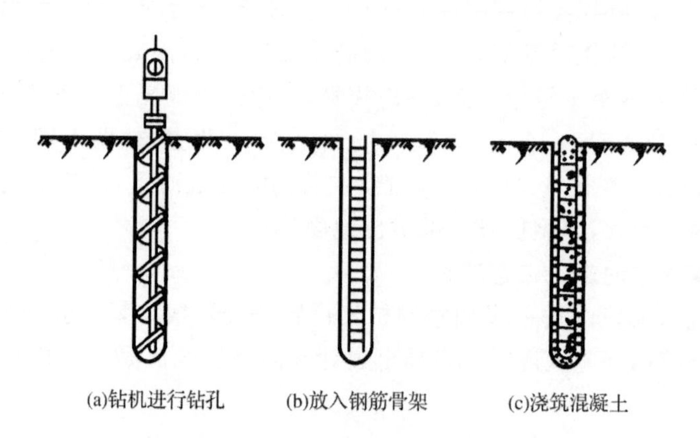


图 2-24 干作业钻孔灌注桩施工过程

**1. 螺旋钻孔灌注桩施工工艺流程**

桩位放线→钻机就位→取土成孔→测定孔径、孔深和桩孔水平与垂直偏差并校正→取土成孔达设计标高→清除孔底松土沉渣→成孔质量检查→安放钢筋笼（或插筋）→浇筑混凝土。

**2. 螺旋钻孔灌注桩施工技术要求**

(1)桩位放线。根据轴线控制桩进行桩位放线，在桩位打孔，内灌白灰，并在其上插入钢筋。

(2)钻机就位。钻机就位时，必须保持机身平稳，确保施工中不发生倾斜、位移；使用双侧吊线坠的方法或使用经纬仪校正钻杆垂直度。

(3)取土成孔。对准桩位,开动机器钻进,出土达到控制深度后停钻、提钻。

(4)清孔。钻至设计深度后,进行孔底清理。清孔方法是在原深处空转,然后停止回转,提钻卸土或用清孔器清土。清孔后,用测深绳或手提灯测量成孔深度及虚土厚度,成孔深度和虚土厚度应符合设计要求。

(5)安放钢筋笼。安放钢筋笼前,再次复查孔深、孔径、孔壁、垂直度及孔底虚土厚度,钢筋笼上必须绑好砂浆垫块(或卡好塑料卡);钢筋笼起吊时不得在地上拖曳,吊入钢筋笼时,要吊直扶稳,对准孔位,缓慢下沉,避免碰撞孔壁。钢筋笼下放到设计位置时,应立即固定。浇筑混凝土之前应再次检查孔内虚土厚度。

(6)浇筑混凝土。灌注混凝土前,应在孔口安放护孔漏斗,然后放置钢筋笼,并应再次测量孔内虚土厚度;吊放串筒灌注混凝土,注意落差不得大于 2 m。灌注混凝土时应连续进行,分层振捣密实,分层厚度以捣固的工具而定,一般不大于 1.5 m,混凝土浇到距桩顶 1.5 m 时,可拔出串筒,直接灌注混凝土。混凝土灌注到桩顶时,桩顶标高至少要比设计标高高出 0.5 m,凿除浮浆高度后必须保证暴露的桩顶混凝土强度达到设计等级。

## 2.3.4　人工挖孔灌注桩施工

人工挖孔灌注桩是指在桩位采用人工挖掘方法成孔,然后安放钢筋笼、灌注混凝土而成的桩。在挖孔灌注桩基础上,扩大桩底尺寸形成挖孔扩底灌注桩。这类桩具有成孔机具简单,挖孔作业时无振动,无噪声,无环境污染,便于清孔和检查孔壁及孔底,施工质量可靠等特点。

人工挖孔灌注桩施工工艺

人工挖孔灌注桩适合桩径为 800 mm 以上,无地下水或地下水较少的黏土、粉质黏土,含少量的砂、砂卵石的黏土层采用,特别适合在黄土层使用。对流砂、地下水位较高、涌水量大的冲击地带及近代沉积的含水量高的淤泥、淤泥质土层,不宜采用;其桩长在 20 m 左右,最深可达 40 m。其构造如图 2-25 所示。

**1. 人工挖孔灌注桩的施工工艺流程**

桩位放线,定桩位→开挖第一节桩孔土方→支护壁模板放附加钢筋→浇注第一节护壁混凝土→检查桩位(中心)轴线→架设垂直运输支架→安装电动葫芦(或卷扬机)→安装吊桶、照明、活动盖板、水泵和通风机等→开挖吊运第二节桩孔土方(修边)→支第二节护壁模板→浇注第二节护壁混凝土→检查桩位(中心)轴线→逐层往下循环作业→开挖扩底部分→检查验收→吊放钢筋笼→浇注桩身混凝土。

**2. 人工挖孔灌注桩的施工技术要求**

(1)桩位放线,定桩位

①开孔前,桩位应准确定位放样,在桩位外设置定位基准桩;以桩孔中心为圆心,桩身半径加护壁厚度为半径画圆,撒石灰线作为桩孔开挖尺寸线。

②桩径(不含护壁)不得小于 0.8 m;桩混凝土护壁的厚度不应小于 100 mm。

③桩位的放样允许偏差:群桩为 20 mm;单排桩为 10 mm。

(2)人工开挖第一节桩孔土方

①人工挖孔从上到下分节开挖,先挖中间部分的土方,然后再扩及周边,有效控制开挖截面尺寸,每节桩孔高度一般在 1 m 左右,土壁保持直立状态。

②当遇有流动性淤泥和可能出现涌砂时,将每节护壁的高度减小到 300～500 mm,并随

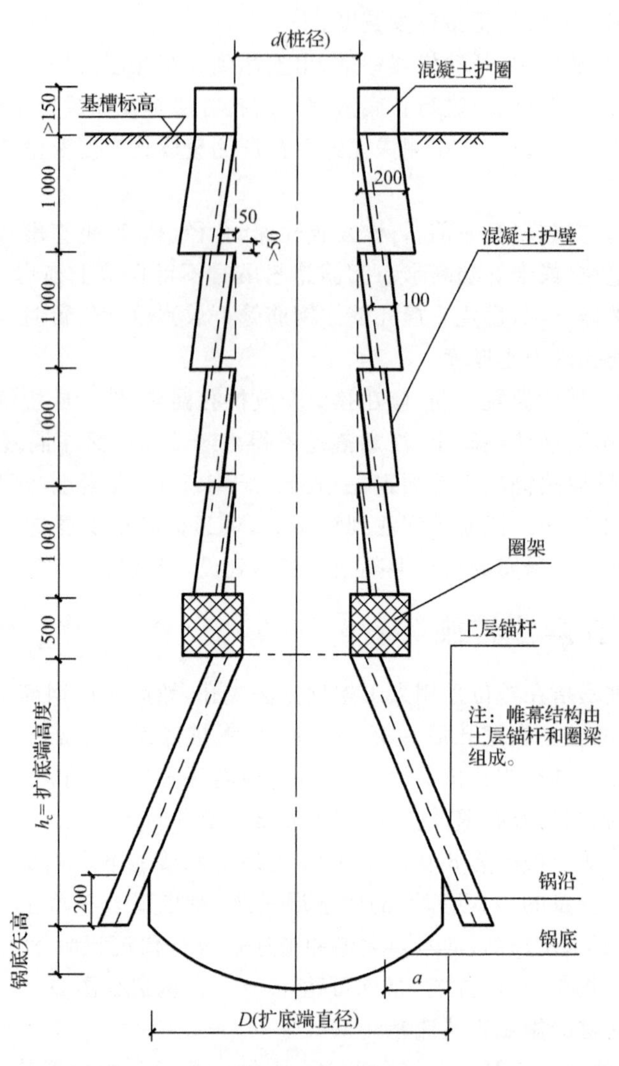


图 2-25 人工挖孔灌注桩

挖、随验、随灌注混凝土，采用钢护筒或有效的降水措施。

③挖孔时，用镢铲和吊桶提升土方，每节下口直径比上口直径大 100 mm，以方便浇注护壁混凝土。

④当桩净距小于 2.5 m 时，应采用间隔开挖；相邻排桩跳挖的最小施工净距不得小于 4.5 m。

⑤桩位轴线和高程设置在第一节护壁上口，每节桩孔开挖均应从桩位十字轴线垂直引测桩孔中心。

(3)支护壁模板放附加钢筋

①成孔后应设井圈，宜优先采用现浇混凝土护壁，也可用砖护壁、钢套管护壁；井圈中心线与设计轴线的偏差不大于 20 mm，其顶面应比场地高 100～150 mm，第一层护壁壁厚比下面井壁厚度增大 100～150 mm。

②土质较好的小直径桩护壁可不放钢筋，但当设计要求放置钢筋或挖土遇软弱土层时需加设钢筋，桩孔挖土完毕并经验收合格后，安放钢筋，然后安装护壁模板。

③护壁模板用薄钢板、圆钢、角钢拼装焊接成弧形工具式内钢模，模板高度取决于开挖土

方施工段的高度，一般为1 m，每节分成4块，大直径桩分成5～8块。

(4)浇注第一节护壁混凝土。护壁混凝土挖完一节后应立即浇注护壁混凝土，人工浇注，人工捣实，不宜用振捣棒。混凝土强度等级一般为C25或C30，坍落度控制在70～100 mm，护壁混凝土要捣实，其起着护壁与防水双重作用，上、下护壁间搭接长度不小于50 mm。

护壁模板在24 h后拆除，一般在下节桩孔土方挖完后进行。第一节护壁完成后，将桩孔中轴线控制点引回到护壁上，进一步复核无误后，作为确定地下和下一节护壁中心的基准点，同时用水准仪把相对水准标高标定在第一节孔圈护壁上。

(5)检查桩位(中心)轴线。

每节桩孔护壁做好以后，必须将桩位十字轴线和标高测设在护壁的上口，然后用十字线对中，吊线坠向井底投设，以半径尺杆检查孔壁的垂直平整度。随之进行修整，井深必须以基准点为依据，逐根进行引测。保证桩孔轴线位置、标高、截面尺寸满足设计要求。

(6)架设垂直运输支架，安装配套的机具(图2-26)。第一节桩孔成孔后，即着手在孔上口架设垂直运输支架，支架有三木搭，钢管吊架或水吊架、工字钢导轨支架，要求搭设稳定、牢固。安装电动葫芦或卷扬机，对于浅桩和小型桩孔可用木辘或人工借助粗麻绳作为提升工具。还需安装吊桶、照明、活动盖板、水泵和通风机等。

图2-26 架设垂直运输支架，安装配套的机具

(7)开挖吊运第二节桩孔土方。从第二节开始，利用提升设备运土，井下人员应戴安全帽，井上人员应拴好安全带，井口架设护栏；桩孔挖至规定深度后，用尺杆检查桩孔的直径及井壁圆弧度，上下应垂直平顺，修整孔壁。

(8)第二节护壁支模，浇注混凝土。安放附加箍筋，并与上节预留竖向钢筋连接，拆除第一节护壁模板，支第二节护壁模板，上下节搭接长度不少于50 mm，检测无误后浇注混凝土；混凝土用吊桶运送，人工浇注、人工振捣密实，混凝土掺入早强剂的数量由试验确定。

(9)重复第二节施工过程，逐层往下循环作业，将桩孔开挖到设计深度，清除虚土，检查土质情况，桩底应进入设计规定的持力层深度；如果是扩底桩，先将扩底部位桩身的圆柱体挖好，再按扩底部位的尺寸、形状，自上而下削土扩充成扩底形状，并确认持力层，然后清除护壁污泥、孔底残渣、浮土、杂物、积水等，测量孔深，计算虚土厚度，使之达到设计要求。

(10)吊放钢筋笼。按设计要求对钢筋笼进行验收，检查钢筋种类、间距、焊接质量、钢筋笼垂直度、长度及保护卡的安置情况，填写验收记录。验收合格后用起重机吊起钢筋笼沉入桩孔就位，用挂钩钩住钢筋笼最上层一根加劲箍，用槽钢做横担，将钢筋笼吊挂在井壁上口，控制好钢筋笼标高及保护层厚度。

(11)浇注桩身混凝土。浇注混凝土时，必须用溜槽；当高度超过 3 m 时，应用溜槽加串筒向井内浇注混凝土，要垂直灌入桩孔内，避免混凝土斜向冲击孔壁，造成塌孔。浇注桩直径小于 1.2 m、深度达 6 m 以下部位的混凝土可利用混凝土自重下落的冲力，再适当辅以人工插捣使之密实。其余 6 m 以上部分再分层浇注振捣密实。大直径桩要认真分层逐次浇注振捣密实。

## 2.4 预制桩施工

学习强国小案例

**创全国单体建筑平移之最：厦门后溪长途汽车站主站房完成 90 度旋转**

厦门后溪长途汽车站主站房建筑面积为 2.28 万平方米，总质量超过 3 万吨，于 2019 年完成 90 度旋转。该工程量相当于 2.5 个凯旋门旋转 90 度，创造了国内单体建筑平移三项之最：平移面积最大，荷载最重，距离最远。由于此次需要移动的主站房面积大，将其地上和地下切割开的传统方法，会因正负零板承载力不足，造成建筑物平移时的不稳固性，也会破坏主站房地上的精装修，因此施工单位将切割位置改为地下二层，连带地下室整体旋转移位，并将交替步履式顶推技术首次应用在平移中。主站房的总质量为 3.018万吨，相当于一艘小型航母的排水量，主站房内用于支撑的 96 根支柱，最大柱间距达 18 米，结构狭长。为确保主站房平移旋转时的稳定性，避免因建筑荷载过重而在平移过程中出现偏离轨道、倾斜失重的情况，施工单位在支柱下设置了“托盘梁”，将平移内力均匀地传导至千斤顶，再传至轨道。主站房建筑整体“搬家”，不仅能降低成本，还可以大幅降尘、降噪，并有效减少拆建垃圾和建材浪费。

预制桩按桩体材料的不同，可分为钢筋混凝土预制桩和钢预制桩。其中钢筋混凝土预制桩应用较多。钢筋混凝土预制桩是在预制构件厂或施工现场预制，用沉桩设备在设计位置上将其沉入土中的。其特点是坚固耐久，不受地下水或潮湿环境影响，能承受较大荷载，施工机械化程度高，进度快，能适应不同土层施工。目前最常用的预制桩是预应力混凝土管桩，它是一种细长的空心等截面预制混凝土构件，是在工厂经先张预应力、离心成型、高压蒸养等工艺生产而成的。本课题主要学习预制桩施工中的锤击打桩法和静力压桩法两种方法。

### 2.4.1 预制桩施工准备

钢筋混凝土预制桩分为方桩和预应力管桩两种。

**1. 预制桩构造要求**

(1)混凝土预制桩截面边长不宜小于 200 mm，混凝土强度等级不宜低于 C30，预应力混凝土实心桩的截面边长不宜小于 350 mm,混凝土强度等级不宜低于 C40,预制桩纵向钢筋的混凝土保护层厚度不宜小于 30 mm。

(2)预制桩的桩身配筋应按吊运、打桩及桩在使用中的受力等条件确定。

(3)预制桩的分节长度应根据施工条件及运输条件确定,每根桩的接头数量不宜超过 3 个。

**2. 预制桩的制作**

钢筋混凝土方桩多数在施工现场预制(图 2-27),也可在预制厂生产。它可做成单根桩或多节桩,截面边长多为 200～550 mm。在现场预制,长度不宜超过 30 m;在工厂制作,为便于运输,单节长度不宜超过 12 m。钢筋混凝土预应力管桩则均在工厂用离心法生产。管桩直径一般为 300～800 mm,常用的为 400～600 mm。

(1)桩的制作方法

为节省场地,现场预制方桩多用叠浇法制作,如图 2-27 所示,桩与桩之间应做好隔离层,桩与邻桩及底模之间的接触面不得粘连;上层桩与邻桩的浇注,必须在下层桩或邻桩的混凝土达到设计强度的 30%以上时方可进行;桩的重叠层数不应超过 4 层。

图 2-27　现场叠浇法预制钢筋混凝土方桩

预制桩制作工艺:现场制作场地压实、整平→场地地坪做三七灰土或浇筑混凝土→支模→绑扎钢筋骨架,安放吊环→浇注混凝土→养护至 30%强度拆模→ 支间隔端头模板,刷隔离剂,绑扎钢筋→浇注混凝土→重叠制作第二层桩→养护至 70%强度起吊→达 100%强度后运输、堆放。

(2)桩的制作要求

①场地要求:场地应平整、坚实,不得产生不均匀沉降。

②支模:宜采用钢模板,模板应具有足够刚度,并应平整,尺寸应准确。

③钢筋骨架绑扎:桩中的钢筋应严格保证位置正确,桩尖应与钢筋笼的中心轴线一致。

钢筋骨架的主筋连接宜采用对焊和电弧焊,当其直径大于 20 mm 时,宜采用机械连接。主筋接头在同一截面内的数量,应符合下列规定:当采用对焊或电弧焊时,对于受拉钢筋,不得超过 50%;相邻两根主筋接头截面的距离应大于 35$d$($d$ 为主筋直径),并不应小于 500 mm;必须符合现行行业标准《钢筋焊接及验收规程》(JGJ 18－2012)和《钢筋机械连接技术规程》(JGJ 107－2016)的规定。

纵向钢筋与箍筋应扎牢,连接位置不应偏斜,桩顶钢筋网片应按设计要求的位置与间距设置,且不偏斜,整体扎牢制成钢筋笼。

④混凝土浇注。浇注混凝土之前,应清除模板内的垃圾、杂物;检查各部位的保护层,其厚

度应符合设计要求，主筋顶端保护层不宜过厚，以防锤击沉桩时桩顶破碎。

浇注混凝土时应由桩顶往桩尖方向进行，要连续浇注、不得中断，并用振捣器仔细捣实，确保顶部结构的密实性，同时桩顶面和接头端面应平整，以防锤击沉桩时桩顶破碎。

浇注完毕应覆盖、洒水养护不少于 7 d。如用蒸汽养护，在蒸汽养护后应适当自然养护，30 d 后方可使用。

**3. 桩的起吊、运输、堆放及取桩规定**

(1)桩的起吊

混凝土设计强度达到 70%及以上方可起吊，若需提前起吊，则应根据起吊时桩的实际强度进行强度和抗裂验算。吊点位置应符合设计计算规定，当吊点少于或等于 3 个时，其位置应按正、负弯矩相等的原则计算确定，一般吊点的设置如图 2-28 所示。预制桩上吊点处若未设吊环，则起吊时可采用捆绑起吊，在吊索与桩身接触处应加垫层，以防损坏棱角或桩身表面。在起吊时应采取相应措施，保证安全平稳，保护桩身质量。

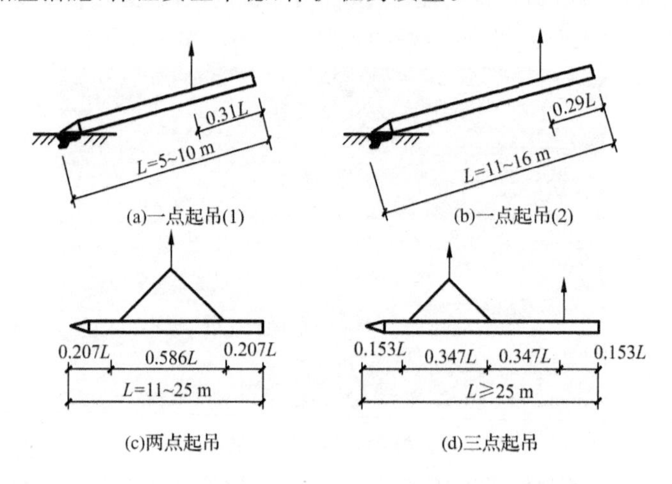


图 2-28　桩的合理吊点

(2)桩的运输

钢筋混凝土预制桩须待其达到设计强度等级的 100%后方可运输；水平运输时，应做到桩身平稳放置，严禁在场地上直接拖拉桩体；运输时，桩的支点应与吊点位置一致，桩应叠放平整并垫实，支撑或绑扎应牢固，以防运输中晃动或滑动。

(3)桩的堆放

①堆放场地应平整、坚实，排水良好，避免产生不均匀沉陷。

②按不同规格、长度及施工流水顺序分别堆放。

③当场地条件许可时，宜单层堆放。

④当叠层堆放时，垫木间距应与吊点位置相同，各层垫木应上下对齐，并位于同一垂直线上，堆放层数不宜超过 4 层(图 2-29)。

(4)取桩规定

①当桩叠层堆放超过 2 层时，应采用吊机取桩，严禁拖拉取桩。

②三点支撑自行式打桩机不应拖拉取桩。

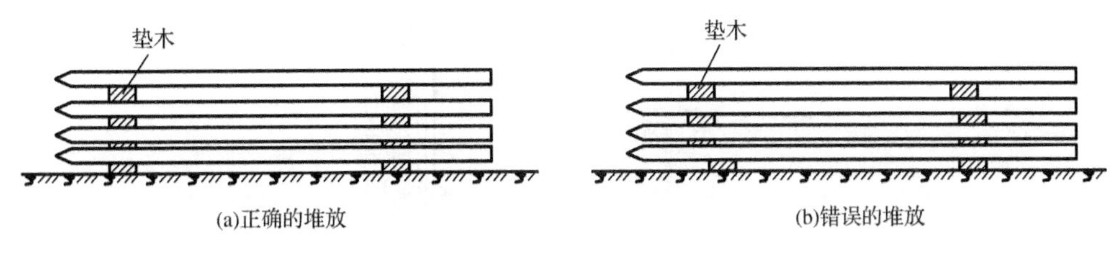


图 2-29　桩的堆放

## 2.4.2　打桩施工工艺及质量要求

打入法也称锤击法，是利用桩锤落到桩顶上的冲击力来克服土对桩的阻力，使桩沉到预定的深度或达到持力层的一种打桩施工方法。锤击沉桩是钢筋混凝土预制桩常用的沉桩方法，它施工速度快，机械化程度高，适用范围广，但施工时有冲撞噪声并使地表层产生振动，故在城区和夜间施工时有所限制。

**打桩设备及选择**

预制桩的沉桩设备主要包括桩锤和桩架两大部分。桩锤用来产生沉桩所需的能量，桩架在打桩时起悬吊桩锤和导向作用。

(1)桩锤的选择

桩锤是锤击法沉桩的主要机具，依目前工程中使用的频繁程度，可选用柴油打桩锤、落锤、汽锤和振动锤。

①柴油打桩锤利用燃油爆炸来推动活塞往返运动，进而完成锤击打桩，柴油打桩锤与桩架、动力设备配套组成柴油打桩机。

②落锤一般由铸铁制成，有穿心锤和龙门锤两种，质量为 0.2～2.0 t。它利用绳索或钢丝绳通过吊钩由卷扬机沿桩架导杆提升到一定高度，然后自由落下击打桩顶(图 2-30)。

图 2-30　锤击打桩施工

③汽锤是以高压蒸汽或压缩空气为动力的打桩机械，有单动汽锤和双动汽锤两种(图 2-31)。

④振动锤是利用机械强迫振动，通过桩帽传到桩上使桩下沉。

(2)锤重的选择

锤击法沉桩，必须合理选用桩锤的锤重。锤重小了不易沉至设计标高，且影响施工进度；锤重大了容易将混凝土桩顶击碎，甚至击断。应根据地质条件、桩身构造、桩的类型、密集程度

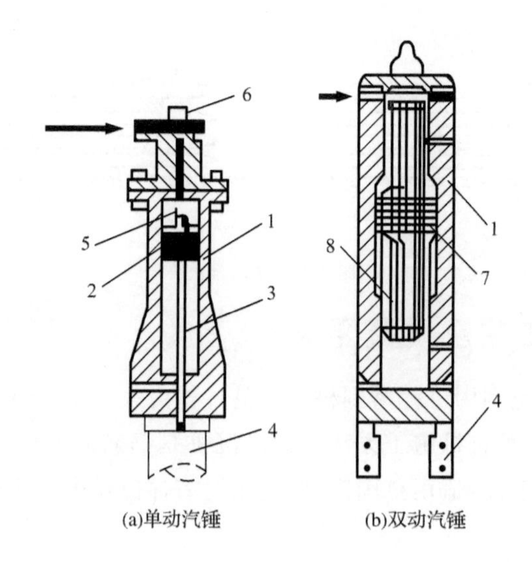


图 2-31 汽锤

1—汽缸;2—活塞;3—活塞杆;4—桩;5—活塞上部;6—换向阀门;7—锤的垫座;8—冲击部分

及施工条件等情况选择锤重。为防止桩受冲击时产生过大的应力,导致桩顶破碎,在打桩施工时应重锤低击。

(3)桩帽及垫材选择

①桩帽:打桩时,先在桩上扣上桩帽,桩锤的锤击力通过桩帽传到桩顶,因此桩帽必须有一定的耐冲击性。桩帽一般由铸铁或钢板电焊而成,其尺寸要稍大于桩顶截面,一般比桩顶截面周边尺寸大 1～2 cm。

②垫材:打桩时,在桩帽上下设置缓冲垫材。合理选用垫材是提高锤击效率和沉桩精度、保护桩锤安全使用和桩顶免遭破坏的有效措施。垫材分为锤垫和桩垫,桩帽上部与桩锤相隔的垫材为锤垫。

(4)桩架

桩架一般由底盘、导向杆或龙门架、斜杆、起吊设备等组成(图 2-32)。

图 2-32 桩架外形

①桩架是支持桩身和桩锤,在打桩过程中引导桩的方向及维持桩的稳定,并保证桩锤沿着所要求方向冲击的设备。

②根据桩的长度、桩锤的高度及施工条件等选择桩架和确定桩架高度。桩架高度＝桩长＋

桩锤高度＋滑轮组高。

③桩架用钢材制作，按移动方式有轮胎式、履带式、轨道式等。

## 2.4.3　锤击打桩法施工

锤击打桩法施工工艺流程如图 2-33 所示。

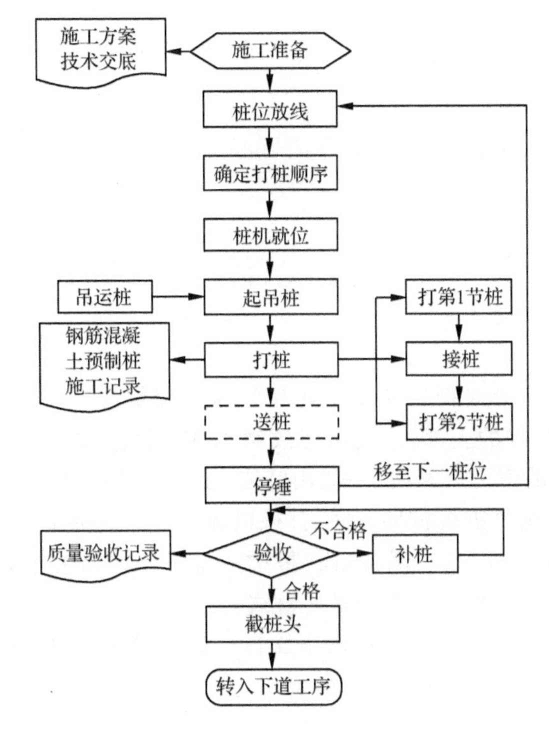


图 2-33　锤击打桩法施工工艺流程

锤击法预制桩施工工艺

**1. 桩位放线**

(1)在打桩施工区域附近设置不少于 2 个水准点，其位置以不受打桩影响为原则(距离操作地点 40 m 以外)。轴线控制桩应设置在距最外桩 5～10 m 处，以控制桩基轴线和标高。

(2)测量好的桩位用钢钎打深度大于 200 mm 的孔，将白灰灌入孔内，并在其上插入钢筋棍。

桩位的放样允许偏差：群桩 20 mm；单排桩 10 mm。

**2. 确定打桩顺序**

根据桩的密集程度(桩距大小)、桩的规格、设计标高、周边环境、工期要求等综合考虑，合理确定打桩顺序。打桩顺序一般分为逐排打设、自中部向四周打设和由中间向两侧打设三种，如图 2-34 所示。

(1)当桩的中心距大于 4 倍桩的边长(桩径)时，采用上述三种打法均可。当采用逐排打设时，会使土体朝一个方向挤压。为了避免土体挤压不均匀，可采用间隔跳打方式。

(2)当桩的中心距小于 4 倍桩的边长(桩径)时，应采用自中部向四周打设；若场地狭长，则采用由中间向两侧打设。

(3)当一侧毗邻建筑物时，由毗邻建筑物处向另一方向施打。

(4)根据基础的设计标高，宜按先深后浅的顺序打桩；根据桩的规格，宜按先大后小，先长

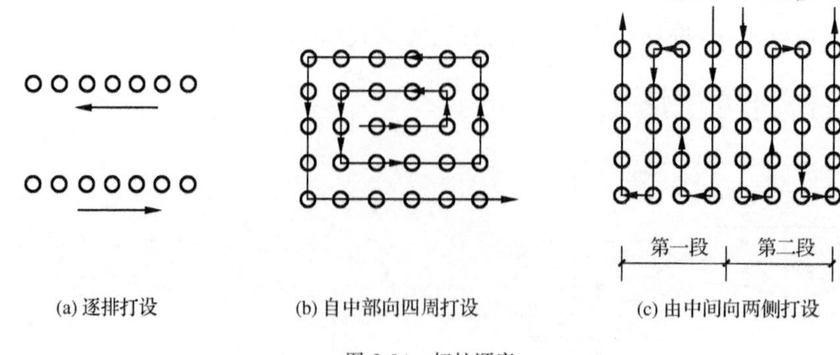


(a) 逐排打设　(b) 自中部向四周打设　(c) 由中间向两侧打设

图 2-34　打桩顺序

后短的顺序打桩。

**3. 桩机就位**

根据打桩机桩架下端的角度计算初调桩架的垂直度，按打桩顺序将打桩机移至桩位上，用线坠由桩帽中心点吊下与地上桩位点初对中。

**4. 起吊桩**

(1)桩帽：桩帽宜做成圆筒形并设有导向脚与桩架导轨相连，应有足够的强度、刚度和耐打性。桩帽设有锤垫和桩垫，锤垫设在桩帽的上部，一般用竖纹硬木或盘圆层叠的钢丝绳制作，厚度宜取 15～20 cm。桩垫设在桩帽的下部套筒内，一般用麻袋、硬纸板等材料制作。

(2)起吊桩：利用辅助吊车将桩送至打桩机桩架下面，打桩机起吊桩送进桩帽内。

(3)对中：桩尖插入桩位中心后，先用桩和桩锤自重将桩插入地下 30 cm 左右，桩身稳定后，调整使桩身、桩锤、桩帽的中心线重合，使打入方向呈一直线。

(4)调直：用经纬仪测定桩的垂直度。经纬仪设置在不受打桩影响的位置，保证两台经纬仪与导轨呈正交方向进行测定，使插入地面垂直度偏差小于 0.5%。

**5. 打桩**

(1)桩开始打入时采用短距轻击，待桩入土一定深度(1～2 m)稳定以后，再以规定落距施打。

(2)正常打桩宜采用重锤低击，柴油锤落距一般不超过 1.5 m。

(3)停锤标准：

①摩擦桩：以控制桩端设计标高为主，贯入度为辅(摩擦桩：桩端位于一般土层)。

②端承桩：以贯入度控制为主，桩端设计标高为辅(端承桩：桩端达到坚硬、硬塑的黏土、中等密实以上粉土、砂土、碎石类土及风化岩等土层)。

③贯入度已达到设计要求而桩端标高未达到时，应继续锤击 3 阵，并按每阵 10 击的贯入度不大于设计规定的数值确认，必要时，施工控制贯入度应通过试验确定。

**6. 接桩**

(1)待桩顶距地面 0.5～1.0 m 时接桩，接桩采用焊接或法兰连接等方法。

(2)焊接接桩：

①钢板宜采用低碳钢，焊条宜采用 E43。

②对接前，上、下端板表面应用铁刷子清刷干净，坡口处应刷至露出金属光泽。

③接桩时，上、下节桩段应保持顺直，在桩四周对称分层施焊，焊接层数不少于 2 层；错位偏差不大于 2 mm，不得采用大锤横向敲打纠偏。

④焊好后，桩接头应自然冷却后方可继续锤击，自然冷却时间不宜少于 8 min，严禁采用

水冷却或焊好即施打。

⑤焊接接头的质量检查，对于同一工程探伤抽样检验不得少于 3 个接头。

**7. 送桩**

(1)如果桩顶标高低于槽底标高，应采用送桩器送桩。

(2)送桩器：宜做成圆筒形，并应有足够的强度、刚度和耐打性。送桩器长度应满足送桩深度的要求，弯曲度不得大于 1/1 000。

(3)在管桩顶部放置桩垫，厚薄应均匀，将送桩器下口套在桩顶上，调整桩锤、送桩器和桩三者的轴线在同一直线上。

(4)锤击送桩器将桩送至设计深度，送桩完成后及时将空孔回填密实。

**8. 截桩头**

(1)打桩完成后，将多余的桩头截断。

(2)截桩头时，宜采用锯桩器截割，不得截断桩体纵向主筋。

(3)严禁采用大锤横向敲击截桩或强行扳拉截桩。

## 2.4.4 静力压桩法施工

静力压桩法施工工艺流程如图 2-35 所示。

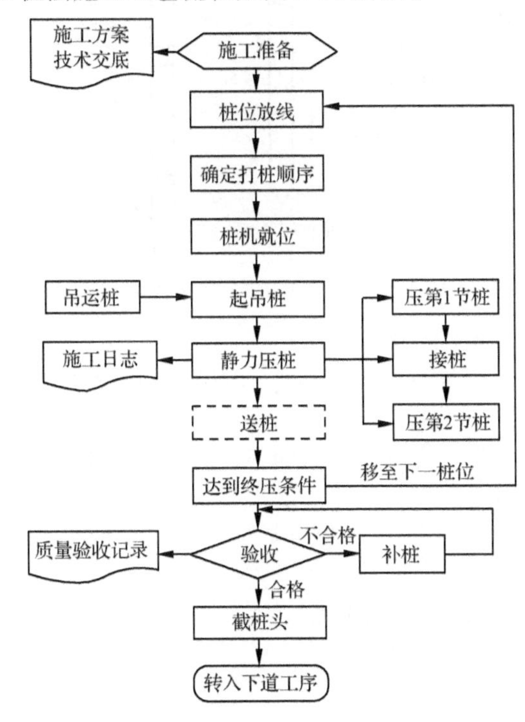


图 2-35 静力压桩法施工工艺流程

静力压预制管桩施工工艺

**1. 桩位放线，确定打桩顺序**

操作同锤击打桩。

**2. 桩机就位**

桩机就位是利用行走装置完成的，通过横向和纵向油缸的伸程和回程使桩机实现步履式的横向和纵向行走，进而使桩机达到要求的位置。

**3. 起吊桩**

利用静压桩机自身的工作吊机，将预制桩吊至静压桩机夹具中，并对准桩位，夹紧并放入土中。移动静压桩机调节桩垂直度，垂直度偏差不得超过 0.5%，并使静压桩机处于稳定状态。

**4. 静力压桩**

（1）压桩时桩帽、桩身和送桩器的中心线应重合，压同一根桩应缩短停顿时间，以便于桩的压入。

（2）为减小静压桩的挤土效应，对于预钻孔沉桩，孔径应比桩径小 50～100 mm，深度视桩距和土的密实度、渗透性而定，一般宜为桩长的 1/3～1/2，应随钻随压桩。

**5. 接桩**

长桩的静力压入一般也是分节进行，逐段接长。当第一节桩压入土中，其上端距地面 1 m 左右时将第二节桩接上，继续压入，如图 2-36 所示。

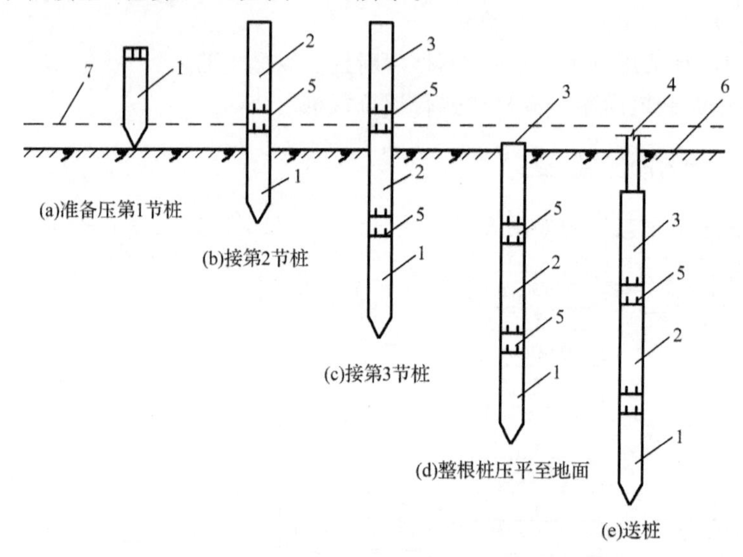


图 2-36 接桩

1—第 1 节桩；2—第 2 节桩；3—第 3 节桩；4—送桩；5—桩接头处；6—地面线；7—压桩架操作平台线

**6. 送桩**

设计要求送桩时，送桩的中心线与桩身吻合方能进行送桩。若桩顶不平可用麻袋或厚纸垫平，则送桩留下的孔应立即回填。

**7. 截桩头**

（1）压桩完成后，将多余的桩头截断。

（2）截桩头时，宜采用锯桩器截割，不得截断桩体纵向主筋。

（3）严禁采用大锤横向敲击截桩或强行扳拉截桩。

## 2.4.5 桩承台施工

**1. 桩承台防水**

（1）防水基层检查验收。防水施工前，应检查垫层表面是否平整、光洁，并办理隐检手续。

（2）检测基层含水率。基层含水率一般控制在 9%以下。

（3）涂刷基层处理剂。铺贴防水材料前，应先将基层清扫干净，在基层面上均匀涂刷基层处理剂。要求厚薄均匀一致，小面积或阴阳角等不易涂刷部位，应用毛刷蘸处理剂认真涂刷，不得漏刷且不得反复涂刷。

(4)防水层施工。防水材料按选用的不同种类以相应的施工工艺进行施工,并应符合相应防水规范规定。桩承台防水构造一般分为两种形式:第一种形式为桩直接锚入承台内,桩与承台接触处的缝隙采用遇水膨胀止水条;第二种形式为桩锚入承台部位的混凝土加厚,采用防水材料与遇水膨胀止水条防水。

(5)防水保护层施工。防水层施工完毕并验收合格后,应及时按设计要求做好防水保护层的施工。防水保护层一般采用细石混凝土,控制好标高,表面平整。

**2. 钢筋绑扎**

(1)核对成型钢筋。钢筋绑扎前,应按设计图纸核对加工的半成品钢筋,对其规格、形状、型号、品种进行检查,然后挂牌堆放好。

(2)钢筋绑扎。钢筋应按顺序绑扎,一般情况下,先长轴后短轴,由一端向另一端依次进行,操作时按图纸要求画线、铺铁、穿箍、绑扎,最后成型。

(3)预埋管线。预留孔洞位置应正确,桩伸入承台梁的钢筋、承台梁上的柱子,应按图纸绑扎好。绑扎应牢固,应采用十字扣绑扎或焊牢,其标高、位置、搭接锚固长度等尺寸应准确,不得遗漏和移位。

(4)绑砂浆垫块。底部钢筋下垫水泥砂浆垫块,一般保护层的厚度不小于 70 mm,每隔 1 m 放一块,侧面的垫块应与钢筋绑牢,不应遗漏。

## 2.5 地基与基础工程冬雨季施工

学习强国小案例

**中国工程院院士多吉:投身地质勘探 踏遍青藏高原**

几十年来,中国工程院院士多吉几乎踏遍了青藏高原的每一寸土地,过着“早上揣着馒头、怀着希望上山,晚上背着石头、带着收获回到帐篷”的生活。谈起当年寻矿的经历,多吉脑中涌起无数难忘的回忆。1953 年,多吉出生于西藏自治区加查县一个贫穷的牧民家庭,少年时期的他经常看到国家科考队在家乡进行地质勘探工作,受其影响,毕业后的多吉回到西藏从事地质勘查和科研工作。多年来,多吉经历了数不清的困境和危险,但他凭借着对地质勘探事业的执着和信念,凭借着始终恪守“地质工作是一个凭良心办的事,只要你认真对待大自然,大自然也一定会给你一个慷慨的回报”的信条,一次次出色地完成了任务。从走出故乡的高山深谷,到踏遍世界屋脊的广阔大地,多吉将他人生中最年富力强的 40 多年时间,献给了他热爱的地质勘探事业。由于在我国地质勘探领域做出了突出贡献,多吉于 2001 年当选为中国工程院院士,成为西藏第一位工程院院士,还先后获得了我国地质科学最高奖——李四光地质科学奖荣誉奖、全国五一劳动奖章、全国“最美科技工作者”、何梁何利奖等众多荣誉称号和奖项。

季节性施工是指在雨季和冬季施工中,为保证施工质量和安全而采取的一些特殊施工措施。由于我国地域辽阔,气候状况复杂,南方和沿海城市每年雨季时间较长,并伴有台风、暴雨和潮汛,而华北、东北、西北等地则低温季节较长。为保证建筑工程能在全年不间断地施工,在雨季和冬季应从实际出发，合理选择施工方案和技术措施，保证工程质量和安全，降低工程费用。

## 2.5.1 雨季施工特点及要求

**1. 雨季施工特点**

(1)雨季施工具有突然性。暴雨、山洪等恶劣气象往往不期而至，这就需要雨季的施工准备和防范措施及早进行。

(2)雨季施工具有突击性。雨水对建筑结构和地基基础的冲刷或浸泡具有严重的破坏性，必须及时迅速地防护，才能避免造成工程损失。

(3)雨季往往持续时间很长，阻碍了工程(主要包括土方工程、屋面工程、防水工程、室外粉刷工程等)顺利进行，拖延工期。

**2. 雨季施工要求**

(1)编制施工组织计划时，根据雨季施工特点，将不宜在雨季施工的分项工程提前或拖后安排。对必须在雨季施工的工程应制定有效的措施，坚持以预防为主的原则，采取必要的防雨措施，确保雨季施工正常进行。

(2)合理进行施工安排。做到晴天抓紧室外工作，雨天安排室内工作，尽量缩小雨天室外作业时间和工作面。

(3)密切注意气象预报，做好防风和防汛等准备工作，必要时及时加固在建工程。

(4)做好建筑材料防雨、防潮和施工现场的排水工作。

## 2.5.2 冬季施工特点及要求

**1. 冬季施工特点**

冬季施工是在条件不利和环境复杂的情况下进行的施工，工程质量事故发生的频率较高，且工程质量事故的发生具有隐蔽性和发现的滞后性。一些工程质量事故在施工当时难以察觉，要等到解冻后才开始暴露出来，而这时再要处理就有很大难度。同时，冬季施工的计划性较强且准备工作的时间较长，若仓促施工，容易引起质量问题。

**2. 冬季施工原则**

冬季施工增加了施工难度，对工程的经济效益和安全生产影响很大，而且影响工程的使用寿命。因此，为了保证冬季施工质量，提高经济效益，冬季施工必须遵守以下原则：确保工程质量；措施经济合理，尽量减少因采取技术措施而增加的费用；资源可靠，对保证施工质量所需的热源和材料等要有可靠的保证；工期能满足合同要求；做好安全生产，减少质量事故。

一般情况下，土方工程、防水工程及装饰工程不宜采用冬季施工。这些工种工程如果采用冬季施工，很难保证工程质量或经济合理。砌体工程、混凝土及钢筋混凝土工程，目前在我国已经完全能够进行全年施工，但成本有所提高。

**3. 冬季施工的准备工作**

为了保证冬季施工顺利进行，必须做好冬季施工的准备工作。具体如下：收集掌握当地气象资料，根据当地的气温情况来安排冬季施工的项目；确定合理的管理体系；编制冬季施工的技术措施和施工方案。冬季施工所需的原材料、设备、能源和保温材料等应提前准备好。对冬季施工的工作人员，要组织冬季施工培训，学习冬季施工有关的规范、规定、理论和操作技术，并进行冬季施工安全教育。

### 2.5.3　冬雨季地基与基础施工要采取的措施

**1. 强夯地基**

雨季施工时夯坑内或场地积水应及时排除。地下水位埋深较浅的地区施工场地宜设纵、横向排水沟网，沟网最大间距不宜超过 15 m。

冬季施工时，应采取以下措施：

(1)应先将冻土击碎后再进行强夯施工。

(2)当最低温度在−15 ℃以上、冻深在 800 m 以内时，可点夯施工，且点夯的能级与击数应适当增加。

(3)冬季点夯处理的地基，满夯应在解冻后进行，满夯能级应适当增加。

(4)强夯施工完成的地基在冬季来临时，应设覆盖层保护，覆盖层厚度不应低于当地标准冻深。

**2. 注浆加固地基**

冬季施工时，在日平均温度低于 5 ℃或最低温度低于−3 ℃的条件下注浆时应采取防浆体冻结措施；夏季施工时，用水温度不得超过 35 ℃且对浆液注浆管路应采取防晒措施。

**3. 水泥粉煤灰碎石桩复合地基**

冬季施工时，混合料入孔温度不得低于 5 ℃，对桩头和桩间土应采取保温措施。

## 2.6　BIM 与基础工程

学习强国小案例

**海底铺路“3D 打印机”来帮忙**

在海底隧道施工建设中，沉管基础整平是必需的施工工艺，而用于铺设沉管管节的碎石整平船是必不可少的核心装备。我国自主研制的第五代深水整平船“一航津平 2”集基准定位、石料输送、高精度铺设整平、质量检测验收等于一体，因其铺设作业的高效率和自动化，被形象地称为深水碎石铺设的“3D 打印机”。在海底放一台“3D 打印机”，进行水下铺“路”，这是现实的场景。对比“津平 1”，该船在性能、规格、国产化程度等方面实现了全方位超越，多项性能居国际领先水平。“一航津平 2”船体为世界最大，主船体为箱形“回”字结构，整平作业最大水深 40 米，在不移动船身的情况下，单个船位碎石铺设整平作业范围超过 2 500 平方米；整平速度最高可达每分钟 5 米；桩腿使用寿命长达 2 000 小时。更重要的是，它从船体设计到建造均实现了国产化。该船将应用于世界级超大型“桥、岛、隧、地下互通”集群工程——深中通道的建设中。

随着社会经济的发展，我国城市化水平越来越高，近年来建筑业发展一直保持稳定增长，人们对建筑的个性化需求也越来越丰富。地基基础工程隐蔽性高、危险性大，常常成为建筑工程项目中质量管理的痛点，因此需要获取施工现场的准确数据，做到施工精细化管理，以确保工程质量。BIM 技术以其优良的可视化、模拟性和优化性等特点提高了项目各参与方的信息沟通效率，为提升施工质量管理水平创造了条件。故而针对地基基础施工过程中的管理痛点引入 BIM，建立质量管理信息系统，以期提高质量管理效率。

## 2.6.1 BIM 技术在基础工程中的应用目标与内容

由于地质情况复杂，基础工程难度较高，不同的地质情况应采取不同的基础形式。常见的基础形式有桩基础、独立基础、条形基础、筏形基础等。如图 2-37 所示为使用二维图表示的桩基础，运用 BIM 技术将桩基础模拟成三维效果，可以更加明确地表达基础的构造做法，如图 2-38 所示。

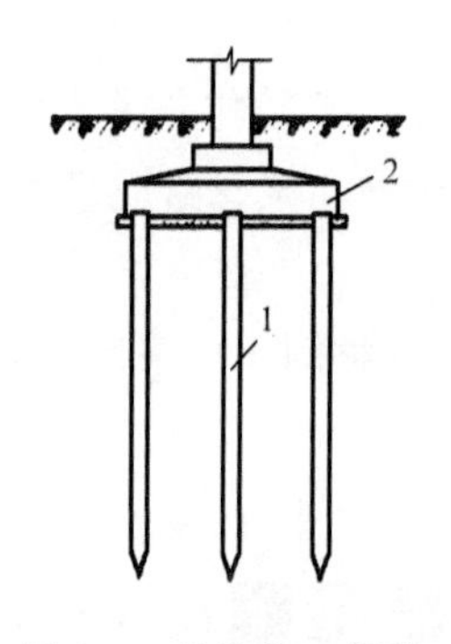


图 2-37 桩基础(二维图)

1—桩;2—承台

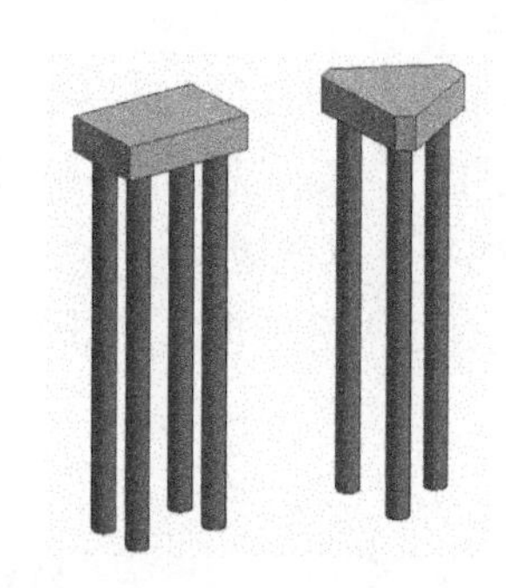

图 2-38 桩基础模型三维效果图

## 2.6.2 BIM 技术在基础施工过程中的可视化

**1. 桩长控制**

桩基(桩基础简称)施工前，利用 BIM 体量功能，结合岩土工程勘察报告及超前钻数据，进行地质模型绘制，可直观地对桩基工程进行管控。通过加载桩基模型，可分析出桩身入岩深度。

**2. 桩基技术交底**

应用 BIM 技术进行桩基模型建立，通过三维展示，对班组进行可视化交底，可加深现场施工人员对图纸的理解。

## 2.6.3 BIM 技术在基础施工过程中的应用流程

(1)建立 BIM 深化模型。

(2)确定 BIM 5D 平台管控流程以及管控点。

(3)BIM 5D 工艺库流程及管控点编制。

(4)桩基跟踪应用计划编制。

(5)现场施工数据收集及手机数据录入。

(6)成果整理,如图 2-39 所示。

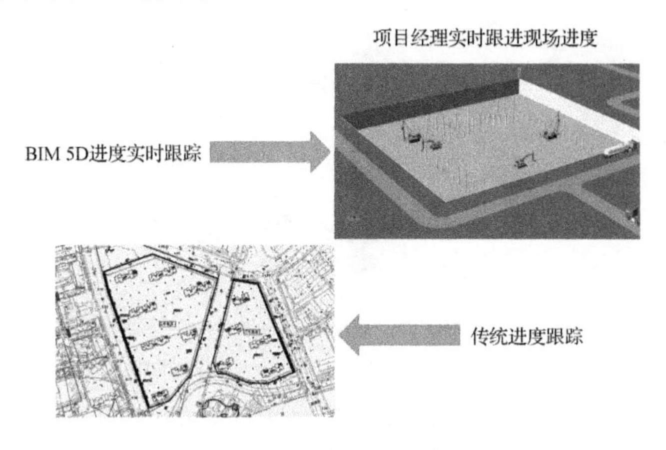


图 2-39　成果整理示意图

## 2.6.4　BIM 技术应用软件方案

基础工程 BIM 应用软件方案有多种选择,常用的有广联达、Revit、Navisworks 等,具体应用可参考图 2-40。

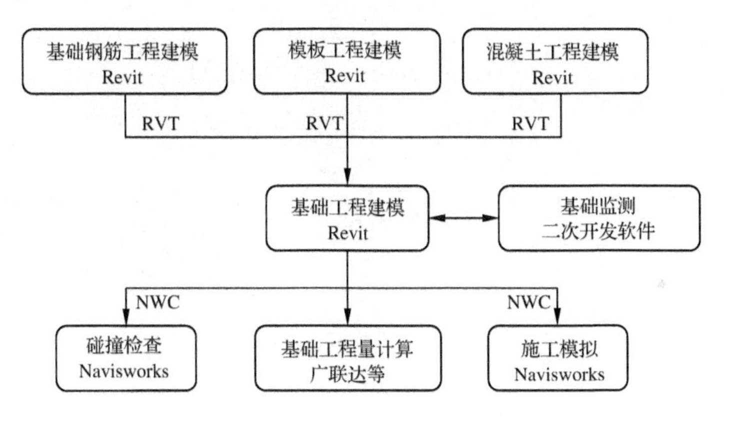


图 2-40　基础工程 BIM 应用软件方案

## 2.6.5　BIM 技术应用成果

**1. 三维可视化 BIM 模型**

基础施工 BIM 模型包括基础钢筋工程模型、模板工程模型和施工场地模型,如图 2-41 所示。

将基础工程的每根桩的进度计划与 BIM 施工模型相关联,进行打桩虚拟施工。同理,对整个基础工程进行虚拟施工,以保证工程质量。由于 BIM 技术创建的三维建筑承载着构件信息,所以通过 BIM 技术可以精确、真实地进行设计优化、施工方案优化、虚拟施工等,保证了工程质量,节约了成本,缩短了工期。

**2. 施工模拟**

一般来说,采用 BIM 技术进行虚拟施工的步骤是:先利用 BIM 三维建模软件(如

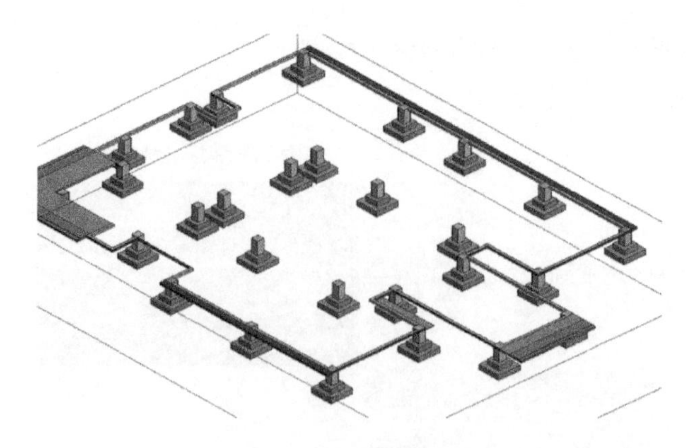

图 2-41　基础工程模型图

Autodesk Revit)创建参数化的 3D 模型,在 Micro Project 软件中编制施工进度计划,然后将 Revit 的 3D 模型和 Project 施工进度计划集成到 Navisworks 软件中进行 4D 模拟。通过 Project 的进度计划和 BIM 三维模型的结合,可以精确地对整个施工现场场景和施工过程进行三维展现和模拟。通过对工程可视化和施工过程的虚拟现实进行分析,可以提前找出施工中可能存在的问题,以采取有效的预防和强化措施,提高工程施工质量和施工管理水平。基础工程施工 BIM 模型如图 2-42 所示。

图 2-42　基础工程施工 BIM 模型

**3. 工程算量**

通过 BIM 技术对材料进行设定,自动统计出构件的体积、数目、材质、长度等基本量,便捷精确地统计工程量。所得的统计信息除了可以在 Revit 软件内部形成明细表、统计工作量、核算成本等外,还可以导成 MS 表格。导出表格可按照传统方法进行数据统计和成本计算,如图 2-43 所示。

**4. 信息化施工和监测**

利用以 BIM 为基础的碰撞检测工具,可以选择性地检测指定系统之间的碰撞,如检测机电系统和结构系统之间的碰撞,也可以通过构件分类使碰撞检测变得更加容易。建立 BIM 基础施工模型后,导入专门的碰撞检测工具 Navisworks 中,对基础模型进行碰撞检测。当发现一定量的设计问题时进行设计修改,以使图纸设计优化。

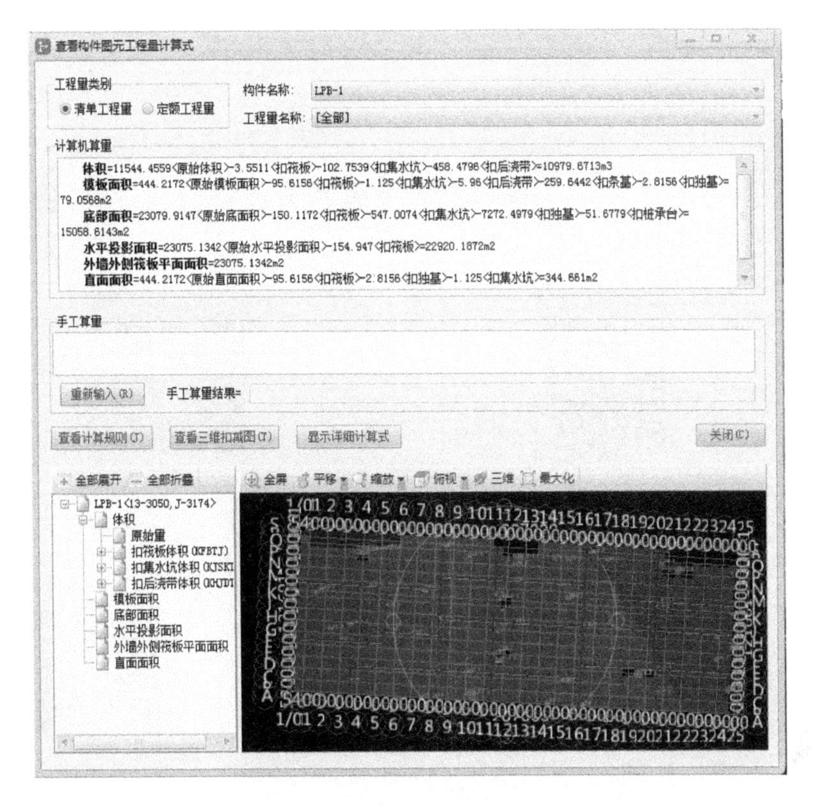


图 2-43　基础工程 BIM 算量

## 思考与练习

**背景资料**

某综合办公楼工程，地下三层，地上二十层，总建筑面积为 68 000 m$^2$，地基基础设计等级为甲级，灌注桩筏形基础，现浇钢筋混凝土框架剪力墙结构，建设单位与施工单位按照《建设工程施工合同(示范文本)》(GF-2013-0201)签订了施工合同。约定竣工时需向建设单位移交变形测量报告。部分主要材料由建设单位采购提供，施工单位委托第三方测量单位进行施工阶段的建筑变形测量。基础桩设计直径为 800 mm，长度为 35～42 m，混凝土强度等级为 C30，共计 900 根，施工单位编制的桩基础施工方案中列明：采用泥浆护壁成孔，导管法水下灌注 C30 混凝土，灌注时桩顶混凝土面超过设计标高 500 mm，每根留置 1 组混凝土试件；成桩后按总桩数 20% 对桩身质量进行检验，并发现基坑周边地表出现明显裂缝。检查完成后监理工程师发现变形测量异常立即报告委托方并认为方案存在错误，要求施工单位改正后重新上报。

课题 2 思考与练习

**问题：**

1. 指出桩基础施工方案中的错误之处，并分别写出相应的正确做法。

2. 变形测量发现异常情况后，第三方测量单位应及时采取哪些措施？

3. 针对变形测量，除基坑周边地表出现明显裂缝外，还有哪些异常情况也应立即报告委托方？

## 拓展资源与在线自测

住宅小区地基与基础工程施工组织设计

灌注桩后注浆技术

封闭降水及水收集综合利用技术

课题 2

# 课题 3

# 砌体工程施工

## 能力目标

掌握砌筑用材料的种类和砖砌体施工的砌筑工艺、组砌形式及构造要求；熟悉砌块和石材的砌筑工艺；熟悉砌筑用砖的规格、强度标准；熟悉水泥砂浆的制备、使用和强度检验；能够利用BIM技术进行砌体工程施工的精细化管理。

## 知识目标

能根据设计图纸和工程实际情况，选择相应的砌筑材料；能按砌筑工艺要求和砌体组砌形式进行砌体组砌施工，并检验施工质量；了解BIM技术对砌体工程施工的改革。

## 素质目标

培养学生阅读专业技术文件的能力；培养学生使用专业术语的严谨态度；培养学生的专业计算分析能力；培养学生编制专项施工方案的能力；培养学生利用信息化技术的能力；培养学生的团队协作能力；提高学生对砌体工程在我国建筑史中地位的认识，激发学生的民族自豪感，传承中国建筑文化；引导学生树立正确的防火、用火安全常识；引领学生熟知中国建筑业大数据应用的现状，坚定走中国建筑业创新发展之路的信念。

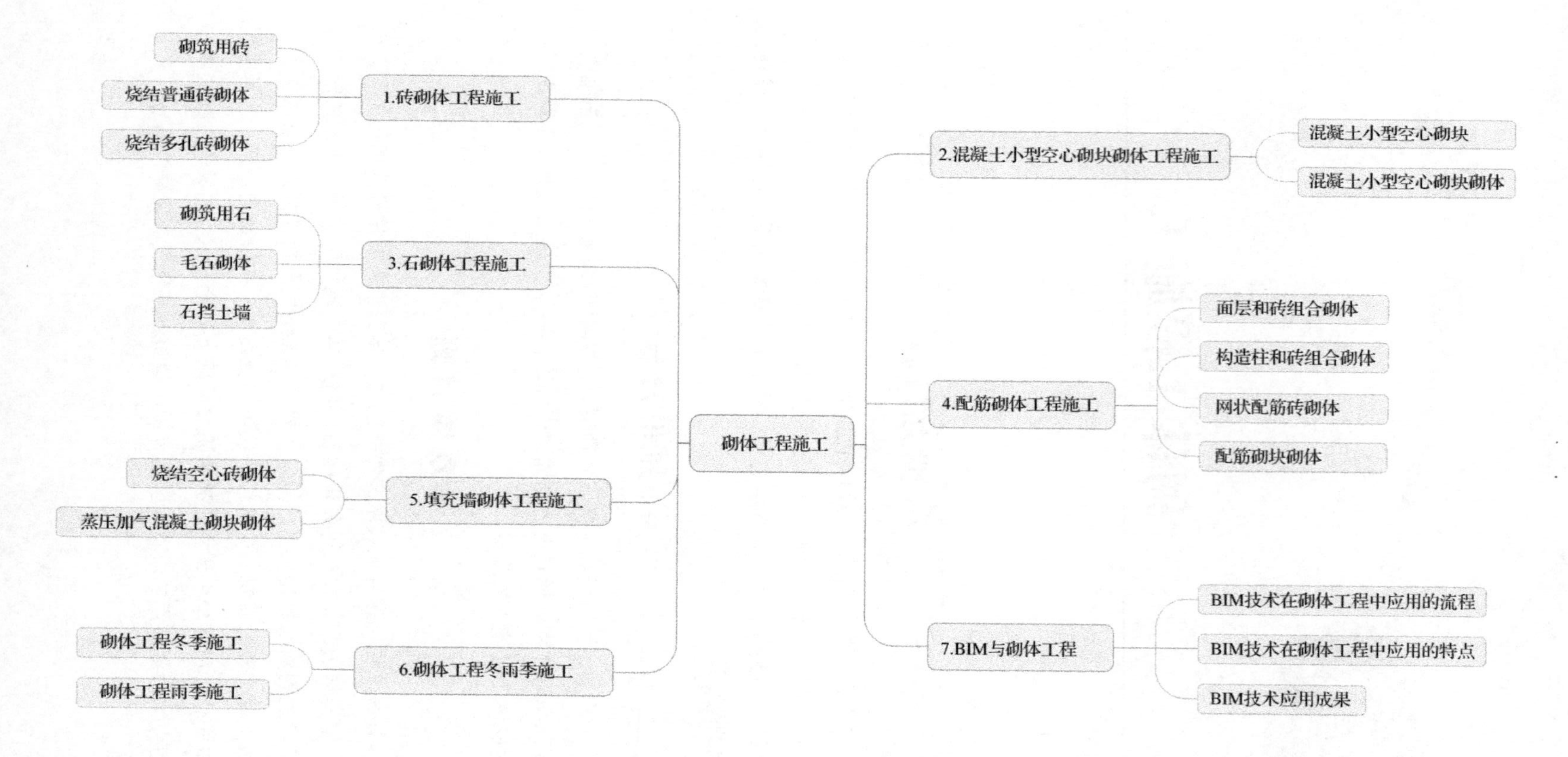
砌体工程施工
1.砖砌体工程施工
砌筑用砖
烧结普通砖砌体
烧结多孔砖砌体
3.石砌体工程施工
砌筑用石
毛石砌体
石挡土墙
5.填充墙砌体工程施工
烧结空心砖砌体
蒸压加气混凝土砌块砌体
6.砌体工程冬雨季施工
砌体工程冬季施工
砌体工程雨季施工
2.混凝土小型空心砌块砌体工程施工
混凝土小型空心砌块
混凝土小型空心砌块砌体
4.配筋砌体工程施工
面层和砖组合砌体
构造柱和砖组合砌体
网状配筋砖砌体
配筋砌块砌体
7.BIM与砌体工程
BIM技术在砌体工程中应用的流程
BIM技术在砌体工程中应用的特点
BIM技术应用成果

课题3 思维导图

# 3.1 砖砌体工程施工

学习强国小案例

**长 城**

我国长城自公元前7世纪开始修建，又经秦汉和明代的大规模修建，现已成为东起河北省山海关，经天津、北京、内蒙古、山西、陕西和宁夏到甘肃的嘉峪关，蜿蜒曲折，总长约6 300 km的庞大古建筑。与城堡不同的是，其附属的烽燧、城障组成一个体系。在公元前7世纪到公元前4世纪，由于欧亚内陆草原游牧民族军事力量的崛起，其南下侵扰的活动日趋频繁，长城就是在此战略背景下开始建造的。早期长城所起到的作用并不大，直到秦汉时期为抵御匈奴才在华北北部沿用燕国和赵国的旧长城略加进行整修。自明代开始，为抵御蒙古及其他游牧民族，长城又一次被大规模修建，因其是退守过程中便于坚守的一道防御，再加上当时的战略需要，华北北部的长城大规模使用砖石建造。

砖石砌筑的建筑，在我国有着悠久的历史，素有“秦砖汉瓦”之称，这种结构易于就地取材、不需要大型施工机械，以手工砌筑为主，但施工劳动强度大、生产率低，烧结普通砖需要大量占用耕地，因而开发应用新型墙体材料、改善砌体施工工艺是砌筑工程改革的重点。

## 3.1.1 砌筑用砖

**1. 烧结普通砖**

(1)烧结普通砖按主要原料分为黏土砖、页岩砖、煤矸石砖、粉煤灰砖、建筑渣土砖、淤泥砖、污泥砖和固体废弃物砖。

(2)烧结普通砖根据抗压强度分为MU30、MU25、MU20、MU15、MU10五个强度等级。

(3)烧结普通砖的外形为直角六面体，公称尺寸为长240 mm，宽115 mm，高53 mm。常用配砖规格为175 mm×115 mm×53 mm。

实测实量之砌筑工艺流程

**2. 烧结多孔砖**

(1)烧结多孔砖是以黏土、页岩、煤矸石等为主要原料，经焙烧而成的多孔砖。烧结多孔砖的外形为直角六面体，其长度、宽度、高度尺寸应符合下列要求：290 mm、240 mm、190 mm、180 mm、140 mm、115 mm、90 mm。

(2)烧结多孔砖根据抗压强度分为MU30、MU25、MU20、MU15、MU10五个强度等级。

**3. 蒸压粉煤灰砖**

蒸压粉煤灰砖是以粉煤灰、生石灰为主要原料，掺入适量石膏等外加剂和其他集料，经坯料制备、压制成型、高压蒸汽养护而成的砖。

蒸压粉煤灰砖的外形为直角六面体，公称尺寸为长240 mm，宽115 mm，高53 mm。

蒸压粉煤灰砖根据抗压强度和抗折强度分为MU30、MU25、MU20、MU15、MU10五个强度等级。

**4. 蒸压灰砂多孔砖**

蒸压灰砂多孔砖是以石灰、砂为主要原料，允许掺入颜料和外加剂，经坯料制备、压制成型、高压蒸汽养护而制成的孔洞率大于15%的空心砖。

蒸压灰砂多孔砖的规格及公称尺寸列于表3-1。孔洞采用圆形或其他孔形。孔洞应垂直于大面。

**表3-1　蒸压灰砂多孔砖的规格及公称尺寸**　mm

| 公称尺寸 | | |
|---|---|---|
| 长 | 宽 | 高 |
| 240 | 115 | 90 |
| 240 | 115 | 115 |

注：①经供需双方协商可生产其他规格的产品。

②对于不符合本表尺寸的砖，用长×宽×高的尺寸表示。

蒸压灰砂多孔砖根据抗压强度分为MU30、MU25、MU20、MU15四个强度等级。

## 3.1.2 烧结普通砖砌体

**1. 砌筑前准备**

(1)选砖：用于清水墙、柱表面的砖，应边角整齐，色泽均匀。

(2)砖浇水：砖应提前1～2 d浇水湿润，烧结普通砖含水率宜为10%～15%。

(3)校核放线尺寸：砌筑前，应校核放线尺寸。

(4)清理：清除砌筑部位处所残存的砂浆、杂物等。

**2. 砖基础**

(1)砖基础的下部为大放脚，上部为基础墙。

(2)大放脚有等高式和间隔式。等高式大放脚是每砌两皮砖，两边各收进1/4砖长(60 mm)；间隔式大放脚是每砌两皮砖及一皮砖，轮流两边各收进1/4砖长(60 mm)，最下面应为两皮砖(图3-1)。

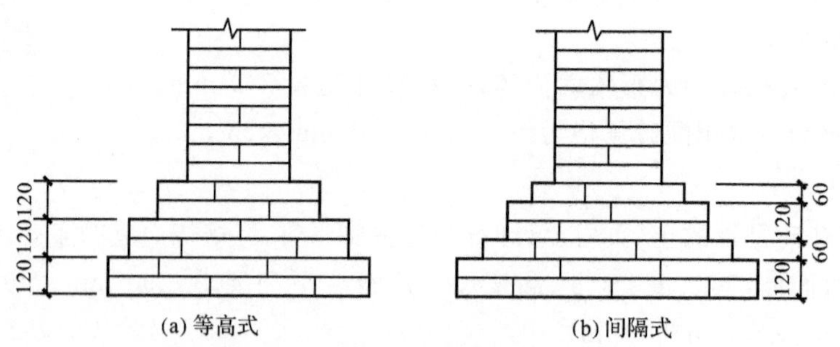


图3-1　砖基础大放脚形式

(3)砖基础大放脚一般采用一顺一丁砌筑形式，即一皮顺砖与一皮丁砖相间，上、下皮垂直灰缝相互错开60 mm。

(4)砖基础的转角处、交接处，为错缝需要加砌配砖(3/4砖、半砖或1/4砖)。

如图3-2所示是底宽为2砖半等高式砖基础大放脚转角处的分皮砌法。

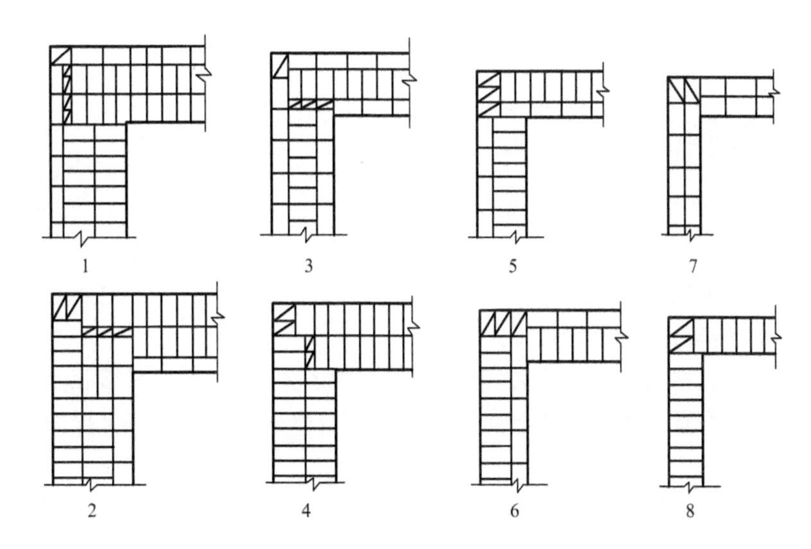


图 3-2　底宽为 2 砖半等高式砖基础大放脚转角处的分皮砌法

(5)砖基础的水平灰缝厚度和垂直灰缝宽度宜为 10 mm。水平灰缝的砂浆饱满度不得小于 80%。

(6)砖基础底部标高不同时，应从低处砌起，并应由高处向低处搭砌。当设计无要求时，搭砌长度 $L$ 不应小于砖基础底部的高差 $H$，搭接长度范围内下层基础应扩大砌筑(图 3-3)。

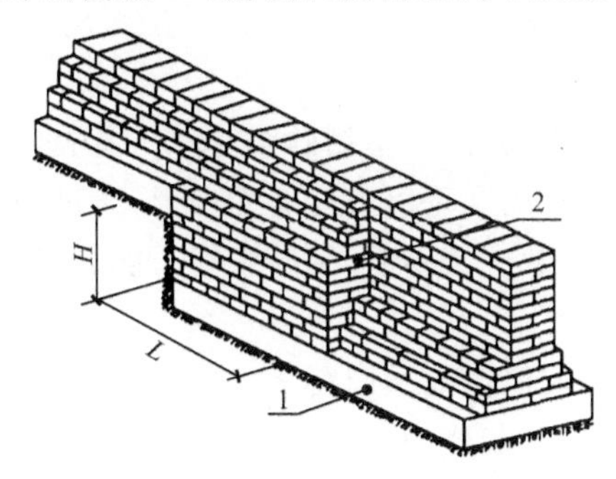


图 3-3　基底标高不同时的搭砌图示(条形基础)

1—混凝土垫层；2—基础扩大部分

(7)对于基础墙的防潮层，当设计无具体要求时，宜用 1∶2 水泥砂浆加适量防水剂铺设，厚度宜为 20 mm。防潮层位置宜在室内地面标高以下一皮砖处。

**3. 砖墙**

(1)砖砌体的组砌原则与形式

砖墙根据其厚度不同，可采用全顺、两平一侧、全丁、一顺一丁、梅花丁或三顺一丁的砌筑形式(图 3-4)。

实测实量之抹灰工艺流程

①全顺：各皮砖均顺砌，上、下皮垂直灰缝相互错开半砖长(120 mm)，适合砌半砖厚(115 mm)墙。

②两平一侧：两皮顺砖与一皮侧砖相间，上、下皮垂直灰缝相互错开 1/4 砖长(60 mm)以上，适合砌 3/4 砖厚(178 mm)墙。

③全丁：各皮砖均丁砌，上、下皮垂直灰缝相互错开 1/4 砖长，适合砌一砖厚(240 mm)墙。

④一顺一丁：一皮顺砖与一皮丁砖相间，上、下皮垂直灰缝相互错开 1/4 砖长，适合砌一砖及一砖以上厚墙。

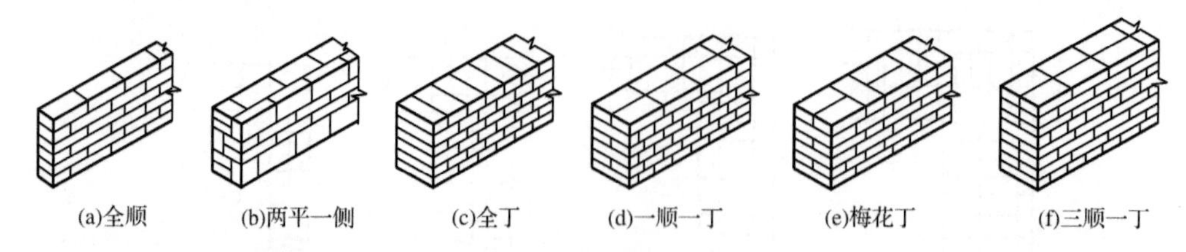


图 3-4 砖墙砌筑形式

⑤梅花丁:同皮中顺砖与丁砖相间,丁砖的上、下均为顺砖,并位于顺砖中间,上、下皮垂直灰缝相互错开 1/4 砖长,适合砌一砖厚墙。

⑥三顺一丁:三皮顺砖与一皮丁砖相间,顺砖与顺砖上、下皮垂直灰缝相互错开 1/2 砖长;顺砖与丁砖上、下皮垂直灰缝相互错开 1/4 砖长。适合砌一砖及一砖以上厚墙。

(2)砖墙施工工艺

首先确定砖砌体的组砌形式,然后进行砌筑。砖砌体施工工艺:抄平放线→摆砖样搁底(试摆)→立皮数杆→盘角(把大角)→挂线砌筑→楼层的标高控制及各楼层轴线引测→勾缝、清理。

①抄平放线

砌筑前应在墙基础上对建筑物标高进行抄平,以保证建筑物各层标高的正确。根据龙门板(或龙门桩)上的轴线弹出墙身线及门窗洞口的位置线,先放出墙的轴线,再根据轴线放出砌墙的轮廓线,以作为砌筑时的控制依据。

②摆砖样搁底(试摆)

按照基底尺寸线和确定的组砌方式,不用砂浆,按门、窗洞口分段,在此长度内把砖整个干摆一层。摆砖时应使每层砖的排列和垂直灰缝宽度均匀;通过调整垂直灰缝宽度的方法,避免砍砖,提高砌体的整体性和生产率。摆砖后,用砂浆把干摆的砖组砌起来,称为搁底。

③立皮数杆

皮数杆上画有每皮砖和灰缝厚度以及门窗洞口、过梁、楼板、楼层高度等位置,用来控制墙体各部位构件的标高,并保证水平灰缝均匀、平整。

皮数杆一般立在墙的转角处、内纵横墙交接处、楼梯间及洞口多的地方,并每隔 10～15 m 立一根,以防止拉线过长产生挠度。

④盘角(把大角)

墙角是两面墙横平竖直的关键部位,从开始砌筑时就必须认真对待,要求由有一定砌筑经验的工人进行砌筑。其做法是,在摆砖后先盘砌 5 皮大角,要求找平、吊直、对应皮数杆灰缝。砌大角要用平直、方整的块砖,用七分头搭接错缝进行砌筑,使墙角处竖缝错开。

⑤挂线砌筑

在砖砌体的砌筑中,为了保证墙面的水平灰缝平直,必须挂线砌筑。盘角 5 皮砖完成后(每次砌筑高度不超过 5 皮砖),就要进行挂线,以便砌筑墙的中间部分墙体。在皮数杆之间拉线,对于 240 mm(一砖墙)砖墙,应单面挂线;对于 370 mm(一砖半墙)以上砖墙,应双面挂线,挂线时两端必须将线拉紧。线挂好后,在墙角处用别棍(小木棍)别住,以防止线陷入灰缝中。在砌筑过程中,应经常检查有无砖顶线或小线中部塌腰地方,为防止顶线和塌腰,需在中间设腰线砖。

⑥楼层的标高控制及各楼层轴线引测

各层墙体的轴线应重合,轴线位移必须在允许范围内。为满足这一要求,在底层施工时,根据龙门板上标注的轴线将墙体轴线引测到房屋的外墙基面上。为防止轴线桩丢失给工作带来不便，所以要做引桩。二层以上的轴线用经纬仪由引桩向上引。

⑦勾缝、清理

勾缝是清水墙施工的最后一道工序，勾缝要求深浅一致，颜色均匀，黏结牢固，压实抹光，清晰美观。勾缝根据所用材料不同可分为原浆勾缝和加浆勾缝两种。原浆勾缝直接用砌筑砂浆勾缝；加浆勾缝用 1∶1～1∶1.5 水泥砂浆勾缝；砂为细砂，水泥采用 32.5 级的普通水泥，稠度为 40～50 mm，因砂浆用量不多，故一般采用人工拌制。一段墙勾完以后要用笤帚把墙面清扫干净，勾完的灰缝不应有搭槎、毛刺和舌头灰等缺陷。

(3)其他要求

砖墙的水平灰缝厚度和垂直灰缝宽度宜为 10 mm，但不应小于 8 mm，也不应大于 12 mm。

砖墙的水平灰缝砂浆饱满度不得小于 80%；垂直灰缝宜采用挤浆或加浆方法，不得出现透明缝、瞎缝和假缝。

在墙上留置临时施工洞口，其侧边离交接处墙面不应小于 500 mm，洞口净宽度不应超过 1 m。临时施工洞口应做好补砌。

不得在下列墙体或部位设置脚手眼：

①120 mm 厚墙。

②过梁上与过梁呈 60°的三角形范围及过梁净跨度 1/2 的高度范围内。

③宽度小于 1 m 的窗间墙。

④墙体门窗洞口两侧 200 mm 和转角处 450 mm 范围内。

⑤梁或梁垫下及其左右 500 mm 范围内。

⑥设计不允许设置脚手眼的部位。

施工脚手眼补砌时，应清除脚手眼内掉落的砂浆、灰尘；脚手眼处砖及填塞用砖应湿润，并应填实砂浆。

设计要求的洞口、管道、沟槽应于砌筑时正确留出或预埋，未经设计同意，不得打凿墙体和在墙体上开凿水平沟槽。宽度超过 300 mm 的洞口上部，应设置钢筋混凝土过梁。不应在截面长边小于 500 mm 的承重墙体、独立柱内埋设管线。

正常施工条件下，砖砌体每日砌筑高度宜控制在 1.5 m 或一步脚手架高度内。

砖墙工作段的分段位置，宜设在变形缝、构造柱或门窗洞口处；相邻工作段的砌筑高度不得超过一个楼层高度，也不宜大于 4 m。

## 3.1.3　烧结多孔砖砌体

**1. 砌筑方法**

(1)砌筑清水墙的多孔砖，应边角整齐、色泽均匀。

(2)在常温状态下，多孔砖应提前 1～2 d 浇水湿润。砌筑时砖的含水率宜控制在 10%～15%。

(3)对抗震设防地区的多孔砖墙应采用“三一”砌砖法砌筑；对非抗震设防地区的多孔砖墙可采用铺浆法砌筑，铺浆长度不得超过 750 mm；当施工期间最高气温高于 30 ℃时，铺浆长度不得超过 500 mm。

**2. 正方形多孔砖与矩形多孔砖的施工要点**

(1)正方形多孔砖一般采用全顺砌法,多孔砖中手抓孔应平行于墙面,上、下皮垂直灰缝相互错开半砖长。

(2)正矩形多孔砖宜采用一顺一丁或梅花丁的砌筑形式,上、下皮垂直灰缝相互错开 1/4 砖长(图 3-5)。

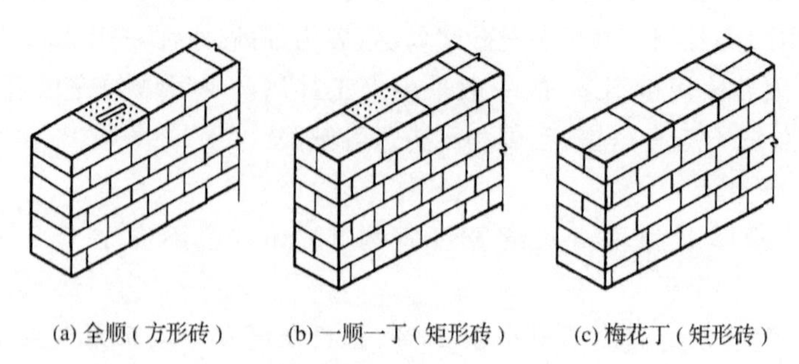
(a) 全顺(方形砖)　(b) 一顺一丁(矩形砖)　(c) 梅花丁(矩形砖)

图 3-5　多孔砖墙砌筑形式

(3)正方形多孔砖墙的转角处,应加砌配砖(半砖),配砖位于砖墙外角(图 3-6)。

(4)正方形多孔砖的交接处,应隔皮加砌配砖(半砖),配砖位于砖墙交接处外侧(图 3-7)。

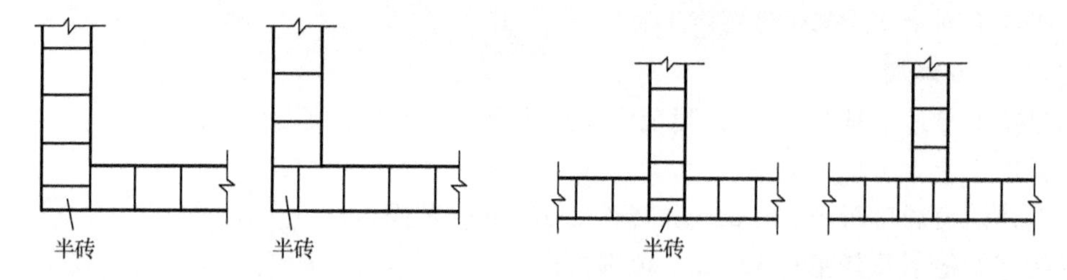

图 3-6　正方形多孔砖墙转角处砌法　　图 3-7　正方形多孔砖墙交接处砌法

(5)矩形多孔砖墙的转角处和交接处砌法同烧结普通砖墙转角处和交接处相应砌法。

(6)多孔砖墙的灰缝应横平竖直。水平灰缝厚度和垂直灰缝宽度宜为 10 mm,但不应小于 8 mm,也不应大于 12 mm。

(7)多孔砖墙灰缝砂浆应饱满。水平灰缝的砂浆饱满度不得低于 80%,垂直灰缝宜采用加浆填灌方法,使其砂浆饱满。

(8)除设置构造柱的部位外,多孔砖墙的转角处和交接处应同时砌筑,对不能同时砌筑又必须留置的临时间断处,应砌成斜槎(图 3-8)。

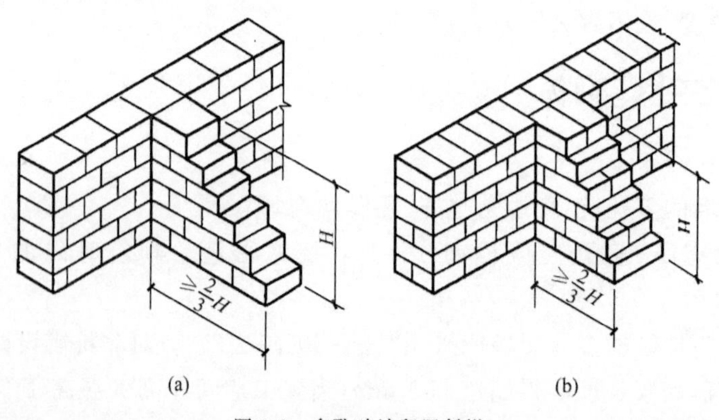

(a)　(b)

图 3-8　多孔砖墙留置斜槎

(9)施工中需在多孔砖墙中留设临时洞口，其侧边离交接处的墙面不应小于 0.5 m；洞口顶部宜设置钢筋砖过梁或钢筋混凝土过梁。

(10)多孔砖墙中留设脚手眼的规定同烧结普通砖墙中留设脚手眼的规定。

(11)多孔砖墙每日砌筑高度不得超过 1.8 m，雨天施工时，不宜超过 1.2 m。

## 3.2　混凝土小型空心砌块砌体工程施工

### 3.2.1　混凝土小型空心砌块

**1. 普通混凝土小型空心砌块**

(1)普通混凝土小型空心砌块是以水泥、砂、碎石或卵石、水等预制成的普通混凝土小型空心砌块，主规格尺寸为 390 mm×190 mm×190 mm，有两个正方形孔，最小外壁厚应不小于 30 mm，最小肋厚应不小于 25 mm，空心率应不小于 25%(图 3-9)。

(2)普通混凝土小型空心砌块按其强度分为 MU5、MU7.5、MU10、MU15、MU20、MU25、MU30、MU35 和 MU40 九个强度等级。

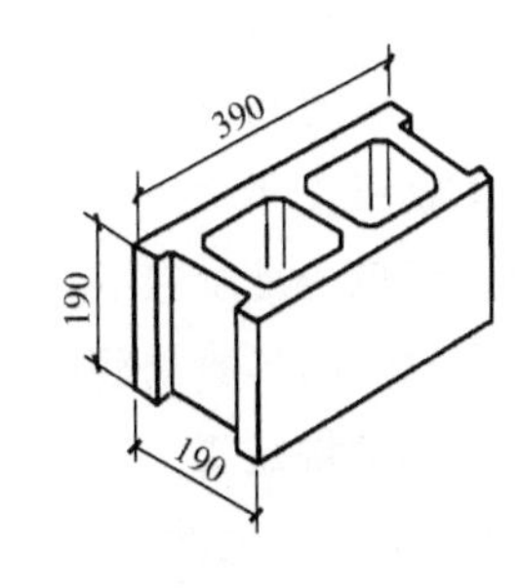

图 3-9　普通混凝土小型空心砌块

**2. 轻集料混凝土小型空心砌块**

(1)轻集料混凝土小型空心砌块是以水泥、轻粗集料、轻砂(或普通砂)、水等预制成的。

(2)轻集料混凝土小型空心砌块主规格尺寸为 390 mm×190 mm×190 mm。按砌块孔的排数有单排孔、双排孔、三排孔和四排孔等四类。

(3)轻集料混凝土小型空心砌块按其密度分为 700、800、900、1 000、1 100、1 200、1 300、1 400 八个密度等级。

(4)轻集料混凝土小型空心砌块按其强度分为 MU2.5、MU3.5、MU5.0、MU7.5、MU10.0 五个强度等级。

学习强国小案例

**刘伟：砌筑农民工圆了安居乐业梦**

出生于普通农民家庭的刘伟，因家境贫寒，初中毕业就陪着父亲到昆明外出务工。然而不甘平庸的他，在跟着父亲颠沛流离 2 年多之后，下定决心要学一门手艺改变自己的命运，于是返回重庆成为“建筑大军”的一分子。一番磨砺，让刘伟基本掌握了砌筑工艺，但这远远不能满足他对技术进步的追求和渴望。天生好学的刘伟，对具有技术壁垒的砌筑工产生了浓厚的兴趣。于是，除了日常勤杂工作，他总是不厌其烦地向农民工师傅拜师学艺，不分昼夜地利用碎片时间学习砌筑知识，关于砌筑的手法、工序、要领都默默先记在心里，再不断地模拟演练，一刻也闲不下来，最终成了成功的砌筑工人。在务工于重庆建工第三建设有限责任公司龙湖礼嘉四期项目期间，他不断尝试、不断突破，在砌筑的舞台不断夺魁。如今，刘伟不仅仅掌握了这门手艺，还被评为砌筑工二级技师，在自己热爱的岗位上用实际行动改变命运，靠技术成就梦想。

## 3.2.2 混凝土小型空心砌块砌体

**1.一般构造要求**

(1)混凝土小型空心砌块砌体所用的材料,除满足强度计算要求外,尚应符合下列要求:

①对室内地面以下的砌体,应采用普通混凝土小砌块和不低于M5的水泥砂浆。

②五层及五层以上民用建筑的底层墙体,应采用不低于MU5的混凝土小砌块和M5的砌筑砂浆。

(2)在墙体的下列部位,应采用强度等级不低于C20(或Cb20)的混凝土灌实小砌块的孔洞:

①底层室内地面以下或防潮层以下的砌体。

②无圈梁的楼板支承面下的一皮砌块。

③没有设置混凝土垫块的屋架、梁等构件支承面下,高度不应小于600 mm,长度不应小于600 mm的砌体。

④挑梁支承面下,距墙中心线每边不应小于300 mm,高度不应小于600 mm的砌体。砌块墙与后砌隔墙交接处,应沿墙高每隔400 mm在水平灰缝内设置不少于2$\phi$4、横筋间距不大于200 mm的焊接钢筋网片,钢筋网片伸入后砌隔墙内不应小于600 mm。

**2.小砌块施工**

(1)施工采用的小砌块的产品龄期不应小于28天。

(2)普通混凝土小砌块不宜浇水,如遇天气干燥炎热,宜在砌筑前对其喷水润湿;对轻集料混凝土小砌块应提前浇水湿润,块体的相对含水率宜为40%～50%。雨天及小砌块表面有浮水时,不得施工。龄期不足28天及潮湿的小砌块不得进行砌筑。

(3)应尽量采用主规格小砌块,小砌块的强度等级应符合设计要求,并应清除小砌块表面污物和芯柱用小砌块孔洞底部的毛边,剔除外观质量不合格的小砌块。

(4)在房屋四角或楼梯间转角处设立皮数杆,皮数杆间距不得超过15 m。在皮数杆上相对小砌块上边线之间拉准线,小砌块依准线砌筑。

(5)小砌块砌筑应从转角或定位处开始,内外墙同时砌筑,纵横墙交错搭接。外墙转角处应使小砌块隔皮露端面;T字交接处应使横墙小砌块隔皮露端面,纵墙在交接处改砌两块辅助规格小砌块(尺寸为290 mm×190 mm×190 mm,一头开口),所有露端面用水泥砂浆抹平(图3-10)。

(6)小砌块墙体应孔对孔、肋对肋错缝搭砌。单排孔小砌块的搭接长度应为块体长度的1/2;多排孔小砌块的搭接长度可适当调整,但不宜小于小砌块长度的1/3,且不宜小于90 mm。墙体的个别部位不能满足上述要求时,应在水平灰缝中设置拉结筋或2$\phi$4钢筋网片,钢筋网片每端均应超过该垂直灰缝,其长度不得小于300 mm(图3-11),但竖向通缝仍不得超过两皮小砌块。

(7)小砌块应将生产时的底面朝上反砌于墙上;小砌块墙体宜逐块坐(铺)浆砌筑。

(8)小砌块砌体的灰缝应横平竖直,全部灰缝均应铺填砂浆;水平灰缝的砂浆饱满度不得低于90%;竖向灰缝的砂浆饱满度不得低于80%;砌筑中不得出现瞎缝、透明缝。水平灰缝厚度和竖向灰缝宽度宜为10 mm,但不宜小于8 mm,也不应大于12 mm。当缺少辅助规格小砌块时,砌体通缝不应超过两皮砌块。

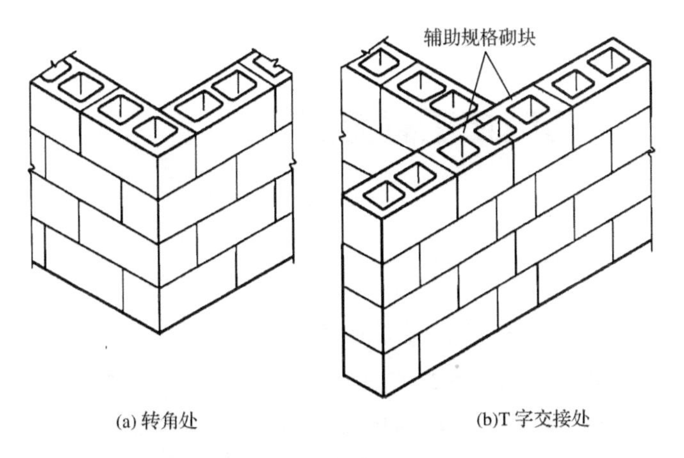


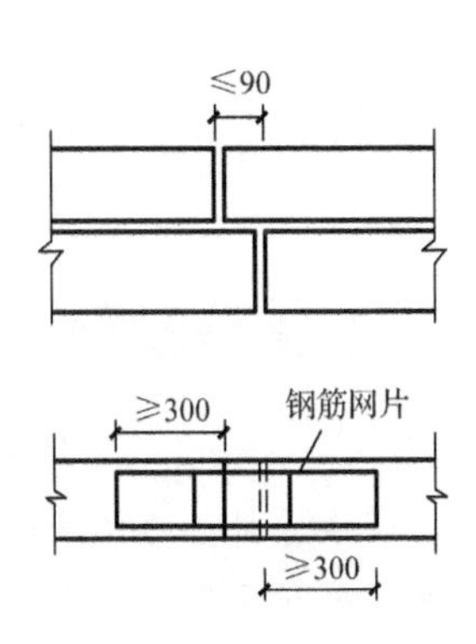


图 3-10 小砌块墙转角处及 T 字交接处砌法

图 3-11 水平灰缝中拉结钢筋

(9)墙体转角处和纵横交接处应同时砌筑。临时间断处应砌成斜槎，斜槎水平投影长度不应小于斜槎高度的 2/3(一般按一步脚手架高度控制)；如留斜槎有困难，除外墙转角处及抗震设防地区，砌体临时间断处不应留直槎外，可从砌体面伸出 200 mm 砌成阴阳槎，并沿砌体高每三皮砌块(600 mm)，设拉结钢筋或钢筋网片，接槎部位宜延至门窗洞口(图 3-12)。

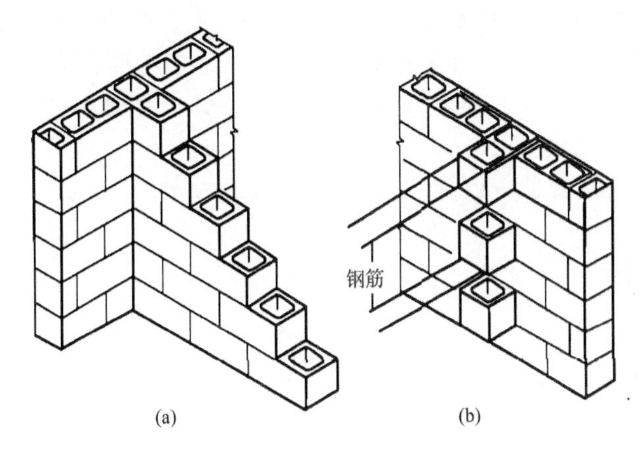


图 3-12 小砌块砌体斜槎和直槎

(10)小砌块砌体相邻工作段的高度差不得大于一个楼层高度或 4 m。

(11)常温条件下，普通混凝土小砌块的日砌筑高度应控制在 1.8 m 内；轻集料混凝土小砌块的日砌筑高度应控制在 2.4 m 内。

(12)对砌体表面的平整度和垂直度、灰缝的厚度和砂浆饱满度应随时检查，校正偏差。在砌完每一楼层后，应校核砌体的轴线尺寸和标高，允许范围内的轴线及标高的偏差，可在楼板面上予以校正。

**3. 芯柱施工**

(1)芯柱部位宜采用不封底的通孔小砌块，当采用半封底小砌块时，砌筑前必须打掉孔洞毛边。

(2)在楼(地)面砌筑第一皮小砌块时，在芯柱部位应用开口小砌块(或 U 形砌块)砌出操作孔。在操作孔侧面宜预留连通孔，必须清除芯柱孔洞内的杂物及削掉孔洞内凸出的砂浆，用水冲洗干净，校正钢筋位置并绑扎或焊接固定后，方可浇筑混凝土。

(3)芯柱钢筋应与基础或基础梁中的预埋钢筋连接，上下楼层的钢筋可在楼板面上搭接，搭接长度不应小于 $40d$($d$ 为钢筋直径)。

(4)小砌块砌体的芯柱在楼盖处应贯通，不得削弱芯柱截面尺寸；芯柱混凝土不得漏灌。

# 3.3 石砌体工程施工

学习强国小案例

**中国19处世界灌溉工程遗产潜在价值巨大**

作为新型的世界遗产项目之一，世界灌溉工程遗产自2014年起，开始公布首批名录。中国至今已有19处项目列入。而今年世界灌溉工程遗产的年度申报，也迎来史上竞争最激烈的一次国内初审。我国作为农业大国，其灌溉发展的历史与中华文明的历史同样悠久。特有的自然地理环境，使灌溉成为中国农业经济发展的基础支撑。从我国目前的情况来看，对于该工程遗产的保护不仅是水利历史文化的保护，更具有现实效益。不仅如此，对于该工程遗产的保护也是乡村振兴战略实施、生态文明建设的重要内容之一。灌溉工程遗产构成包括灌溉工程体系及相关遗产、灌区生态环境。随着我国相关政策和工作的落实，该工程遗产的水平提高很快，其中，西北干旱区的新疆坎儿井、里下河低洼地区的兴化垛田、太湖下游的苏州塘浦圩田以及景宁英川和浦江嵩溪等地处山区河流上源的乡村水利工程，以其独特的灌溉工程样式彰显中国遗产项目在世界上的代表性。

## 3.3.1 砌筑用石

(1)石砌体所用的石材应质地坚实，无风化剥落和裂纹。用于清水墙、柱表面的石材，应色泽均匀。石材表面的泥垢、水锈等杂质，砌筑前应清除干净。

(2)砌筑用石有毛石和料石两类。

(3)毛石分为乱毛石和平毛石。乱毛石是指形状不规则的石块；平毛石是指形状不规则，但有两个平面大致平行的石块。毛石应呈块状，其中部厚度不应小于200 mm。

(4)料石按其加工面的平整程度分为细料石、粗料石和毛料石三种。

## 3.3.2 毛石砌体

**1. 毛石砌体砌筑要点**

(1)毛石砌体应采用铺浆法砌筑。砂浆必须饱满，叠砌面的粘灰面积(砂浆饱满度)应大于80%。砂浆初凝后，若要移动已砌筑的石块，则应将原砂浆清理干净，重新铺浆砌筑。

(2)毛石砌体宜分皮卧砌，各皮石块间应利用毛石自然形状经敲打修整，使之能与先砌毛石基本吻合，搭砌紧密；毛石应上下错缝，内外搭砌，不得采用外面侧立、毛石中间填心的砌筑方法；中间不能有铲口石(尖石倾斜向外的石块)、斧刃石(尖石向下的石块)和过桥石(仅在两端搭砌的石块)，如图3-13所示。

(3)毛石砌筑时，若石块间存在较大的缝隙，应先向缝内填灌砂浆并捣实，然后再用小石块嵌填，不得先填小石块后再填灌砂浆，石块间不得出现无砂浆相互接触现象。

**2. 毛石基础**

(1)砌筑毛石基础的第一皮石块应坐浆，并将石块的大面朝下。毛石基础的第一皮及转角处、交接处应用较大的平毛石砌筑。基础的最上一皮，宜选用较大的毛石砌筑。

(2)毛石基础的扩大部分，若做成阶梯形，则上级阶梯的石块应至少压砌下级阶梯石块的1/2，相邻阶梯的毛石应相互错缝搭砌(图3-14)。

(3)毛石基础必须设置拉结石。拉结石应均匀分布。毛石基础同皮内每隔2 m左右设置一块。拉结石长度：若基础宽度等于或小于400 mm，应与基础宽度相等；若基础宽度大于400 mm，可用两块拉结石内外搭接，搭接长度不应小于150 mm，且其中一块拉结石长度不应小于基础宽度的2/3。

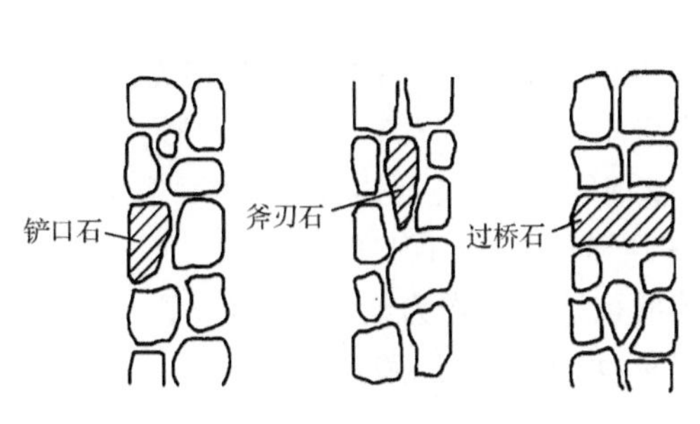


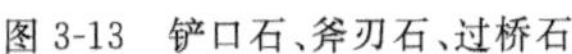
图3-13 铲口石、斧刃石、过桥石

图3-14 阶梯形毛石基础

## 3.3.3 石挡土墙

(1)石挡土墙可采用毛石或料石砌筑。

(2)砌筑毛石挡土墙应符合下列规定：

①每砌3～4皮毛石为一个分层高度，每个分层高度应找平一次。

②外露面的灰缝厚度不得大于40 mm，两个分层高度间分层处的错缝不得小于80 mm。

(3)料石挡土墙宜采用丁顺组砌的砌筑形式。当中间部分用毛石填砌时，丁砌料石伸入毛石部分的长度不应小于200 mm。

(4)石挡土墙的泄水孔当设计无规定时，施工应符合下列规定：

①泄水孔应均匀设置，在每米高度上间隔2 m左右设置一个泄水孔。

②泄水孔与土体间铺设长、宽各为300 mm、厚200 mm的卵石或碎石为疏水层。

(5)挡土墙内侧回填土必须分层夯填，分层松土厚度应为300 mm。墙顶土面应有适当坡度，以使流水流向挡土墙外侧面。

# 3.4 配筋砌体工程施工

## 3.4.1 面层和砖组合砌体

**1. 面层和砖组合砌体构造**

(1)面层和砖组合砌体有组合砖柱、组合砖垛、组合砖墙(图3-15)。

(2)面层和砖组合砌体由烧结普通砖砌体、混凝土或砂浆面层以及钢筋等组成。

(3)烧结普通砖砌体，所用砌筑砂浆强度等级不得低于M7.5，砖的强度等级不宜低

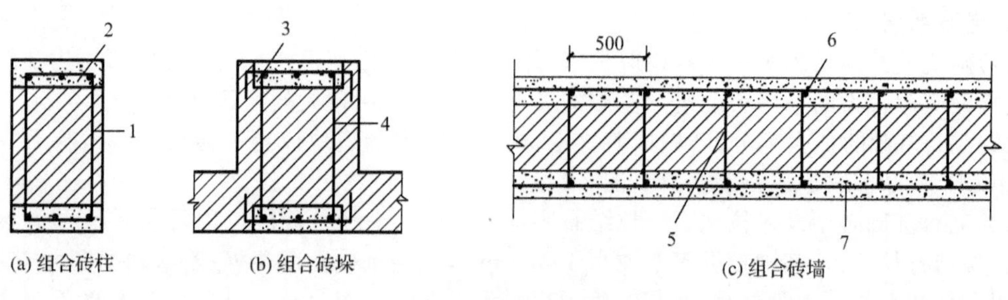


图 3-15 面层和砖组合砌体

1、4—箍筋；2、3、6—纵向受力钢筋；5—拉结钢筋；7—水平分布钢筋

于 MU10。

(4)混凝土面层，所用混凝土强度等级宜采用 C20。混凝土面层厚度应大于 45 mm。

(5)砂浆面层，所用水泥砂浆强度等级不得低于 M7.5。砂浆面层厚度为 30～45 mm。

(6)竖向受力钢筋宜采用 HPB300 级钢筋，对于混凝土面层，亦可采用 HRB335 级钢筋。受力钢筋的直径不应小于 8 mm。钢筋的净间距不应小于 30 mm。

(7)对于组合砖墙，应采用穿通墙体的拉结钢筋作为箍筋，同时设置水平分布钢筋。水平分布钢筋竖向间距及拉结钢筋的水平间距，均不应大于 500 mm。

**2. 面层和砖组合砌体施工**

面层和砖组合砌体应按下列顺序施工：

(1)砌筑砖砌体，同时按照箍筋或拉结钢筋的竖向间距，在水平灰缝中铺置箍筋或拉结钢筋。

(2)绑扎钢筋，将纵向受力钢筋与箍筋绑牢，在组合砖墙中将纵向受力钢筋与拉结钢筋绑牢，将水平分布钢筋与纵向受力钢筋绑牢。

(3)在面层部分的外围分段支设模板，每段支模高度宜小于 500 mm，浇水润湿模板及砖砌体面，分层浇灌混凝土或砂浆，并用捣棒捣实。

(4)待面层混凝土或砂浆的强度达到其设计强度的 30%以上时，方可拆除模板。如有缺陷应及时修整。

## 3.4.2 构造柱和砖组合砌体

**1. 构造柱和砖组合砌体构造**

(1)构造柱和砖组合砌体仅有组合墙，如图 3-16 所示。

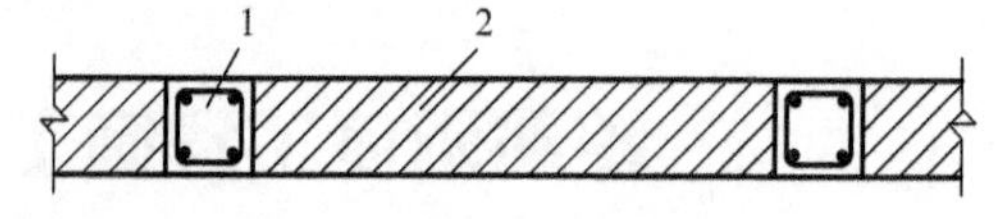


图 3-16 构造柱和砖组合墙

1—构造柱；2—砖砌体

(2)构造柱和砖组合墙由钢筋混凝土构造柱、烧结普通砖墙以及拉结钢筋等组成。

(3)钢筋混凝土构造柱的截面尺寸不宜小于 240 mm×240 mm，其厚度不应小于墙厚，边柱、角柱的截面宽度宜适当加大。构造柱内竖向受力钢筋，对于中柱不宜少于 4$\phi$12；对于边柱、角柱不宜少于 4$\phi$14。构造柱的竖向受力钢筋的直径也不宜大于 16 mm。其箍筋，一般部位宜采用 $\phi$6，间距 200 mm；楼层上下 500 mm 范围内宜采用 $\phi$6，间距 100 mm。构造柱的竖向受力钢筋应在基础梁和楼层圈梁中锚固，并应符合受拉钢筋的锚固要求。构造柱的混凝土强度等级不宜低于 C20。

(4)烧结普通砖墙，所用砖的强度等级不应低于 MU10，砌筑砂浆的强度等级不应低于 M5。砖墙与构造柱的连接处应砌成马牙槎，每一个马牙槎的高度不宜超过 300 mm，并应沿墙高每隔 500 mm 设置 2$\phi$6 拉结钢筋，拉结钢筋每边伸入墙内不宜小于 600 mm(图 3-17)。

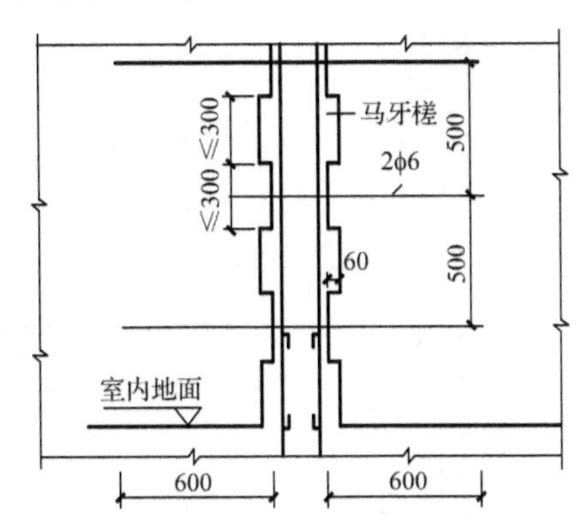


图 3-17 砖墙与构造柱连接

(5)构造柱和砖组合墙的房屋，应在纵横墙交接处、墙端部和较大洞口的洞边设置构造柱，其间距不宜大于 4 m。各层洞口宜设置在对应位置，并宜上下对齐。

(6)构造柱和砖组合墙的房屋，应在基础顶面、有组合墙的楼层处设置现浇钢筋混凝土圈梁。圈梁的截面高度不宜小于 240 mm。

**2. 构造柱和砖组合砌体施工**

(1)构造柱和砖组合墙的施工顺序应为先砌墙后浇混凝土构造柱。构造柱施工顺序为：绑扎钢筋→砌砖墙→支模板→浇混凝土→拆模。

(2)构造柱的模板可用木模板或组合钢模板。在每层砖墙及其马牙槎砌好后，应立即支设模板，模板必须与所在墙的两侧严密贴紧，支撑牢靠，防止模板缝漏浆。

(3)构造柱的底部(圈梁面上)应留出 2 皮砖高的孔洞，以便清除模板内的杂物，清除后封闭。

(4)构造柱浇灌混凝土前，必须将马牙槎部位和模板浇水湿润，将模板内的落地灰、砖渣等杂物清理干净，并在结合面处注入适量与构造柱混凝土相同的去石水泥砂浆。

(5)构造柱的混凝土坍落度宜为 50～70 mm，石子粒径不宜大于 20 mm。混凝土随拌随用，拌和好的混凝土应在 1.5 h 内浇灌完。

(6)构造柱的混凝土浇灌可以分段进行，每段高度不宜大于 2.0 m。在施工条件较好并能确保混凝土浇灌密实时，亦可每层一次浇灌。

(7)捣实构造柱混凝土时，宜用插入式混凝土振动器，应分层振捣，振动棒随振随拔，每次振捣层的厚度不应超过振捣棒长度的 1.25 倍。振捣棒应避免直接碰触砖墙，严禁通过砖墙传振。钢筋的混凝土保护层厚度宜为 20～30 mm。

(8)构造柱与砖墙连接的马牙槎内的混凝土必须密实饱满。

(9)构造柱从基础到顶层必须垂直，对准轴线。在逐层安装模板前，必须根据构造柱轴线随时校正竖向钢筋的位置和垂直度。

## 3.4.3 网状配筋砖砌体

**1. 网状配筋砖砌体构造**

网状配筋砖砌体有配筋砖柱、砖墙，即在烧结普通砖砌体的水平灰缝中配置钢筋网(图 3-18)。

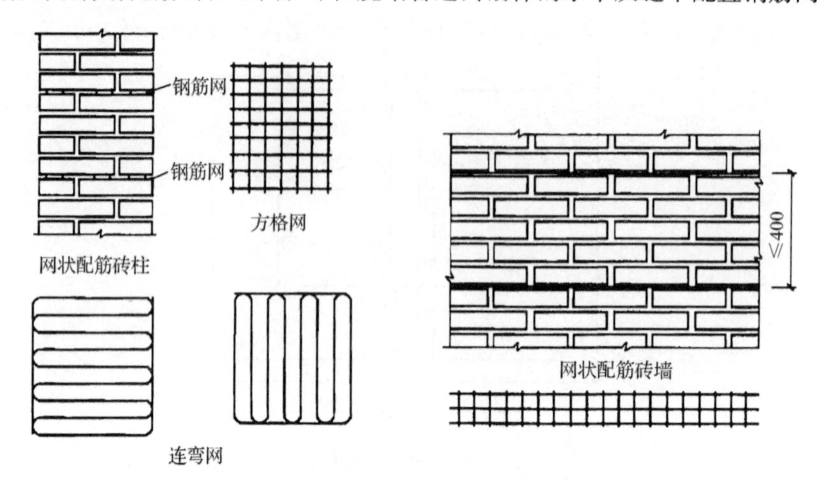


图 3-18 网状配筋砖砌体

网状配筋砖砌体所用烧结普通砖的强度等级不应低于 MU10，砂浆强度等级不应低于 M7.5。

钢筋网可采用方格网或连弯网，方格网的钢筋直径宜采用 3～4 mm；连弯网的钢筋直径不应大于 8 mm。钢筋网中钢筋的间距不应大于 120 mm，并不应小于 30 mm。

钢筋网在砖砌体中的竖向间距不应大于 5 皮砖高，并不应大于 400 mm。当采用连弯网时，网的钢筋方向应互相垂直，沿砖砌体高度交错设置，钢筋网的竖向间距取同一方向网的间距。

设置钢筋网的水平灰缝厚度，应保证钢筋上下至少各有 2 mm 厚的砂浆保护层。

**2. 网状配筋砖砌体施工**

钢筋网应按设计规定制作成型。

砖砌体部分与常规方法砌筑一致。在配置钢筋网的水平灰缝中，应先铺一半厚的砂浆层，放入钢筋网后再铺一半厚砂浆层，使钢筋网居于砂浆层厚度中间。钢筋网四周应有砂浆保护层。

配置钢筋网的水平灰缝厚度：当用方格网时，水平灰缝厚度为 2 倍钢筋直径加 4 mm；当用连弯网时，水平灰缝厚度为钢筋直径加 4 mm。确保钢筋上下各有 2 mm 厚的砂浆保护层。

网状配筋砖砌体外表面宜用 1∶1 水泥砂浆勾缝或进行抹灰。

## 3.4.4 配筋砌块砌体

**1. 配筋砌块砌体构造**

配筋砌块砌体有配筋砌块剪力墙、配筋砌块柱。

配筋小砌块砌体剪力墙的施工，应采用专用的小砌块砌筑砂浆砌筑，专用小砌块灌孔混凝土浇筑芯柱。

配筋砌块剪力墙所用砌块强度等级不应低于 MU10；砌筑砂浆强度等级不应低于M7.5；灌孔混凝土强度等级不应低于 C20。

配筋砌体剪力墙的构造配筋应符合下列规定：

(1)应在墙的转角、端部和孔洞的两侧配置竖向连续的钢筋，钢筋直径不宜小于 12 mm。

(2)应在洞口的底部和顶部设置不小于 2ϕ10 的水平钢筋，其伸入墙内的长度不宜小于 35$d$($d$ 为钢筋直径)和 400 mm。

(3)应在楼(屋)盖的所有纵、横墙处设置现浇钢筋混凝土圈梁，圈梁的宽度和高度宜分别等于墙厚和砌块高，圈梁主筋不应少于 4ϕ10，圈梁的混凝土强度等级不宜低于同层混凝土砌块强度等级的 2 倍，且该层灌孔混凝土的强度等级也不应低于 C20。

(4)剪力墙其他部位的竖向和水平钢筋的间距不应大于墙长、墙高之半，也不应大于 1 200 mm。对局部灌孔的砌块砌体，竖向钢筋的间距不应大于 600 mm。

(5)剪力墙沿竖向和水平方向的构造配筋率均不宜小于 0.07%。

配筋砌块柱所用材料的强度要求同配筋砌块剪力墙。

配筋砌块柱截面边长不宜小于 400 mm，柱高度与柱截面短边之比不宜大于 30。

配筋砌块柱的构造配筋应符合下列规定(图 3-19)：

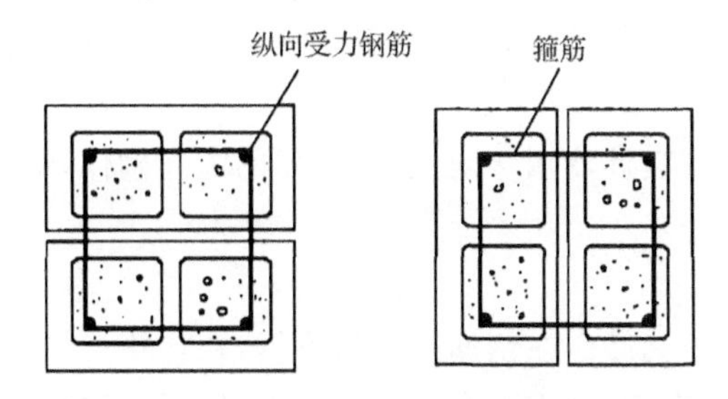


图 3-19 配筋砌块柱的构造配筋

①柱的纵向受力钢筋的直径不宜小于 12 mm，数量不少于 4 根，全部纵向受力钢筋的配筋率不宜小于 0.2%。

②箍筋设置应根据下列情况确定：

a. 当纵向受力钢筋的配筋率大于 0.25%，且柱承受的轴向力大于受压承载力设计值的 25%时，柱应设箍筋；当纵向受力钢筋的配筋率小于 0.25%时，或柱承受的轴向力小于受压承载力设计值的 25%时，柱中可不设置箍筋。

b. 箍筋直径不宜小于 6 mm。

c. 箍筋的间距不应大于 16 倍的纵向受力钢筋直径、48 倍箍筋直径及柱截面短边尺寸中较小者。

d. 箍筋应做成封闭状，端部应有弯钩。

e. 箍筋应设置在水平灰缝或灌孔混凝土中。

**2. 配筋砌块砌体施工**

配筋砌块砌体施工前，应按设计要求将所配置钢筋加工成型，堆置于配筋部位的近旁。

砌块的砌筑应与钢筋设置互相配合。砌块的砌筑应采用专用的小砌块砌筑砂浆和专用的小砌块灌孔混凝土。

钢筋的设置应注意以下几点：

(1)钢筋的接头

①钢筋直径大于 22 mm 时宜采用机械连接接头，其他直径的钢筋可采用搭接接头，并应符合下列要求：钢筋的接头位置宜设置在受力较小处。

②受拉钢筋的搭接接头长度不应小于 $1.1L_a$（$L_a$ 为钢筋锚固长度），受压钢筋的搭接接头长度不应小于 $0.7L_a$，且不应小于 300 mm。

③当相邻接头钢筋的间距不大于 75 mm 时，其搭接长度应为 $1.2L_a$。当钢筋间的接头错开 $20d$（$d$ 为钢筋直径）时，搭接长度可不增加。

(2)水平受力钢筋(网片)的锚固和搭接长度

①在凹槽砌块混凝土带中钢筋的锚固长度不宜小于 $30d$，且其水平或垂直弯折段的长度不宜小于 $15d$ 和 200 mm；钢筋的搭接长度不宜小于 $35d$。

②在砌体水平灰缝中，钢筋的锚固长度不宜小于 $50d$，且其水平或垂直弯折段的长度不宜小于 $20d$ 和 150 mm；钢筋的搭接长度不宜小于 $55d$。

③在隔皮或错缝搭接的灰缝中为 $50d+2h$（$d$ 为灰缝受力钢筋直径；$h$ 为水平灰缝的间距）。

(3)钢筋的最小保护层厚度

①灰缝中钢筋外露砂浆保护层不宜小于 15 mm。

②位于砌块孔槽中的钢筋保护层，在室内正常环境中不宜小于 20 mm；在室外或潮湿环境中不宜小于 30 mm。

③对安全等级为一级或设计使用年限大于 50 年的配筋砌体，钢筋保护层厚度应比上述规定至少增加 5 mm。

(4)钢筋的弯钩

钢筋骨架中的受力光面钢筋应在钢筋末端做弯钩，在焊接骨架、焊接网以及受压构件中可不做弯钩；绑扎骨架中的受力变形钢筋，在钢筋的末端可不做弯钩。弯钩应为 180°弯钩。

(5)钢筋的间距

①两平行钢筋间的净距不应小于 25 mm。

②柱和壁柱中的竖向钢筋的净距不宜小于 40 mm(包括接头处钢筋间的净距)。

学习强国小案例

**邓泽钦："砌"出人生新高度**

"理想，并不一定要在高处。"从 32 岁开始进入砌筑行业以来，邓泽钦脚踏实地，用手中的砌刀，将砖石层层垒起，为高楼大厦铸造坚实的脊梁；他精益求精，以一丝不苟的匠心不仅砌出"缝隙毫厘不差、砖面清澈漂亮"的行业标杆，也砌出了自己的天地。在自己第一次的尝试受到鼓舞后，为了能真正掌握砌筑技术，邓泽钦废寝忘食，即使是在业余时间，也不忘提高实际操作的熟练程度。周而复始，他的砌筑技术突飞猛进，仅仅一年之后，便能自己承接工程了。凭借丰富的经验和细心负责的态度，他承接的工程从未有过返工现象。质量、安全是建筑施工的生命线，在工作中邓泽钦时刻谨记。从第一步的放线开始，如果线没放平，那就意味着整面墙的水平度不准，砌出来的墙就不牢固。不仅如此，遇到建筑质量、材料不达标的情况，他从不妥协，总是第一个说不。从普通农民工到建筑工人，再到精雕细琢的砌筑工匠，邓泽钦用自己的故事演绎了平凡人生的别样精彩。

# 3.5　填充墙砌体工程施工

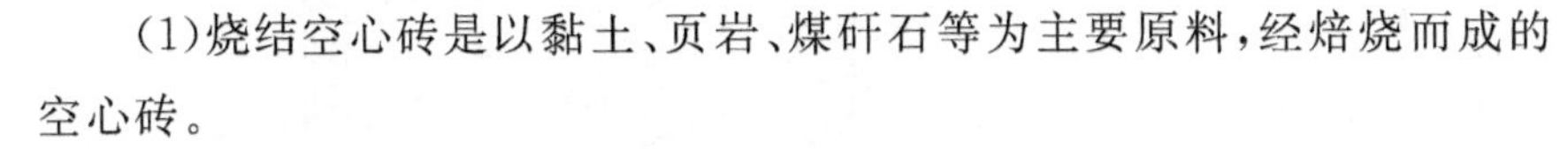

## 3.5.1　烧结空心砖砌体

填充墙施工工艺

**1. 烧结空心砖**

(1)烧结空心砖是以黏土、页岩、煤矸石等为主要原料，经焙烧而成的空心砖。

(2)烧结空心砖的外形为直角六面体(图 3-20)，其长度、宽度、高度尺寸应符合下列要求：

①长度规格尺寸(mm)：390，290，240，190，180(175)，140。

②宽度规格尺寸(mm)：190，180(175)，140，115。

③高度规格尺寸(mm)：180(175)，140，115，90。

(3)烧结空心砖根据体积密度分为 800 级、900 级、1 000 级和 1 100 级四个密度等级。

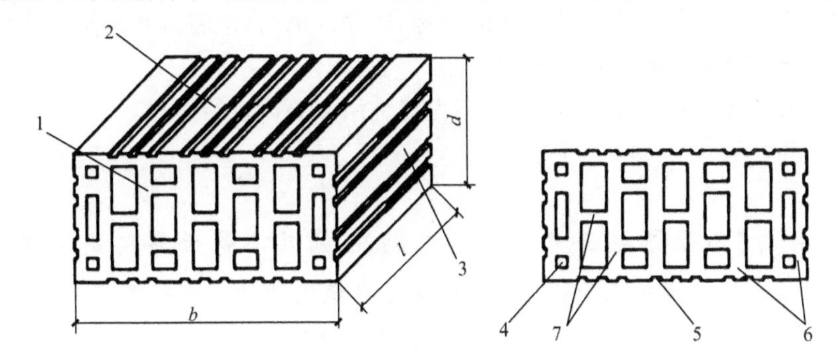


图 3-20　烧结空心砖

1—顶面；2—大面；3—条面；4—壁孔；5—粉刷槽；6—外壁；7—肋；$l$—长度；$b$—宽度；$d$—高度

**2. 烧结空心砖施工**

(1)烧结空心砖在运输、装卸过程中，严禁抛掷和倾倒；进场后应按品种、规格堆放整齐，堆置高度不宜超过 2 m。

(2)采用普通砌筑砂浆砌筑填充墙时，烧结空心砖应提前 1～2 天浇(喷)水湿润，烧结空心砖的相对含水率应为 60%～70%。

(3)烧结空心砖墙应侧砌，其孔洞呈水平方向，上、下皮垂直灰缝相互错开 1/2 砖长。烧结空心砖墙底部宜砌 3 皮烧结普通砖(图 3-21)。

(4)烧结空心砖墙与烧结普通砖墙交接处，应以普通砖墙引出不小于 240 mm 长与空心砖墙相接，并与隔 2 皮空心砖高在交接处的水平灰缝中设置 2$\phi$6 钢筋作为拉结钢筋，拉结钢筋在空心砖墙中的长度不小于空心砖长加 240 mm(图 3-22)。

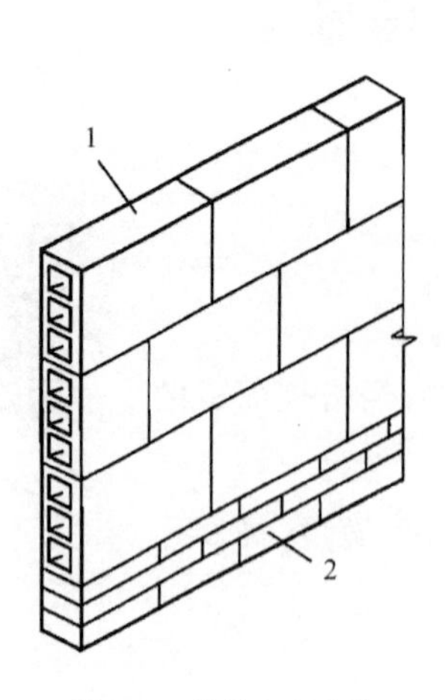


图 3-21 烧结空心砖墙
1—空心砖；2—普通砖

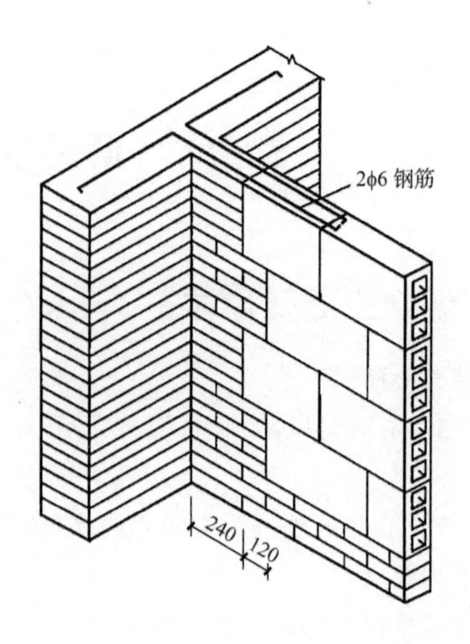


图 3-22 烧结空心砖墙与烧结普通砖墙交接

(5)烧结空心砖墙的转角处，应用烧结普通砖砌筑，砌筑长度角边不小于 240 mm。

(6)烧结空心砖墙砌筑不得留置斜槎或直槎，中途停歇时，应将墙顶砌平。在转角处、交接处，烧结空心砖与烧结普通砖应同时砌起。

(7)烧结空心砖墙中不得留置脚手眼；不得对烧结空心砖进行砍凿。

学习强国小案例

**【工匠精神】向世界展示中国绣花式砌筑 汕头小哥世界技能大赛夺魁**

今年 22 岁的陈子烽出生于汕头市潮阳区金灶镇沟头村一个普通家庭，在第 45 届世界技能大赛上，他在高手如云的激烈竞争中夺得砌筑项目冠军，向世界展示中国绣花式砌筑，并在后来的政府座谈会的祝贺活动上讲述了自己的故事。他曾在初中毕业后的学徒生涯中奔波忙碌过，但是如今这个知识就是财富的社会又一次将他送回了校园。重回校园的他，磨炼出了稳定的心理素质、高超的技术技能和坚韧不拔的意志，并开始努力学习。凭借精益求精的钻研精神，陈子烽以广东省选拔赛第一名、全国选拔赛第二名的好成绩，成功入选国家集训队，直至最后，通过层层关卡，他成为国家队选手并荣获了全国乃至世界的大赛冠军。从对砌筑项目不甚了解到如今的世界冠军，陈子烽向世界展示了中国砌筑的最高水平。不仅如此，世赛归来，陈子烽选择了留校任教，传承世赛经验和砌筑技艺，弘扬精益求精的工匠精神，为广大建筑青年树立了榜样。

## 3.5.2 蒸压加气混凝土砌块砌体

**1. 蒸压加气混凝土砌块**

(1)蒸压加气混凝土砌块是以水泥、矿渣、砂、石灰等为主要原料，加入发气剂，经搅拌成型、蒸压养护而成的实心砌块。蒸压加气混凝土砌块的规格尺寸见表 3-2。

表 3-2　　蒸压加气混凝土砌块的规格尺寸　　mm

| 长度 $L$ | 宽度 $B$ | 高度 $H$ |
| --- | --- | --- |
| 600 | 100　120　125<br>150　180　200<br>240　250　300 | 200　240<br>250　300 |

注：如需要其他规格，可由供需双方协商解决。

(2)蒸压加气混凝土砌块按其抗压强度分为 A1.0、A2.0、A2.5、A3.5、A5.0、A7.5、A10.0 七个强度等级；按其干密度分为 B03、B04、B05、B06、B07、B08 六个干密度级别。

**2. 蒸压加气混凝土砌块砌体构造**

(1)蒸压加气混凝土砌块可砌成单层墙或双层墙。单层墙是将蒸压加气混凝土砌块立砌，墙厚为砌块的宽度。双层墙是将蒸压加气混凝土砌块立砌两层，中间夹以空气层，两层砌块间每隔 500 mm 墙高在水平灰缝中放置直径为 4～6 mm 的钢筋扒钉，扒钉间距为 600 mm，空气层厚度约 70～80 mm(图 3-23)。

(2)承重蒸压加气混凝土砌块墙的外墙转角处、墙体交接处，均应沿墙高 1 m 左右，在水平灰缝中放置拉结钢筋，拉结钢筋为 3$\phi$6，钢筋伸入墙内不少于 1 000 mm(图 3-24)。

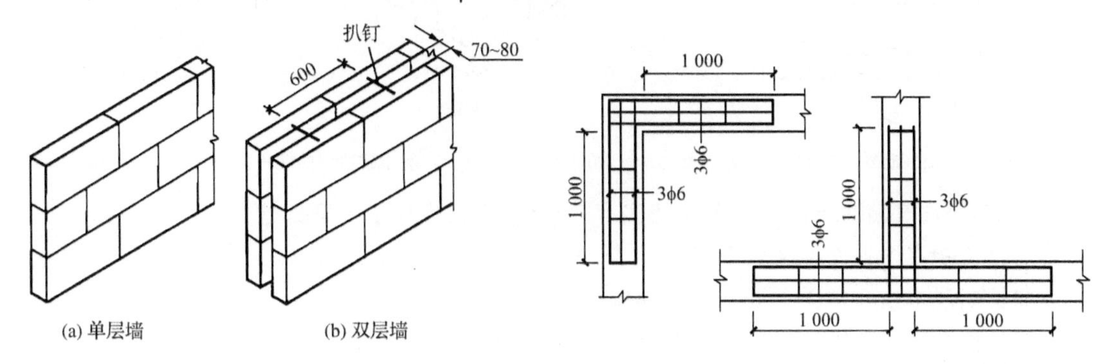


图 3-23　蒸压加气混凝土砌块墙　　图 3-24　承重蒸压加气混凝土砌块墙的拉结钢筋

(3)非承重蒸压加气混凝土砌块墙的外墙转角处、与承重墙交接处，均应沿墙高 1 m 左右，在水平灰缝中放置拉结钢筋，拉结钢筋为 2$\phi$6，钢筋伸入墙内不少于 700 mm(图 3-25)。

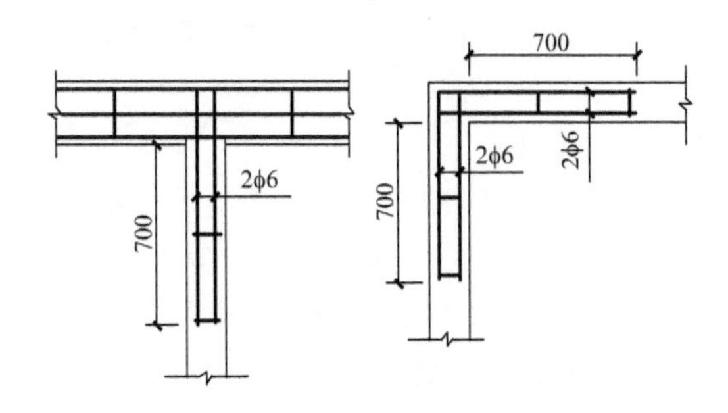


图 3-25　非承重蒸压加气混凝土砌块墙的拉结钢筋

(4)蒸压加气混凝土砌块墙的外墙窗口下一皮砌块下的水平灰缝中应设置拉结钢筋，拉结钢筋为 3$\phi$6，钢筋伸过墙口侧边应不小于 500 mm。

**3. 蒸压加气混凝土砌块砌体施工**

(1)蒸压加气混凝土砌块在运输、装卸过程中，严禁抛掷和倾倒。进场后应按品种、规格堆放整齐，堆置高度不宜超过 2 m。蒸压加气混凝土砌块在运输及堆放中应防止雨淋。

(2)砌筑填充墙时，蒸压加气混凝土砌块的产品龄期不应小于 28 天，含水率宜小于 30%。

(3)在厨房、卫生间、浴室等处采用蒸压加气混凝土砌块砌筑墙体时，墙底部宜现浇混凝土坎台，其高度宜为 150 mm。

(4)蒸压加气混凝土砌块墙的上、下皮砌块的竖向灰缝应相互错开，相互错开长度宜为 300 mm，并不小于 150 mm。当不能满足时，应在水平灰缝中设置 2ϕ6 的拉结钢筋或 ϕ4 钢筋网片，拉结钢筋或钢筋网片的长度应不小于 700 mm(图 3-26)。

(5)蒸压加气混凝土砌块墙的灰缝应横平竖直，砂浆饱满，水平灰缝砂浆饱满度不应小于 90%；竖向灰缝砂浆饱满度不应小于 80%。水平灰缝厚度宜为 15 mm；竖向灰缝宽度宜为 20 mm。

(6)蒸压加气混凝土砌块墙的转角处，应使纵、横墙的砌块相互搭砌，隔皮砌块露端面。蒸压加气混凝土砌块墙的 T 字交接处，应使横墙砌块隔皮露端面，并坐中于纵墙砌块(图 3-27)。

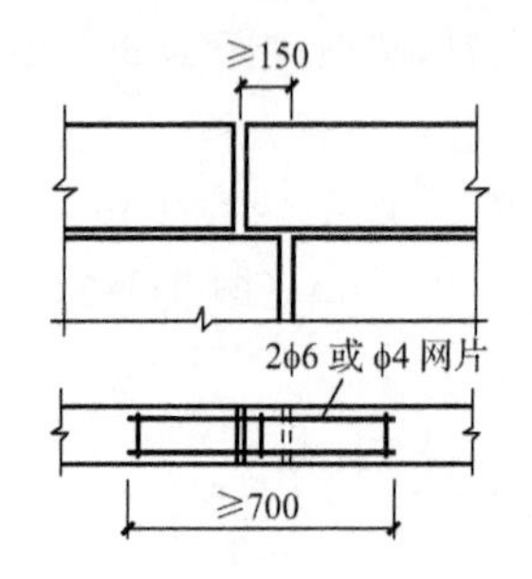


图 3-26 蒸压加气混凝土砌块墙的拉结钢筋

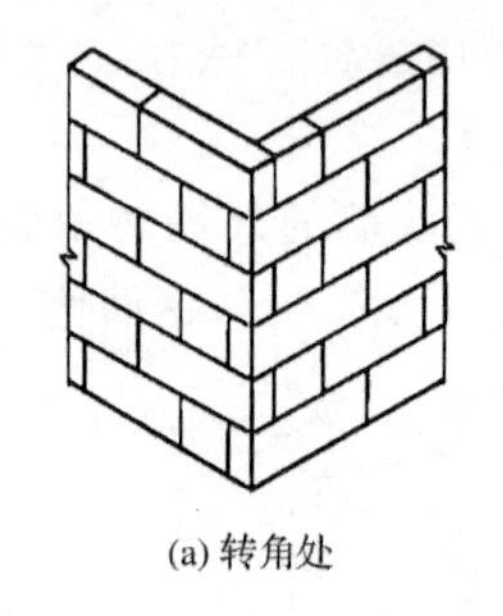

(a) 转角处

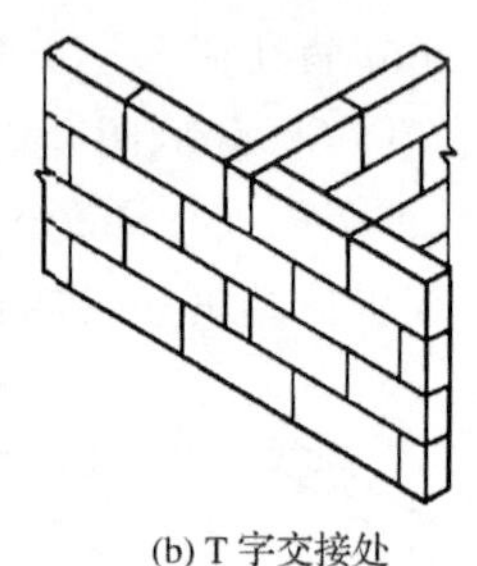

(b) T 字交接处

图 3-27 蒸压加气混凝土砌块墙的转角处、T 字交接处砌块

(7)蒸压加气混凝土砌块墙若无切实有效措施，不得使用于下列部位：

①建筑物室内地面标高以下部位。

②长期浸水或经常受干湿交替的部位。

③受化学环境侵蚀(如强酸、强碱)或高浓度二氧化碳等环境。

④砌块表面经常处于 80 ℃以上的高温环境。

⑤不设构造柱、系梁、压顶梁、拉结钢筋的女儿墙和栏板。

(8)加气混凝土砌块墙上不得留设脚手眼。

每一楼层内的砌块墙体应连续砌完，不留接槎。如必须留槎，应留成斜槎，或在门窗洞口侧边间断。

**4. 干法砌筑蒸压加气混凝土砌块**

蒸压加气混凝土砌块材料吸水率高，砌筑完成后需浇水养护，增大了砌块墙体的含水率，易造成墙体产生干缩裂缝的质量通病。干法砌筑是指为防止砌块因受潮干缩变形，在砌体施工过程中不采用湿作业，而在砌筑砂浆中添加专用砂浆添加剂，提高砌筑砂浆的黏结性、保水性、触变性和流动性等特性，砌块砌筑时不需在砌筑面浇水，从而达到在干作业环境进行砌筑施工。

(1)干法砌筑砂浆

①材料

干法砌筑砂浆(胶粘剂)一般由专用砂浆添加剂按照规定比例制成胶液掺入砂浆中搅拌而成。专用砂浆添加剂为蒸压加气混凝土砌块配套产品，由专门生产厂家供应，其主要技术指标应符合现行《蒸压加气混凝土墙体专用砂浆》(JC/T 890－2017)中砌筑砂浆的要求。采用市售非砌块厂家配套产品除符合上述要求外，还应经工程应用并认可后方可使用。

专用砂浆添加剂用量：可根据生产厂家提供的专用砂浆添加剂的用量结合具体的砌筑砂浆等级，通过有资质的试验室试配，确定其配合比。

砂子选用河砂且为中砂，并经过筛级配，不得含有草根、废渣等杂物，含泥量小于5%。

水泥采用普通硅酸盐水泥或矿渣硅酸盐水泥。

水应采用不含有害物质的洁净水。

砂浆试块应随机取样制作，严禁同盘砂浆制作多组试块。每一检验批且不超过一个楼层或250 $m^3$ 砌体所用的各种类型及强度等级的砌筑砂浆，应制作不少于一组试块，每组试块数量为6块。

②胶液调配

现场应配置2个或2个以上200 L的容器(如油桶)供调配胶液用，按照配合比要求将专用砂浆添加剂与清水拌和成胶液，然后用胶液替代清水搅拌制成干法砌筑砂浆。

③专用砂浆集中搅拌

由于干法砌筑砂浆的特殊性，搅拌站应集中在一个地点(若工程场地过大或体量较大，可根据现场情况布置多个集中搅拌点)，以免与其他普通砂浆混淆，另配置小型翻斗车作为砂浆水平运输工具，各栋楼在靠近垂直运输设备的地方设砂浆中转池。

④专用砂浆的性能要求与检测方法

保水性检测：将新拌的砂浆敷置在报纸上10～15 min，以报纸上砂浆周边的水印在3.0～5.0 mm范围内为合格。

抗坠与黏结性检测：将砂浆敷抹在砌块上，以敷抹的砂浆在砌块倒立的情况下不脱落为合格。

流动性和触变性检测：检测时在平放的砌块上均匀敷抹10～12 mm厚砂浆，叠上另一砌块，稍等片刻再分开，以见两砌块的黏结面挂浆面积≥80%为合格。

(2)干法砌筑施工

①砌体构筑

a.切割砌块应使用手提式机具或专用的机械设备。

b.胶粘剂应使用电动工具搅拌均匀，随拌随用，拌和量宜在3 h内用完为限；当环境温度高于25 ℃时，应在拌和后2 h内用完。

c.使用胶粘剂施工时，严禁用水浇湿砌块。

d.墙体砌筑前，应对基层进行清理和找平，按设计要求弹出墙的中线、边线与门、窗洞口位置。立准皮数杆，拉好水准线。

e.砌筑每层楼第一皮砌块前，必须清理基面，洒少量水湿润基面，再用1∶2.5水泥砂浆找平，待第二天砂浆干后再开始砌墙。砌筑时在砌块的底面和两端侧面披刮黏结剂，按排块图砌筑，并应注意及时校正砌块的水平度和垂直度。

f.常温下，砌块的日砌筑高度宜控制在1.8 m内。

g.上一皮砌块砌筑前，宜先将下皮砌块表面(铺浆面)用毛刷清理干净，再铺水平灰缝的胶粘剂。

h.每皮砌块砌筑时，宜用水平尺与橡胶锤校正水平、垂直位置，并做到上、下皮砌块错缝搭接，其搭接长度不宜小于被搭接砌块长度的 1/3。

i. 砌块转角和交接处应同时砌筑，若不能同时砌筑需留设临时间断处，应砌成斜槎。斜槎水平投影长度不应小于高度的 2/3。接槎时，应先清理槎口，再铺胶粘剂接砌。

j. 砌块水平灰缝应用刮勺均匀铺刮胶粘剂于下皮砌块表面；砌块的竖向灰缝可先铺刮胶粘剂于砌块侧面再上墙砌筑。灰缝应饱满，做到随砌随勒。灰缝厚度和宽度应为 2～3 mm。

k. 已砌上墙的砌块不应任意移动或撞击。如需校正，应在清除原胶粘剂后，重新铺刮胶粘剂进行砌筑。

l. 墙体砌完后必须检查表面平整度，若有不平整，则应用钢齿磨砂板磨平，使偏差值控制在允许范围内。

m. 墙体水平配筋带应预先在砌块的水平灰缝面开设通长凹槽，置入钢筋后，用胶粘剂填实至与槽的上口平面相平齐。

n. 砌体与钢筋混凝土柱（墙）相接处，应设置拉结钢筋进行拉结或设 L 形铁件连接。当采用 L 形铁件时，砌块墙体与钢筋混凝土柱（墙）间应预留 10～15 mm 的空隙，待墙体砌成后，再将该空隙用柔性材料嵌填。

o. 砌块墙顶面与钢筋混凝土梁（板）底面间应有预留钢筋拉结并预留 10～25 mm 空隙。在墙体砌筑完成 7 天后，先在墙顶每一砌块中间部位的两侧用经防腐处理的木楔楔紧，再用 1∶3水泥砂浆或玻璃棉、矿棉、PU 发泡剂嵌严。除用钢筋拉结外，另一种做法是在砌块墙顶面与钢筋混凝土梁（板）底面间预留 40～50 mm 空隙，在墙体砌筑完成 7 天后用 C20 细石混凝土填充。

p. 厨房、卫生间等潮湿房间及底层外墙的砌体，应砌在高度不小于 200 mm 的 C20 现浇混凝土楼板翻边上，第一皮砌块的砌筑要求同前文的规定，并应做好墙面防水处理。

q. 砌块墙体的过梁宜采用预制钢筋混凝土过梁。过梁宽度宜为砌块墙两侧墙面各凹进 10 mm 后的宽度。

r. 砌块砌体砌筑时，不应在墙体中留设脚手架洞。

s. 墙体修补及空洞填塞宜用同质材料或专用修补材料修补。也可用砌块碎屑拌以水泥、石灰膏及适量的建筑胶水进行修补，配合比为水泥∶石灰膏∶砌块碎屑＝1∶1∶3。

②门窗樘与墙的连接

a. 当门洞不设钢筋混凝土门框时，木门樘安装应在门洞两侧的墙体中按上、中、下位置每边砌入带防腐木砖的 C15 混凝土块，然后可用钉子或尼龙锚栓或其他连接件将门框固定其上。木门框与墙体间的空隙用 PU 发泡剂或聚合物防水砂浆封填。

b. 当内墙厚度等于或大于 200 mm，木门框用尼龙锚栓直接固定时，锚栓位置宜在墙厚的正中处，离墙面水平距离不得小于 50 mm。

c. 安装特殊装饰门，可用发泡结构胶密封木门框与墙体间的缝隙。

d. 安装塑钢、铝合金门窗，应在门窗洞口两侧的墙体中按上、中、下位置每边砌入 C20 混凝土预制块，然后用尼龙锚栓或射钉将塑钢、铝合金门窗框连接铁件与 C20 混凝土预制块固定，门窗框与砌体之间的缝隙用 PU 发泡剂或聚合物防水砂浆填实。

③墙体暗敷管线

a.水电管线的暗敷工作,必须待墙体完成并达到一定强度后方能进行。开槽时,应使用轻型电动切割机和手工镂槽器。开槽的深度不宜超过墙厚的1/3。墙厚小于120 mm的墙体不得双向对开管线槽。管线开槽应距门窗洞口300 mm以外。

b.预埋在现浇楼板中的管线弯进墙体时,应贴近墙面敷设,且垂直段高度宜低于一皮砌块的高度。

c.敷设管线后的槽先刷界面剂,再用1∶3水泥砂浆填实,填充面应比墙面微凹2 mm,再用胶粘剂补平,沿槽长两侧粘贴自槽宽两侧外延不小于100 mm的耐碱玻纤网格布,以防裂开。

## 3.6 砌体工程冬雨季施工

### 3.6.1 砌体工程冬季施工

(1)当室外日平均气温连续5天稳定低于5 ℃时,砌体工程应采取冬季施工措施。

注意:①气温根据当地气象资料确定。

②冬季施工期限以外,当日最低气温低于0 ℃时,也应按本课题的规定执行。

(2)冬季施工的砌体工程质量验收除应符合本课题要求外,还应符合现行行业标准《建筑工程冬期施工规程》(JGJ/T 104—2011)的规定。

(3)砌体工程冬季施工应有完整的冬季施工方案。

(4)冬季施工所用材料应符合下列规定:

①石灰膏、电石膏等应防止受冻,如遭冻结,应经融化后使用。

②拌制砂浆用砂,不得含有冰块和大于10 mm的冻结块。

③砌体用块体不得遭水浸冻。

(5)冬季施工砂浆试块的留置,除应按常温规定以外,尚应增加1组与砌体同条件养护的试块,用于检验转入常温28天的强度。如有特殊需要,可另外增加相应龄期的同条件养护的试块。

(6)地基土有冻胀性时,应在未冻的地基上砌筑,并应防止在施工期间和回填土前地基受冻。

(7)冬季施工中砖、小砌块浇(喷)水湿润应符合下列规定:

①烧结普通砖、烧结多孔砖、蒸压灰砂砖、蒸压粉煤灰砖、烧结空心砖、吸水率较大的轻集料混凝土小型空心砌块,在气温高于0 ℃条件下砌筑时,应浇水湿润;在气温低于或等于0 ℃条件下砌筑时,可不浇水,但必须增大砂浆稠度。

②普通混凝土小型空心砌块、混凝土多孔砖、混凝土实心砖及采用薄灰砌筑法的蒸压加气混凝土砌块施工时,不应对其浇(喷)水湿润。

③抗震设防烈度为9度的建筑物,当烧结普通砖、烧结多孔砖、蒸压粉煤灰砖、烧结空心砖

无法浇水湿润时，如无特殊措施，不得砌筑。

(8)拌和砂浆时水的温度不得超过 80 ℃，砂的温度不得超过 4 ℃。

(9)采用砂浆掺外加剂法、暖棚法施工时，砂浆使用温度不应低于 5 ℃。

(10)采用暖棚法施工，块体在砌筑时的温度不应低于 5 ℃，距离所砌的结构底面 0.5 m 处的棚内温度也不应低于 5 ℃。

(11)在暖棚内的砌体养护时间，应根据暖棚内温度按表 3-3 确定。

表 3-3 暖棚法砌体的养护时间

| 暖棚的温度/℃ | 5 | 10 | 15 | 20 |
| --- | --- | --- | --- | --- |
| 养护时间/d | ≥6 | ≥5 | ≥4 | ≥31 |

(12)采用外加剂法配制的砌筑砂浆，当设计无要求且最低气温等于或低于－15 ℃时，砂浆强度等级应较常温施工提高一级。

(13)配筋砌体不得采用掺氯盐的砂浆施工。

学习强国小案例

**周乾：紫禁城古建筑的防火智慧**

法国时间 2019 年 4 月 15 日傍晚，世界文化遗产巴黎圣母院发生大火。尽管火势最终得到了控制，但这场大火还是给这历史悠久的古文明建筑带来了不可估量的损失。但是，同样是世界文化遗产，且同样含有大量木质建筑材料的蕴涵古老文化的明清紫禁城(今北京故宫博物院)虽然也经历过几次火情，但因历代帝王极其重视防火，建筑工匠在施工中采取了多种科学的防火措施，使得紫禁城古建筑群至今基本完好。比如太和殿木质斜廊的隔离砖砌卡墙设置和硬山屋顶的后檐墙，乃至城外方正形状的筒子河和城内蜿蜒的内金水河，加之城内铜质或铁质的水缸 231 口，分布在多个宫殿建筑前。这些大缸平时贮满清水，宫中一旦失火，即可就近取水灭火。因此，它们又被称作“吉祥缸”“太平缸”。不仅如此，部分被石砌取代的房屋结构，也是防火措施之一。也正因为如此，几百年来紫禁城基本保持完好至今。这些举措，不仅凝结着我国古代工匠的智慧，也成为当下文化遗产保护或修复的重要参考依据。

## 3.6.2 砌体工程雨季施工

(1)施工前，准备足够的防雨应急材料(如油布、塑料薄膜等)。尽量避免砌体被雨水冲刷，以免砂浆被冲走，影响砌体的质量。

(2)对砖堆应加以保护，因淋雨过湿的砖不得使用，以防砌体发生溜砖现象。

(3)雨后砂浆配合比按试验室配合比调整施工配合比。

(4)每天的砌筑高度不得超过 1.2 m。收工时应覆盖砌体表面。确实无法施工时，可留接槎缝，但应做好接缝的处理工作。

(5)雨后继续施工时，应复核砌体垂直度。

(6)遇大雨或暴雨时，砌体工程一般应停止施工。

# 3.7 BIM 与砌体工程

学习强国小案例

**赋能数字化转型 服务智慧化生活 智能建造助推建筑业转型**

随着 2017 年发布《国务院办公厅关于促进建筑业持续健康发展的意见》,提出“中国建造”这一理念,中国建筑业迎来了前所未有的发展机遇,也为重庆建筑业提出了新的发展要求。智能建造之于建筑业,相当于智能制造之于工业。重庆提出,智能建造是建筑业供给侧结构性改革的重要内容,是建筑业转型升级的重要手段,是贯彻落实绿色发展创新发展的重要举措。所谓智能建造,就是工程建造全过程各环节的数字化、网络化和智能化,是数字化的新型建造方式。那么,如何推进重庆建筑业的智能建造?当前,重庆正以推广应用 BIM(建筑信息模型)技术为主要着力点,改变传统建造方式,推进互联网、大数据、人工智能等信息技术与建筑业深度融合,提升建筑智能化应用水平。作为以三维数字技术为基础,集成建筑工程项目各种信息的工程数据模型的 BIM 工程正在将智能建造付诸实践。随着大数据化的智慧工地及智慧小区项目的同步建设,相信未来这些智能平台将有力助推工程建造进入数字化时代。

在土建施工中,砌体工程是最常见的施工内容之一,目前利用 BIM 技术的多专业协同以及可视化功能,可大大提高砌体结构综合排布的效率和准确度。所以,让我们了解一下 BIM 在砌体工程中的具体应用吧。

## 3.7.1 BIM 技术在砌体工程中应用的流程

**1. 图纸审核**

利用 BIM 技术,使用 Revit 软件创建各个区域的局部三维视图,即可对砌体工程的设计进行全面的审查,提前发现图纸中的错漏问题,并与设计人员协商解决,避免对施工造成影响。

**2. 在其他项目可重复使用**

根据项目设计图纸要求,对砖尺寸等参数制作砖 Revit 族,所制作的砖 Revit 族可在其他项目重复使用。

**3. 砌体结构综合排布**

(1)洞口预留

在砌体结构深化前,应对机电管线进行综合排布,然后将排布完成的机电模型与砌体模型整合,确定预留洞口位置,并在砌体模型中生成预留洞口。

(2)布置混凝土构筑物

按照规范和设计要求,进行构造柱、圈梁、过梁等混凝土构筑物的布置和优化。

(3)砌体排砖

利用 BIM 软件进行砌块排布,通过对标准砌块型号、灰缝、搭接长度等参数的设置,软件自动生成砌体排布图，并能够实时计算出各类尺寸砌块的需用数量（图 3-28）。

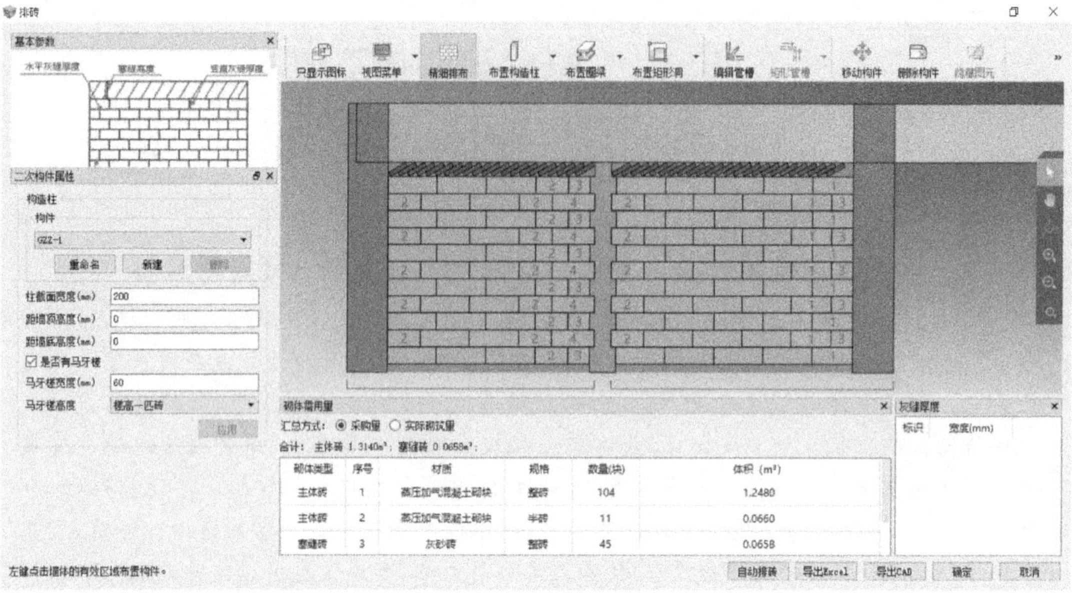

图 3-28　砌体排布图

**4. 导出排版图**

把排版图打印出来，张贴在现场的相应部位，并对工人进行交底，要求工人严格按照排版图进行砌筑，保证砌体的砌筑质量。

## 3.7.2　BIM 技术在砌体工程中应用的特点

**1. 排布更加合理，交底效果更加明显**

利用 BIM 软件，提前设置排砖规则，软件自动进行最合理的砖排布。依据规范要求，通过软件建立砖墙模型，可三维查看及模拟任务漫游，充分了解设计意图，避免施工错误。

**2. 材料节省优势明显**

经软件计算，可算出实际所需砖量及所需半砖规格，通过定点投放砖材料，可避免砖材料二次运输。

## 3.7.3　BIM 技术应用成果

**1. 砌体施工模拟动画**

使用建好的混凝土结构模型及砌体墙模型，导入 Navisworks 软件进行施工模拟动画制作，按照砌体砖墙专项施工方案及现行国家砌体规范进行动画演示。

**2. 洞口位置调整**

通过创建 BIM 模型，检查发现原设计洞口位置与结构构件冲突，提出设计修改建议后，对原洞口进行调整（图 3-29）。

**3. 砌体墙明细统计**

利用 BIM 技术的材料一键统计功能，对制作好的砌体模型进行砖量统计，导出砖量统计明细，制作砖量表格（图 3-30）。

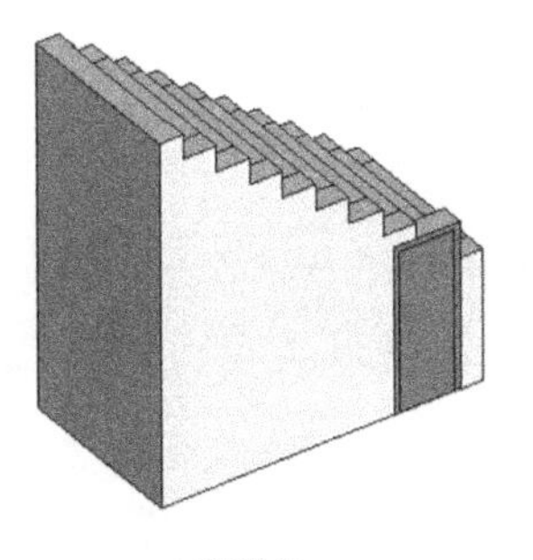

(a)原设计

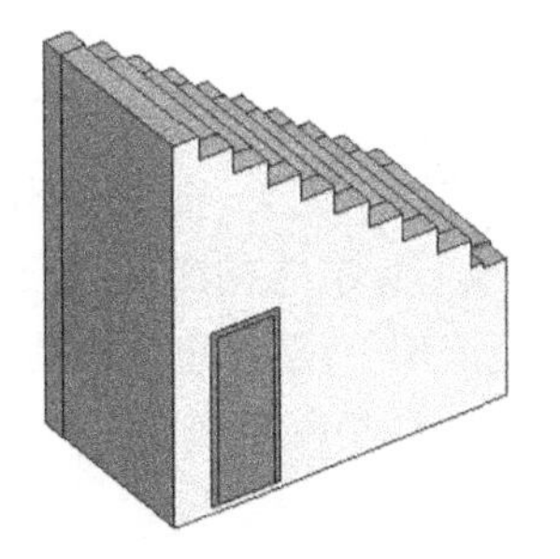

(b)调整后

图 3-29　门位置调整

| A | B | C | D | E | F | G | H |
|---|---|---|---|---|---|---|---|
| 线与类型 | 半砖规格 | 半砖量 | 整砖量 | 砖量 | 1/2半砖数量 | 合计 | 位置 |
| 自主排砖-外墙-烧结页岩砖 | 100mm | 15 | 315 | 423 | 15 | 1 | B轴交4-5 |
| 自主排砖-外墙-烧结页岩砖 | 200mm | 15 | 600 | 771 | 15 | 1 | D轴交3-6 |
| 自主排砖-外墙-烧结页岩砖 | 248mm | 15 | 990 | 1260 | 15 | 1 | E轴交4-6 |
| 自主排砖-外墙-烧结页岩砖 | 100mm | 15 | 885 | 1126 | 15 | 1 | J轴交5-6 |
| 自主排砖-外墙-烧结页岩砖 | 100mm | 15 | 885 | 1126 | 15 | 1 | H轴交11-13 |
| 自主排砖-外墙-烧结页岩砖 | 200mm | 15 | 900 | 1141 | 15 | 1 | K轴交14-16 |
| 自主排砖-外墙-烧结页岩砖 | 55mm | 15 | 975 | 1231 | 15 | 1 | K轴交3-6 |
| 自主排砖-外墙-烧结页岩砖 | 107mm | 15 | 195 | 276 | 15 | 1 | M轴交4-6 |
| 自主排砖-外墙-混凝土空心砌块 | 20mm | 7 | 315 | 399 | 7 | 1 | L轴交5-6 |
| 自主排砖-外墙-混凝土空心砌块 | 0mm | 6 | 270 | 348 | 6 | 1 | M轴交11-13 |
| 自主排砖-外墙-混凝土空心砌块 | 100mm | 7 | 329 | 419 | 7 | 1 | 5轴交B-D |
| 自主排砖-外墙-混凝土空心砌块 | 300mm | 6 | 264 | 344 | 6 | 1 | 7轴交B-E |
| 自主排砖-外墙-混凝土空心砌块 | 49mm | 7 | 329 | 417 | 7 | 1 | 8轴交D-F |
| 自主排砖-外墙-混凝土空心砌块 | 0mm | 7 | 329 | 415 | 7 | 1 | 10轴交C-E |
| 自主排砖-外墙-混凝土空心砌块 | 173mm | 6 | 256 | 340 | 6 | 1 | 10轴交F-G |
| 自主排砖-外墙-混凝土空心砌块 | 0mm | 6 | 282 | 363 | 6 | 1 | 5轴交F-G |
| 自主排砖-外墙-混凝土空心砌块 | 300mm | 6 | 264 | 344 | 6 | 1 | 7轴交H-K |
| 自主排砖-外墙-混凝土空心砌块 | 0mm | 6 | 270 | 348 | 6 | 1 | 14轴交H-K |
| 自主排砖-外墙-混凝土空心砌块 | 109mm | 6 | 282 | 367 | 6 | 1 | 14轴交L-J |
| 自主排砖-外墙-混凝土空心砌块 | 29mm | 7 | 1057 | 1315 | 7 | 1 | 15轴交M-L |
| 自主排砖-外墙-混凝土空心砌块 | 0mm | 7 | 749 | 933 | 7 | 1 | 15轴交M-N |
| 自主排砖-外墙-混凝土空心砌块 | 300mm | 7 | 392 | 497 | 7 | 1 | 17轴交M-N |
| 自主排砖-外墙-混凝土空心砌块 | 378mm | 7 | 294 | 380 | 7 | 1 | 17轴交M-N |

图 3-30　砖量明细表

## 思考与练习

### 背景资料

某办公楼工程，地下一层，地上十二层，总建筑面积为 26 800 $m^2$，筏形基础，框架剪力墙结构。建设单位与某施工总承包单位签订了施工总承包合同。按照合同约定，施工总承包单位将装饰装修工程分包给了符合资质条件的专业分包单位。

合同履行过程中，发生了下列事件：

事件一：普通混凝土小型空心砌块墙体施工，项目部采用的施工工艺有小砌块使用时充分浇水湿润；砌块底面朝上反砌于墙上；芯柱砌块砌筑完成后立即进行该芯柱混凝土浇筑工作；外墙转角处的临时间断处留直槎，砌成阴阳槎，并设拉结钢筋，监理工程师提出了整改要求。

事件二：因工期紧，砌块生产 7 天后运往工地进行砌筑，砌筑砂浆采用收集的循环水进行现场拌制，墙体一次砌筑至梁底以下 200 mm 位置，留待 14 天后砌筑顶紧。监理工程师进行现场巡视后责令停工整改。

事件三：监理工程师在现场巡查时，发现第八层框架填充墙砌至接近梁底时留下的适当空隙，间隔了 48 小时即用斜砖补砌挤紧。

**问题：**

指出事件一中的不妥之处，分别说明相应的正确做法。

指出事件二中的不妥之处，分别写出相应的正确做法。

事件三中，根据《砌体结构工程施工质量验收规范》(GB 50203—2011)，指出此工序下填充墙片每验收批的抽检数量。判断施工总承包单位的做法是否妥当？并说明理由。

课题 3 思考与练习

## 拓展资源与在线自测

档案馆砌体工程施工组织设计

预制混凝土外墙挂板技术

工具式定型化临时设施技术

课题 3

# 课题 4

# 现浇钢筋混凝土工程施工

## 能力目标

能够正确对现浇钢筋混凝土结构进行分类并选用合适的种类；明确钢筋混凝土施工全过程的要义；能够根据规范正确地进行钢筋下料、连接、加工、安装；能够正确处理模板安装施工过程中的问题；能够进行混凝土配合比计算并正确选用外加剂；能够解决混凝土工程施工中出现的一般问题；能够对钢筋混凝土工程施工现场安全进行管理；能够利用BIM技术优化现浇钢筋混凝土施工组织。

## 知识目标

了解钢筋的分类及材料性能；熟悉钢筋连接、加工、绑扎施工工艺；掌握钢筋下料的方法；了解模板的组成、类型和特点；掌握模板安装和拆除施工工艺；了解混凝土的配料、外加剂的种类和作用；掌握混凝土施工配合比的换算；掌握混凝土施工工艺；熟悉钢筋混凝土工程冬雨季施工要求；了解BIM技术在现浇钢筋混凝土工程中的应用。

## 素质目标

培养学生正确识读施工图纸的能力；培养学生独立解决专业问题的能力；培养学生正确分析专业技术文件的能力；培养学生制订专业施工方案和编制施工文件的能力；培养学生使用信息化技术的能力；培养学生的团队精神和创新能力；将绿色建筑的概念融入到学生的学习过程中，让学生认识到通过技术装备的创新研发、建筑业转型方向升级带动建筑行业向信息化、智能化方向发展；引导学生明确“新基建”的内涵和优势，了解5G等信息化技术对工程项目全过程控制的功能和作用，为实现建筑行业的现代化发展助力。

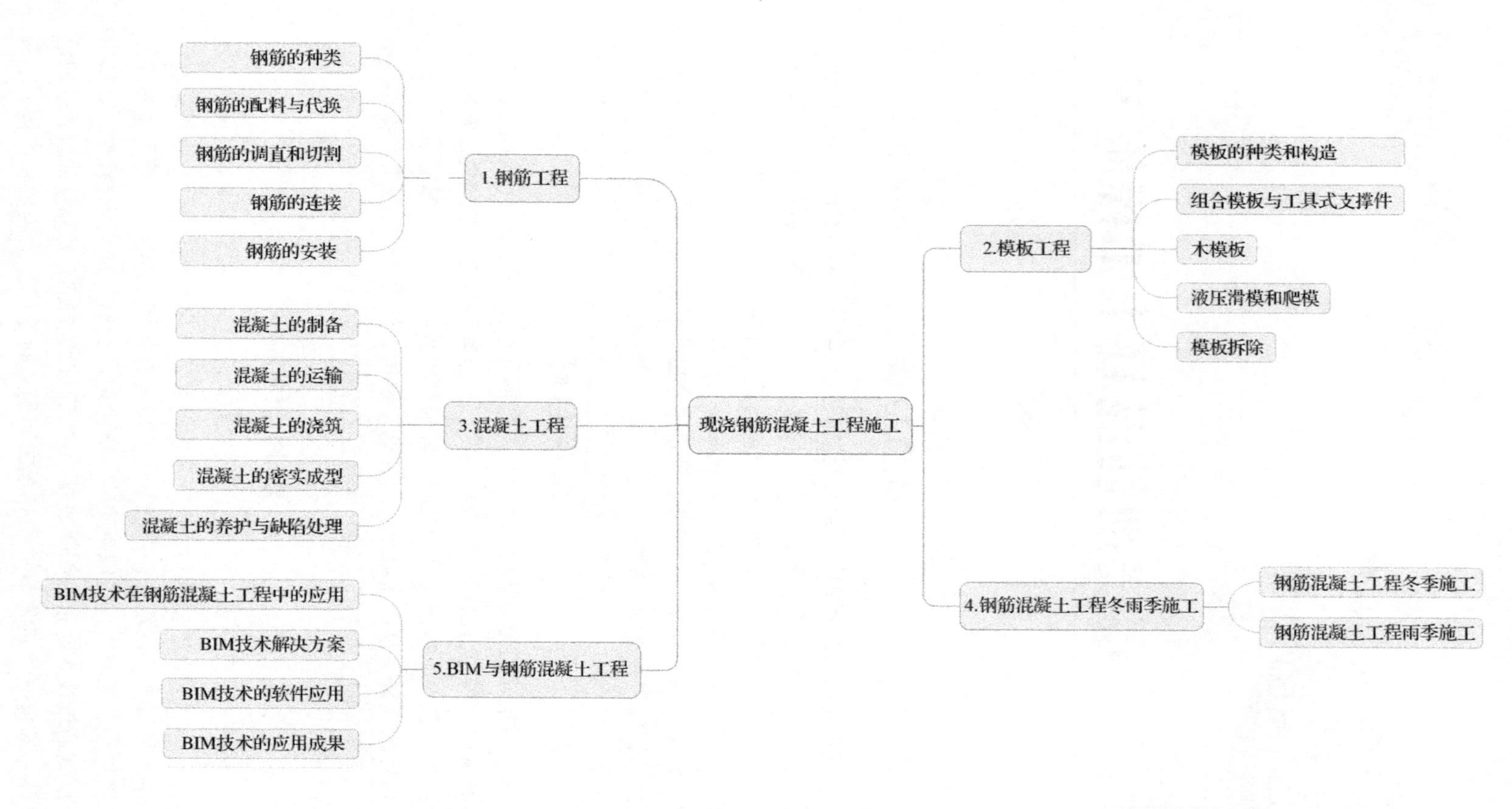

现浇钢筋混凝土工程施工
1.钢筋工程
钢筋的种类
钢筋的配料与代换
钢筋的调直和切割
钢筋的连接
钢筋的安装
2.模板工程
模板的种类和构造
组合模板与工具式支撑件
木模板
液压滑模和爬模
模板拆除
3.混凝土工程
混凝土的制备
混凝土的运输
混凝土的浇筑
混凝土的密实成型
混凝土的养护与缺陷处理
4.钢筋混凝土工程冬雨季施工
钢筋混凝土工程冬季施工
钢筋混凝土工程雨季施工
5.BIM与钢筋混凝土工程
BIM技术在钢筋混凝土工程中的应用
BIM技术解决方案
BIM技术的软件应用
BIM技术的应用成果


课题4　思维导图

# 4.1 钢筋工程

## 4.1.1 钢筋的种类

**1. 按外形分类**

(1)光圆钢筋

钢筋的进场检验与保管

光圆钢筋即光面圆钢筋,由于表面光滑,故又称为光面钢筋。

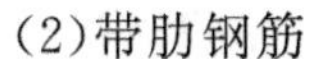

(2)带肋钢筋

表面有突起部分的圆形钢筋称为带肋钢筋,它的肋纹形式有月牙形、螺纹形、人字形。钢筋表面带有两条纵肋和沿长度方向均匀分布的横肋。横肋的纵截面是月牙形,且与纵肋不相交的钢筋称为月牙形钢筋。横肋的纵截面高度相等,且与纵肋相交的钢筋,称为等高肋钢筋,有螺旋纹和人字纹两种。

**2. 按化学成分分类**

(1)碳素钢钢筋

由碳素钢轧制而成,碳质量分数小于 0.25%。根据国家标准《碳素结构钢》(GB/T 700—2006)的规定,普通碳素结构钢按照厂方供应的保证条件分为下列三类:

甲类钢——保证机械性能的钢,用符号 A 表示。

乙类钢——保证化学成分的钢,用符号 B 表示。

特类钢——既保证机械性能又保证化学成分的钢,用符号 C 表示。

钢号越大,碳的质量分数越大,强度及硬度也越高,但塑性、韧性、冷弯性及焊接性等均越差。

(2)普通低合金钢钢筋

普通低合金钢钢筋是在低碳钢和中碳钢的成分中加入少量元素(硅、锰、钛、稀土等)制成的钢筋。普通低合金钢钢筋的主要优点是强度高,综合性能好,用钢量比碳素钢少 20%左右。

**3. 按生产工艺分类**

(1)热轧钢筋

由轧钢厂经过热轧成材,一般钢筋直径为 6～40 mm,分为直条和盘圆两种形式。热轧钢筋按强度高低(以屈服强度表示)分为四个强度等级,即Ⅰ级(HPB300)、Ⅱ级(HRB335)、Ⅲ级(HRB400)和Ⅳ级(HRB500)钢筋。热轧钢筋的强度等级见表 4-1。

**表 4-1　热轧钢筋的强度等级**

| 外形 | 强度等级 | 屈服强度/(N·mm$^{-2}$) | 抗拉强度/(N·mm$^{-2}$) |
|---|---|---|---|
| 光圆 | Ⅰ | 300 | 420 |
| 带肋 | Ⅱ | 335 | 490 |
| | Ⅲ | 400 | 570 |
| | Ⅳ | 500 | 630 |

(2)冷拉钢筋

冷拉钢筋是将热轧钢筋在常温下进行强力拉伸,使其强度提高的一种钢筋。这种冷拉操作都在施工现场进行。

(3)热处理钢筋

热处理钢筋又称调质钢筋,采用热轧螺纹钢筋经淬火及回火的调质热处理而制成。按其外形不同,又可分为光圆和带肋两种。

(4)钢丝

①碳素钢丝采用优质高碳光圆盘条钢筋经冷拔、矫直和回火制成。这种钢丝的强度高,塑性也相对较好。有 ϕ4、ϕ5 两种,主要以钢丝束的形式作为预应力钢筋。

②刻痕钢丝是在上述碳素钢丝的表面,经过机械刻痕制成的,只有 ϕ5 一种。由于刻痕的影响,其强度比碳素钢丝略低。刻痕可以使它与混凝土或水泥砂浆之间的黏结性能得到一定改善,在工程中只作为预应力钢筋。

③冷拔低碳钢丝一般是用小直径的低碳光圆钢筋,在施工现场或预制厂用拔丝机经过几次冷拔而成的。

④钢绞线由 7 根圆形截面钢丝经绞捻、热处理而成。由于强度高且与混凝土的黏结性能好,所以多用于大跨度、重荷载的预应力钢筋混凝土结构中。

## 4.1.2 钢筋的配料与代换

**1. 钢筋配料**

钢筋下料长度计算是钢筋配料的关键。设计图中注明的钢筋尺寸是钢筋的外轮廓尺寸(从钢筋外皮到外皮量得的尺寸),称为钢筋的外包尺寸。在钢筋加工时,也按外包尺寸进行验收。钢筋弯曲后的特点是,在弯曲处内皮收缩,外皮延伸,轴线长度不变,直线钢筋的外包尺寸等于轴线长度;而钢筋弯曲段的外包尺寸大于轴线长度,二者之间存在一个差值,称为量度差值。

$$\text{钢筋下料长度}=\text{各段外包尺寸之和}+\text{两端弯钩增长值}-\text{量度差值} \tag{4-1}$$

$$\text{箍筋下料长度}=\text{箍筋周长}+\text{箍筋调整值} \tag{4-2}$$

(1)量度差值

计算钢筋下料长度时应扣除量度差值。为计算简便,量度差值的取值见表 4-2。

**表 4-2　钢筋弯曲量度差值表**

| 弯曲角度/(°) | 量度差值/mm |
|---|---|
| 45 | $0.5d$ |
| 60 | $0.85d$ |
| 90 | $2.0d$ |
| 135 | $2.5d$ |

注:$d$ 为钢筋的直径。

(2)钢筋末端弯钩增长值

钢筋末端弯钩(曲)有 180°、135°及 90°三种,《混凝土结构工程施工质量验收规范》(GB 50204－2015)规定,HPB300 级钢筋末端应做 180°弯钩,其弯弧内径不应小于钢筋直径的 2.5 倍,弯钩的平直段长度不应小于钢筋直径的 3 倍。

微课

钢筋的弯曲成型

钢筋下料长度大于钢筋的外包尺寸,此时,计算中每个弯钩应增加长度即弯钩增长值。弯钩增长值包括 $6.25d$、$4.9d$ 和 $3.5d$,如图 4-1 所示。

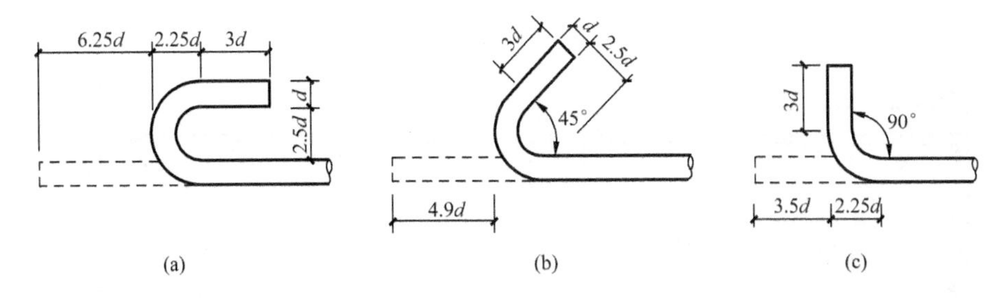


图 4-1　180°、135°和 90°钢筋弯钩增长值

(3)箍筋弯钩增长值

①箍筋的弯钩形式如图 4-2 所示,其中图 4-2(a)所示弯钩有抗震抗扭要求,图 4-2(b)、图 4-2(c)所示弯钩满足一般结构要求。

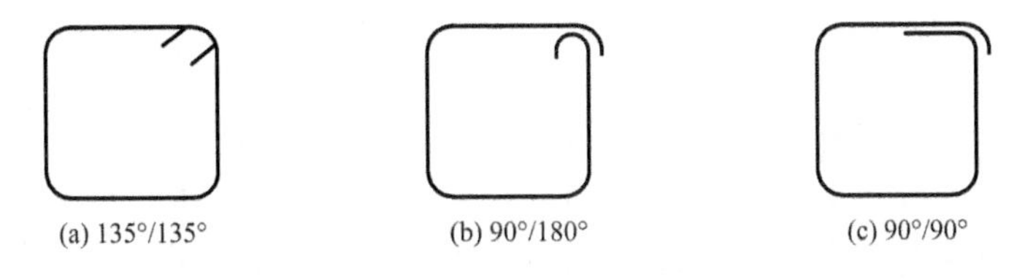


图 4-2　箍筋的弯钩形式

②箍筋弯折后的平直段长度:对一般结构构件,不宜小于箍筋直径的 5 倍;对有抗震设防要求的结构构件,不应小于箍筋直径的 10 倍。

③箍筋的下料长度应比其外包尺寸大,在计算中也要增加一定的长度,也就是箍筋弯钩增长值,具体数值见表 4-3。

**表 4-3　箍筋弯钩增长值**

| 箍筋的弯钩形式 | 量度差值 |
|---|---|
| 135°/135° | $14d(24d)$ |
| 90°/180° | $14d(24d)$ |
| 90°/90° | $11d(21d)$ |

注:$d$ 为箍筋直径,括号内数据为有抗震设防要求时。

**【例 4-1】**　某建筑物有五根钢筋混凝土框架梁,处于 2a 类环境,配筋如图 4-3 所示,③④号钢筋为 45°弯起。⑤号箍筋按抗震结构要求,试计算各号钢筋下料长度。

**解**:钢筋保护层厚度取 25 mm。

①号钢筋下料长度:6 000+240−2×25=6 190 mm

②号钢筋(架立筋)

外包尺寸:6 000+240−2×25=6 190 mm

下料长度:6 190+2×6.25×10=6 315 mm

③号弯起钢筋:

外包尺寸分段计算

平直段长度:240+50+500−25=765 mm

斜段长度:(500−2×25)×1.414=636 mm

中间直段长度:6 240−2×(240+50+500)−2×(500−2×25)=3 760 mm

端部竖直段外包长度:200×2=400 mm

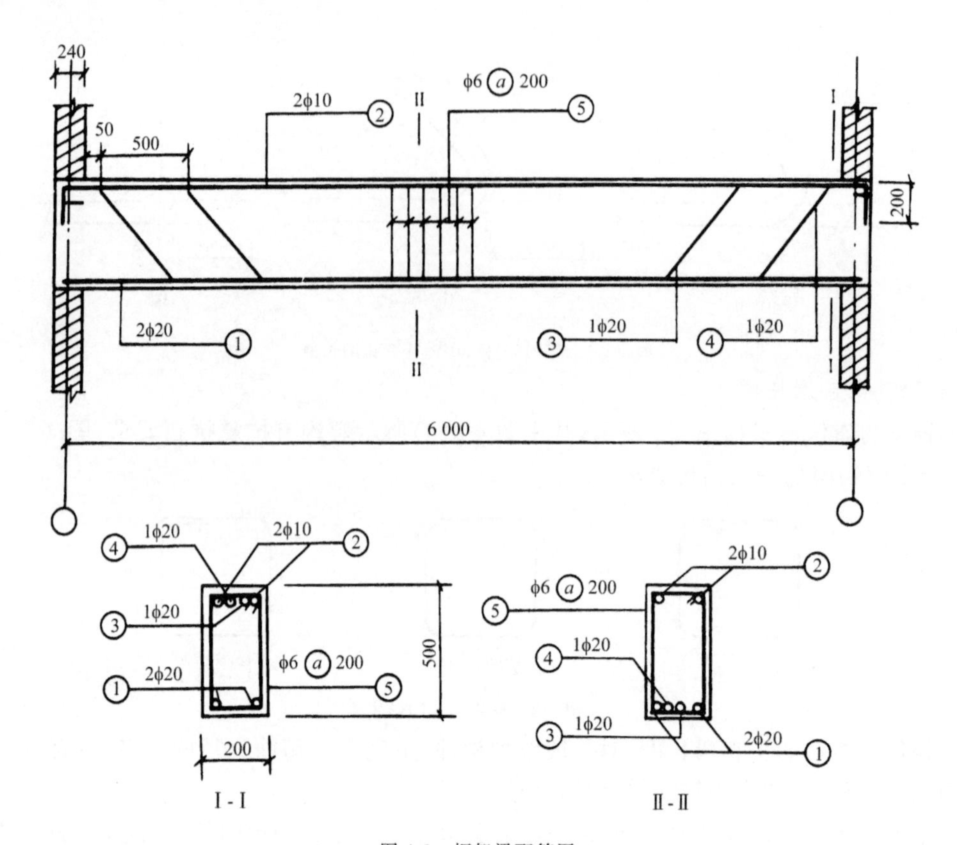


图 4-3 框架梁配筋图

下料长度＝外包尺寸－量度差值＝2 倍平直段长度＋

2 倍斜段长度＋中间直段长度＋端部竖直段外包长度－量度差值＝

$2\times765+2\times636+3\ 760+400-2\times2d-4\times0.5d=$

$6\ 962-2\times2\times20-4\times0.5\times20=6\ 842$ mm

同理可算得④号钢筋下料长度亦为 6 842 mm。

⑤号箍筋下料长度：$(150+450)\times2+24\times6-3\times2\times6=1\ 308$ mm

**2. 钢筋代换**

实际工程中经常会遇到市场供应的钢筋不能满足设计需求，或者施工现场有存量钢筋希望用于正在施工的项目中的情况。当钢筋的品种、级别或规格需做变更时，应办理设计变更文件。设计变更一般采取钢筋代换的方法，解决设计与现实的矛盾。

(1)钢筋代换原则

当施工中遇到钢筋的品种或规格与设计要求不符时，可参照以下原则进行钢筋代换：

①等强度代换：当构件受强度控制时，钢筋可按强度相等原则进行代换。

②等面积代换：当构件按最小配筋率配筋时，钢筋可按面积相等原则进行代换。

③当构件受裂缝宽度或挠度控制时，代换后应进行裂缝宽度或挠度验算。

(2)钢筋等强度代换

钢筋等强度代换计算公式为

$$n_2\geqslant\frac{n_1 d_1^2 f_{y1}}{d_2^2 f_{y2}} \tag{4-3}$$

式中　$n_2$——代换钢筋根数；

$n_1$——原设计钢筋根数；

$d_2$——代换钢筋直径；

$d_1$——原设计钢筋直径；

$f_{y2}$——代换钢筋抗拉强度设计值；

$f_{y1}$——原设计钢筋抗拉强度设计值。

式(4-3)有两种特例：

①设计强度相同、直径不同的钢筋代换

$$n_2 \geqslant \frac{n_1 d_1^2}{d_2^2} \tag{4-4}$$

②直径相同、强度设计值不同的钢筋代换

$$n_2 \geqslant \frac{n_1 f_{y1}}{f_{y2}} \tag{4-5}$$

(3)钢筋等面积代换

当构件按最小配筋率控制时，可按照钢筋面积相等的原则代换，即

$$A_{S2} \geqslant A_{S1} \tag{4-6}$$

(4)钢筋代换注意事项

钢筋代换时，必须充分了解设计意图和代换材料性能，并严格遵守现行《混凝土结构设计规范》(GB 50010—2010)(2015 年版)的各项规定。凡重要结构中的钢筋代换，应征得设计单位同意。

①对某些重要构件，如吊车梁、薄腹梁、桁架下弦等，不宜用 HPB300 级光圆钢筋代替 HRB335、HRB400 级带肋钢筋。

②钢筋代换后应满足配筋构造规定，如钢筋的最小直径、间距、根数、锚固长度等。

③同一截面内可同时配有不同种类和直径的代换钢筋，但每根钢筋的拉力差不应过大(如同品种钢筋的直径差值一般不大于 5 mm)，以免构件受力不均。

④梁的纵向受力钢筋与弯起钢筋应分别代换，以保证正截面与斜截面强度。

### 4.1.3　钢筋的调直和切割

学习强国小案例

**“智慧大脑”让钢筋一键弯——探访湖北首家大型数字化钢筋加工基地**

来到湖北省首家大型数字化钢筋加工基地可以发现，这里堪比钢筋加工的智能“中央大厨房”，以前大量需要在施工现场制作的钢筋构件，如今都能在此分毫不差地“变身”，“脱胎换骨”后精准地配送至各工地。与传统施工方式相比，工业化生产钢筋可以节能增效，减少环境污染，降低安全隐患。该基地年产能达 5.5 万吨，能满足湖北百万平方米的工业化住宅建造需求。业内人士认为“建筑工业化是建筑业转型升级的方向，研发、设计、制造、销售的全产业链集成平台将实现建筑全生命周期的有机融合。”

钢筋的调直与切断

**1. 钢筋调直**

钢筋调直在钢筋加工过程中是十分重要的一环，如果使用未经调直的钢筋，不仅在施工中会影响钢筋下料尺寸、成形和绑扎等过程的准确性，而且在混凝土中会破坏与混凝土的共同工作而导致混凝土出现裂缝，甚至产生不应有的破坏。

钢筋常用的调直方法有手工调直和机械调直两种。

(1)手工调直

直径在 10 mm 以下的盘圆钢筋，在施工现场一般采用手工调直；对于冷拔低碳钢丝，可通过导轮牵引调直，若牵引过的钢丝还存在局部慢弯，可用小锤敲打平直；盘条钢筋可采用绞盘拉直；对于直条粗钢筋一般弯曲较缓，可就势用手扳子扳直。

(2)机械调直

机械调直是通过钢筋调直机或卷扬机调直来实现的。钢筋调直机适用于调直直径不大于 14 mm 的盘圆钢筋和冷拔钢筋，并且根据需要的长度可对钢筋自动切断，在调直过程中将钢筋表面的氧化皮、铁锈和污物除掉。而卷扬机调直，则适合于直径 10 mm 以下的盘圆钢筋，并能同时完成调直、除锈、拉伸三道工序。

(3)调直工艺

当使用钢筋调直机调直钢筋时，可按以下步骤进行(以盘圆钢筋为例)：

①检查设备。检查电源线路、电动机运转是否正常等；各部件的连接件、传动件是否可靠，电动机系统是否损坏。

②置放钢筋。将需调直的盘圆钢筋平稳整齐地放在放圈架内。

③试运转。先空载运行机械，以确认钢筋调直机运转可靠。

④调直、断筋。将盘圆钢筋的一端锤打平直，然后穿入钢筋调直机内，开动钢筋调直机，钢筋经导向筒进入调直筒，由调直筒内的调直块将钢筋调直，同时也可清除表面的锈污和氧化皮。调直后的钢筋在受料槽中向前运动，当顶住定长开关时，接通电路，钢筋被切断。

⑤挂牌、堆放。调直好的钢筋，应按规格、根数绑捆挂牌，堆放整齐。

(4)注意事项

①机械调直时应保持待调直的盘圆钢筋的入料端、导向筒、调直筒、断料切刀中孔以及受料槽的中心线，均在同一中心线上，钢筋调直机应设置挡板和防护罩，以防钢筋伤人。

②要根据钢筋的直径选用调直块和传送压辊，并要正确地掌握调直块的偏移量和传送压辊的松紧程度。调直筒两端的调直块一定要在调直前后导孔的轴心线上。钢筋调直机操作过程中不要随意抬起传送压辊。

③盘圆钢筋在调直过程中若有乱丝或钢筋脱架现象，应立即停车整理钢筋。

④当每盘钢筋调直接近末端时，为防止钢筋尾段甩弯伤人，在钢筋还剩约 80 cm 时，应暂时停机，安装约 1 m 长的钢管套住钢筋末端，手持钢管，将钢管与调直筒前端的导孔拧紧，然后再开机，让钢筋的尾段顺利通过调直筒。

**2. 钢筋切断**

钢筋切断机是剪切钢筋所使用的一种工具。一般有全自动钢筋切断机和半自动钢筋切断机之分。它是钢筋加工必不可少的设备之一，主要用于房屋建筑、桥梁、隧道、电站、大型水利等工程中对钢筋的定长切断。钢筋切断机与其他切断设备相比，具有质量小、耗能低、工作可靠、效率高等特点，因此近年来逐步被机械加工和小型轧钢厂等广泛采用，在国民经济建设的各个领域发挥了重要的作用。

(1)钢筋切断机分类

①卧式钢筋切断机

构造:主要由电动机、传动系统、减速机构、曲轴机构、机体及切断刀等组成。适用于切断 6～40 mm 普通碳素钢钢筋。

工作原理:由电动机驱动,通过 V 带轮、圆柱齿轮减速带动偏心轴旋转。在偏心轴上装有连杆,连杆带动滑块和动刀片在机座的滑道中做往复运动,并和固定在机座上的定刀片接触,从而切断钢筋。

②立式钢筋切断机

构造:主要由电动机、带轮、滑键离合器、定刀片、动刀片等组成。

工作原理:电动机通过一对带轮驱动飞轮轴,再经三级齿轮减速后由滑键离合器驱动偏心轴,实现动刀片往返运动,和定刀片配合切断钢筋。离合器由手柄控制其接合和脱离,操纵动刀片的上下运动。压料装置通过手轮旋转带动一对具有内螺纹的斜齿轮,从而使螺杆上下移动,压紧不同直径的钢筋。

③电动液压式钢筋切断机

构造:主要由电动机、液压传动系统、操纵装置、定刀片、动刀片等组成。

工作原理:电动机带动偏心轴旋转,偏心轴的偏心面推动和它接触的柱塞做往返运动,使柱塞泵产生高压油压入油缸内,推动油缸内的活塞,驱使动刀片前进,和固定在支座上的定刀片相错而切断钢筋。

④手动液压式钢筋切断机

构造:手动液压式钢筋切断机的液压系统由活塞、柱塞、液压缸、压杆、拔销、复位弹簧、贮油桶及放油阀、吸油阀等元件组成。

工作原理:先将放油阀按顺时针方向旋紧,掀起压杆,柱塞即提升,吸油阀被打开,液压油进入油室,压下压杆,液压油被压缩进入缸体内腔,从而推动活塞前进,安装在活塞前端的动切刀即可断料。断料后立即按逆时针方向旋开放油阀,在复位弹簧的作用下,液压油又重新流回油室,动切刀便自动缩回缸内。如此周而复始,进行钢筋切断。手动液压式钢筋切断机适用于建筑工程上各种普通碳素钢、热轧圆钢、螺纹钢、扁钢、方钢的切断。

(2)注意事项

①切割前准备

- 使用前必须认真检查设备的性能,确保各部件的完好性。
- 对电源闸刀开关、锯片的松紧度、锯片护罩或安全挡板进行详细检查,操作台必须稳固,夜间作业时应有足够的照明亮度。
- 使用之前,先打开总开关,空载试运转几圈,待确认安全无误后才允许启动。
- 操作前必须查看电源是否与电动工具上的常规额定电压相符,避免错接。

②切割注意事项

- 切割机工作时务必要全神贯注,不但要保持头脑清醒,更要理性地操作电动工具。
- 电源线路必须安全可靠,严禁私自乱拉,小心电源线摆放,不要被切断。使用前必须认真检查设备的性能,确保各部件完好。
- 加工的工件必须夹持牢靠,严禁工件装夹不牢就开始切割。
- 必须稳握切割机把手均匀用力垂直下切,而且固定端要牢固可靠。

● 为了提高工作效率,对单根或多根钢筋一起锯切之前,一定要做好辅助性装夹定位工作。

● 设备出现抖动及其他故障,应立即停机修理。严禁带病及酒后作业,操作时严禁戴手套操作。若在操作过程中会引起灰尘,则要戴上口罩或面罩。

● 加工完毕应关闭电源,并做好设备及周围场地的清洁。

### 4.1.4 钢筋的连接

钢筋的连接方法有绑扎搭接、焊接和机械连接。绑扎搭接由于需要较长的搭接长度,浪费钢筋,且连接不可靠,故宜限制使用。焊接的方法较多,成本较低,质量可靠,宜优先选用。机械连接属无明火作业,设备简单,节约能源,可全天候施工,连接可靠,技术易于掌握。

**1. 绑扎搭接**

在现场,将单根钢筋构成钢筋网或钢筋骨架时,可采用绑扎搭接或焊接,其中较普遍采用的是绑扎搭接。

(1)适用范围

虽然钢筋的绑扎搭接因操作工艺简单应用很广,但是绑扎搭接是通过混凝土的黏结力来间接传递钢筋间应力的,与焊接和机械连接相比,其可靠性差一些。

(2)绑扣

①工具

钢筋绑扎所用工具为钳子或铁钩,用钳子可以节约一些铁丝,但不如用铁钩灵活方便。铁钩的形状有很多种,或为直钩,或为斜钩。铁钩可以做成活把式,在钩柄装置一个套筒,紧扣时转动非常灵便。铁钩直径可为 12～16 mm,长约 150～180 mm。

②扣样

● 一面顺扣:用于平面上扣量很多、不易移动的构件,如底板、墙壁等。

● 十字花扣和反十字花扣:用于要求比较牢固结实的地方。

● 兜扣:可用于平面,也可用于直筋与钢筋弯曲处的交接,如梁的箍筋转角处与纵向钢筋的连接。

● 缠扣:为防止钢筋滑动或脱落,可在扎结时加缠,缠绕方向根据钢筋可以移动的情况确定,缠绕一次或两次均可。缠扣可结合十字花扣、反十字花扣、兜扣等实现。

● 套扣:为了利用废料,绑扎用铁丝也有用废铁丝绳烧软破出股丝代替的,这种股丝较粗,可预先弯折,绑扎时往钢筋交叉点插套即可,这就是套扣。

**2. 焊接**

钢筋焊接质量与钢材的可焊性、焊接工艺和操作水平有关。钢材的可焊性受钢材所含化学元素种类及含量影响很大,含碳、锰量增加,则可焊性差;含适量的钛,可改善可焊性。焊接工艺与操作水平也影响焊接质量。即使是可焊性差的钢材,若焊接工艺适宜,也可获得良好的焊接质量。常用的焊接方法有闪光对焊、电阻点焊、电弧焊、电渣压力焊、埋弧压力焊、气压焊等。

(1)闪光对焊

闪光对焊广泛用于焊接直径为 10～40 mm 的 HPB300、HRB335、HRB400 级热轧钢筋和直径为 10～25 mm 的 RRB400 级余热处理钢筋及预应力钢筋与螺丝端杆的焊接。

①焊接原理

利用低电压、强电流在钢筋接头处产生高温使钢筋熔化，产生强烈金属蒸气飞溅，形成闪光，施加压力顶锻，使两根钢筋焊接在一起，形成对焊接头。如图 4-4 所示为钢筋闪光对焊。钢筋闪光对焊所用设备为对焊机，它一般由机架、导向机构、动夹具、固定夹具、送进机构、夹紧机构、支座(顶座)、变压器、控制系统等组成。

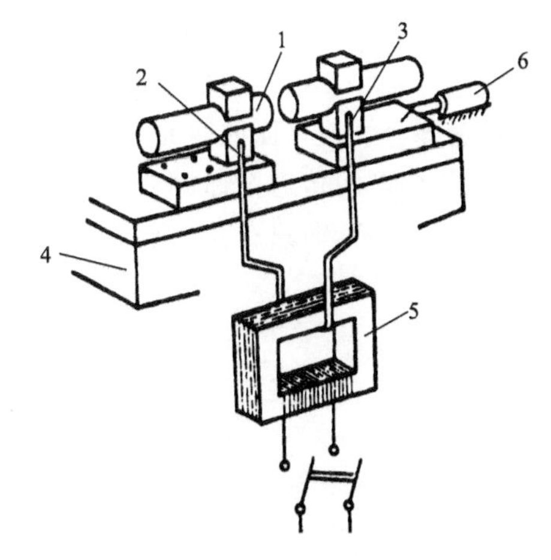

图 4-4　钢筋闪光对焊

1—焊接的钢筋；2—固定电极；3—可动电极；4—支座；5—变压器；6—手动顶压机构

②焊接工艺

根据钢筋的品种、直径和选用的对焊机功率不同，闪光对焊分为连续闪光焊、预热闪光焊和闪光→预热→闪光焊三种工艺。对可焊性差的钢筋，采取焊后通电热处理的方法，以改善对焊接头的塑性。三种焊接方法的工艺过程见表 4-4。

**表 4-4　三种钢筋闪光对焊方法的工艺过程**

| 闪光对焊工艺 | 连续闪光焊 | 预热闪光焊 | 闪光→预热→闪光焊 |
| --- | --- | --- | --- |
| 工艺过程 | 夹紧钢筋<br>↓<br>闭合电源<br>↓<br>端面接触<br>↓<br>连续闪光<br>↓<br>加压顶锻<br>↓<br>钢筋焊牢 | 夹紧钢筋<br>↓<br>闭合电源<br>↓<br>端面接触<br>↓<br>端面预热<br>↓<br>连续闪光<br>↓<br>加压顶锻<br>↓<br>钢筋焊牢 | 夹紧钢筋<br>↓<br>闭合电源<br>↓<br>端面接触<br>↓<br>连续闪光<br>端部烧化<br>↓<br>电源周期性闭合和断开<br>端面预热<br>↓<br>连续闪光<br>↓<br>加压顶锻<br>↓<br>钢筋焊牢 |
| 适用性 | 直径 25 mm 以下的钢筋 | 直径较大，端面较平整 | 大直径，端面不平整 |

(2)电阻点焊

当钢筋交叉焊接时，宜采用电阻点焊。焊接时将钢筋的交叉点放入点焊机两极之间，通电使钢筋加热到一定温度后，加压使焊点处钢筋互相压入一定的深度(压入深度为两钢筋中较细者直径的 1/4～2/5)，将焊点焊牢。采用点焊代替绑扎，可以提高工作效率，便于运输。在钢筋骨架和钢筋网成形时优先采用电阻点焊。

(3)电弧焊

电弧焊利用弧焊机使焊条和焊件之间产生高温电弧，熔化焊条和焊件金属，熔化的金属凝固后形成焊接接头。电弧焊广泛用于钢筋的接长、钢筋骨架的焊接、装配式结构钢筋接头焊接及钢筋与钢板、钢板与钢板的焊接等。

电弧焊的主要设备是弧焊机，分为交流弧焊机和直流弧焊机两类。工地常用交流弧焊机。

钢筋电弧焊接头主要有帮条焊、搭接焊和坡口焊三种形式。

①帮条焊

帮条焊是将两根待焊的钢筋对正，使两端头离开 2～5 mm，然后用短帮条绑在外侧，在与钢筋接触部分焊接一面或两面，如图 4-5 所示。它有单面焊缝和双面焊缝之分。若采用双面焊缝，接头中应力传递对称、平衡，受力性能好；若采用单面焊缝，则受力情况差。因此，应尽可能采用双面焊缝，而只有在受施工条件限制不能进行双面焊时，才采用单面焊缝。

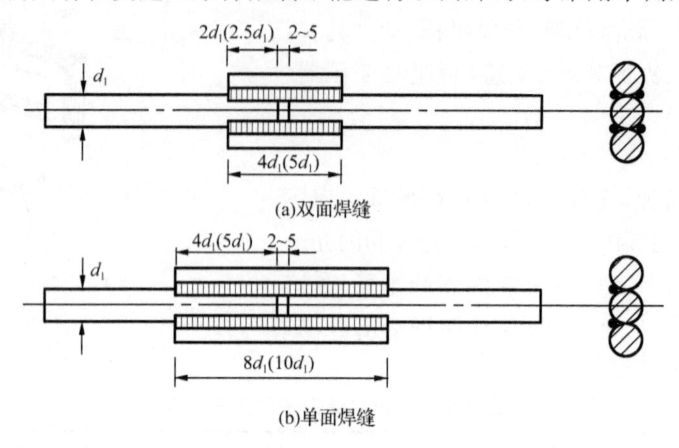


图 4-5 帮条焊

帮条焊适用于直径为 10～40 mm 的 HPB300、HRB400 级钢筋和直径为 10～25 mm 的 RRB400 级余热处理钢筋。

帮条焊接头或搭接焊接头的焊缝有效厚度 $s$ 不应小于主筋直径的 30%；焊缝宽度 $b$ 不应小于主筋直径的 80%。

②搭接焊

搭接焊是指把钢筋端部弯曲一定角度(使轴线重合)叠合起来，在钢筋接触面上焊接形成焊缝。它有双面焊缝和单面焊缝之分，如图 4-6 所示。搭接焊适用于焊接直径为 10～40 mm 的 HPB300、HRB335 级钢筋。

搭接焊宜采用双面焊缝，不能进行双面焊时也可采用单面焊。搭接焊的搭接长度及焊缝厚度 $s$、焊缝宽度 $b$ 同帮条焊。

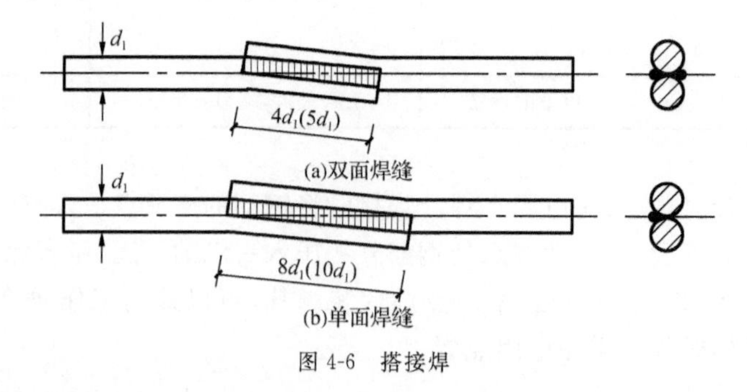


图 4-6 搭接焊

③坡口焊

坡口焊又称为剖口焊，分为坡口平焊和坡口立焊两种，如图 4-7 所示。坡口焊适用于直径 16～40 mm的钢筋，主要用于装配式结构节点的焊接。

坡口平焊采用 V 形坡口，坡口夹角为 55°～65°，两根钢筋的根部空隙为 3～5 mm，下垫钢板长度为 40～60 mm，宽度为钢筋直径加 10 mm。坡口立焊采用 40°～55°坡口。

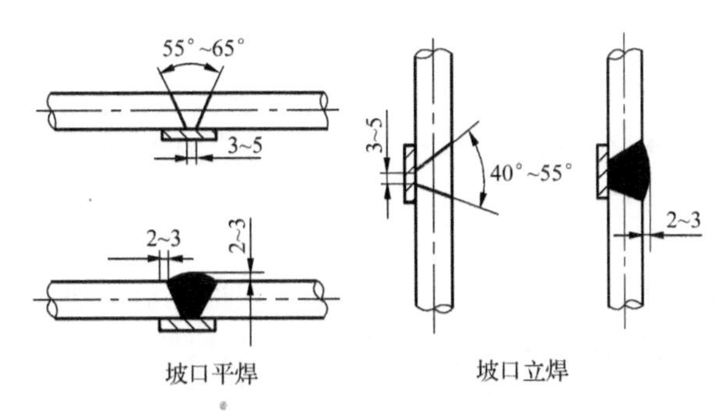

图 4-7　坡口焊

(4)电渣压力焊

①焊接原理及适用范围

电渣压力焊

电渣压力焊利用电流通过渣池所产生的热量来熔化母材，待到一定程度后施加压力，完成钢筋连接。这种焊接方法比电弧焊焊接效率高 5～6 倍，且成本较低，质量易保证。适用于直径为 14～40 mm 的 HPB300、HRB335 级竖向或斜向钢筋的连接。

②焊接程序

钢筋端部 120 mm 范围内除锈→下夹头夹牢下部钢筋→扶直上部钢筋并夹牢于活动电极中→上、下部钢筋对齐在同一轴线上→安装引弧导电铁丝圈→安放焊剂盒→通电、引弧→稳弧、电渣、熔化→断电并持续顶压几秒钟。

(5)埋弧压力焊

埋弧压力焊是将下部钢筋与钢板安放成 T 形连接形式，利用通过的焊接电流在焊剂层下产生电弧，形成熔池，加压完成的一种压焊方法。施焊前，钢筋、钢板应进行清洁，必要时除锈，以保证台面与钢板、钳口与钢筋接触良好，不致起弧。

采用手工埋弧压力焊时，接通焊接电源后，立即将钢筋上提 2.5～4 mm，引燃电弧。随后根据钢筋的直径大小适当延时，或者继续缓慢提升 3～4 mm，再渐渐下送，使钢筋端部和钢板熔化，待达到一定时间后迅速顶压。采用自动埋弧压力焊时，在引弧之后，根据钢筋直径大小延续一定时间进行熔化，随后及时顶压。

(6)气压焊

气压焊

气压焊采用氧-乙炔火焰对钢筋接缝处进行加热，使钢筋端部达到高温状态，并施加足够的轴向压力而形成牢固的对焊接头。其工艺过程包括预压、加热与压接三个阶程。钢筋卡好后施加初压力使钢筋端面密贴(间隙不超过 3 mm)，再将钢筋端面加热到所需温度，然后对钢筋轴向加压，使接缝处膨鼓的直径达到母材钢筋直径的 1.4 倍，变形长度为钢筋直径的 1.3～1.5 倍，最后停止加热和加压，待焊接点的红色消失后取下夹具。

气压焊具有设备简单、焊接质量好、效率高且不需要电源等优点，可用于直径小于 40 mm 的 HPB300、HRB335 级钢筋的纵向连接。当两钢筋直径不同时，其直径之差不得大于7 mm，气压焊设备主要有氧和乙炔供气设备、加热器、加压器及钢筋卡具等。

**3. 机械连接**

钢筋机械连接

钢筋机械连接是指通过连接件的机械咬合作用或钢筋端面的承压作用，

将一根钢筋中的力传递至另一根钢筋的连接方法。钢筋机械连接的接头质量稳定可靠，不受钢筋化学成分的影响，人为因素的影响也小，操作简便，施工速度快，且不受气候条件影响，无污染，无火灾隐患，施工安全。钢筋机械连接常采用钢筋挤压连接、钢筋套管螺纹连接和镦粗直螺纹套筒连接三种形式。

(1)钢筋挤压连接

钢筋挤压连接也称钢筋套筒冷压连接。它将需连接的变形钢筋插入特制的钢套筒内，利用液压驱动的挤压机进行径向或轴向挤压，使钢套筒产生塑性变形，从而使它紧紧咬住变形钢筋实现连接(图 4-8)。钢筋挤压连接的工艺参数主要是压接顺序、压接力和压接道数。

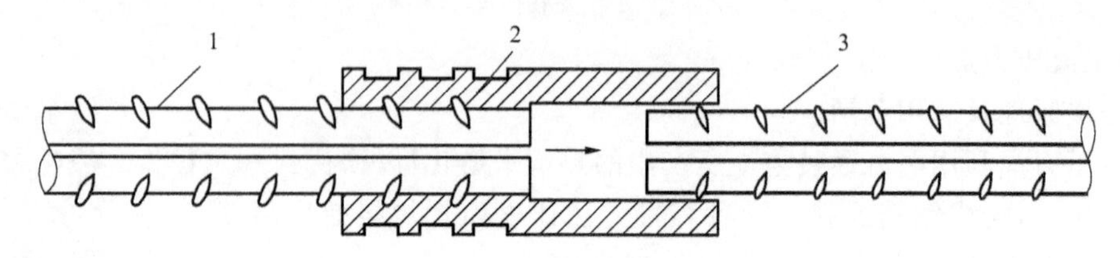


图 4-8　钢筋挤压连接

1—已挤压的钢筋；2—钢套筒；3—未挤压的钢筋

(2)钢筋套管螺纹连接

钢筋套管螺纹连接首先用专用机床加工螺纹，钢筋的对接端头也在套丝机上加工与套管匹配的螺纹。连接方法分锥套管螺纹连接和直套管螺纹连接两种形式。连接时，在检查螺纹并确认其无油污和损伤后，用扭矩扳手紧固至规定的扭矩即完成连接，如图 4-9 所示。钢筋套管螺纹连接的特点是施工速度快，不受气候影响，质量稳定，对中性好。

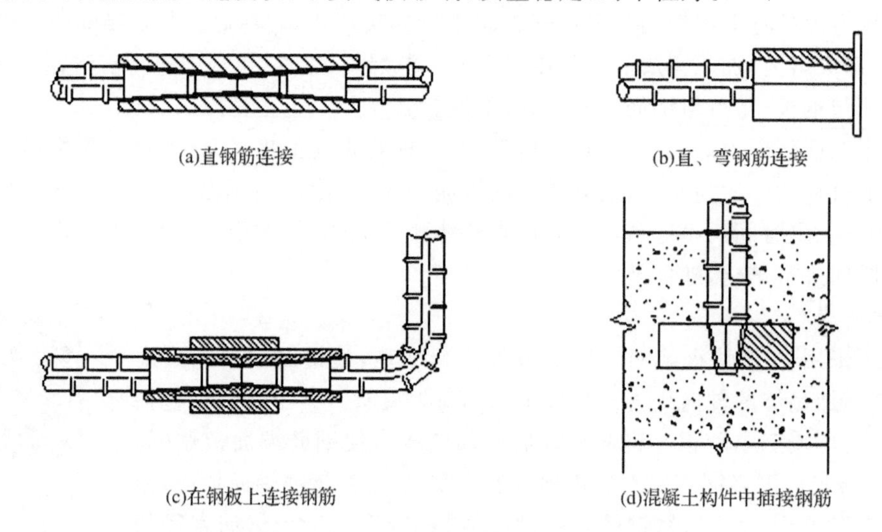

(a)直钢筋连接　(b)直、弯钢筋连接

(c)在钢板上连接钢筋　(d)混凝土构件中插接钢筋

图 4-9　钢筋套管螺纹连接

(3)镦粗直螺纹套筒连接

工程中，镦粗直螺纹套筒连接又称为等强度连接，是先将钢筋端头镦粗，再切削成直螺纹，然后用直螺纹套筒将钢筋两端拧紧的钢筋连接方法，如图 4-10 所示。镦粗直螺纹钢筋接头的特点是钢筋端部经冷镦后不仅直径增大，使套丝后丝扣部位横截面面积不小于钢筋原截面面积，而且由于冷镦后钢材强度的提高，使接头部位有很高的强度，断裂不致出现在接头处，因此这种接头的螺纹精度高，接头质量稳定性好，操作简便，连接速度快，成本适中。

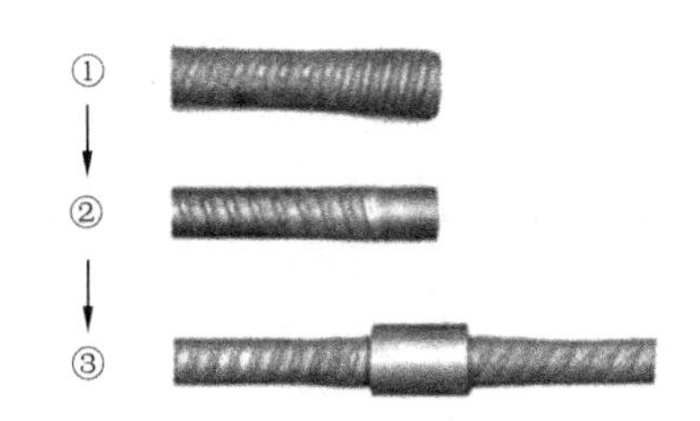


图 4-10　镦粗直螺纹套筒连接

1—钢筋端部镦粗；2—端部套丝；3—用连接套筒对接钢筋

## 4.1.5　钢筋的安装

单根钢筋经过调直、配料、切断、弯曲等加工后，即可形成钢筋骨架或钢筋网。安装钢筋前，首先应熟悉钢筋图，核对钢筋配料单和料牌，根据工程特点、工作量、施工进度、技术水平等，研究与有关工种的配合，确定施工方法。

**1. 柱钢筋安装**

(1)柱钢筋施工流程

套柱箍筋→搭接绑扎竖向受力钢筋→画箍筋间距线→绑箍筋。也可以先连接竖向受力钢筋，再套入柱箍筋。

柱钢筋绑扎

(2)柱钢筋施工要点

按图纸要求间距，计算好每根柱的箍筋数量，先将箍筋套在下层伸出的搭接筋上，然后立柱子钢筋，在搭接长度内，绑扣不少于 3 个，绑扣要朝向柱中心。如果柱子主筋采用光圆钢筋搭接，角部弯钩应与模板呈 45°角，中间钢筋的弯钩应与模板呈 90°角。

受力钢筋的连接方式必须符合设计要求，根据钢筋直径、抗震要求等，可以选择绑扎、焊接或机械连接。

按已画好的箍筋位置线，将已套好的箍筋往上移动，由上往下绑扎，宜采用缠扣绑扎。箍筋与主筋要垂直，箍筋转角处与主筋交点均要绑扎，主筋与箍筋非转角部分的相交点成梅花交错绑扎。箍筋的弯钩叠合处应沿柱子纵筋交错布置，并绑扎牢固。有抗震要求的地区，柱箍筋端头应弯成 135°，平直部分长度不小于 $10d$($d$ 为箍筋直径)。若箍筋采用 90°搭接，则搭接处应焊接，单面焊缝长度不小于 $5d$。柱上、下两端箍筋应加密，加密区长度及加密区内箍筋间距应符合设计图纸要求。当设计要求箍筋设拉筋时，拉筋应钩住箍筋。柱钢筋的保护层厚度应符合规范要求，见表 4-5。

**表 4-5　受力钢筋的混凝土保护层最小厚度**　mm

| 环境类别 | | 板、墙、壳 | | | 梁 | | | 柱 | | |
|---|---|---|---|---|---|---|---|---|---|---|
| | | ≤C20 | C25～C45 | ≥C50 | ≤C20 | C25～C45 | ≥C50 | ≤C20 | C25～C45 | ≥C50 |
| 一 | | 20 | 15 | 15 | 30 | 25 | 25 | 30 | 30 | 30 |
| 二 | a | — | 20 | 20 | — | 30 | 30 | — | 30 | 30 |
| | b | — | 25 | 25 | — | 35 | 30 | — | 35 | 30 |
| 三 | | — | 30 | 30 | — | 40 | 35 | — | 40 | 35 |

注：①环境类别：一类为室内正常环境；二类 a 为室内潮湿环境、非严寒和非寒冷地区的露天环境、与无侵蚀的水或土壤直接接触的环境；二类 b 为严寒和寒冷地区的露天环境、与侵蚀的水或土壤直接接触的环境；三类为使用除冰盐的环境、严寒和寒冷地区冬季水位变动的环境、滨海室外环境。

②基础中纵向受力钢筋的混凝土保护层厚度不应小于 40 mm；当无垫层时不应小于 70 mm。

**2. 剪力墙钢筋安装**

剪力墙钢筋绑扎施工工艺

(1)剪力墙钢筋施工流程

立 2～4 根纵筋→画水平间距→绑定位横筋→绑其余横筋→绑其余纵筋。

(2)剪力墙钢筋施工要点

将纵筋与下层伸出的搭接筋绑扎,在纵筋上画好水平筋分挡标志,在下部及齐胸处绑两根横筋定位,并在横筋上画好纵筋分挡标志,接着绑其余纵筋,最后再绑其余横筋。横筋在纵筋里面或外面应符合设计要求。

纵筋与伸出搭接筋的搭接处需绑扎 3 根水平筋,其搭接长度及位置均应符合设计和规范要求,剪力墙筋应逐点绑扎,双排钢筋之间应绑拉筋或支撑筋,其纵横间距不大于 600 mm。钢筋外皮绑扎垫块或用塑料卡,以保证钢筋保护层厚度(表 4-5)。

在剪力墙与框架柱连接处,剪力墙的水平横筋应锚固到框架柱内,其锚固长度要符合设计要求。当先浇筑柱混凝土后绑扎剪力墙筋时,柱内要预留连接筋或柱内预埋铁件,待柱拆模绑剪力墙筋时用于连接。其预留长度应符合设计或规范的规定。

剪力墙水平筋在两端头、转角、十字节点、连梁等部位的锚固长度以及洞口周围加固筋等,均应符合抗震设计要求。合模后对伸出的竖向钢筋应进行修整,宜在搭接处绑一道横筋定位,浇筑混凝土时应有专人看管,浇筑后再次调整,以保证钢筋位置的准确。

**3. 梁钢筋安装**

梁钢筋绑扎

(1)梁钢筋施工流程

模内绑扎:画主、次梁箍筋间距→放主、次梁箍筋→ 穿主梁底层纵筋及弯起筋→穿次梁底层纵筋并与箍筋固定→穿主梁上层纵向架立筋→按箍筋间距绑扎→穿次梁上层纵筋→按箍筋间距绑扎。

模外绑扎(先在梁模板上口绑扎成形后再入模内):画箍盘间距→在主、次梁模板上口铺横杆数根→在横杆上面放箍筋→穿主梁下层纵筋→穿次梁下层钢筋→穿主梁上层钢筋→按箍筋间距绑扎→穿次梁上层纵筋→按箍筋间距绑扎。

(2)梁钢筋施工要点

在梁侧模板上画出箍筋间距,摆放箍筋。先穿主梁的下部纵筋及弯起筋,将箍筋按已画好的间距逐个分开;穿次梁的下部纵筋及弯起筋,并套好箍筋;放主、次梁的架立筋;隔一定间距将架立筋与箍筋绑扎牢固;调整箍筋间距,使间距符合设计要求,绑架立筋,再绑主筋,主、次梁同时配合进行。

框架梁上部纵筋应贯穿中间节点,梁下部纵筋伸入中间节点的锚固长度及伸过中心线的长度要符合设计要求。框架梁纵筋在端节点内的锚固长度也要符合设计要求。绑梁上部纵筋的箍筋,宜用套扣法绑扎。

箍筋在叠合处的弯钩,在梁中应交错绑扎,箍筋弯钩为 135°,平直部分长度为 $10d$($d$ 为箍筋直径),若做成封闭箍,单面焊缝长度为 $5d$。梁端第一个箍筋应设置在距离柱节点边缘 50 mm 处。梁端与柱交接处箍筋应加密,其间距与加密区长度均要符合设计要求。在主、次梁受力筋下均应垫垫块(或塑料卡),以保证保护层的厚度(表 4-5)。受力筋为双排时,可用短钢筋垫在两层钢筋之间,钢筋排距应符合设计要求。

**4. 板钢筋安装**

(1)板钢筋施工流程

清理模板→模板上画线→绑板下受力筋→绑负弯矩钢筋。

(2)板钢筋施工要点

板钢筋绑扎

清理模板上面的杂物,用粉笔在模板上画好主筋、分布筋间距。按画好的间距,先摆放受力主筋,后摆放分布筋。预埋件、电线管、预留孔等及时配合安装。在现浇板中有板带梁时,应先绑板带梁钢筋,再摆放板钢筋。绑扎板筋时一般用顺扣或八字扣,除外围两根筋的相交点应全部绑扎外,其余各点可交错绑扎(双向板相交点须全部绑扎)。若板为双层钢筋,则两层钢筋之间须加钢筋马凳,以确保上部钢筋的位置。负弯矩钢筋每个相交点均要绑扎。在钢筋的下面垫好垫块(或塑料卡),间距为 1.5 m。垫块的厚度等于保护层厚度,且应满足规范要求(表 4-5)。

**5. 节点处钢筋处理原则**

在柱与梁、梁与梁以及框架和桁架节点处杆件交汇点,钢筋纵横交错,大部分在同一位置发生碰撞。遇到这种情况,必须在施工前予以解决。处理原则是受力较大的主要钢筋保持原位,受力较小者避让。各钢筋从外到内的排列顺序是:柱钢筋→主梁钢筋→次梁钢筋。

钢筋绑扎工程施工工艺

(1)主梁与次梁交叉

对于肋形楼板结构,在板、次梁与主梁交叉处,纵、横钢筋密集,在这种情况下,钢筋的安装顺序(自下至上):主梁钢筋→次梁钢筋→板钢筋。

(2)杆件交叉

框架、桁架的杆件交叉点(节点)是钢筋交叠密集的部位,如果杆件截面高度(或宽度)相同,而按照同样的混凝土保护层厚度取用,两杆件的主筋就会碰触到一起,这时应先对节点处配筋情况详加审核,按上述原则预先提出绑扎方案。

**6. 钢筋保护层厚度**

(1)保护层最小厚度

受力钢筋的混凝土保护层最小厚度(从箍筋外皮算起)应符合表 4-5 的规定,且不应小于受力钢筋的直径。

(2)保证保护层符合要求的措施

传统的做法是在现场利用水泥砂浆制作出一定厚度的垫块,有时在垫块中穿入铁丝可将垫块固定在竖向钢筋上。目前,垫块是由专业厂家生产的不同规格的成品混凝土垫块或塑料卡环式垫块,直接在现场使用。

# 4.2 模板工程

学习强国小案例

**可持续建筑的中国之路**

到2019年，中国的可持续建筑也就是绿色建筑之路已经走过了20年，绿色建筑的概念已经深入人心，成为政府部门和大众的共识，已经有数亿平方米的建筑拿到了绿色建筑标识。在中国绿色建筑发展道路中，最大的收获是澄清和明确了绿色建筑理念，这也是一个逐步建立文化自信、道路自信的过程。我们清楚了中国无论是人均建筑能耗还是单位面积建筑能耗都远低于发达国家水平，而且发现了中国人节约型的用能理念更先进、更加符合可持续发展理念，清楚地认识到中国应该发展符合这种先进用能理念的建筑设计方法和建筑用能产品，走一条中国自己的可持续建筑发展道路。

模板安装施工工艺

铝模板施工工艺

## 4.2.1 模板的种类和构造要求

**1.模板的种类**

(1)按施工工艺条件分类

①预组装模板

预组装模板由定型模板分段预组成较大面积的模板及其支撑体系，用起重设备吊运到混凝土浇筑位置，多用于大体积混凝土工程。

②大模板

由固定单元形成的固定标准系列的模板称为大模板，多用于高层建筑的墙板体系。用于平面楼板的大模板又称为飞模。

③现浇混凝土模板

现浇混凝土模板是指根据混凝土结构形状不同就地形成的模板，多用于基础、梁、板等现浇混凝土工程。模板支撑多通过支于地面或基坑侧壁以及对拉的螺栓，承受混凝土的竖向和侧向压力，这种模板适应性强，但周转较慢。

④垂直滑动的模板

垂直滑动的模板是指由小段固定形状的模板与提升设备以及操作平台组成的可沿混凝土成型方向平行移动的模板，适用于高耸的框架、烟囱、圆形料仓等钢筋混凝土结构。根据提升设备的不同，又可分为液压滑模、螺旋丝杠滑模以及拉力滑模等。

⑤跃升模板

跃升模板由两段以上固定形状的模板，通过埋设于混凝土中的固定件形成模板支撑条件，承受混凝土施工荷载。当混凝土达到一定强度时，拆模上翻，形成新的模板体系。多用于变直径的双曲线冷却塔、水工结构以及设有滑升设备的高耸混凝土结构工程。

(2)按材料性质分类

①木模板

混凝土工程开始出现时，都使用木材来做模板。木材被加工成木板、木方，然后经过组合成为构件所需的模板。

②钢模板

国内使用的钢模板大致可分为两类，一类为小块钢模，亦称为小块组合钢模。它是以一定尺寸、模数做成不同大小的单块钢模，最大尺寸是 300 mm×1 500 mm×50 mm。在施工时按构件所需尺寸，采用 U 形卡将板缝卡紧形成一体。另一类是大模板，它用于墙体的支模，多用在剪力墙结构中，模板的大小按设计的墙身尺寸定形制作。

**2. 模板的构造要求**

模板是使混凝土结构和构件按设计的几何尺寸成形的模型板。一般模板工程要经过模板设计、模板安装以及模板拆除三个过程。模板工程包括模板系统和支撑系统两大部分。此外，尚需适量的紧固连接件。模板系统与混凝土直接接触，需保证构件尺寸正确。支撑系统则起到支撑模板的作用，应保证位置正确和足够的承载能力。

## 4.2.2　组合模板与工具式支撑件

组合模板也称为定型组合钢模板，这种模板重复使用率高，周转使用次数可达 100 次以上，但一次投资费用大。组合模板由平面模板、阳角模板、阴角模板、连接角模板及连接配件组成，如图 4-11 所示。它可以拼成不同尺寸、不同形状的模板，以适应基础、柱、梁、板、墙施工的需要。组合模板尺寸适中，轻便灵活，装拆方便，既适用于人工装拆，又可预先拼成大模板、台模等，然后用起重机吊运安装。

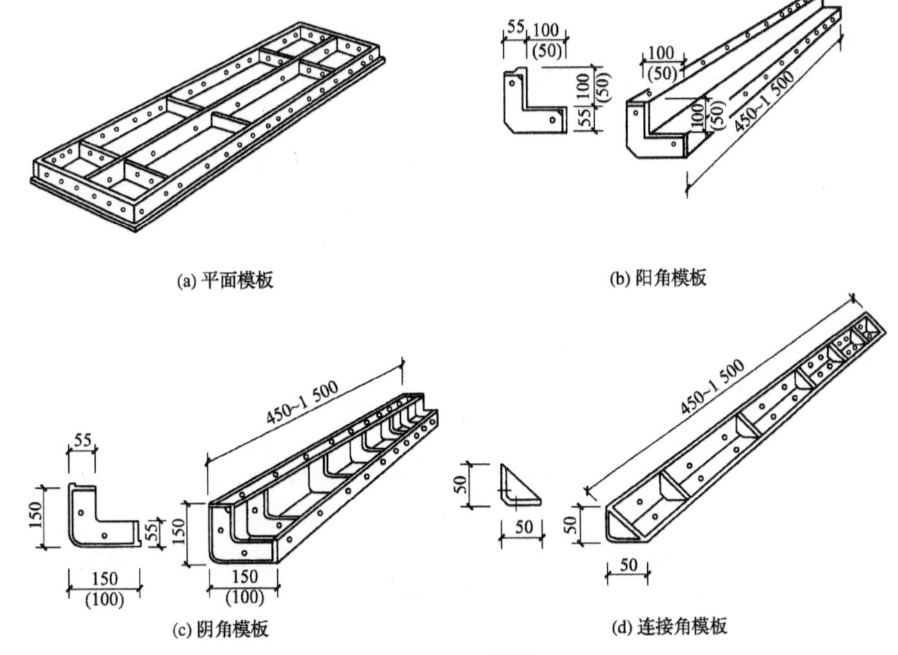


图 4-11　组合模板

**1. 组合模板**

常用的组合模板有钢定型模板和钢木定型模板等。在这里主要介绍钢定型模板。

(1)钢定型模板的组成

钢定型模板由边框、面板和纵、横肋组成。面板由厚度为 2.5～3.0 mm 的薄钢板压轧成形。面板的宽度以 100 mm 为基础规格，按 50 mm 晋级；长度以 450 mm 为基础规格，按 150 mm 晋级。边框及纵、横肋为 55 mm×2.8 mm 的扁钢，边框开有圆孔。

(2)钢定型模板连接配件

钢定型模板连接配件包括 U 形卡、L 形插销、紧固螺栓、钩头螺栓、对拉螺栓等，如图 4-12 所示。

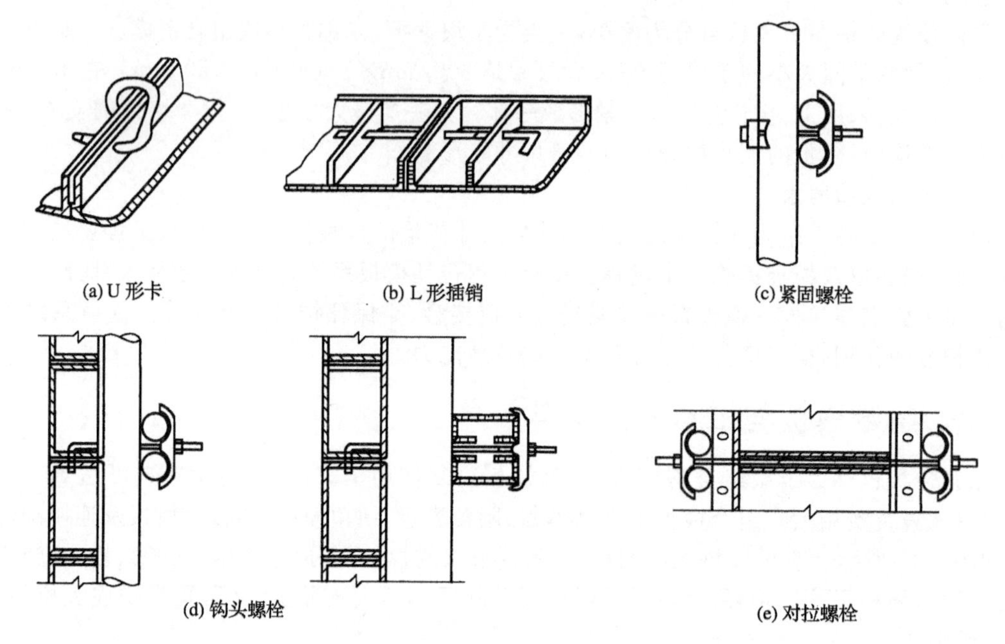


图 4-12 钢定型模板连接配件

**2. 工具式支撑件**

工具式支撑件包括钢管卡具及角钢柱箍、钢管支柱、钢桁架、钢楞、斜撑等。

(1)钢管卡具及角钢柱箍

钢管卡具适用于矩形梁，用于固定侧模板。钢管卡具可用于把侧模板固定在底模板上，此时钢管卡具安装在梁下部；钢管卡具也可用于梁侧模板上口的卡固定位，此时钢管卡具安装在梁上方。

柱模板四周设角钢柱箍。角钢柱箍由两根互相焊成直角的角钢组成，用螺母拉紧，也可用扁钢或槽钢制成其他形式的柱箍。

(2)钢管支柱

钢管支柱由内、外两节钢管组成，可以伸缩，以调节支柱高度。在内、外钢管上每隔 100 mm 钻一个 $\phi14$ mm 销孔，调整好高度以后用 $\phi12$ mm 销子固定。支座底部垫木板，100 mm 以内的高度调整可在垫板处加木楔调整，也可在钢管支柱下端装调节螺杆。

(3)钢桁架

钢桁架可取代梁模板下的立柱，根据跨度、荷载不同，可用角钢或钢管制成，也可制成两个半榀，再拼装成整榀钢桁架，每根梁下边设一组(两榀)钢桁架。当梁的跨度较大时，中间加支柱。

## 4.2.3　木模板

木模板一般预先加工成基本组件(拼板),然后在现场进行拼装。

**1. 柱模板**

柱的特点是断面尺寸不大而高度较大。

(1)弹线及定位。先在基础面(楼面)弹出柱轴线及边线,同一柱列则先弹两端柱,再拉通线弹中间柱的轴线及边线。按照边线先把底盘固定好,然后再对准边线安装柱模板。

(2)柱箍的设置。为防止混凝土浇筑时模板发生鼓胀变形,柱箍应根据柱模板断面大小计算确定,下部的间距应小些,往上可逐渐增大间距,但一般不超过 1.0 m。柱截面尺寸较大时,应考虑在柱模板内设置对拉螺栓,如图 4-13 所示。

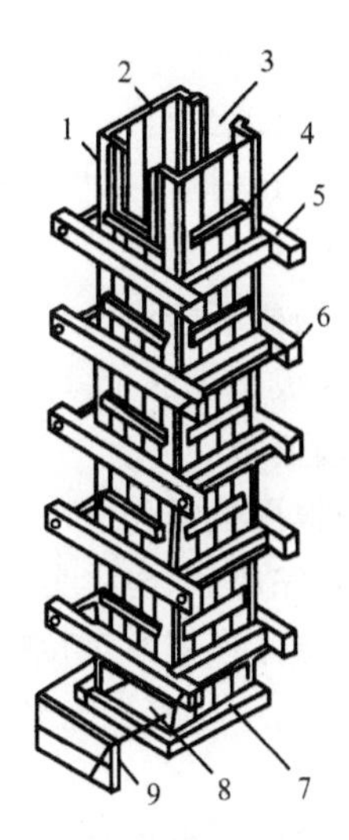


图 4-13　柱模板

1—外拼板;2—内拼板;3—梁缺口;4—拼条;5—柱箍;6—对拉螺栓;7—底部木框;8—清理孔;9—盖板

(3)柱模板须在底部留设清理孔,沿高度每 2 m 开有混凝土浇筑孔和振捣孔。

(4)柱高≥4 m 时,柱模板应四面支撑;柱高≥6 m 时,不宜单根柱支撑,宜几根柱同时支撑组成构架。

(5)对于通排柱模板,应先装两端柱模板,校正固定后,再在柱模板上口拉通线校正中间各柱模板。

柱模板关键要解决垂直度、施工时的侧向稳定、混凝土浇筑时的侧压力问题,同时方便混凝土浇筑、垃圾清理和钢筋绑扎等。

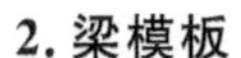

**2. 梁模板**

梁的特点是跨度大、宽度小而高度大。

(1)梁模板及支撑系统要求稳定性好,有足够的强度和刚度,不产生超过规范允许的变形。

(2)梁模板应在复核梁底标高并校正轴线位置后进行搭设。

(3)梁底板下用顶撑(琵琶撑)支设,顶撑间距视梁的断面大小而定,一般为 0.8~1.2 m,顶撑之间应设水平拉杆和剪刀撑,使之互相拉撑成为一整体,当梁底距地面高度大于 6 m 时,应搭设排架或满堂脚手架支撑;为确保顶撑支设的坚实,应在夯实的地面上设置垫板和楔子,如图 4-14 所示。

(4)梁侧模板下方应设置夹木,将梁侧模与底模板夹紧,并钉牢在顶撑上。梁侧模上口设置托木,托木的固定可上拉(上口对拉)或下撑(撑于顶撑上),当梁高度≥700 mm 时,应在梁中部另加斜撑或对拉螺栓固定。

(5)当梁的跨度≥4 m 时,梁模板的跨中要起拱,起拱高度为梁跨度的 1‰~3‰。

**3. 板模板**

板模板一般面积大而厚度不大。

(1)板模板及支撑系统要保证能承受混凝土自重和施工荷载,保证板不变形、不下垂。

(2)底层地面应夯实,底层和楼层立柱应垫通长脚手板,多层支架时,上、下层支柱应在同一竖向中心线上。

(3)模板铺设方向从四周或墙、梁连接处向中央铺设。

(4)为方便拆模，木模板宜在两端及接头处钉牢，中间尽量不钉或少钉。

(5)阳台、挑檐模板必须撑牢拉紧，防止向外倾覆、确保安全。

(6)当楼板跨度大于 4 m 时，模板的跨中要起拱，起拱高度为板跨度的 1‰～3‰。

**4. 墙模板**

(1)根据边线先立一侧模板并临时支撑固定，待墙体钢筋绑扎完成后，再立另一侧模板。

(2)墙体模板的对拉螺栓要设置内撑式套管(防水混凝土除外)，一是确保对拉螺栓重复使用，二是可控制墙体厚度。

(3)当墙体模板高度较大时，应留出一侧模板分段支设。当不能分段支设时，应在浇筑的一侧留设门子板，留设方法同柱模板，门子板的水平间距一般为 2.5 m。

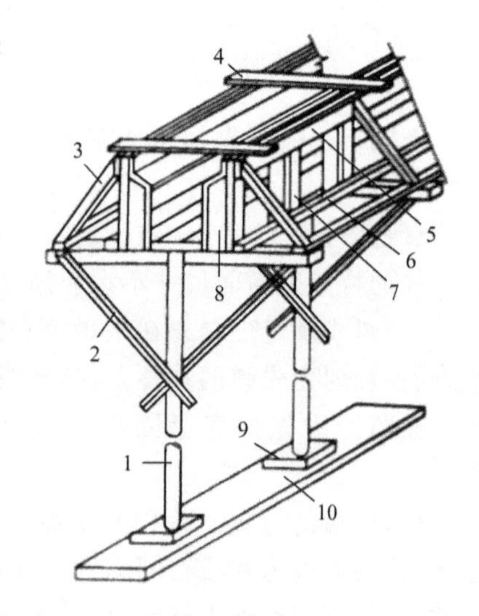


图 4-14 梁模板

1—琵琶撑；2、3—斜撑；4—搭头木；5—托木；6—夹木；7—模板背方；8—木档；9—楔子；10—垫木

## 4.2.4 液压滑模和爬模

**1. 液压滑动模板**

滑模施工工艺

液压滑动模板(滑动模板简称滑模)由模板系统、平台系统和滑升系统组成。模板系统包括模板、围圈、提升架，用于成型混凝土；平台系统包括操作平台、辅助平台、内外吊脚手架，是施工操作场所；滑升系统包括支承杆、液压千斤顶、高压油管和液压控制台，是滑升动力装置。

**2. 爬升模板**

爬模施工工艺

爬升模板(简称爬模)是一种适用于现浇钢筋混凝土竖向、高耸建(构)筑物施工的模板工艺，其工艺优于液压滑模。爬模按爬升设备可分为电动爬模和液压爬模。液压爬模自带液压顶升系统，液压顶升系统可使模板架体与导轨间形成互爬，从而使爬模稳步向上爬升，故又称液压自爬模。液压自爬模在施工过程中无需其他起重设备，操作方便，爬升速度快，安全系数高，是高耸建筑物施工时的首选模板体系。

## 4.2.5 模板拆除

模板的拆除时间取决于结构的性质、模板的用途和混凝土的硬化速度。及时拆模可提高模板的周转速度，为后续工作创造条件。若过早拆模，则达到一定强度的混凝土承受荷载会产生变形，甚至会造成质量事故。

**1. 模板拆除的规定**

(1)对非承重模板(如侧板)，应在确认混凝土表面及棱角不因拆除模板而受损坏后，方可拆除。

(2)对承重模板，应在与结构同条件养护的试块达到表 4-6 规定的强度时，方可拆除。

表 4-6　承重模板拆除时所需的混凝土强度

| 项次 | 结构类型 | 结构跨度/m | 混凝土强度(按标准百分率计)/% |
|---|---|---|---|
| 1 | 板 | ≤2<br>>2 且≤8<br>>8 | 50<br>75<br>100 |
| 2 | 梁、拱、壳 | ≤8<br>>8 | 75<br>100 |
| 3 | 悬臂梁构件 | ≤2<br>>2 | 75<br>100 |

(3)在拆除模板的过程中,当发现混凝土有结构安全的质量问题时,应暂停拆除。经过处理后,方可继续拆除。

(4)已拆除模板和支撑系统的结构,应在混凝土强度达到设计强度后才允许承受全部计算荷载。当承受施工荷载大于计算荷载时,必须经过核算,加设临时支撑。

**2. 模板拆除的施工要点**

(1)拆模时不要用力过猛,拆下的模板要及时清运、整理、堆放。

(2)拆除顺序及安全措施应按施工方案执行。拆模顺序一般应是先拆后支的,后拆先支的;先拆除非承重部分,后拆除承重部分。一般是谁安装谁拆除,重大复杂模板的拆除应提前制订拆模方案。

(3)拆除框架结构模板的顺序,首先是柱模板,然后是楼板底板、侧模板,最后是底模板。拆除跨度较大的梁下支柱时,应先从跨中开始,分别拆向两端。

## 4.3　混凝土工程

学习强国小案例

**加气混凝土新一代技术装备创新研发攻关行动方案**

蒸压加气混凝土起源于欧洲,发展壮大于中国。1965 年我国引进瑞典西波列克斯公司专利技术和全套装备,在北京建成我国第一家加气混凝土工厂,标志着我国加气混凝土进入工业化生产时代。经过五十余年,尤其是进入 21 世纪后的迅猛发展,行业已经形成包括加气混凝土制品生产、建筑应用、装备制造、配套材料生产和科研设计的完整体系,成为我国建筑节能和墙体材料革新的重要力量,为固体废物资源综合利用和墙材绿色发展做出突出贡献。国家“五大发展理念”要求行业通过技术装备的创新研发,使我国加气混凝土技术装备达到国际领先水平。创新研发的技术装备将加快行业信息化、智能化的发展步伐,为建设现代化的加气混凝土行业助力。

混凝土工程包括混凝土的制备、运输、浇筑捣实和养护等施工过程。各个施工过程既相互联系又相互影响,在混凝土施工过程中除按有关规定控制混凝土原材料质量外,任一施工过程处理不当都会影响混凝土的最终质量。因此,在施工过程中应控制每一个施工环节。

实测实量之混凝土工艺流程

## 4.3.1 混凝土的制备

混凝土的制备应采用符合质量要求的原材料，按规定的配合比配料，混合料应拌和均匀，以保证结构设计所规定的混凝土强度等级，满足设计提出的特殊要求（如抗冻、抗渗等）和施工和易性要求，并应遵循节约水泥、减轻劳动强度等原则。

**1.混凝土施工配合比及施工配料**

混凝土的配合比是在实验室根据混凝土的配制强度经过试配和调整而确定的，称为实验室配合比。实验室配合比所用砂、石都是不含水分的，而施工现场的砂、石都有一定的含水率，且含水率大小随气温高低等条件不断变化。为保证混凝土施工配合比正确，施工中应按砂、石实际含水率对原实验室配合比进行修正。根据施工现场砂、石含水率调整后的配合比称为施工配合比。

设实验室配合比为水泥：砂：石＝1：$x$：$y$，水灰比为 $W/C$，施工现场砂、石含水率分别为 $W_x$、$W_y$，则施工配合比为水泥：砂：石＝1：$x(1+W_x)$：$y(1+W_y)$，水灰比 $W/C$ 不变，但加水量应扣除砂、石中的含水量。

施工配料是确定每拌一次需用的各种原材料量，它根据施工配合比和搅拌机的出料容量计算。

**【例 4-2】** 已知 C20 混凝土的实验室配合比为 1：2.55：5.12，水灰比 $W/C=0.65$，经测定砂的含水率为 3%，石子的含水率为 1%，每 1 $m^3$ 混凝土的水泥用量为 310 kg，则施工配合比为多少？

**解**：施工配合比为 1：2.55×(1＋3%)：5.12×(1＋1%)＝1：2.63：5.17

每 1 $m^3$ 混凝土材料用量为

水泥：310 kg

砂子：310×2.63＝815.3 kg

石子：310×5.17＝1 602.7 kg

水：310×0.65－310×2.55×3%－310×5.12×1%＝161.9 kg

**2.混凝土搅拌**

（1）搅拌机的选择

混凝土搅拌要求将各种材料拌制成质地均匀、颜色一致、具备一定流动性的混凝土拌和物。搅拌是混凝土施工工艺中很重要的一道工序。搅拌方法分为人工搅拌和机械搅拌。只有在用量较小时允许采用人工搅拌，一般均要求机械搅拌。混凝土搅拌机按其搅拌原理分为自落式和强制式两类。

选择搅拌机时，要根据工程量、混凝土的坍落度、骨料尺寸等因素确定，既要满足技术上的要求，也要考虑经济效益和节约能源。

（2）搅拌制度的确定

搅拌制度包括：搅拌时间、投料顺序和进料容量。

①搅拌时间

混凝土的搅拌时间过短，拌和不均匀，会降低混凝土强度及和易性；搅拌时间过长，不仅会影响搅拌机的生产率，而且会使混凝土的和易性降低或产生分层离析现象。搅拌时间与搅拌机的类型、鼓筒尺寸、骨料的品种和粒径以及混凝土的坍落度等有关，混凝土的最短搅拌时间（自全部材料装入搅拌筒中起到卸料为止）可参照表 4-7。

表 4-7　　混凝土的最短搅拌时间

| 混凝土的坍落度/mm | 搅拌机 | 搅拌机出料容量/L | | |
|---|---|---|---|---|
| | | ≤250 | 250～500 | >500 |
| ≤30 | 自落式 | 90 | 120 | 150 |
| | 强制式 | 60 | 90 | 120 |
| >30 | 自落式 | 90 | 90 | 120 |
| | 强制式 | 60 | 60 | 90 |

注：掺有外加剂时，搅拌时间应适当延长。

②投料顺序

投料顺序从提高搅拌质量，减少叶片、衬板的磨损，减少拌和物与搅拌筒的黏结，减少水泥飞扬，改善工作条件等方面综合考虑确定。常用方法有：

● 一次投料法。即在上料斗中先装石子，再加水泥和砂，然后一次投入搅拌机。这种投料顺序使水泥夹在石子和砂中间，使水泥不致飞扬，又不致粘在斗底，且水泥砂浆可缩短包裹石子的时间。

● 二次投料法。分为预拌水泥砂浆法和预拌水泥净浆法。预拌水泥砂浆法是先将水泥、砂和水加入搅拌筒内进行充分搅拌，成为均匀的水泥砂浆，再投入石搅拌成均匀的混凝土。预拌水泥净浆法是将水泥和水充分搅拌成均匀的水泥净浆后，再加入砂和石搅拌成混凝土。二次投料法搅拌的混凝土与一次投料法相比，混凝土强度提高约 15%。在强度相同的情况下，可节约水泥 15%～20%。

● 水泥裹砂法(SEC 法)。采用此法拌制的混凝土称为 SEC 混凝土，也称为造壳混凝土。其搅拌程序是先加一定量的水，将砂表面的含水量调节到某一规定的数值(一般为 15%～25%)后，再将石子加入，与湿砂拌匀，然后将全部水泥投入，使水泥在砂、石表面形成一层低水灰比的水泥浆壳(此过程称为成壳)，最后将剩余的水和外加剂加入，搅拌成混凝土。采用 SEC 法制备的混凝土与一次投料法相比，强度可提高 20%～30%，混凝土不易产生离析现象，泌水少，工作性能好。

③进料容量(干料容量)

进料容量为搅拌前各种材料的累积体积。搅拌时如任意超载(进料容量超过 10%)，就会使材料在搅拌筒内无充分的空间进行拌和，影响拌和物的均匀性；如装料过少，则不能充分发挥搅拌机的效率。

(3)混凝土搅拌站

混凝土拌和物在搅拌站集中拌制，可做到自动上料、自动称量、自动出料、集中操作控制，机械化、自动化程度高，劳动强度低，使混凝土质量和经济效果得到提高。为了适应我国建筑市场需要，一些大城市已普遍建立了混凝土集中搅拌站推广预拌混凝土(又称为商品混凝土)，供应半径为 15～20 km。

## 4.3.2　混凝土的运输

**1. 混凝土的运输要求**

在运输过程中，应保持混凝土拌和物的均匀性，避免产生分层离析现象；应以最少的中转次数和最短的时间运至浇筑地点，保证混凝土浇筑时的坍落度满足要求；从搅拌机卸出后到浇筑完毕的延续时间不能超过表 4-8 的规定；运输速度应保证浇筑工作连续进行；运送混凝土的容器应严密，其内壁应平整光洁不吸水，不漏浆，黏附的混凝土残渣应经常清除。

**表 4-8　混凝土从搅拌机中卸出后到浇筑完毕的延续时间**　min

| 混凝土强度等级 | 浇筑温度/℃ | |
|---|---|---|
| | 不高于 25 | 高于 25 |
| C30 及 C30 以下 | 120 | 90 |
| C30 以上 | 90 | 60 |

注：①掺外加剂或采用快硬水泥拌制混凝土时，应试验确定。

②轻集料混凝土的运输、浇筑时间应适当缩短。

**2. 混凝土的运输方式**

(1)常用运输方法

混凝土的运输方式分为地面运输、垂直运输和楼面运输三种情况。

在地面运输情况下，当运距较远时，可采用专用混凝土搅拌运输车或自卸汽车；工地范围内的运输多用载重 1 t 的小型机动翻斗车，近距离运输也可采用双轮手推车。

混凝土的垂直运输，目前多采用混凝土泵，少量时也可用塔式起重机、井架。其中，混凝土泵和塔式起重机运输可一次完成地面运输、垂直运输和楼面运输，但塔式起重机的运输速度比混凝土泵慢。

混凝土的楼面运输是在要浇筑混凝土的梁板上面独立搭设混凝土运输的通道，一般使用手推车进行运输，随混凝土边浇筑边拆除。

(2)混凝土搅拌运输车

混凝土搅拌运输车所搅拌和运输的混凝土匀质性好，进出料速度高，出料残余率低，液压传动系统可靠，操作轻便，外形美观，它还具有回转稳定、性能可靠、操作简便、工作寿命长等优点，无论是混凝土搅拌还是输送，均能确保混凝土的质量。混凝土搅拌运输车广泛用于城建公路、铁道、水电等部门，是一种理想的、机械化程度高的混凝土搅拌输送设备，如图 4-15 所示。

图 4-15　混凝土搅拌运输车

1—水箱；2—外加剂箱；3—搅拌筒；4—进料斗；5—固定卸料溜槽；6—活动卸料溜槽

(3)混凝土泵

混凝土泵是一种有效的混凝土运输工具，它以泵为动力，沿管道输送混凝土，可以同时完成水平运输和垂直运输，将混凝土直接运送至浇筑地点。混凝土泵已在我国普遍使用，取得了较好的效果。

## 4.3.3　混凝土的浇筑

混凝土的浇筑既要保证混凝土均匀和密实，又要保证结构的整体性、尺寸准确和钢筋、预埋件的位置正确，拆模后混凝土表面要平整、光洁。混凝土工程属于隐蔽工程，浇筑前应对模板、支架、钢筋、预埋件、预埋管线、预留孔洞等进行检查验收，并填写施工记录。

微课

大体积混凝土浇筑施工工艺

**1. 浇筑要求**

(1)防止离析

浇筑混凝土时，如自由倾落高度过大，粗骨料在重力作用下，克服黏着力后的下落动能大，下落速度较砂浆快，则可能出现混凝土离析。因此，混凝土的自由倾落高度不应超过 2 m，在竖向结构钢筋较密时，自由倾落高度不宜超过 3 m，否则应用串筒、斜槽、溜管等下料。

混凝土浇筑施工工艺

(2)在初凝前浇筑

混凝土若已有初凝现象，则应再进行一次强力搅拌方可入模。若混凝土在浇筑前有离析现象，则亦须重新拌和才能浇筑。

(3)浇筑时的坍落度

坍落度是判断混凝土施工和易性优劣的简单方法，应在混凝土浇筑地点进行坍落度测定，以检测混凝土搅拌质量，防止长时间、远距离混凝土运输引起和易性损失，影响混凝土成型质量。坍落度的要求见表 4-9。

**表 4-9　混凝土浇筑时的坍落度**　mm

| 项次 | 结构种类 | 坍落度 |
|---|---|---|
| 1 | 基础或地面等的垫层、无配筋的厚大结构(挡土墙、基础或厚大的块体)或配筋稀疏的结构 | 10～30 |
| 2 | 板、梁及大、中型截面的柱等 | 30～60 |
| 3 | 配筋密列的结构(薄壁、斗仓、筒仓、细柱等) | 50～70 |
| 4 | 配筋特密的结构 | 70～90 |

**2. 浇筑方法**

(1)柱混凝土的浇筑

柱应分段浇筑，每段高度不大于 3.5 m；柱的高度不超过 3 m 时，可从柱顶直接下料浇筑；超过 3 m 时，应采用串筒或在模板侧面开孔分段下料浇筑。柱开始浇筑时应在柱底先浇筑一层 50～100 mm 厚的水泥砂浆或减半石混凝土；柱混凝土应分层下料和捣实，分层厚度不大于 50 cm，振动器不得触动钢筋和预埋件。柱混凝土应一次连续浇筑完毕，浇筑后应停歇 1.0～1.5 h，待柱混凝土初步沉实再浇筑梁、板混凝土。浇筑整排柱时，应从两端由外向里按对称顺序浇筑，以防柱模板在横向推力下向一方倾斜。

(2)梁、板混凝土的浇筑

肋形楼板的梁、板混凝土应同时浇筑，浇筑方法应由一端开始用“赶浆法”，即先将梁根据梁高分层浇筑成阶梯形，当达到板底位置时再与板的混凝土一起浇筑。随着阶梯形不断延长，梁、板混凝土浇筑连续向前推进，如图 4-16 所示。

(3)剪力墙混凝土的浇筑

剪力墙应分段浇筑，每段高度不大于 3 m。门窗洞口应两侧对称下料浇筑，以防门窗洞口

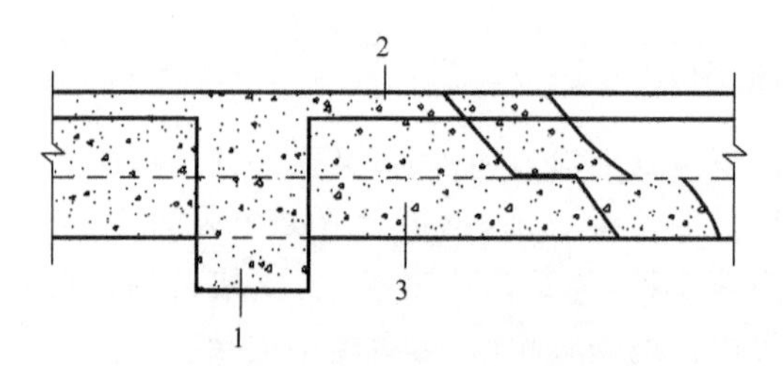


图 4-16 梁、板混凝土的浇筑

1—主梁;2—楼面板;3—次梁

位移或变形。窗口位置应注意先浇窗台下部,后浇窗间墙,以防窗台位置出现蜂窝孔洞。

(4)大体积混凝土的浇筑

大体积混凝土浇筑后水化热量大,水化热积聚在内部不易散发,而混凝土表面又散热很快,形成较大的内外温差,温差过大易在混凝土表面产生裂纹;在浇筑后期,混凝土内部又会因收缩产生拉应力,当拉应力超过混凝土当时龄期的极限抗拉强度时,就会产生裂缝,严重时会贯穿整个混凝土基础。

①浇筑方案

高层建筑或大型设备的基础,基础的厚度、长度及宽度也大,往往不允许留施工缝,要求一次连续浇筑。施工时应分层浇筑、分层捣实,但又要保证上、下层混凝土在初凝前结合好。混凝土浇筑可根据结构大小采用如下三种方式:全面分层、分段分层、斜面分层,如图 4-17 所示。

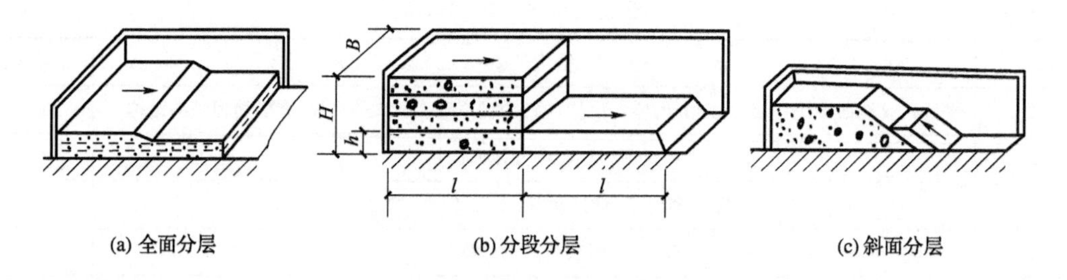


图 4-17 大体积混凝土的浇筑方案

②施工措施

常用的大体积混凝土施工措施有:选用低水化热的水泥,如矿渣水泥、火山灰或粉煤灰水泥;掺缓凝剂或缓凝型减水剂,也可掺入适量粉煤灰等外掺料;采用中粗砂和大粒径、级配良好的石子,尽量减少混凝土的用水量;降低混凝土入模温度,减小浇筑层厚度,降低混凝土浇筑速度,必要时在混凝土内部埋设冷却水管,用循环水来降低混凝土的温度;加强混凝土的保湿、保温,采取在混凝土表面覆盖保温材料或蓄水养护,减少混凝土表面的热扩散;与设计方协商,设置“后浇带”。

## 4.3.4 混凝土的密实成型

### 1. 振动密实的原理和分类

振动机械将振动能量传递给混凝土拌和物时,拌和物中所有的骨料颗粒都受到强迫振动,呈现出“重质液体状态”,因而拌和物中的骨料犹如悬浮在液体中,在其自重作用下向新的稳定位置沉落,排除存在于拌和物中的气体,消除孔隙,使骨料和水泥浆在模板中排列致密。

**2. 振动机械的选择与使用**

振动机械可分为内部振动器、表面振动器、外部振动器和振动台，如图 4-18 所示。

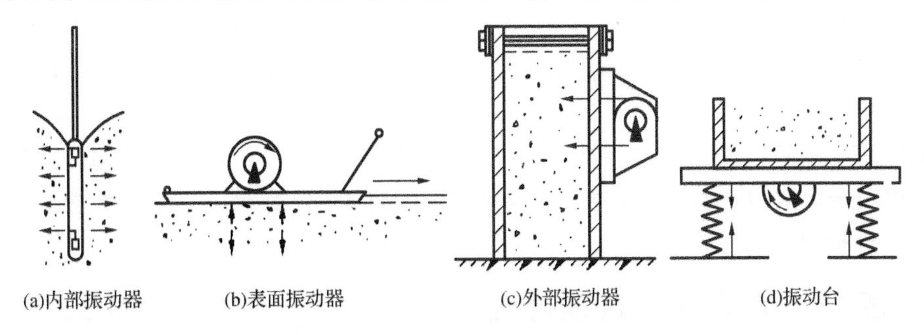


图 4-18　振动机械分类

(1)内部振动器

内部振动器又称为插入式振动器或振动棒，是建筑工程中应用最多的一种振动器，用于振实梁、柱、墙、厚板和基础等。其工作部分是一棒状空心圆柱体(振捣棒)，其内部装有偏心振子，在电动机带动下高速转动而产生高频微幅的振动。

①振动器的选用

坍落度小的用高频，坍落度大的用低频；骨料粒径小的用高频，骨料粒径大的用低频。

②振捣方法

混凝土振捣棒直径一般为 50 mm，振捣影响范围约为 500 mm。对于梁、柱钢筋密集区，可采用预留振捣棒插入口等措施，便于振捣密实。

● 垂直振捣：容易掌握插点距离、控制插入深度(不超过振动棒长度的 1.25 倍)，不易产生漏振，不易触及模板、钢筋和混凝土，振后能自然沉实、均匀密实。

● 斜向振捣：操作省力，效率高，出浆快，易于排出空气，不会产生严重的离析现象，振捣棒拔出时不会形成孔洞。

③插点的分布

插点的分布有行列式和交错式两种，如图 4-19 所示。普通混凝土插点间距≥$1.5R$($R$ 为振动器作用半径，$R$=300～400 mm)；轻集料混凝土插点间距≥$1.0R$。

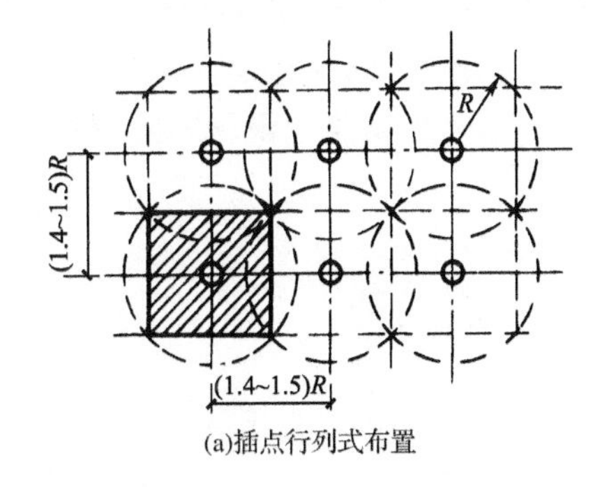


(a)插点行列式布置

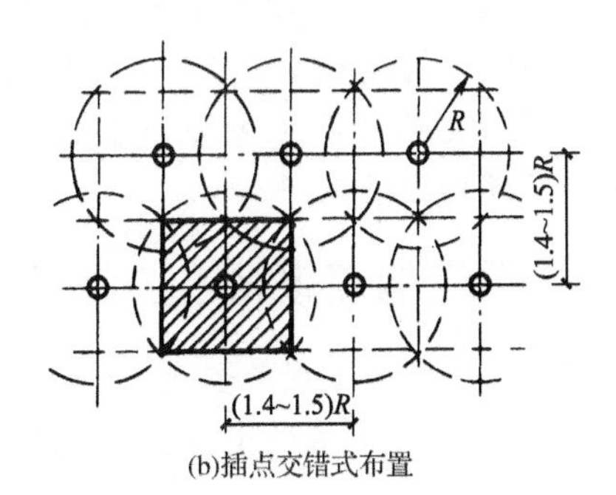


(b)插点交错式布置

图 4-19　插点的分布

(2)表面振动器

表面振动器主要有平板振动器、振动梁、混凝土整平机和渠道衬砌机等，其作用深度较小，多用在混凝土表面进行振捣。平板振动器适用于楼板、地面及薄型水平构件的振捣，振动梁和混凝土整平机常用于混凝土道路的施工。渠道衬砌机适用于现浇混凝土渠道的衬砌施工。

(3)外部振动器

外部振动器又称为附着式振动器,它通过螺栓或夹钳等固定在模板外部,通过模板将振动传给混凝土拌和物,因而模板应有足够的刚度。它宜用于振捣断面小且钢筋密的构件,如薄腹梁、箱型桥面梁等及地下密封的结构,无法采用插入式振动器的场合。其有效作用范围可通过实测确定。

振动台用于试验室、工地现场做试件成型和各种板柱、梁等预制混凝土构件的振实成型。振动台主要由台底架、振动器弹簧等部件组成,台面与底架均由钢板和型钢焊接而成,内部由电动机加一对相同的偏心轮组成。

### 4.3.5 混凝土的养护与缺陷处理

**1. 混凝土的养护**

混凝土养护可分为自然养护和人工养护。

自然养护是指利用平均气温高于 5 ℃的自然条件,用保水材料对混凝土加以覆盖并适当浇水使混凝土在湿润状态下自然硬化。养护初期,水泥水化反应较快,需水较多,所以应特别注意前期的养护工作。

人工养护是指采用人工方法控制混凝土的养护温度和湿度,使混凝土强度增大,如蒸汽养护、热水养护、太阳能养护等,主要用在养护冬季施工的预制构件或现浇构件。

**2. 拆模后的缺陷处理**

拆模后应由监理(建设)单位、施工单位对混凝土的外观质量和尺寸偏差进行检查,并做好记录。如发现缺陷,应进行修补。

## 4.4 现浇钢筋混凝土工程冬雨季施工

根据当地多年气象资料统计,当室外日平均气温连续 5 日稳定低于 5 ℃时,应采取冬季施工措施;当室外日平均气温连续 5 日稳定高于 5 ℃时,可解除冬季施工措施。当混凝土未达到受冻临界强度而气温骤降至 0 ℃以下时,应按冬季施工的要求采取应急防护措施。

当日平均气温达到 30 ℃及以上时,应按高温施工要求采取措施。雨季和降雨期间,应按雨季施工要求采取措施。

### 4.4.1 现浇钢筋混凝土工程冬季施工

现浇钢筋混凝土工程冬季施工时应注意以下事项:

(1)冬季施工配制混凝土宜选用硅酸盐水泥或普通硅酸盐水泥。采用蒸汽养护时,宜选用矿渣硅酸盐水泥。

(2)冬季施工混凝土用粗、细骨料中不得含有冰、雪冻块及其他易冻裂物质。

(3)冬季施工混凝土用外加剂应符合现行国家标准《混凝土外加剂应用技术规范》(GB 50119—2013)的有关规定。

(4)冬季施工混凝土配合比应根据施工期间环境气温、原材料、养护方法、混凝土性能要求等经试验确定,并宜选择较小的水胶比和坍落度。

(5)混凝土浇筑前，应清除地基、模板和钢筋上的冰雪和污垢，并应进行覆盖保温。混凝土分层浇筑时，分层厚度不应小于 400 mm。在被上一层混凝土覆盖前，已浇筑层的温度应满足热工计算要求，且不得低于 2 ℃。

(6)采用加热方法养护现浇混凝土时，应考虑加热产生的温度应力对结构的影响，并应合理安排混凝土浇筑顺序与施工缝留置位置。

(7)混凝土浇筑后，对裸露表面应采取防风、保湿、保温措施，对边、棱角及易受冻部位应加强保温。在混凝土养护和越冬期间，不得直接对负温混凝土表面浇水养护。

学习强国小案例

**以新基建筑牢高质量发展之基**

当前，以新发展理念为引领，以技术创新为驱动，以信息网络为基础，构建服务数字化转型、智能化升级、融合化创新的新型基础设施体系，已成为筑牢高质量发展之基、支撑我国现代化建设的战略抉择。新基建主要包括以 5G、物联网、工业互联网、卫星互联网为代表的通信网络基础设施，以人工智能、云计算、区块链等为代表的新技术基础设施，以数据中心、智能计算中心为代表的算力基础设施，深度应用互联网、大数据、人工智能等技术支撑传统基础设施转型升级形成的融合基础设施，支撑科学研究、技术开发、产品研制的具有公益属性的创新基础设施。与传统基建相比，新基建在技术属性、投资方式和运行机制上有明显区别。其最典型的特征是“发力于科技端”，核心是在基础设施建设中大量融入新一代信息技术等高科技手段，实现基础设施的功能优化与升级。

## 4.4.2　现浇钢筋混凝土工程雨季施工

(1)雨季施工期间，对水泥和掺和料应采取防水和防潮措施，并应对粗、细骨料含水率实时监测，及时调整混凝土配合比。

(2)应选用具有防雨水冲刷性能的模板脱模剂。

(3)雨季施工期间，对混凝土搅拌、运输设备和浇筑作业面应采取防雨措施，并应加强施工机械检查维修及接地接零检测工作。

(4)除采用防护措施外，小雨、中雨天气不宜进行混凝土露天浇筑，且不应开始大面积作业面的混凝土露天浇筑；大雨、暴雨天气不应进行混凝土露天浇筑。

(5)雨后应检查地基面的沉降，并应对模板及支架进行检查。

(6)应采取措施防止基槽或模板内积水。基槽或模板内和混凝土浇筑分层面出现积水时，排水后方可浇筑混凝土。

(7)混凝土浇筑过程中，对因雨水冲刷致使水泥浆流失严重的部位，应采取补救措施后方可继续施工。

(8)在雨天进行钢筋焊接时，应采取挡雨等安全措施。

(9)混凝土浇筑完毕后，应及时采取覆盖塑料薄膜等防雨措施。

(10)台风来临前，应对尚未浇筑混凝土的模板及支架采取临时加固措施；台风结束后，应检查模板及支架，已验收合格的模板及支架应重新办理验收手续。

## 4.5 BIM与现浇钢筋混凝土工程

近年来，随着BIM技术在建筑工程中的不断应用，在技术不断完善、功能不断更新的同时也给建筑业带来了前所未有的变革。通过数字信息仿真技术模拟施工对象的真实信息，依靠其可视化、协调性、模拟性、优化性和可出图性等特点，有效地保障了设计深化水平、工程管理质量、工期节约管控、人员安全保障和工程资金效益。本课题将探讨如何在钢筋混凝土工程施工中运用BIM技术。

### 4.5.1 BIM技术在钢筋混凝土工程中的应用

通过结构建模后的虚拟漫游，可以对复杂结构体系进行空间审核、优化设计，配合审图尽早发现问题。利用目前的BIM结构仿真模拟软件，可对重要构件的钢筋混凝土施工进行方案及进度模拟，提前规划施工工序、人员安排、设备机械配置及采购计划，使管理更科学、措施更有效，提高工作效率，节约投资。

钢筋混凝土工程的BIM应用点主要有：3D可视化、专业间碰撞、施工模拟及工程量计算、成本预算、质量安全监控等方面。

### 4.5.2 BIM技术解决方案

(1)制定符合钢筋混凝土工程的BIM实施标准。

(2)建立参数化构件族。

(3)构件模型管理。

(4)构件族库资料管理。

(5)构件可视化安装模拟。

(6)基于BIM技术的钢筋混凝土结构三维技术交底。

(7)构建构件质量跟踪平台。

### 4.5.3 BIM技术的软件应用

钢筋混凝土结构BIM建模后，可以外接结构分析软件(如PKPM)，经过验算和结构优化后的局部修改变更，可以将其直接反向导入原BIM模型，直接快速替换构件参数。

若要进行混凝土工程BIM施工模拟，首要基础是钢筋混凝土工程施工工序安排与进度计划相结合，常用Navisworks软件进行可视化模拟，提前发现施工协作问题及风险，其间可直接导入Project进度计划文档挂接，最终经过三维渲染，达到可视化动画呈现，可辅助现场管理做出快速决策。

### 4.5.4 BIM技术的应用成果

**1. 三维可视化BIM模型**

利用BIM技术可建立整个钢筋混凝土框架工程的施工模型，如图4-20所示。

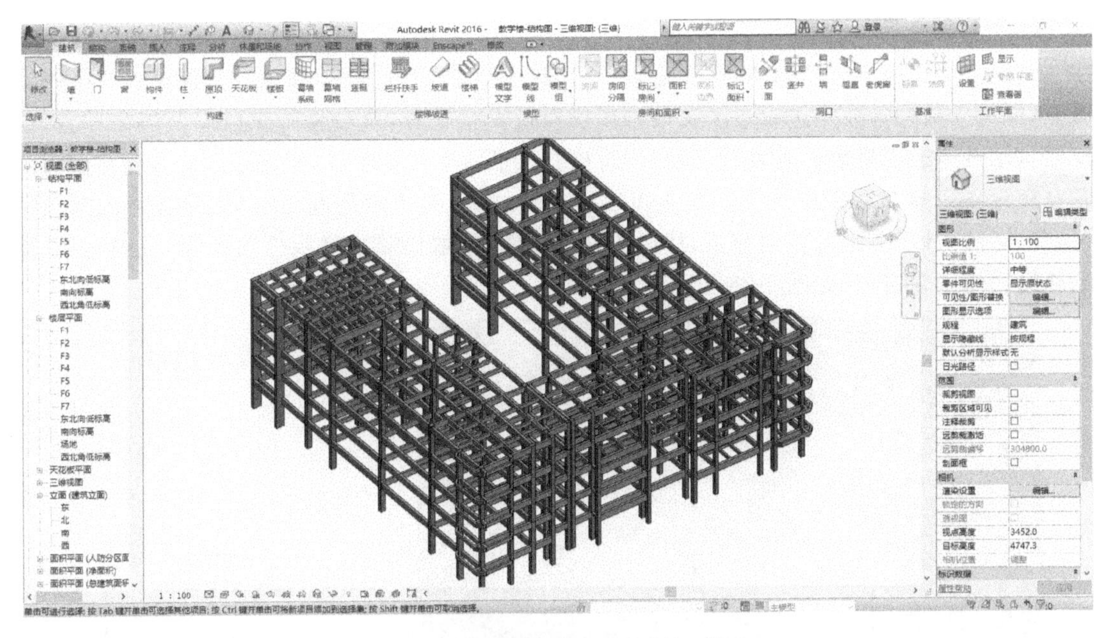

图 4-20　钢筋混凝土框架工程的施工模型

**2. 施工模拟**

在输入相关信息后，可直观地看到模板搭建、钢筋绑扎和混凝土浇筑施工过程、周边环境变化、建成后的运营效果等，并能有效地计算工期，同时可以科学地指导现场施工，进行方案优化，如图 4-21 所示。

**3. 工程算量**

钢筋混凝土工程的内容主要有：模板工程、钢筋工程、混凝土工程。在模型算量输出数据至预算软件时，不同地区要进行不同计算规则的参数调整，这时 BIM 技术的运用既可快速计算工程量，减少工期；又可减小误差，提高工程效率，还可节约资金，如图 4-22 所示。

图 4-21　钢筋混凝土框架工程施工模拟

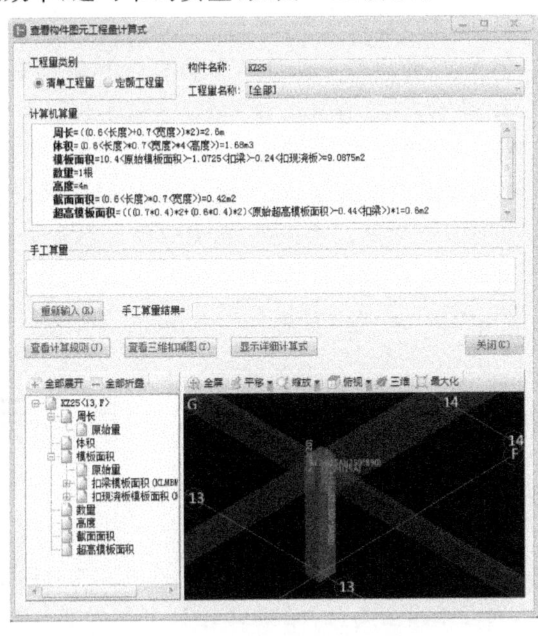


图 4-22　钢筋混凝土工程算量

#### 4. 信息化管理和监测

钢筋混凝土施工过程的质量、安全现场管理，可结合 BIM 模型，在关键位置设置二维码巡查点，巡检人员按标注点进行混凝土结构现场质量安全检查，及时将结果数据反馈给平台，该记录自动计入施工日志。若发现问题，质量检查人员将下发整改单，问题整改复查合格后关闭信息化设备。检查过程需要结合专业知识和现行规范，对质量问题可追溯前期的人、机、料、法、环(环境)等环节进行原因分析，从源头发现问题，采取措施。做到事前预控、事中巡查、事后终结的精细化管理，如图 4-23 所示。

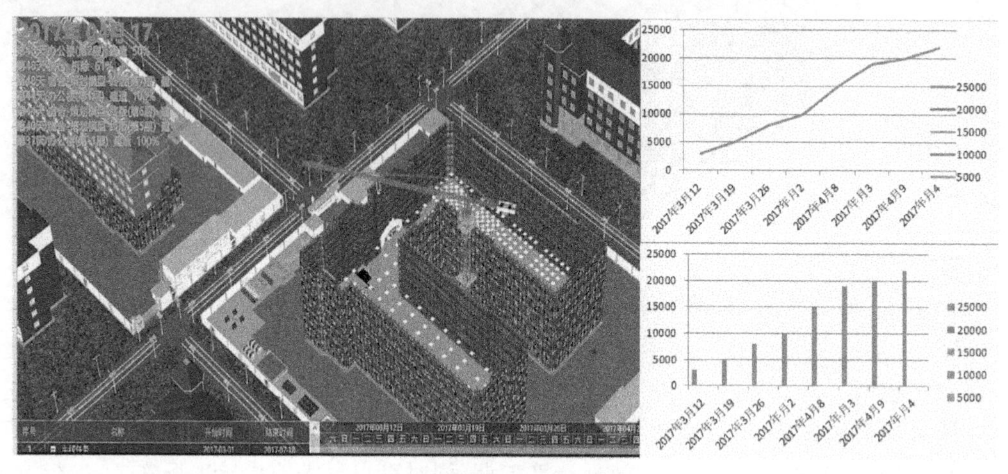


图 4-23　钢筋混凝土信息化管理

**学习强国小案例**

**辽宁：推进“智慧工地”建设 实行劳务用工实名制管理**

2020 年 4 月 10 日，《辽宁省人民政府办公厅关于促进建筑业高质量发展的意见》(下称《意见》)对外发布，提出积极推进“智慧工地”建设；建设单位凡要求承包企业提供履约担保的，必须对等提供工程款支付担保等要求。在推进数字建造新技术应用方面，《意见》提出，辽宁将推进运用 5G 等信息化技术对工程项目进行全过程控制，并积极推进“智慧工地”建设，实行劳务用工实名制管理，实现信息技术与现场管理深度融合。全省还将积极发展装配式建筑，推进绿色建造方式，对被评定为省级及以上装配式建筑产业基地、示范项目的建筑业企业，在类似项目招标时设置加分条件，市县政府还将制定相应的奖励政策。

## 思考与练习

**背景资料**

某商业建筑工程，地上六层，砂石地基，砖混结构，建筑面积为 24 000 m$^2$，外窗采用铝合金窗，内外采用金属门。在施工过程中发生了如下事件：

事件 1：在筏形基础混凝土浇筑期间，试验人员随机选择了一辆处于等候状态的混凝土运输车放料取样，并留置了一组标准养护抗压试件(3 个)和一组标准养护抗渗试件(3 个)。

事件 2：底板混凝土施工中，混凝土浇筑从高处开始，沿短边方向自一端向另一端进行，在混凝土浇筑完 12 h 内对混凝土表面进行保温保湿养护，养护持续 7 d。养护至 72 h 时，测温显示混凝土内部温度为 70 ℃，混凝土表面温度为 35 ℃。

事件 3：二层现浇混凝土楼板出现收缩裂缝，经项目经理部分析，认为原因如下：混凝土原材料质量不合格(骨料含泥量大)，水泥和掺和料用量超出规范规定。同时提出了相应的防治措施：选用合格的原材料，合理控制水泥和掺和料用量。监理工程师认为项目经理部的分析不全面，要求进一步完善原因分析和防治方法。

**问题：**

1. 指出事件 1 中的不妥之处，并写出正确做法。本工程中筏形基础混凝土应至少留置多少组标准养护抗压试件？

2. 指出事件 2 中底板大体积混凝土浇筑及养护的不妥之处，并说明正确做法。

3. 指出事件 3 中出现裂缝的原因还可能有哪些，并补充完善其他常见的防治方法。

课题 4 思考与练习

## 拓展资源与在线自测

某小学建设项目高大支板安全专项施工方案

自密实混凝土技术

透水混凝土与植生混凝土应用技术

课题 4

# 课题 5

# 脚手架工程施工

## 能力目标

能够熟悉脚手架的分类和搭设的基本要求；能够明确常用脚手架的施工要点；能够按照规范要求进行脚手架的质量检查；能够利用BIM技术进行脚手架施工精细化管理。

## 知识目标

熟悉扣件式钢管脚手架的内容；熟悉扣件式钢管脚手架、碗扣式钢管脚手架、门式脚手架、型钢悬挑脚手架的优缺点及作用；通过学习具备现场施工员和监理员的工作能力和脚手架工程施工所必需的基本职业素养；了解BIM技术对脚手架施工的改革。

## 素质目标

培养学生阅读专业技术文件的能力; 培养学生使用专业术语的严谨态度;培养学生的专业计算分析能力；培养学生编制专项施工方案的能力；培养学生利用信息化技术的能力；培养学生的团队协作能力；让学生明白建筑技术工人敬业奉献的职业态度；激发学生的科学兴趣，弘扬科学精神，创新技术，传承民族文化；提高集约利用土地；降低建设成本、发挥工程综合效益的认识；提升抓安全生产敢于担当和敢于负责的能力；坚定走绿色建造、智慧建造道路的信心。

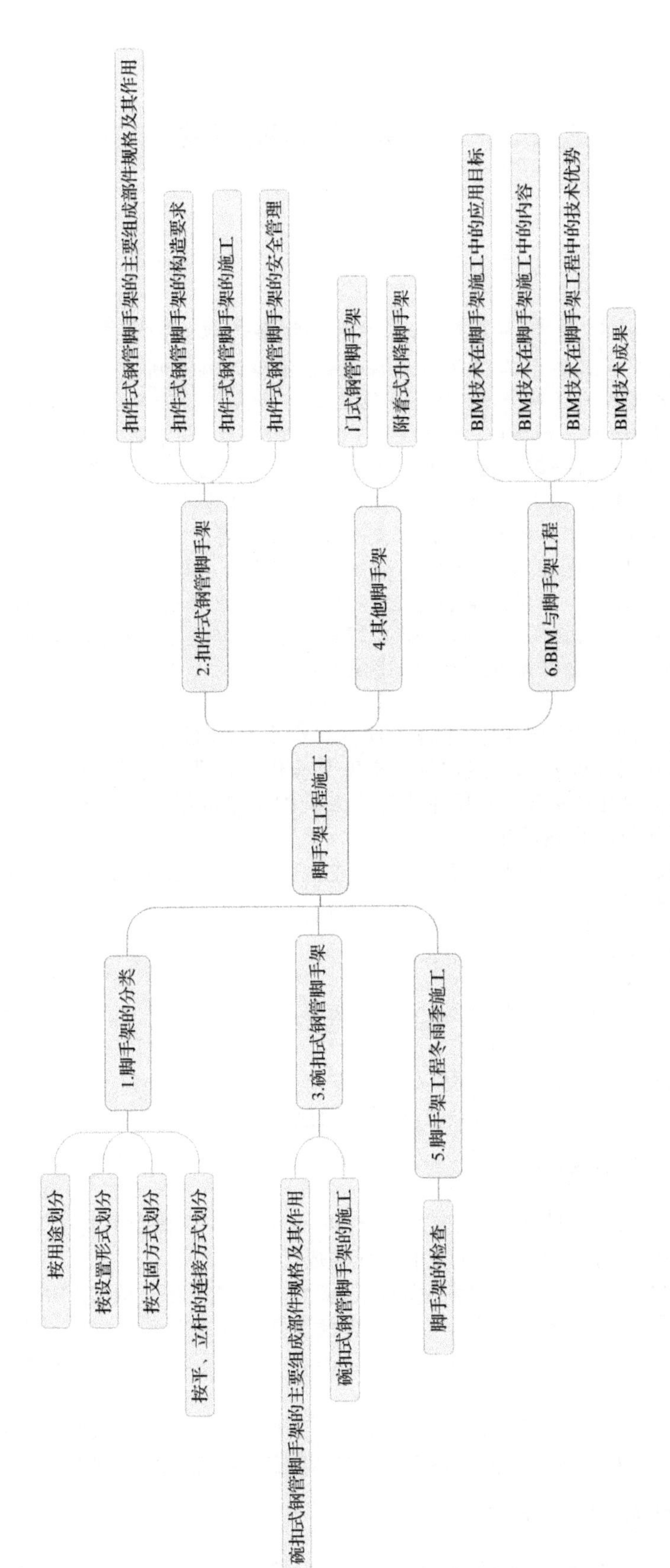
脚手架工程施工
1.脚手架的分类
按用途划分
按设置形式划分
按支固方式划分
按平、立杆的连接方式划分
2.扣件式钢管脚手架
扣件式钢管脚手架的主要组成部件规格及其作用
扣件式钢管脚手架的构造要求
扣件式钢管脚手架的施工
扣件式钢管脚手架的安全管理
3.碗扣式钢管脚手架
碗扣式钢管脚手架的主要组成部件规格及其作用
碗扣式钢管脚手架的施工
4.其他脚手架
门式钢管脚手架
附着式升降脚手架
5.脚手架工程冬雨季施工
脚手架的检查
6.BIM与脚手架工程
BIM技术在脚手架施工中的应用目标
BIM技术在脚手架施工中的内容
BIM技术在脚手架工程中的技术优势
BIM技术成果

课题 5　思维导图

# 5.1 脚手架的分类

学习强国小案例

**从杂工到架子工市级技能大师 杨德兵说：幸福靠奋斗！**

在建筑工地，架子工这个工种并不起眼，但它保障的却是所有工人的安全。在这个岗位上，有一位普通人一干就是31年——他就是杨德兵。杨德兵18岁从铜梁来到主城打工，从杂工干起，一步一个脚印，练就了“一眼准”的技术：一个施工工地需要多少钢管、钢管的长短和重量，他看一眼心里就能估个八九分。为了让自己的经验服务更多工友，只有初中学历的杨德兵，编写了《脚手架搭拆手册》，将操作技巧变成顺口溜，受到工友的追捧。其稳重和细心的工作态度，使其在架子工方面业务非常熟练，为了充分发挥和传承他在建筑行业的技术优势，在渝北区建设岗位培训中心的辅导下，2018年，杨德兵成立了架子工市级技能大师工作室。凭借着稳重细心、精益求精的工作作风，他被选为党的十九大代表，并成为“全国五一劳动奖章”获得者。2019年2月，杨德兵被中宣部等单位评为第五批全国岗位学雷锋标兵。他说，这既是一份荣誉，更是一份责任。

脚手架是指施工现场为工人操作并解决垂直和水平运输而搭设的各种支架，主要为了方便施工人员上下操作或外围安全网围护及高空安装构件等作业。无论是结构施工还是室内外砌筑和装饰及设备安装施工，都离不开各种脚手架。脚手架的搭设质量对施工人员的人身安全、工程进度、工程质量有直接的影响。

脚手架的种类较多，可按照用途、设置形式、支固方式、脚手架平杆与立杆的连接方式、材料以及构架方式来划分种类。

## 5.1.1 按用途划分

(1)操作用脚手架。该脚手架又可分为结构脚手架和装修脚手架。其架面施工荷载标准值分别规定为3 $kN/m^2$ 和2 $kN/m^2$。

(2)防护用脚手架。架面施工(搭设)荷载标准值可按1 $kN/m^2$ 计。

(3)承重-支撑用脚手架。架面荷载按实际使用值计算。

## 5.1.2 按设置形式划分

(1)单排脚手架：只有一排立杆，横向水平杆的一端搁置在墙体上的脚手架。

(2)双排脚手架：由内、外两排立杆和水平杆构成的脚手架。

(3)满堂脚手架：按施工作业范围满设的，纵、横两个方向各有三排以上立杆的脚手架。

(4)封圈型脚手架：沿建筑物或作业范围周边设置并相互交圈连接的脚手架。

(5)开口型脚手架：沿建筑物周边非交圈设置的脚手架，其中呈直线形的脚手架为一字型脚手架。

(6)特型脚手架：具有特殊平面和空间造型的脚手架，如用于烟囱、水塔、冷却塔，以及其他平面为圆形、环形、“外方内圆”形、多边形以及上扩、上缩等特殊形式的建筑施工脚手架。

## 5.1.3 按支固方式划分

(1)落地式脚手架：搭设(支座)在地面、楼面、屋面或其他平台结构之上的脚手架。

(2)悬挑脚手架(简称“挑脚手架”):采用悬挑方式支固的脚手架。

(3)附墙悬挂脚手架(简称“挂脚手架”):在上部或(和)中部挂设于墙体挑挂件上的定型脚手架。

(4)悬吊脚手架(简称“吊脚手架”):悬吊于悬排梁或工程结构之下的脚手架。当采用篮式作业架时,称为“吊篮”。

(5)附着式升降脚手架(简称“爬架”):搭设一定高度并附着于工程结构上,依靠自身的升降设备和装置,可随工程结构逐层爬升或下降,具有防倾覆、防坠落装置的悬空外脚手架。

(6)整体式附着升降脚手架:有三个以上提升装置的、连跨升降的附着式升降脚手架。

(7)水平移动脚手架:带行走装置的脚手架或操作平台架。

### 5.1.4　按平、立杆的连接方式划分

(1)承插式脚手架:在平杆与立杆之间采用承插连接的脚手架。

(2)扣件式脚手架:使用扣件箍紧连接的脚手架,即靠拧紧扣件螺栓所产生的摩擦作用构架和承载的脚手架。

(3)销栓式脚手架:采用对穿螺栓或销杆连接的脚手架,此种形式已很少使用。

此外,还可将脚手架按材料划分为传统的竹脚手架、木脚手架、钢管脚手架或金属脚手架;按架构方式划分为杆件组合式脚手架、结构组合式脚手架、格构组合式脚手架和台架;等等。

## 5.2　扣件式钢管脚手架

扣件式钢管脚手架是由钢管杆件用扣件连接而成的临时结构架,具有工作可靠、装拆方便和适应性强等优点,是目前我国使用最为普遍的脚手架,如图5-1所示。

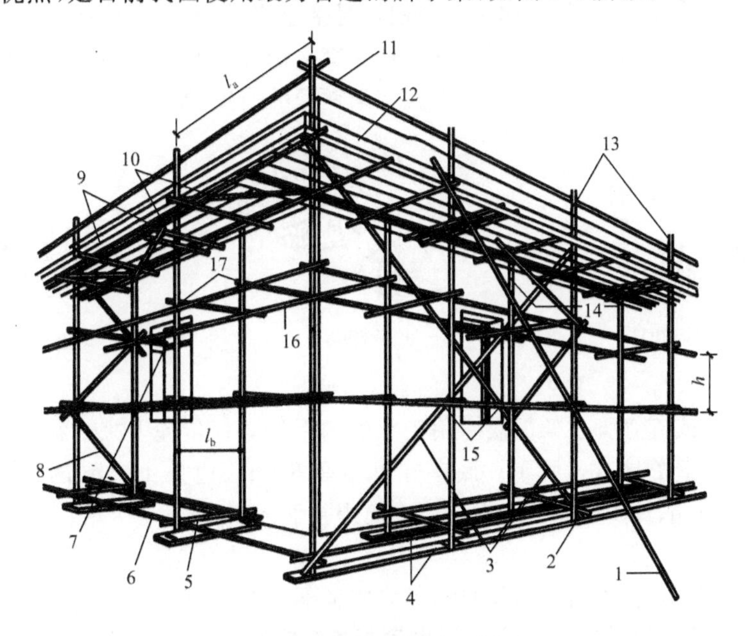


图5-1　扣件式钢管脚手架的组成

1—主立杆;2—内立杆;3—横向斜撑;4—外立杆;5—旋转扣件;6—直角扣件;7—横向扫地杆;8—连墙杆;9—挡脚板;10—剪刀撑;11—纵向扫地杆;12—垫板;13—横向水平杆;14—纵向水平杆;15—副立杆;16—栏杆;17—抛撑;$l_a$—立杆纵距;$l_b$—立杆横距;$h$—步距

### 5.2.1 扣件式钢管脚手架主要组成部件的规格及其作用

**1. 钢管杆件**

(1)钢管选用

落地扣件式钢管脚手架施工工艺

脚手架钢管宜采用 $\phi$48.3 mm×3.6 mm 钢管。每根钢管的质量不应大于 25.8 kg。

(2)钢管要求

①脚手架钢管应采用 Q235 普通钢管,其质量应符合现行国家标准《碳素结构钢》(GB/T 700－2006)中 Q235 级钢的规定。

②钢管上严禁打孔。

③脚手架杆件使用的钢管必须进行防锈处理。

(3)钢管用途

按钢管在脚手架上所处的部位和所起的作用,可分为:

①立杆,又叫冲天、立柱和竖杆等,是脚手架主要传递荷载的杆件。

②纵向水平杆,又称牵杆、大横杆等,是保持脚手架纵向稳定的主要杆件。

③横向水平杆,又称小横杆、横楞、横担、楞木等,是脚手架直接接受荷载的杆件。

④栏杆,又称扶手,是脚手架的安全防护设施,又起着脚手架的纵向稳定作用。

⑤剪刀撑,又称十字撑、斜撑,是防止脚手架产生纵向位移的主要杆件。

⑥抛撑,用于脚手架侧面支撑,与脚手架外侧面斜交的杆件,一般在开始搭设脚手架时做临时固定之用。

**2. 扣件和底座**

(1)对接扣件(筒扣、一字扣):用于两根钢管对接连接,如图 5-2(a)所示。

(2)旋转扣件(回转扣):用于两根呈任意角度交叉钢管的连接,如图 5-2(b)所示。

(3)直角扣件(十字扣):用于两根呈垂直交叉钢管的连接,如图 5-2(c)所示。

(a) 对接扣件

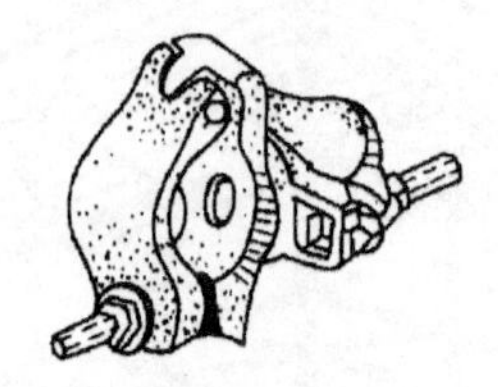

(b) 旋转扣件

(c) 直角扣件

图 5-2 扣件形式

(4)底座:扣件式钢管脚手架的底座用于承受脚手架立杆传递下来的荷载,用可锻铸铁制造的标准底座的构造如图 5-3 所示。底座亦可用厚 8 mm、边长 150 m 的钢板做底板,外径 60 mm、壁厚 3.5 mm、长 150 mm 的钢管做套筒焊接而成,如图 5-4 所示。

**3. 脚手板**

(1)脚手板可采用钢、木、竹材料制作,每块质量不宜大于 30 kg。

(2)冲压钢脚手板的材质应符合现行国家标准《碳素结构钢》(GB/T 700－2006)中的规定,并应有防滑措施。新、旧脚手板均应涂防锈漆。

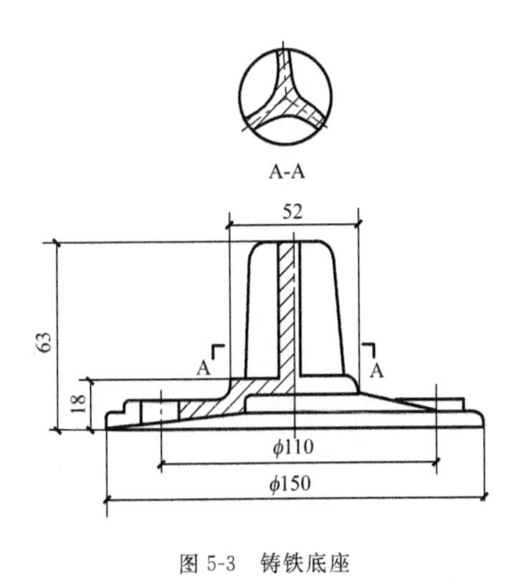


图 5-3　铸铁底座

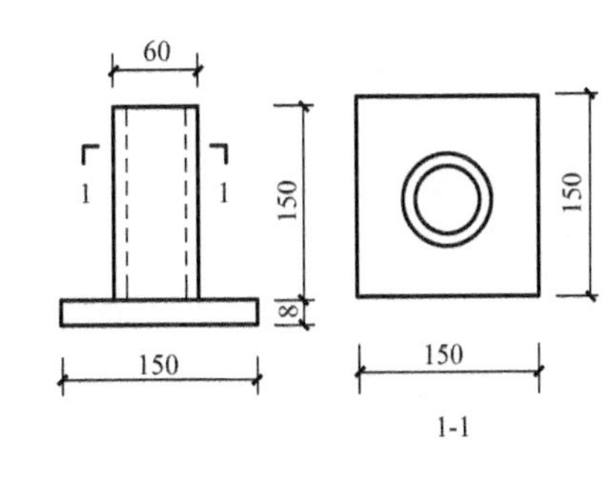


图 5-4　焊接底座

(3)木脚手板应采用杉木或松木制作,其材质应符合现行国家标准《木结构设计标准》(GB 50005—2017)中的规定。

(4)竹脚手板宜采用由毛竹或楠竹制作的竹串片板、竹笆板。

**4. 连接杆**

连接杆又称固定件、附墙杆、连接点、拉结点、拉撑点、附墙点、连墙杆等。连接一般有软连接与硬连接之分。

## 5.2.2　扣件式钢管脚手架的构造要求

扣件式钢管脚手架可用于搭设单排脚手架、双排脚手架、满堂脚手架、支撑架以及其他用途的架子。

**1. 纵向水平杆、横向水平杆、脚手板**

(1)纵向水平杆的构造应符合下列规定:

①纵向水平杆应设置在立杆内侧,单根杆长度不应小于 3 跨。

②纵向水平杆接长应采用对接扣件连接或搭接,并应符合下列规定:

a. 两根相邻纵向水平杆的接头不应设置在同步或同跨内;不同步或不同跨两个相邻接头在水平方向错开的距离不应小于 500 mm;各接头中心至最近主节点的距离不应大于纵距的 1/3(图 5-5)。

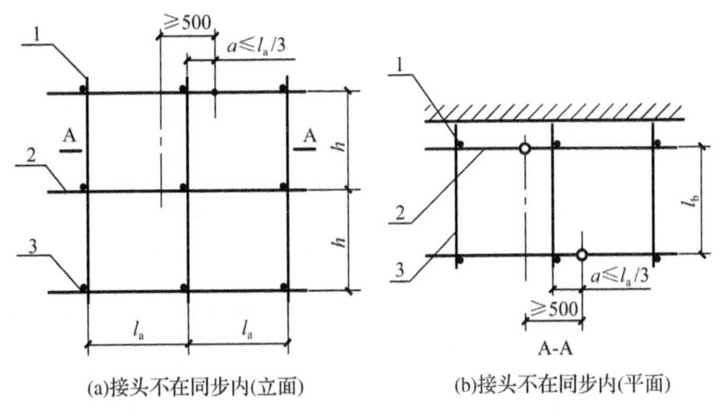


图 5-5　纵向水平杆对接接头布置

1—立杆;2—纵向水平杆;3—横向水平杆

b. 搭接长度不应小于 1 m,应等间距设置三个旋转扣件固定,端部扣件盖板边缘至搭接纵向水平杆杆端的距离不应小于 100 mm。

③当使用冲压钢脚手板、木脚手板、竹串片脚手板时,纵向水平杆应作为横向水平杆的支座,用直角扣件固定在立杆上;当使用竹笆脚手板时,纵向水平杆应采用直角扣件固定在横向水平杆上,并应等间距设置,间距不应大于 400 mm(图 5-6)。

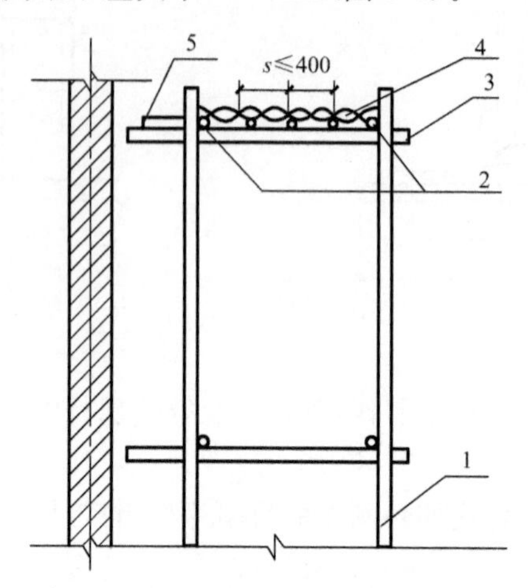


图 5-6 铺竹笆脚手板时纵向水平杆的构造

1—立杆;2—纵向水平杆;3—横向水平杆;4—竹笆脚手板;5—其他脚手板

(2)横向水平杆的构造应符合下列规定:

①作业层上非主节点处的横向水平杆,宜根据支承脚手板的需要等间距设置,最大间距不应大于纵距的 1/2。

②当使用冲压钢脚手板、木脚手板、竹串片脚手板时,双排脚手架的横向水平杆两端均应采用直角扣件固定在纵向水平杆上;单排脚手架的横向水平杆的一端应用直角扣件固定在纵向水平杆上,另一端应插入墙内,插入长度不应小于 180 mm。

③当使用竹笆脚手板时,双排脚手架的横向水平杆两端应用直角扣件固定在立杆上;单排脚手架的横向水平杆的一端应用直角扣件固定在立杆上,另一端应插入墙内,插入长度亦不应小于 180 mm。

(3)主节点处必须设置一根横向水平杆,用直角扣件扣接且严禁拆除。

(4)脚手板的设置应符合下列规定:

①作业层脚手板应铺满、铺稳、铺实。

②冲压钢脚手板、木脚手板、竹串片脚手板等,应设置在三根横向水平杆上。当脚手板长度小于 2 m 时,可采用两根横向水平杆支承,但应将脚手板两端与其可靠固定,严防倾翻。脚手板的铺设应采用对接平铺或搭接铺设。脚手板对接平铺时,接头处必须设两根横向水平杆,脚手板外伸长度应取 130~150 mm,两块脚手板外伸长度的和不应大于 300 mm,如图 5-7(a)所示;脚手板搭接铺设时,接头必须支在横向水平杆上,搭接长度不应小于 200 mm,其伸出横向水平杆的长度不应小于 100 mm,如图 5-7(b)所示。

③竹笆脚手板应按其主竹筋垂直于纵向水平杆方向铺设,且采用对接平铺,四个角应用直径不小于 1.2 mm 的镀锌钢丝固定在纵向水平杆上。

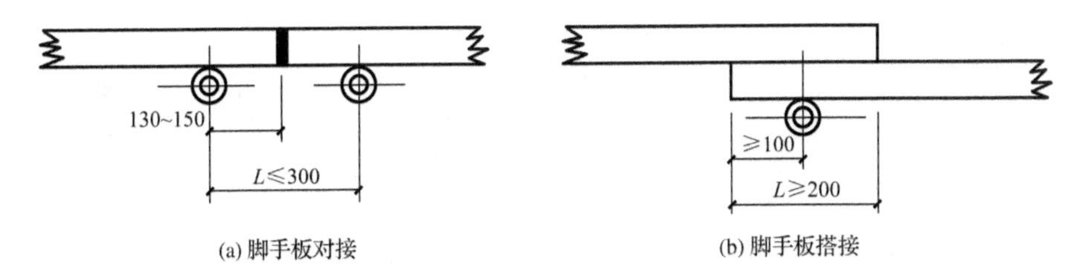

(a) 脚手板对接　(b) 脚手板搭接

图 5-7　脚手板对接、搭接构造

④作业层端部脚手板探头长度应取 150 mm，其板的两端均应固定于支承杆件上。

**2. 立杆**

(1)每根立杆底部应设置底座或垫板。

(2)脚手架必须设置纵、横向扫地杆。纵向扫地杆应采用直角扣件固定在距底座上皮不大于 200 mm 处的立杆上。横向扫地杆应采用直角扣件固定在紧靠纵向扫地杆下方的立杆上。

(3)当脚手架立杆基础不在同一高度上时，必须将高处的纵向扫地杆向低处延长两跨与立杆固定，高低差不应大于 1 m。靠边坡上方的立杆轴线到边坡的距离不应小于 500 mm(图 5-8)。

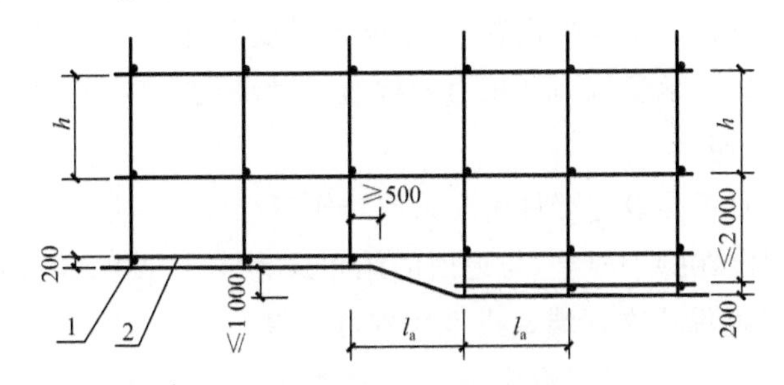

图 5-8　纵、横向扫地杆构造

1—横向扫地杆；2—纵向扫地杆

(4)单、双排脚手架底层步距均不应大于 2 m。

(5)单排、双排与满堂脚手架立杆接长除顶层顶步外，其余各层各步接头必须采用对接扣件连接。

(6)脚手架立杆对接、搭接应符合下列规定：

①当立杆采用对接接长时，立杆的对接扣件应交错布置，两根相邻立杆的接头不应设置在同步内，同步内隔一根立杆的两个相隔接头在高度方向错开的距离不宜小于 500 mm；各接头中心至主节点的距离不宜大于步距的 1/3。

②当立杆采用搭接接长时，搭接长度不应小于 1 m，并应采用不少于 2 个旋转扣件固定。端部扣件盖板的边缘至杆端距离不应小于 100 mm。

(7)脚手架立杆顶端栏杆宜高出女儿墙上端 1 m，宜高出檐口上端 1.5 m。

**3. 连墙件**

(1)连墙件设置的位置、数量应按专项施工方案确定。

(2)脚手架连墙件数量的设置除应满足《建筑施工扣件式钢管脚手架安全技术规范》(JGJ 130—2011)的计算要求外，还应符合表 5-1 的规定。

表 5-1 脚手架钢管尺寸

| 搭设方法 | 高度/m | 竖向间距(步距) $h$ | 水平间距(纵距) $l_a$ | 每根连墙件覆盖面积/$m^2$ |
|---|---|---|---|---|
| 双排落地 | ≤50 | $3h$ | $3l_a$ | ≤40 |
| 双排悬挑 | >50 | $2h$ | $3l_a$ | ≤27 |
| 单排 | ≤24 | $3h$ | $3l_a$ | ≤40 |

(3)连墙件的布置应符合下列规定：

①应靠近主节点设置，偏离主节点的距离不应大于 300 mm。

②应从底层第一步纵向水平杆处开始设置，当该处设置有困难时，应采用其他可靠措施固定。

③应优先采用菱形布置，或采用正方形、矩形布置。

(4)开口型脚手架的两端必须设置连墙件，连墙件的垂直间距不应大于建筑物的层高，并不应大于 4 m。

(5)连墙件中的连墙杆应呈水平设置，当不能水平设置时，应向脚手架一端下斜连接。

(6)连墙件必须采用可承受拉力和压力的构造。对高度在 24 m 以上的双排脚手架，应采用刚性连墙件与建筑物连接。

(7)当脚手架下部暂不能设连墙件时应采取防倾覆措施。当搭设抛撑时，抛撑应采用通长杆件，并用旋转扣件固定在脚手架上，与地面的倾角应为 45°～60°；连接点中心至主节点的距离不应大于 300 mm。抛撑应在连墙件搭设后方可拆除。

(8)当架高超过 40 m 且有风涡流作用时，应采取抗上升翻流作用的连墙措施。

**4. 门洞**

(1)单、双排脚手架门洞宜采用上升斜杆、平行弦杆桁架结构形式，斜杆与地面的倾角 $\alpha$ 应为 45°～60°。门洞桁架的形式宜按下列要求确定：

①当步距($h$)小于纵距($l_a$)时，应采用 A 型。

②当步距($h$)大于纵距($l_a$)时，应采用 B 型，并应符合下列规定：$h$=1.8 m 时，纵距不应大于 1.5 m；$h$=2.0 m 时，纵距不应大于 1.2 m。

(2)单、双排脚手架门洞桁架的构造应符合下列规定：

①单排脚手架门洞处，应在平面桁架(图 5-9 中 $ABDC$)的每一节间设置一根斜腹杆；双排脚手架门洞处的空间桁架，除下弦平面外，应在其余五个平面内的图示节间设置一根斜腹杆(图 5-9 中 1-1、2-2、3-3 剖面)。

②斜腹杆宜采用旋转扣件固定在与之相交的横向水平杆的伸出端上，旋转扣件中心线至主节点的距离不宜大于 150 mm。当斜腹杆在 1 跨内跨越 2 个步距(图 5-9A 型)时，宜在相交的纵向水平杆处增设一根横向水平杆，将斜腹杆固定在其伸出端上。

③斜腹杆宜采用通长杆件，当必须接长使用时，宜采用对接扣件连接，也可采用搭接，搭接构造应符合《建筑施工扣件式钢管脚手架安全技术规范》(JGJ 130－2011)第 6.3.6 条第 2 款的规定。

(3)单排脚手架过窗洞时应增设立杆或增设一根纵向水平杆(图 5-10)。

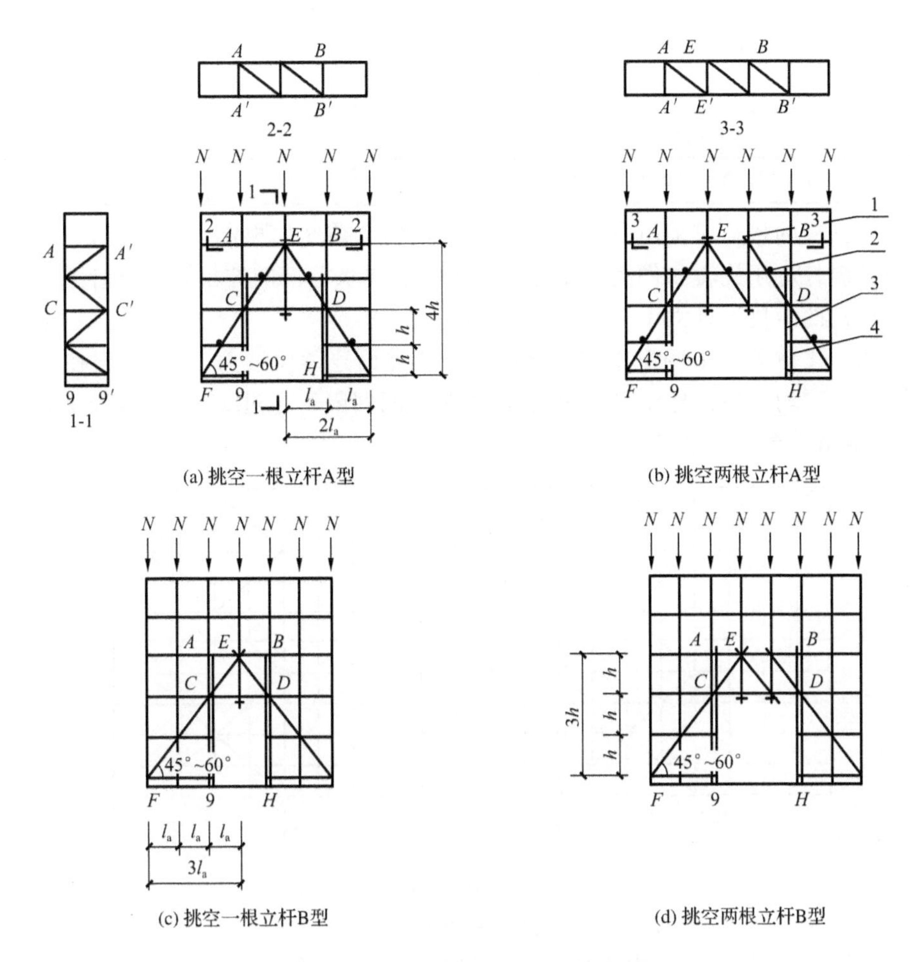

(a) 挑空一根立杆A型

(b) 挑空两根立杆A型

(c) 挑空一根立杆B型

(d) 挑空两根立杆B型

图 5-9　门洞处上升斜杆、平行弦杆桁架

1—防滑扣件；2—增设的横向水平杆；3—副立杆；4—主立杆

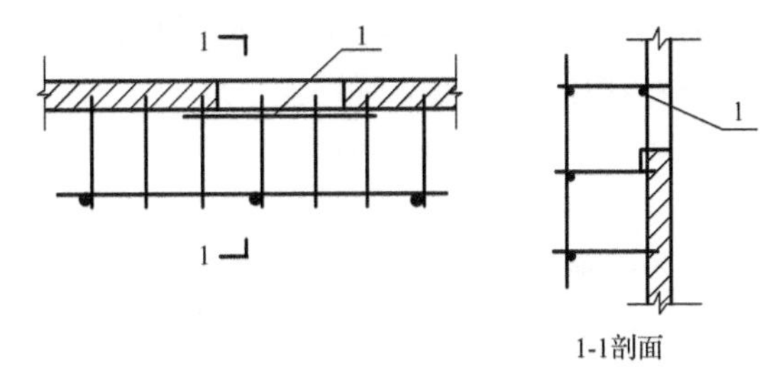


图 5-10　单排脚手架过窗洞构造

1—增设的纵向水平杆

(4)门洞桁架下的两侧立杆应为双管立杆，副立杆高度应高于门洞口 1～2 步。

(5)门洞桁架中伸出上、下弦杆的杆件端头，均应增设一个防滑扣件，该扣件宜紧靠主节点处的扣件。

**5. 剪刀撑与横向斜撑**

(1)双排脚手架应设剪刀撑与横向斜撑，单排脚手架应设剪刀撑。

(2)单、双排脚手架剪刀撑的设置应符合下列规定：

①每道剪刀撑跨越立杆的根数宜按表 5-2 的规定确定。每道剪刀撑宽度不应小于 4 跨，

且不应小于 6 m,斜杆与地面的倾角宜为 45°～60°。

表 5-2　　剪刀撑跨越立杆的最多根数

| 剪刀撑斜杆与地面的倾角 $\alpha$ | 45° | 50° | 60° |
|---|---|---|---|
| 剪刀撑跨越立杆的最多根数 $n$ | 7 | 6 | 5 |

②剪刀撑斜杆的接长应采用搭接或对接,搭接应符合前文的规定。

③剪刀撑斜杆应用旋转扣件固定在与之相交的横向水平杆的伸出端或立杆上,旋转扣件中心线至主节点的距离不宜大于 150 mm。

(3)高度在 24 m 及以上的双排脚手架应在外侧立面连续设置剪刀撑;高度在 24 m 以下的单、双排脚手架,均必须在外侧立面两端、转角及中间间隔不超过 15 m 的立面上,各设置一道剪刀撑,并应由底至顶连续设置(图 5-11)。

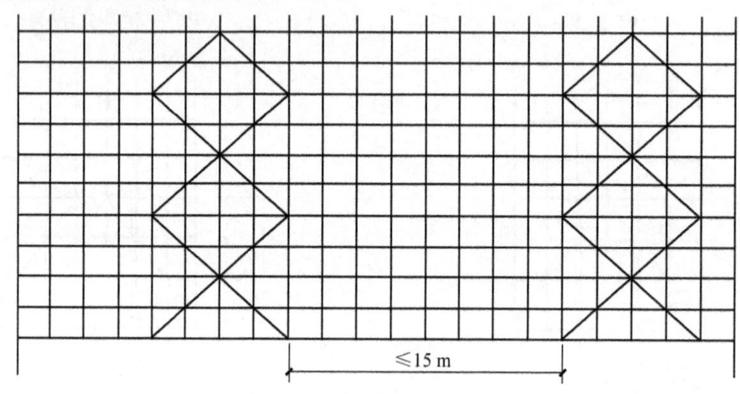


图 5-11　剪刀撑布置

(4)双排脚手架横向斜撑的设置应符合下列规定:

①横向斜撑应在同一节间,由底层至顶层呈之字形连续布置,斜撑的固定应符合前文的规定。

②高度在 24 m 以下的封闭型双排脚手架可不设横向斜撑,高度在 24 m 以上的封闭型脚手架,除拐角应设置横向斜撑外,中间应每隔 6 跨设置一道。

(5)开口型双排脚手架的两端均必须设置横向斜撑。

**6. 斜道**

(1)人行并兼做材料运输的斜道的形式宜按下列要求确定:

①高度不大于 6 m 的脚手架,宜采用一字形斜道。

②高度大于 6 m 的脚手架,宜采用之字形斜道。

(2)斜道的构造应符合下列规定:

①斜道应附着外脚手架或建筑物设置。

②运料斜道宽度不宜小于 1.5 m,坡度不应大于 1∶6,人行斜道宽度不宜小于 1 m,坡度不应大于 1∶3。

③拐弯处应设置平台,其宽度不应小于斜道宽度。

④斜道两侧及平台外围均应设置栏杆及挡脚板。栏杆高度应为 1.2 m,挡脚板高度不应小于 180 mm。

⑤运料斜道两端、平台外围和端部均应按《建筑施工扣件式钢管脚手架安全技术规范》(JGJ 130—2011)第 6.4.1～6.4.6 条的规定设置连墙件;每两步应加设水平斜杆;应按《建筑

施工扣件式钢管脚手架安全技术规范》(JGJ 130－2011)第 6.6.2～6.6.5 条的规定设置剪刀撑和横向斜撑。

(3)斜道脚手板构造应符合下列规定:

①脚手板横铺时,应在横向水平杆下增设纵向支托杆,纵向支托杆间距不应大于 500 mm。

②脚手板顺铺时,接头宜采用搭接;下面的板头应压住上面的板头,板头的凸棱外宜采用三角木填顺。

③人行斜道和运料斜道的脚手板上应每隔 250～300 mm 设置一根防滑木条,木条厚度应为 20～30 mm。

**7. 满堂脚手架**

(1)常用敞开式满堂脚手架结构的设计尺寸可按表 5-3 采用。

**表 5-3　常用敞开式满堂脚手架结构的设计尺寸**

| 序号 | 步距/m | 立杆间距/m×m | 支架高宽比不大于 | 下列施工荷载时最大允许高度/m | |
|---|---|---|---|---|---|
| | | | | 2 kN/m² | 3 kN/m² |
| 1 | 1.7～1.8 | 1.2×1.2 | 2 | 17 | 9 |
| 2 | | 1.0×1.0 | 2 | 30 | 24 |
| 3 | | 0.9×0.9 | 2 | 36 | 36 |
| 4 | 1.5 | 1.3×1.3 | 2 | 18 | 9 |
| 5 | | 1.2×1.2 | 2 | 23 | 16 |
| 6 | | 1.0×1.0 | 2 | 36 | 31 |
| 7 | | 0.9×0.9 | 2 | 36 | 36 |
| 8 | 1.2 | 1.3×1.3 | 2 | 20 | 13 |
| 9 | | 1.2×1.2 | 2 | 24 | 19 |
| 10 | | 1.0×1.0 | 2 | 36 | 32 |
| 11 | | 0.9×0.9 | 2 | 36 | 36 |
| 12 | 0.9 | 1.0×1.0 | 2 | 36 | 33 |
| 13 | | 0.9×0.9 | 2 | 36 | 36 |

注:①最少跨数应符合《建筑施工扣件式钢管脚手架安全技术规范》(JGJ 130－2011)附录 C 表 C1 的规定。

②脚手板自重标准值取 0.35 kN/m²。

③地面的表面粗糙度为 B 类,基本风压 $\omega$=0.35 kN/m²。

④立杆间距不小于 1.2 m×1.2 m,施工荷载标准值不小于 3 kN/m²。立杆上应增设防滑扣件,防滑扣件应安装牢固,且顶紧立杆与水平杆连接的扣件。

(2)满堂脚手架搭设高度不宜超过 36 m;满堂脚手架施工层不超过 1 层。

(3)满堂脚手架立杆的构造应符合《建筑施工扣件式钢管脚手架安全技术规范》(JGJ 130－2011)第 6.3.1～6.3.3 条的规定;立杆接长接头必须采用对接扣件连接。立杆对接扣件布置应符合《建筑施工扣件式钢管脚手架安全技术规范》(JGJ 130－2011)第 6.3.6 条第 1 款的规定。水平杆的连接应符合《建筑施工扣件式钢管脚手架安全技术规范》(JGJ 130－2011)第 6.2.1条第 2 款的有关规定,水平杆长度不宜小于 3 跨。

(4)满堂脚手架应在架体外侧四周及内部纵、横向每 6～8 m 由底至顶设置连续竖向剪刀撑。当架体搭设高度在 8 m 以下时，应在架体顶部设置连续水平剪刀撑；当架体搭设高度在 8 m 及以上时，应在架体底部、顶部及竖向间隔不超过 8 m 分别设置连续水平剪刀撑。水平剪刀撑宜在竖向剪刀撑斜杆相交平面设置。剪刀撑宽度应为 6～8 m。

(5)剪刀撑应用旋转扣件固定在与之相交的水平杆或立杆上，旋转扣件中心线至主节点的距离不宜大于 150 mm。

(6)满堂脚手架的高宽比不宜大于 3，当高宽比大于 2 时，应在架体的外侧四周和内部水平间隔 6～9 m、竖向间隔 4～6 m 设置连墙件与建筑结构拉结，当无法设置连墙件时，应采取设置钢丝绳张拉固定等措施。

(7)最少跨度为 2、3 跨的满堂脚手架，宜按《建筑施工扣件式钢管脚手架安全技术规范》(JGJ 130－2011)第 6.4 节的规定设置连墙件。

(8)当满堂脚手架局部承受集中荷载时，应按实际荷载计算并应局部加固。

(9)满堂脚手架应设爬梯，爬梯踏步间距不得大于 300 mm。

(10)满堂脚手架操作层支撑脚手板的水平杆间距不应大于 1/2 跨距；脚手板的铺设应符合《建筑施工扣件式钢管脚手架安全技术规范》(JGJ 130－2011)第 6.2.4 条的规定。

**8. 满堂支撑架**

(1)满堂支撑架步距与立杆间距不宜超过《建筑施工扣件式钢管脚手架安全技术规范》(JGJ 130－2011)附录 C 表 C-2～表 C-5 规定的上限值，立杆伸出顶层水平杆中心线至支撑点的长度 $a$ 不应超过 0.5 m。满堂支撑架搭设高度不宜超过 30 m。

(2)满堂支撑架立杆、水平杆的构造要求应符合《建筑施工扣件式钢管脚手架安全技术规范》(JGJ 130－2011)第 6.8.3 条的规定。

(3)满堂支撑架应根据架体的类型设置剪刀撑，并应符合下列规定：

①普通型：

a. 在架体外侧周边及内部纵、横向每 5～8 m，应由底至顶设置连续竖向剪刀撑，剪刀撑宽度应为 5～8 m(图 5-12)。

b. 在竖向剪刀撑顶部交点平面应设置连续水平剪刀撑。当支撑高度超过 8 m，或施工总荷载大于 15 kN/m$^2$，或集中线荷载大于 20 kN/m 的支撑架，扫地杆设置层应设置水平剪刀撑。水平剪刀撑至架体底平面距离与水平剪刀撑间距不宜超过 8 m(图 5-12)。

②加强型：

a. 当立杆纵、横间距为 0.9 m×0.9 m～1.2 m×1.2 m 时，在架体外侧周边及内部纵、横向每 4 跨(且不大于 5 m)，应由底至顶设置连续竖向剪刀撑，剪刀撑宽度应为 4 跨。

b. 当立杆纵、横向间距为 0.6 m×0.6 m～0.9 m×0.9 m(含 0.6 m×0.6 m、0.9 m×0.9 m)时，在架体外侧周边及内部纵、横向每 5 跨(且不小于 3 m)，应由底至顶设置连续竖向剪刀撑，剪刀撑宽度应为 5 跨。

c. 当立杆纵、横向间距为 0.4 m×0.4 m～0.6 m×0.6 m(含 0.4 m×0.4 m)时，在架体外侧周边及内部纵、横向每 3～3.2 m，应由底至顶设置连续竖向剪刀撑，剪刀撑宽度应为 3～3.2 m。

d. 在竖向剪刀撑顶部交点平面应设置水平剪刀撑。扫地杆设置层水平剪刀撑的设置应符合《建筑施工扣件式钢管脚手架安全技术规范》(JGJ 130－2011)第 6.9.3 条第 1 款第 2 项的规定，水平剪刀撑至架体底平面距离与水平剪刀撑间距不宜超过 6 m，剪刀撑宽度应为 3～5 m(图 5-13)。

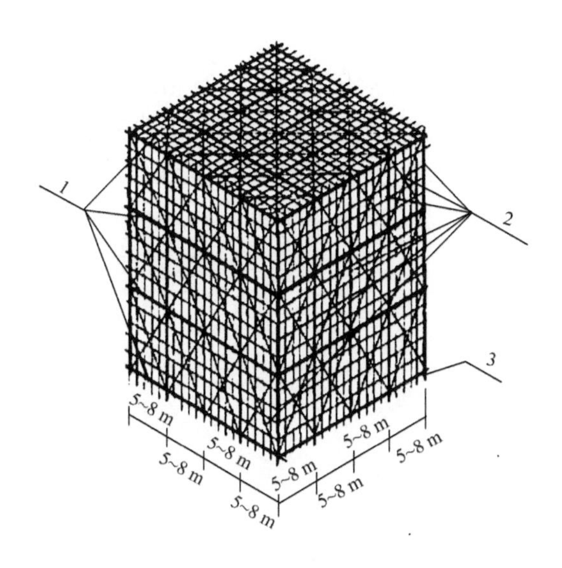


图 5-12 普通型水平、竖向剪刀撑布置图
1—水平剪刀撑；2—竖向剪刀撑；3—扫地杆设置层

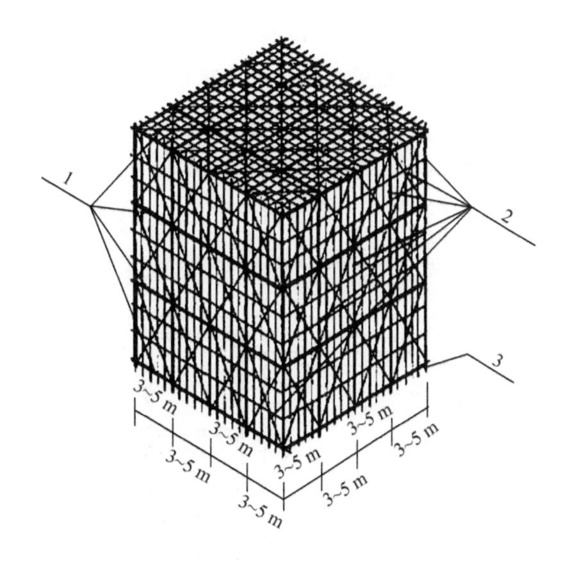


图 5-13 加强型水平、竖向剪刀撑布置图
1—水平剪刀撑；2—竖向剪刀撑；3—扫地杆设置层

(4)竖向剪刀撑斜杆与地面的倾角应为 45°～60°，水平剪刀撑与支架纵(或横)向夹角应为 45°～60°，剪刀撑斜杆的接长应符合《建筑施工扣件式钢管脚手架安全技术规范》(JGJ 130－2011)第 6.3.6 条的规定。

(5)剪刀撑的固定应符合《建筑施工扣件式钢管脚手架安全技术规范》(JGJ 130－2011)第 6.8.5 条的规定。

(6)满堂支撑架的可调底座、可调托撑螺杆伸出长度不宜超过 300 mm，插入立杆内的长度不得小于 150 mm。

(7)当满堂支撑架高宽比不满足《建筑施工扣件式钢管脚手架安全技术规范》(JGJ 130－2011)附录 C 表 C-2～表 C-5 的规定(高宽比大于 2 或 2.5)时，满堂支撑架应在支架四周和中部与结构柱进行刚性连接，连墙件水平间距应为 6～9 m，竖向间距应为 2～3 m。在无结构柱部位应采取预埋钢管等措施与建筑结构进行刚性连接，在有空间部位，满堂支撑架宜超出顶部加载区投影范围向外延伸布置 2～3 跨。支撑架高宽比不应大于 3。

**9. 型钢悬挑脚手架**

(1)一次悬挑脚手架高度不宜超过 20 m。

悬挑式脚手架施工工艺

(2)型钢悬挑梁宜采用双轴对称截面的型钢。悬挑钢梁型号及锚固件应按设计确定，钢梁截面高度不应小于 160 mm。悬挑梁尾端应在两处及以上固定于钢筋混凝土梁板结构上。锚固型钢悬挑梁的 U 形钢筋拉环或锚固螺栓直径不宜小于 16 mm(图 5-14)。

(3)用于锚固的 U 形钢筋拉环或螺栓应采用冷弯成形。U 形钢筋拉环、锚固螺栓与型钢间隙应用钢楔或硬木楔楔紧。

(4)每个型钢悬挑梁外端宜设置钢丝绳或钢拉杆与上一层建筑结构斜拉结。钢丝绳、钢拉杆不参与悬挑钢梁受力计算；钢丝绳与建筑结构拉结的吊环应使用 HPB300 级钢筋，其直径不宜小于 20 mm，吊环预埋锚固长度应符合现行国家标准《混凝土结构设计规范》(GB 50010－

2010)(2015 年版)中钢筋锚固的规定(图 5-14)。

(5)悬挑钢梁悬挑长度应按设计确定。固定段长度不应小于悬挑段长度的 1.25 倍(图 5-14)。型钢悬挑梁固定端应采用 2 个(对)及以上 U 形钢筋拉环或锚固螺栓与建筑结构梁板固定，U 形钢筋拉环或锚固螺栓应预埋至混凝土梁、板底层钢筋位置，并应与混凝土梁、板底层钢筋焊接或绑扎牢固，其锚固长度应符合现行国家标准《混凝土结构设计规范》(GB 50010－2010)(2015 年版)中钢筋锚固的规定(图 5-15～图 5-17)。

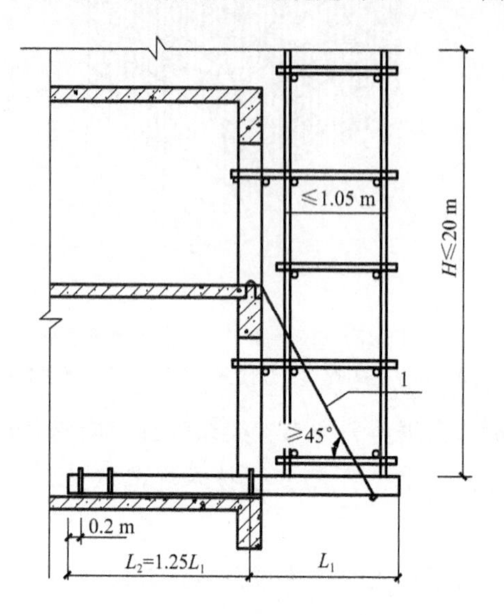


图 5-14 型钢悬挑脚手架构造

1—钢丝绳或钢拉杆

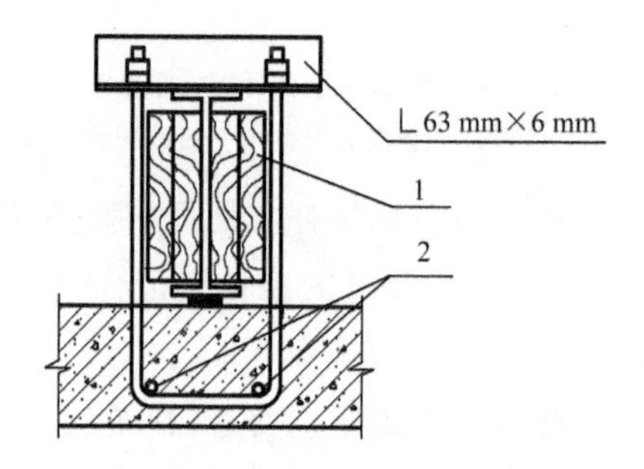


图 5-15 悬挑钢梁 U 形螺栓固定构造

1—木楔侧向楔紧；2—两根 1.5 m 长直径为 18 mm 的 HRB335 级钢筋

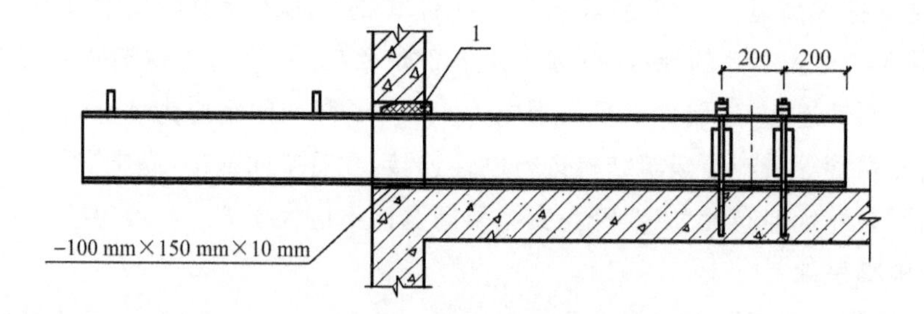


图 5-16 悬挑钢梁穿墙构造

1—木楔楔紧

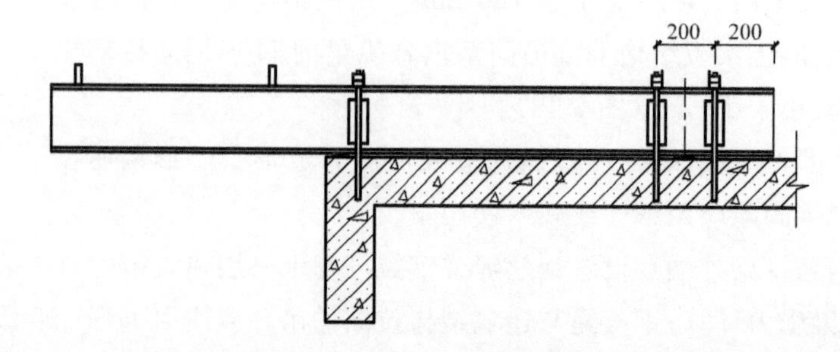


图 5-17 悬挑钢梁楼面构造

学习强国小案例

**天津滨海科技馆**

于2019年10月1日正式开放试运营的天津市滨海科技馆作为滨海新区的重点民生项目，不仅是一场科技成就科普展，也是滨海文化中心向市民开放的又一主力文化场馆。围绕“智能”和“生命”特色主题，展示内容为“科技点亮滨海”“科学改变认知”“技术拓宽视野”“智慧创造世界”四大板块，旨在激发科学兴趣，普及科学知识，传播科学思维，弘扬科学精神，打造优质的全域科普阵地。科技馆布展由中建装饰集团所属中建深圳装饰有限公司总承包施工。随着国民经济的发展，建筑装饰业所涵盖的领域也日趋增多。滨海科技馆建筑面积为2.6万平方米，布展面积为1.7万平方米，展馆内设16个常设展区，共有各类展项350余件，长征5号火箭、C919大飞机、中国高铁、智能化机器人等，全方位展示了国家的前沿科技和最新成果。其中的组合展项“能源塔”，体现了我国吊装施工工艺的精确与细致。

## 5.2.3 扣件式钢管脚手架的施工

**1.搭设工艺流程**

夯实、平整场地→材料准备→设置通长木垫板→铺设纵向扫地杆→搭设立杆→铺设横向扫地杆→搭设纵向水平杆→搭设横向水平杆→搭设剪刀撑→固定连墙件→搭设防护栏杆→铺设脚手板→挂安全网。

**2.施工准备**

(1)脚手架搭设前，应按专项施工方案向施工人员进行交底。

(2)应按《建筑施工扣件式钢管脚手架安全技术规范》(JGJ 130—2011)的规定和脚手架专项施工方案要求对钢管、扣件、脚手板、可调托撑等进行检查验收，不合格产品不得使用。

(3)经检验合格的构配件应按品种、规格分类，堆放整齐、平稳，堆放场地不得有积水。

(4)应清除搭设场地杂物，平整搭设场地，并使排水畅通。

**3.地基与基础**

(1)脚手架地基与基础的施工，必须根据脚手架所受荷载、搭设高度、搭设场地土质情况与现行国家标准《建筑地基基础工程施工质量验收标准》(GB 50202—2018)的有关规定进行。

(2)压实填土地基应符合现行国家标准《建筑地基基础设计规范》(GB 50007—2011)的相关规定；灰土地基应符合现行国家标准《建筑地基基础工程施工质量验收标准》(GB 50202—2018)的相关规定。

(3)立杆垫板或底座底面标高宜高于自然地坪50～100 mm。

(4)脚手架基础经验收合格后，应按施工组织设计或专项施工方案的要求放线定位。

**4.搭设**

(1)单、双排脚手架必须配合施工进度搭设，一次搭设高度不应超过相邻连墙件以上两步；当超过相邻连墙件以上两步，无法设置连墙件时，应采取撑拉固定等措施与建筑结构拉结。

(2)每搭完一步脚手架后，应按《建筑施工扣件式钢管脚手架安全技术规范》(JGJ 130—2011)表 8.2.4 的规定校正步距、纵距、横距及立杆的垂直度。

(3)底座安放应符合下列规定：

①底座、垫板均应准确地放在定位线上。

②垫板宜采用长度不少于 2 跨、厚度不小于 50 mm、宽度不小于 200 mm 的木垫板。

(4)立杆搭设应符合下列规定：

①相邻立杆的对接连接应符合《建筑施工扣件式钢管脚手架安全技术规范》(JGJ 130—2011)第 6.3.6 条的规定。

②脚手架开始搭设立杆时，应每隔 6 跨设置一根抛撑，直至连墙件安装稳定后，方可根据情况拆除。

③当架体搭设至有连墙件的主节点时，在搭设完该处的立杆、纵向水平杆、横向水平杆后，应立即设置连墙件。

(5)脚手架纵向水平杆的搭设应符合下列规定：

①脚手架纵向水平杆应随立杆按步搭设，并应采用直角扣件与立杆固定。

②纵向水平杆的搭设应符合《建筑施工扣件式钢管脚手架安全技术规范》(JGJ 130—2011)第 6.2.1 条的规定。

③在封闭型脚手架的同一步中，纵向水平杆应四周交圈设置，并应用直角扣件与内外角部立杆固定。

(6)脚手架横向水平杆搭设应符合下列规定：

①搭设横向水平杆应符合《建筑施工扣件式钢管脚手架安全技术规范》(JGJ 130—2011)第 6.2.2 条的规定。

②双排脚手架横向水平杆的靠墙一端至墙装饰面的距离不应大于 100 mm。

③单排脚手架的横向水平杆不应设置在下列部位：

● 设计上不允许留脚手眼的部位。

● 过梁上与过梁两端呈 60°的三角形范围内及过梁净跨度 1/2 的高度范围内。

● 宽度小于 1 m 的窗间墙。

● 梁或梁垫下及其两侧各 500 mm 的范围内。

● 砖砌体的门窗洞口两侧 200 mm 和转角处 450 mm 的范围内，其他砌体的门窗洞口两侧 300 mm 和转角处 600 mm 的范围内。

● 墙体厚度小于或等于 180 mm。

● 独立或附墙砖柱，空斗砖墙、加气块墙等轻质墙体。

● 砌筑砂浆强度等级小于或等于 M2.5 的砖墙。

(7)脚手架纵向、横向扫地杆搭设应符合《建筑施工扣件式钢管脚手架安全技术规范》(JGJ 130—2011)第 6.3.2 条和第 6.3.3 条的规定。

(8)脚手架连墙件安装应符合下列规定：

①连墙件的安装应随脚手架搭设同步进行，不得滞后安装。

②当单、双排脚手架施工操作层高出相邻连墙件以上两步时，应采取确保脚手架稳定的临

时拉结措施，直到上一层连墙件安装完毕后再根据情况拆除。

(9)脚手架剪刀撑与双排脚手架横向斜撑应随立杆、纵向和横向水平杆等同步搭设，不得滞后安装。

(10)脚手架门洞搭设应符合《建筑施工扣件式钢管脚手架安全技术规范》(JGJ 130—2011)第 6.5 节的规定。

(11)扣件安装应符合下列规定：

①扣件规格应与钢管外径相同。

②螺栓拧紧扭力矩不应小于 40 N·m，且不应大于 65 N·m。

③在主节点处固定横向水平杆、纵向水平杆、剪刀撑、横向斜撑等用的直角扣件、旋转扣件的中心点的相互距离不应大于 150 mm。

④对接扣件开口应朝上或朝内。

⑤各杆件端头伸出扣件盖板边缘的长度不应小于 100 mm。

(12)作业层、斜道的栏杆和挡脚板的搭设应符合下列规定(图 5-18)：

①栏杆和挡脚板均应搭设在外立杆的内侧。

②上栏杆上皮高度应为 1.2 m。

③挡脚板高度不应小于 180 mm。

④中栏杆应居中设置。

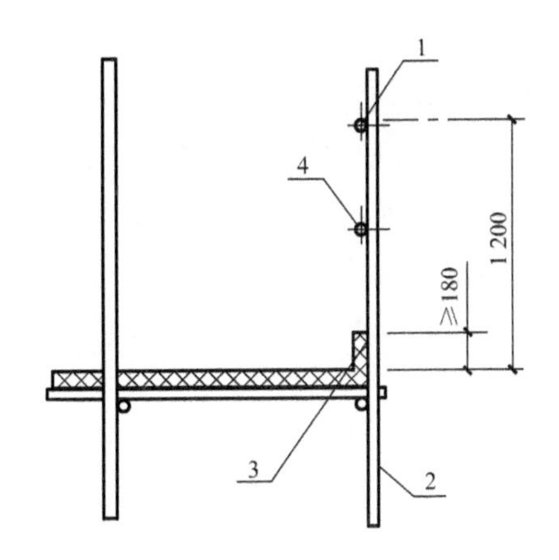


图 5-18　栏杆与挡脚板构造

1—上栏杆；2—外立杆；3—挡脚板；4—中栏杆

(13)脚手板的铺设应符合下列规定：

①脚手板应铺满、铺稳，离墙面的距离不应大于 150 mm。

②采用对接或搭接时均应符合《建筑施工扣件式钢管脚手架安全技术规范》(JGJ 130—2011)第 6.2.4 条的规定；脚手板探头应用直径 3.2 mm 的镀锌钢丝固定在支承杆件上。

③在拐角、斜道平台口处的脚手板，应用镀锌钢丝固定在横向水平杆上，防止滑动。

**5. 拆除**

(1)脚手架拆除应按专项方案施工，拆除前应做好下列准备工作：

①应全面检查脚手架的扣件连接、连墙件、支撑体系等是否符合构造要求。

②应根据检查结果补充完善脚手架专项方案中的拆除顺序和措施，经审批后方可实施。

③拆除前应对施工人员进行交底。

④应清除脚手架上杂物及地面障碍物。

(2)单、双排脚手架拆除作业必须由上而下逐层进行，严禁上、下同时作业；连墙件必须随脚手架逐层拆除，严禁先将连墙件整层或数层拆除后再拆脚手架；当分段拆除高差大于两步时，应增设连墙件加固。

(3)当脚手架拆至下部最后一根长立杆的高度(约为 6.5 m)时，应先在适当位置搭设临时抛撑加固后，再拆除连墙件。当单、双排脚手架采取分段、分立面拆除时，对不拆除的脚手架两端，应先按《建筑施工扣件式钢管脚手架安全技术规范》(JGJ 130—2011)第 6.4.4 条、第 6.6.4 条和第 6.6.5 条的有关规定设置连墙件和横向斜撑加固。

(4)架体拆除作业应设专人指挥，当有多人同时操作时，应明确分工、统一行动，且应具有足够的操作面。

(5)卸料时各构配件严禁抛掷至地面。

(6)运至地面的构配件应按《建筑施工扣件式钢管脚手架安全技术规范》(JGJ 130—2011)的规定及时检查、整修与保养，并应按品种、规格分别存放。

### 5.2.4 扣件式钢管脚手架的安全管理

(1)扣件式钢管脚手架安装与拆除人员必须是经考核合格的专业架子工。架子工应持证上岗。

(2)搭拆脚手架人员必须戴安全帽，系安全带，穿防滑鞋。

(3)脚手架的构配件质量与搭设质量应按《建筑施工扣件式钢管脚手架安全技术规范》(JGJ 130—2011)第 8 章的规定进行检查验收，并应确认合格后使用。

(4)作业层上的施工荷载应符合设计要求，不得超载。不得将模板支架、缆风绳、泵送混凝土和砂浆的输送管等固定在架体上；严禁悬挂起重设备，严禁拆除或移动架体上安全防护设施。

(5)当有六级强风及以上风、浓雾、雨或雪天气时应停止脚手架搭设与拆除作业。雨、雪后上架作业应有防滑措施，并应扫除积雪。

(6)夜间不宜进行脚手架搭设与拆除作业。

(7)脚手架的安全检查与维护，应按《建筑施工扣件式钢管脚手架安全技术规范》(JGJ 130—2011)第 8.2 节的规定进行。

(8)脚手板应铺设牢靠、严实，并应用安全网双层兜底。施工层以下每隔 10 m 应用安全网封闭。

(9)单、双排脚手架、悬挑式脚手架沿墙体外围应用密目式安全网全封闭，密目式安全网宜设置在脚手架外立杆的内侧，并应与架体结扎牢固。

(10)搭拆脚手架时，地面应设围栏和警戒标志，并应派专人看守，严禁非操作人员入内。

## 5.3 碗扣式钢管脚手架

学习强国小案例

**超级工程飞架三地**

2018年10月23日，港珠澳大桥正式开通。作为世界跨海大桥建设史上的超级工程，拥有400多项新专利、7项世界之最的港珠澳大桥，其整体设计和关键技术全部自主研发，科研创新可谓港珠澳大桥建设的题中之义。在桥梁的设计上，其不仅采用了当今世界最耐用、最优质的建造材料，而且采取了世界水平的海洋防腐抗震技术措施。所以说这一工程处处体现了我国综合国力的强大。集当今世界新科技和我国优秀的建造者参与建造的港珠澳大桥，实现了桥梁与隧道之间的转换，在隧道两端修建人工岛，这就构成了港珠澳大桥的"桥岛隧"相结合的建设方式。岛隧错落有致，线形优美，成为中国最美桥梁之一。不仅如此，港珠澳大桥还是一座具有生态美的桥梁，其在建造过程中实现了海洋环境"零污染"和白海豚"零伤亡"的目标。港珠澳大桥打通了整个粤港澳大湾区的道路交通网，在真正意义上形成了环珠江口轴线的三角形，以气贯长虹的"中国跨度"，飞越沧海百年的历史风云，展现出当代中国的风采。

碗扣式钢管脚手架是一种杆件轴心相交(接)的承插锁固式钢管脚手架，采用带连接件的定型杆件，组装简便，具有比扣件式钢管脚手架更强的稳定承载能力，不仅可以组装各式脚手架，而且更适合构造各种支撑架，特别是重载支撑架。

碗扣式钢管脚手架的核心部件是碗扣接头，它由焊在立杆上的下碗扣、可滑动的上碗扣、上碗扣的限位销和焊在横杆上的接头等组成，如图5-19所示。

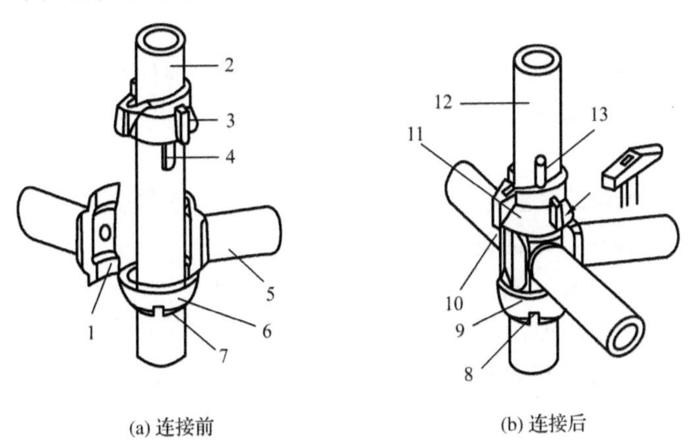

(a) 连接前　　(b) 连接后

图5-19　碗扣节点的构成

1—水平杆接头；2、12—立杆；3、11—上碗扣；4、13—限位销；5、10—水平杆；6、9—下碗扣；7—焊缝；8—流水槽

连接时，只需将横杆插入下碗扣内，将上碗扣沿限位销扣下，沿顺时针方向旋转，靠近上碗扣螺旋面使之与限位销顶紧，从而将横杆和立杆牢固地连接在一起，形成框架结构。碗扣式接

头可同时连接 4 根横杆，横杆既可以互相垂直也可以偏转成一定的角度，位置随需要确定。该脚手架具有多功能、多功效、承载力大、安全可靠、便于管理、易改造等优点。

## 5.3.1 碗扣式钢管脚手架主要组成部件的规格及其作用

碗扣式钢管脚手架的构配件按其用途可分为主构件、辅助构件、专用构件三类。

**1. 主构件**

主构件由立杆、顶杆、横杆、单排横杆、斜杆、底座六部分组成。

**2. 辅助构件**

辅助构件是用于作业面及附壁拉结等的杆部件。按其用途又可分成三类：用于作业面的辅助构件、用于连接的辅助构件、其他用途辅助构件。

**3. 专用构件**

专用构件是用作专门用途的构件，共有四类：支撑柱专用构件、提升滑轮、悬挑架、爬升挑梁。

## 5.3.2 碗扣式钢管脚手架的施工

**1. 组装顺序**

底座→立杆→横杆→斜杆→连墙件→接头锁紧→脚手板→上层立杆→立杆连接→横杆。

碗扣式钢管脚手架施工工艺

**2. 施工准备**

(1)脚手架施工前必须制订施工设计或专项方案，保证其技术可靠和使用安全。经技术审查批准后方可实施。

(2)脚手架搭设前工程技术负责人应按脚手架施工设计或专项方案的要求对搭设和使用人员进行技术交底。

(3)对进入现场的脚手架构配件，使用前应对其质量进行复检。

(4)构配件应按品种、规格分类放置在堆料区内或码放在专用架上，清点好数量备用。脚手架堆放场地排水应畅通，不得有积水。

(5)连墙件如采用预埋方式，应提前设计协商，并保证预埋件在混凝土浇筑前埋入。

(6)脚手架搭设场地必须平整、坚实、排水措施得当。

**3. 脚手架搭设**

(1)底座和垫板应准确地放置在定位线上；垫板宜采用长度不少于 2 跨、厚度不小于 50 mm 的木垫板；底座的轴心线应与地面垂直。

(2)脚手架搭设应按立杆、横杆、斜杆、连墙件的顺序逐层搭设，每次上升高度不大于 3 m。底层水平框架的纵向直线度应$\leqslant L/200$；横杆间水平度应$\leqslant L/400$。

(3)脚手架的搭设应分阶段进行，第一阶段的撂底高度一般为 6 m，搭设后必须经检查验收后方可正式投入使用。

(4)脚手架的搭设应与建筑物的施工同步上升，每次搭设高度必须高于即将施工楼层1.5 m。

(5)脚手架搭设到顶时，应组织技术、安全、施工人员对整个架体结构进行全面的检查和验收，及时解决存在的结构缺陷。

**4. 脚手架拆除**

(1)应全面检查脚手架的连接、支撑体系等是否符合构造要求,按技术管理程序批准后方可实施拆除作业。

(2)脚手架拆除前现场工程技术人员应对在岗操作工人进行有针对性的安全技术交底。

(3)脚手架拆除时必须划出安全区,设置警戒标志,派专人看管。

(4)拆除前应清理脚手架上的器具及多余的材料和杂物。

(5)拆除作业应从顶层开始,逐层向下进行,严禁上、下层同时拆除。

(6)连墙件必须拆到该层时方可拆除,严禁提前拆除。

(7)拆除的构配件应成捆用起重设备吊运或由人工传递到地面,严禁抛掷。

(8)脚手架采取分段、分立面拆除时,必须事先确定分界处的技术处理方案。

(9)拆除的构配件应分类堆放,以便于运输、维护和保管。

## 5.4 其他脚手架

学习强国小案例

**武康大楼变身记**

作为邬达克在上海的代表作品,武康大楼是上海最早的外廊式公寓建筑之一。建筑外形为法国文艺复兴式风格,外部最有特色的就是大面积清水砖墙以及水刷石的古典山花窗楣等丰富装饰。2018年年初,根据市委书记在上海加强城市管理精细化工作推进大会上的讲话精神,徐汇区围绕“三减三增”的基本理念以及“打造全球城市衡复样本”的总体目标,力争通过打造武康大楼示范性保护修缮工程,探索衡复风貌区的精细化管理工作,从而实现“建筑可阅读、街区可漫步、城市有温度”的美好愿景。为坚持“修旧如旧”这一原则,徐汇区调派能工巧匠,多次邀请专家到现场进行详细考证和研究。从而再现这一经典建筑的原有风貌。而在安全方面,随着大楼外立面附着物一再增多和顶层阳台铁涨及混凝土块脱落现象,徐汇区房管局也是在保护房屋的前提下,结合了当今的尖端科技为武康大楼的房屋安全提供了保障。借鉴衡复风貌区管委办这一平台,武康大楼区域性整体风貌得到了提升。徐汇区房管局计划将“武康大楼效应”在今后几年逐步向衡复风貌区整体辐射、延伸。

### 5.4.1 门式钢管脚手架

以门形、梯形以及其他变化形式钢管框架为基本构件,与连接杆(构)件、辅件和各种功能配件组合而成的脚手架,统称为“框组式钢管脚手架”。采用门形架(简称“门架”)者称为“门式钢管脚手架”,采用梯形架(简称“梯架”)者称为“梯式钢管脚手架”。框组式钢管脚手架可用来搭设各种用途的施工作业架子,如外脚手架、里脚手架、满堂脚手架、模板和其他承重支撑架、工作台等。

门式钢管脚手架施工工艺

**基本结构和主要部件**

门式钢管脚手架由门式框架(门架)、交叉支撑(十字拉杆)和水平架(平行架、平架)或脚手板构成基本单元(图 5-20)。将基本单元相互连接起来并增加梯子、栏杆等部件,即构成整片脚手架(图 5-21)。

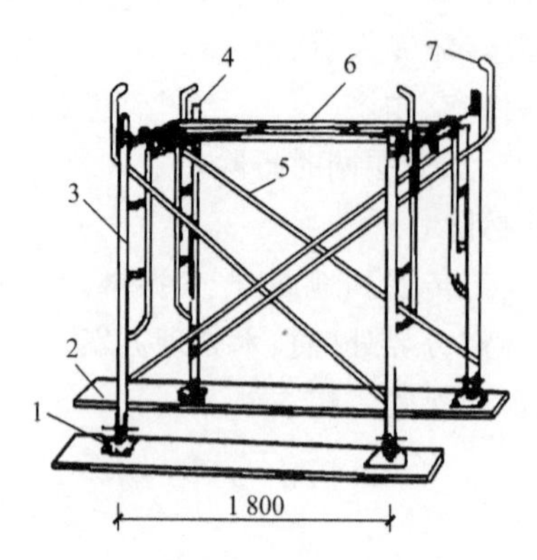


图 5-20 门式钢管脚手架的基本组成单元
1—螺旋基脚;2—木板;3 门架;4—连接器;
5—剪刀撑;6—平架;7—臂扣

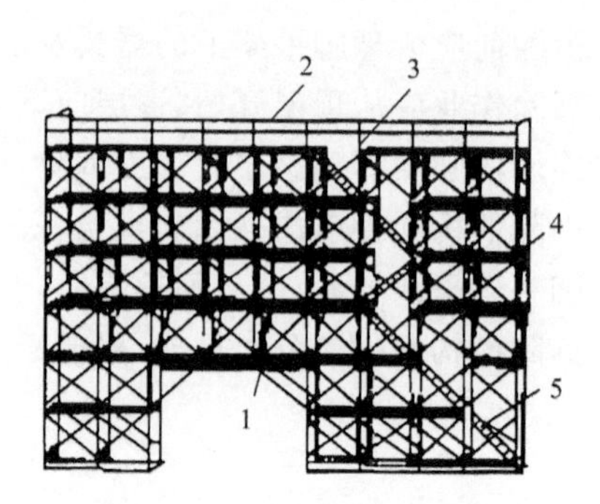


图 5-21 门式钢管外脚手架
1—栈桥梁;2—栏杆;3—栏杆柱;
4—脚手架;5—梯子

## 5.4.2 附着式升降脚手架

在高层、超高层建筑的施工中,凡采用附着于工程结构、依靠自身提升设备实现升降的悬空脚手架,统称为附着式升降脚手架。

(1)单跨(片)升降的附着式升降脚手架:即每次单独升降一节(跨)架体的附着式升降脚手架。

(2)整体升降的附着式升降脚手架:即每次升降 2 节(跨)以上架体乃至四周全部架体的附着式升降脚手架。

(3)互爬升降的附着式升降脚手架:即相邻架体互为支托并交替提升(或落下)的附着式升降脚手架,简称互爬式爬升脚手架。

互爬式爬升脚手架的升降原理如图 5-22 所示。

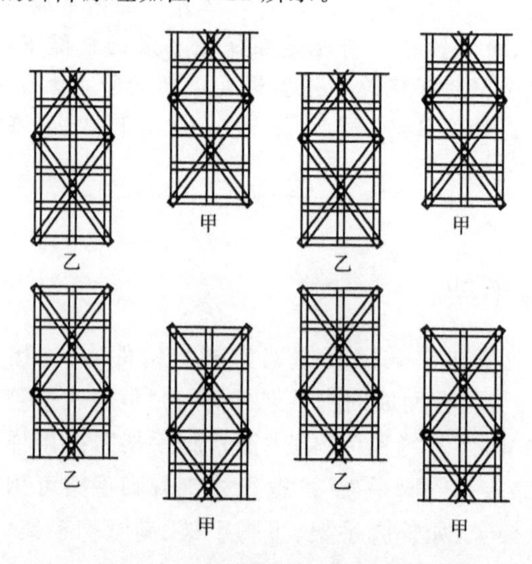


图 5-22 互爬式爬升脚手架的升降原理

# 5.5 脚手架工程冬雨季施工

## 脚手架工程冬雨季施工要点

(1)脚手架基础座的基土必须坚实,立杆下应设垫木或垫块,并有可靠的排水设施,防止积水浸泡地基。

(2)遇风力六级以上(含六级)强风和高温、大雨、大雾、大雪等恶劣天气,应停止脚手架搭设与拆除作业。风、雨、雾、雪过后要检查所有的脚手架、井架等架设工程的安全情况,发现倾斜、下沉、松扣、崩扣要及时修复,合格后方可使用。每次大风或大雨后,必须组织人员对脚手架、龙门架及基础进行复查,有松动应及时处理。

(3)要及时对脚手架进行清扫,并采取防滑和防雷措施,钢脚手架、钢垂直运输架均应可靠接地,防雷接地电阻不大于10 Ω。高于四周建筑物的脚手架应设避雷装置。

(4)雨季要及时排除架子基底积水,大风、暴雨后要认真检查,发现立杆下沉、悬空、接头松动等问题应及时处理,并经验收合格后方可使用。

(5)冬季施工前各类脚手架要加固,要加设防滑设施,及时清除积雪。

(6)当脚手架遇有下列情况之一时,应进行检查,确认安全后方可继续使用:

①遇有六级及以上强风或大雨过后。

②冻结的地基土解冻后。

③停用超过1个月。

④架体部分拆除。

⑤其他特殊情况。

学习强国小案例

**揭秘北京地铁新机场线建设亮点**

作为北京大兴国际机场“五纵两横”配套交通重点工程的北京轨道交通新机场线一期工程于2019年6月15日正式启动试运行。其对于连接北京市区和新机场,加速京津冀地区经济融合有着重要意义。而其中被称为“白鲸号”的无人驾驶列车也是集我国当前众多尖端科技于一身,将全自动运行系统能进一步提升城市轨道交通运行系统的安全与效率,进一步提高系统的可靠性、安全性、可用性、可维护性,提升系统应急处置水平,降低劳动强度的这一目标得到了实现。在车站、车辆段建设方面,新机场线还全部采用一体化建设模式,支撑引领空间的集约开发,让交通和公共服务配套更加便利,与城市景观深度融合。作为北京市轨道交通“十三五”规划中的一条骨干线路,新机场线将对加速京津冀地区经济融合、助力新引擎建设起到积极推进作用。2019年9月下旬,北京地铁新机场线一期伴随北京大兴国际机场开通运营,彰显出新时代新国门、新地铁的魅力。

# 5.6 BIM与脚手架工程

近年来，随着国内BIM技术的发展，国内建筑项目中的BIM技术应用越来越广泛，越来越成熟。那么BIM技术在脚手架施工中都有哪些应用呢？今天我们就一起来了解一下吧。

## 5.6.1 BIM技术在脚手架施工中的应用目标

通过BIM技术，按照落地脚手架模型创建及搭设施工方案要求，进行脚手架材料的精细化统计管理。对脚手架安全系统进行高度模拟保障，最大程度地降低施工风险，节约施工成本，提高施工质量。

## 5.6.2 BIM技术在脚手架施工中的内容

(1)脚手架各类族构建的创建。

(2)脚手架搭设方案、规范详细解读。

(3)脚手架精细化分阶段建模。

(4)脚手架材料使用量精细化统计。

(5)施工模拟，三维交底。

## 5.6.3 BIM技术在脚手架工程中的技术优势

(1)精准高效地验证、优化脚手架施工方案。

(2)通过精细化模型，指导脚手架规范化搭设，真正做到杜绝安全事故的发生。

(3)通过精细化模型，准确控制周转材料使用量，杜绝浪费现象，最大程度地降低材料成本。

(4)通过协同管理平台，以脚手架模型为载体，同时进行多个单位的技术、质量、安全管理，最大程度地降低脚手架施工的风险，提高施工效率与质量。

## 5.6.4 BIM技术应用成果

**1. 3D可视化审核**

支持整栋、整层、任意剖切三维显示，通过内置三维显示引擎可实现达到照片级的渲染效果，有助于技术交底和细节呈现(图5-23)。

**2. 智能计算布置**

内嵌结构计算引擎，协同规范参数约束条件实现基于结构模型自动计算脚手架/模板支架、智能布架，免去频繁试算、调整的困难(图5-24)。

**3. 生成材料用量表**

材料统计功能可按楼层、结构类别统计出混凝土、模板、钢管、方木、扣件、可调托座、脚手板、连墙件等用量，支持自动生成统计表，可导出Excel格式，便于实际应用(图5-25)。

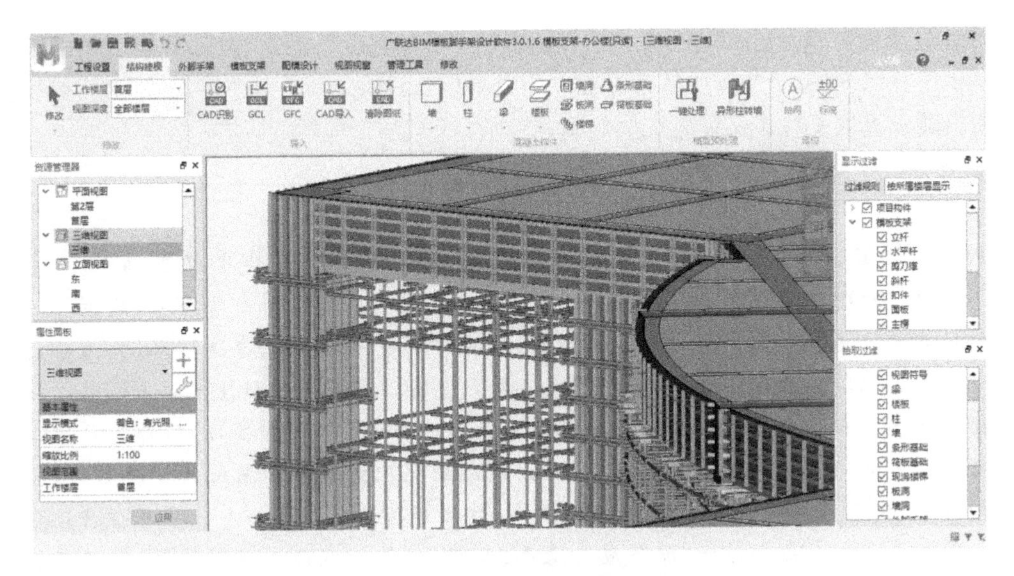

图 5-23 脚手架三维模型

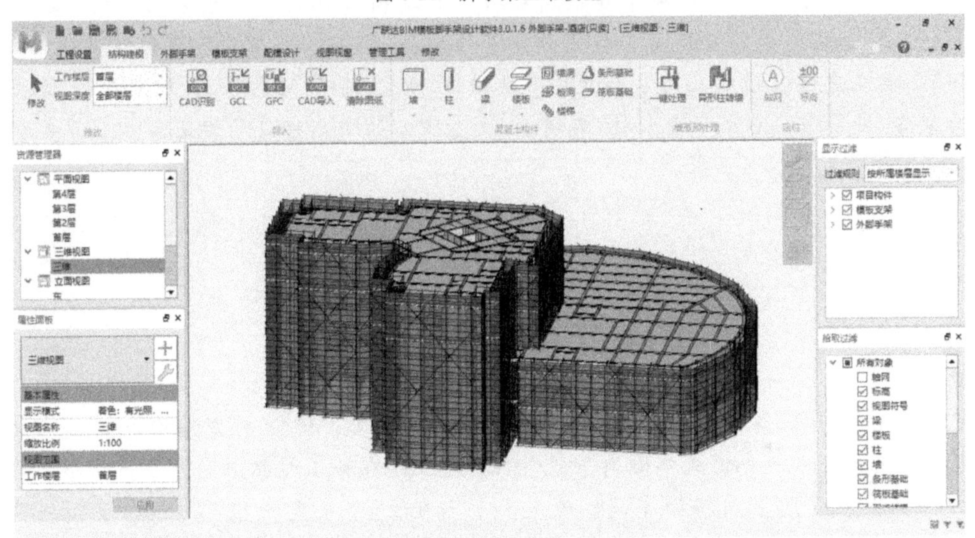

图 5-24 脚手架自动布置

文件(F) 查看(V) 操作

脚手架材料统计

| 序号 | 构件信息 | 单位 | 工程量 |
|---|---|---|---|
| 1 | 立杆 | m | 25052.099 |
| 2 | 水平杆 | | |
| 3 | 剪刀撑 | m | 5750.064 |
| 4 | 横向斜撑 | m | 1689.977 |
| 5 | 挡脚板 | m | 2228.836 |
| 6 | 防护栏杆 | m | 4457.673 |
| 7 | 安全网 | m² | 9567.879 |
| 8 | 连墙件 | 套 | 543 |
| 9 | 垫板 | | |
| 10 | 单扣件 | 个 | 32512 |
| 11 | 旋转扣件 | 个 | 2699 |

图 5-25 脚手架材料用量表

BIM技术的可视化、协调性、模拟性、优化性和可出图性等优点，为脚手架工程的精细化管理提供了技术支持，也为施工管理过程中的成本控制提供了新的技术手段，同时为脚手架工程的安全建设提供了可靠保证。

学习强国小案例

**绿色、智慧、健康——解码全国最大的数字化一体化智能建造可持续住区**

在建设中国特色社会主义先行示范区的深圳，有一个践行新发展理念，从设计到建造全过程集聚八位中国工程院院士的智慧，采用多种先进的绿色建造技术，致力于打造国家乃至世界级公共住房标杆的项目，这就是中建集团旗下中建科技实施REMPC一体化建造的深圳市长圳公共住房及其附属工程项目（以下简称长圳项目）。作为目前全国在建规模最大的装配式公共住房项目，全国最大的装配式装修和装配式景观社区，项目总投资58亿元，总建筑面积约116万平方米，建成后将提供近万套人才安居住房。该项目以高度的使命感与责任感，综合应用绿色、智慧、科技的装配式建筑技术，打造建设领域新时代践行发展新理念的城市建设新标杆。长圳项目作为国内最大的“十三五”国家重点研发计划绿色建筑及建筑工业化重点专项综合示范工程，在采用多种新型建造方式的同时，也在建造过程中采用了大量的尖端科技，加之实施“绿色生态、健康生活”的规划设计策略，使得该工程成了集科技、环境、人文为中心的中国建筑的新篇章。

## 思考与练习

**背景资料**

某新建站房工程，建筑面积为56 500 m²，地下一层，地上三层，框架结构，建筑总高24 m，总承包单位搭设了双排扣件式钢管脚手架（高度25 m），在施工过程中有大量材料堆放在脚手架上面，结果发生了脚手架坍塌事故。造成了1人死亡，4人重伤，1人轻伤，直接经济损失600多万元。

事故调查中发现了下列事件：

事件一：某一天安全员检查巡视正在搭设的双排扣件式钢管脚手架，发现部分脚手架钢管表面锈蚀严重，经了解是因为现场所堆材料缺乏标志，架子工误将堆放在现场内的报废脚手架钢管用到施工中。

事件二：双排脚手架连墙件被施工人员拆除了两处；双排脚手架同一区段，上下两层的脚手板堆放的材料重量均超过3 kN/m²。项目部对双排脚手架在基础完成后、架体搭设前，搭设到设计高度后，每次大风、大雨后等情况下均进行了阶段检查和验收，并形成了书面检查记录。

事件三：工程施工至结构四层时，该地区发生了持续两小时的暴雨，并伴有短时6～7级大风。风雨结束后，施工项目负责人组织有关人员对现场脚手架进行检查和验收，排除隐患后恢复了施工生产。

**问题：**

1. 事件一中，为防止安全事故发生，安全员应采取什么措施？

2. 指出事件二中的不妥之处，脚手架还有哪些情况下也要进行阶段检查和验收？

3. 事件三中，是否应对脚手架进行检查和验收？说明理由。还有哪些阶段应对脚手架及其地基基础进行检查和验收？

课题 5 思考与练习

## 拓展资源与在线自测

别墅建设项目落地脚手架工程施工方案

电动桥式脚手架技术

施工噪声控制技术

课题 5

# 课题 6

# 预应力混凝土工程施工

## 能力目标

能够理解预应力混凝土工程施工原理；能够正确选择预应力混凝土工程施工方法；能够正确选用预应力混凝土工程施工机具；能够进行预应力混凝土施工技术交底与安全交底；能够分析处理施工过程中的技术问题；能够正确评价施工质量。

## 知识目标

掌握先张法、后张法、无黏结预应力混凝土构件的施工工艺和质量控制方法；掌握预应力混凝土工程施工原理；了解预应力混凝土工程施工机具；掌握预应力混凝土工程施工的安全技术；熟悉预应力混凝土工程冬雨季施工要求；了解BIM技术在预应力混凝土工程施工中的应用。

## 素质目标

培养学生正确解决专业问题的能力；培养学生正确分析专业技术文件的能力；培养学生编制专业施工方案和制定专业施工流程的能力；培养学生使用信息化技术的能力；培养学生的团队精神和创新能力；引导学生探索预应力混凝土施工的“新材料、新设备、新工艺、新技术”，进而推动建筑行业的现代化和科技化发展进程；注重施工过程中的安全监管，利用“智能+”的人工智能管理为提升我国新型智慧城市的建设提供保障。

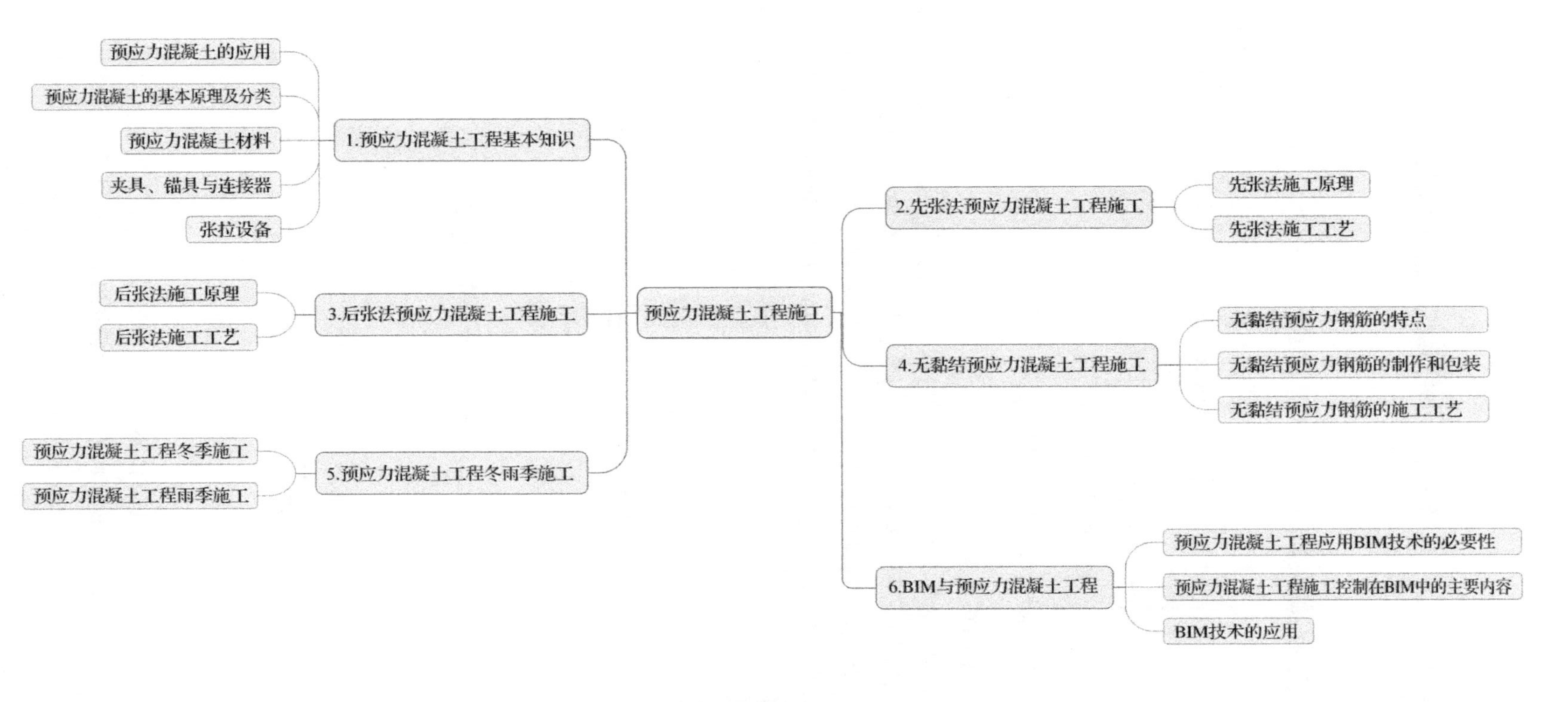
预应力混凝土工程施工
1.预应力混凝土工程基本知识
预应力混凝土的应用
预应力混凝土的基本原理及分类
预应力混凝土材料
夹具、锚具与连接器
张拉设备
2.先张法预应力混凝土工程施工
先张法施工原理
先张法施工工艺
3.后张法预应力混凝土工程施工
后张法施工原理
后张法施工工艺
4.无黏结预应力混凝土工程施工
无黏结预应力钢筋的特点
无黏结预应力钢筋的制作和包装
无黏结预应力钢筋的施工工艺
5.预应力混凝土工程冬雨季施工
预应力混凝土工程冬季施工
预应力混凝土工程雨季施工
6.BIM与预应力混凝土工程
预应力混凝土工程应用BIM技术的必要性
预应力混凝土工程施工控制在BIM中的主要内容
BIM技术的应用

课题 6　思维导图

# 6.1 预应力混凝土工程基本知识

## 6.1.1 预应力混凝土的应用

预应力混凝土工程是一门专项技术，广泛用于各种桥梁、工业与民用建筑、特殊结构等，另外应用锚杆技术的各类塔架、水坝、隧道等均离不开预应力专项技术。随着这项技术的不断发展，其应用前景将更加广泛。

与普通混凝土相比，预应力混凝土除了提高构件的抗裂性和刚度外，还具有减轻自重、增加构件的耐久性、用于大跨度结构、降低造价等优点。

## 6.1.2 预应力混凝土的基本原理及分类

**1. 预应力混凝土的基本原理**

预应力混凝土就是受外荷载作用前，在结构（构件）的受拉区预先施加压力而产生预压应力，当结构（构件）使用阶段因荷载作用产生拉应力时，要先全部抵消预压应力后才开始受拉，从而推迟了裂缝出现的时间（指外荷载更大时才能出现裂缝）并限制裂缝的开展，提高结构（构件）的抗裂性和刚度。非预应力构件和预应力构件的受力状态分别如图 6-1、图 6-2 所示。

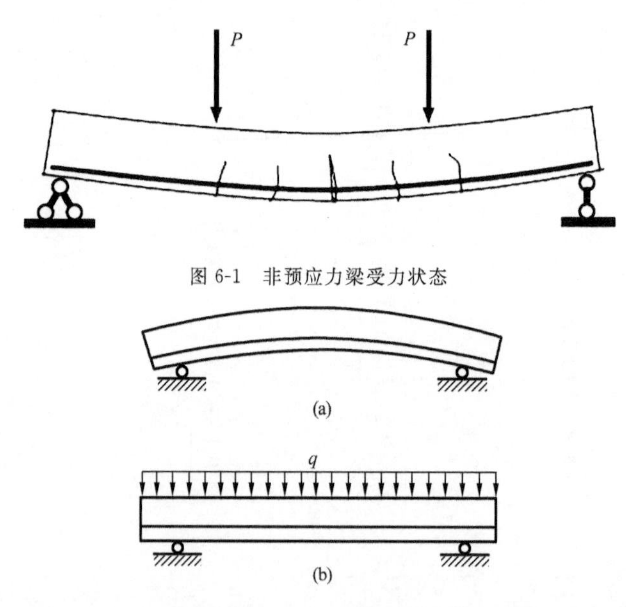


图 6-1 非预应力梁受力状态

图 6-2 预应力梁受力状态

**2. 预应力混凝土施工分类**

预应力混凝土按预应力的施工方法不同可分为先张法预应力混凝土和后张法预应力混凝土两大类。后张法预应力混凝土按预应力钢筋与混凝土之间是否有黏结作用，分为后张有黏结预应力混凝土和后张无黏结预应力混凝土两类；按钢筋张拉方式不同，可分为机械张拉、电热张拉与自应力张拉法；按预应力钢筋与混凝土之间是否允许相对滑动，可分为有黏结预应力和无黏结预应力两类。

先张法是在浇筑混凝土前，在台座(或钢模)上张拉预应力钢筋并用夹具临时固定，而后浇筑混凝土，待混凝土达到一定强度，保证预应力钢筋与混凝土有足够的黏结力时，放松预应力钢筋，借助预应力钢筋与混凝土间的黏结及预应力钢筋的回缩作用，对构件混凝土产生预压应力。先张法适用于定型的中小型构件，如空心板、屋面板、吊车梁、檩条等。

后张有黏结预应力混凝土是先生产混凝土结构或构件，同时预留孔道，待混凝土强度达到设计规定值后，在孔道内穿入预应力钢筋(也可采用先穿束法)进行张拉，并用锚具在结构或构件端部将预应力钢筋锚固，最后进行孔道灌浆。预应力钢筋的张拉力主要靠端部的锚具传递给混凝土，使混凝土产生预压应力。后张有黏结预应力混凝土既可用于制作生产大型预制构件，又可用于各类现浇结构。目前常用于现浇大跨度梁中。

后张无黏结预应力混凝土是指在预应力构件中的预应力钢筋与混凝土没有黏结力。预应力钢筋张拉力完全靠构件两端的锚具传递给构件，它属于后张法施工。其施工过程是先制作无黏结预应力钢筋，再将钢筋放入设计位置，然后直接浇筑混凝土并养护，待混凝土达到一定强度后张拉预应力钢筋，最后进行锚固。

### 6.1.3 预应力混凝土材料

学习强国小案例

**中国科学家研发高韧性混凝土 可弯曲拉伸**

浙江大学建筑工程学院徐世烺教授团队研发出一种高韧性纤维混凝土材料，具有高韧、控裂、耐久的特性，拉伸变形能力高达普通混凝土的800倍。与普通砂浆、混凝土容易脆性断裂的特性不同，高韧性混凝土最大裂缝宽度远小于0.1 mm，满足严酷条件下的耐腐蚀耐久性要求。该成果形成了具有重大创新价值的技术体系，具有自主知识产权，经过了工程验证。目前，高韧性混凝土已经实现规模化工业化生产，并在浙江新岭隧道、常山港特大桥等重大基础设施项目上得到应用。

**1. 混凝土**

选择混凝土等级时，应综合考虑施工方法、构件跨度、使用情况及钢筋种类等因素。《混凝土结构设计规范》(GB 50010—2010)(2015年版)规定预应力混凝土结构的混凝土强度等级不宜低于C40，且不应低于C30。

**2. 预应力钢筋**

常用的预应力钢筋有预应力钢丝、预应力钢绞线、预应力螺纹钢筋。

①预应力钢丝

预应力钢丝是采用优质碳素钢盘条经冷拔制成的。直径为4～12 mm。钢丝表面有光面的，也有的带螺旋肋，钢丝屈服强度为1 470～1 860 MPa。

②预应力钢绞线

预应力钢绞线是由多根平行的高强度钢丝以一根直径稍粗的钢丝为轴心，沿同一方向扭转，并经低温回火处理而成的(图6-3)。其规格有2、3、7股等，而最常用的是7股。预应力钢绞线可分为标准型钢绞线、刻痕钢绞线、模拔型钢绞线等。

③预应力螺纹钢筋

预应力螺纹钢筋是一种经热轧制成的带有不连续外螺纹的直条钢筋，该钢筋在任意截面

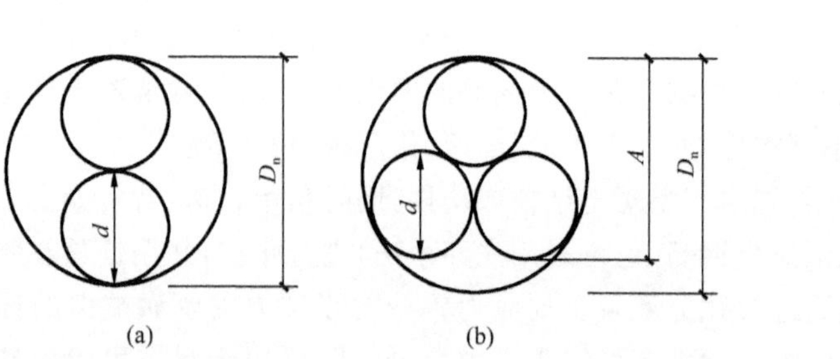


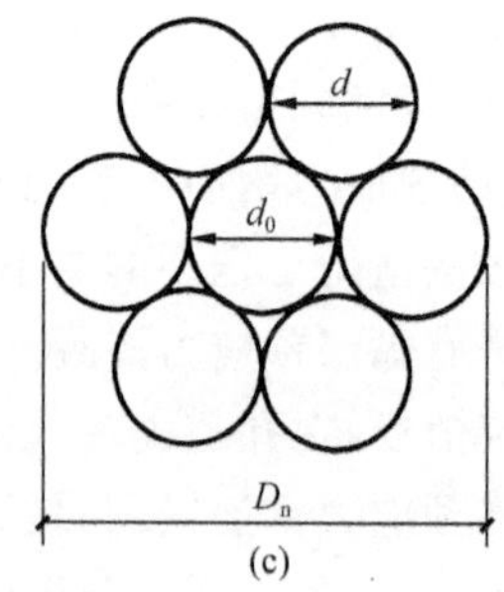


图 6-3 预应力钢绞线截面

处，均可用带有匹配形状的内螺纹连接器或锚具进行连接或锚固。

## 6.1.4 夹具和锚具

夹具和锚具是制作预应力混凝土构件时锚固预应力钢筋必不可少的工具。

**1. 夹具**

先张法中钢丝的夹具分为两类：一类是将预应力钢筋铺固在台座或钢模上的锚固夹具；另一类是张拉时夹持预应力钢筋用的张拉夹具。锚固夹具与张拉夹具都是重复使用的工具。夹具的种类繁多，此处仅介绍一些常用的钢丝夹具，如图 6-4 所示为钢丝用张拉夹具。

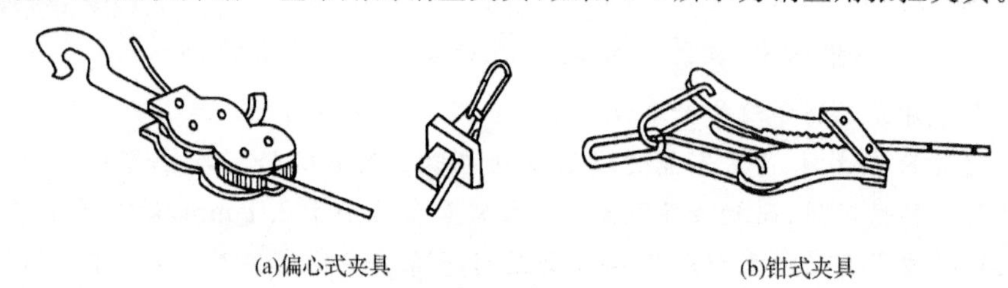


图 6-4 钢丝用张拉夹具

**2. 锚具**

(1)单根粗钢筋锚具

①螺丝端杆锚具。螺丝端杆锚具由螺丝端杆、垫板和螺母等组成，适用于锚固直径不大于 36 mm 的冷拉Ⅱ、Ⅲ级钢筋，如图 6-5 所示。螺丝端杆锚具可用在张拉端或固定端，与预应力钢筋对焊，对焊应在预应力钢筋冷拉之前进行。

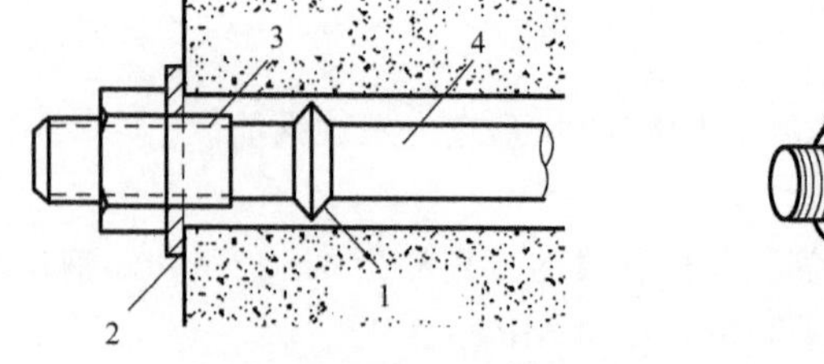


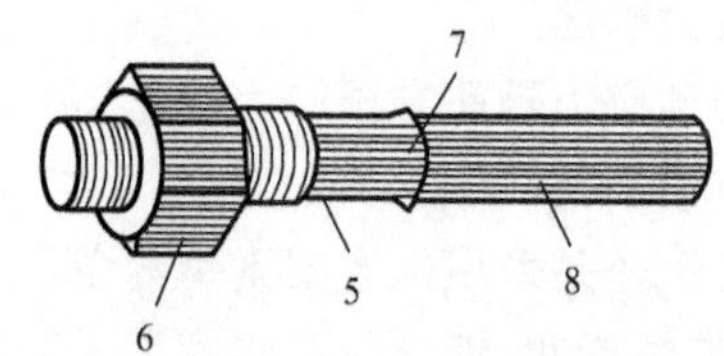


图 6-5 螺丝端杆锚具

1、7—对焊接头；2—垫板；3、5—螺丝端杆；4、8—钢筋；6—螺母

②帮条锚具。帮条锚具由一块正方形衬板与三根帮条组成，如图 6-6 所示。帮条采用与预应力钢筋同级别的钢筋。衬板采用普通低碳钢的钢板。帮条锚具的三根帮条呈 120°均匀布置，并垂直于衬板与预应力钢筋焊接牢固。焊接宜在预应力钢筋冷拉前进行。该锚具一般用在固定端。

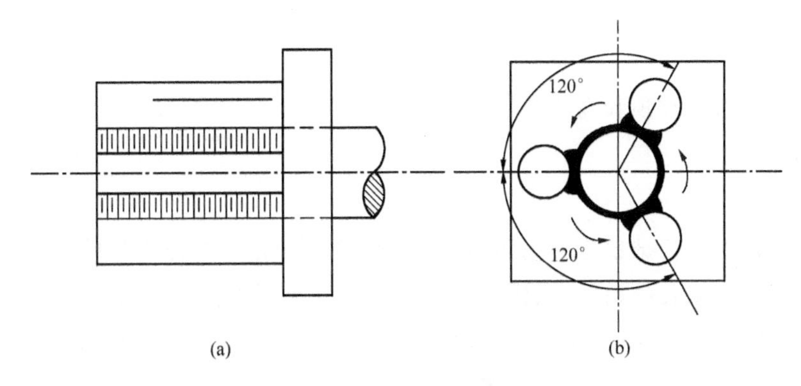


图 6-6　帮条锚具

(2)钢筋束、钢绞线束锚具

钢筋束、钢绞线束使用的锚具有 XM 型、QM 型、KT-Z 型、JM 型、OVM 型系列锚具以及镦头锚具等。目前较常用的有 XM 型、QM 型系列锚具。

(3)钢丝束锚具

由几根到几十根 $\phi3 \sim \phi5$ mm 的平行碳素钢丝作为预应力钢筋时，采用的锚具有钢质锥塞锚具、钢丝束镦头锚具、锥形螺杆锚具、XM 型锚具和 QM 型锚具等，下面主要介绍前三种。

①钢质锥塞锚具。钢质锥塞锚具由锚环锥和锚塞组成，如图 6-7 所示。钢丝分布在锚环锥内侧，由锚塞塞紧锚固。其缺点是钢丝直径误差较大时易产生单根滑丝现象，且很难补救。

②钢丝束镦头锚具。钢丝束镦头锚具分 DM5A 型和 DM5B 型两种，如图 6-8 所示。DM5A 型用于张拉端，由锚环和螺母组成。锚环的内外壁均有丝扣，内丝扣用于连接张拉螺杆。DM5B 型用于固定端。

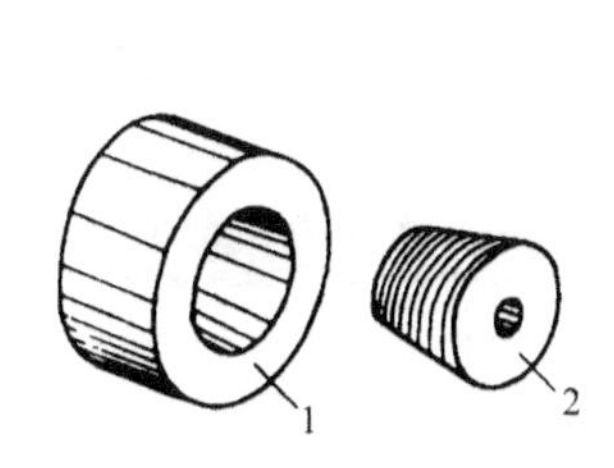


图 6-7　钢质锥塞锚具

1—锚环锥；2—锚塞

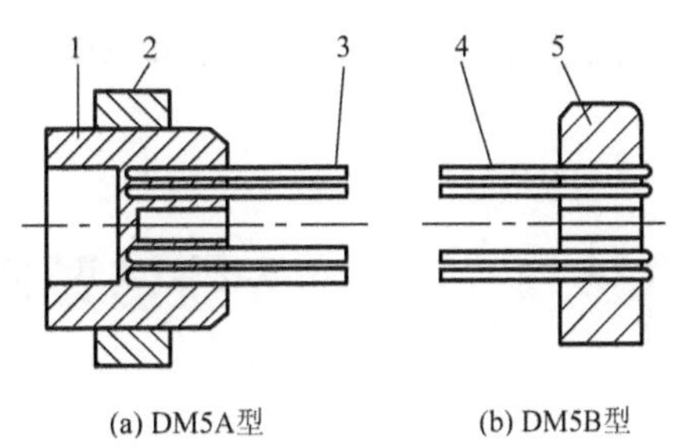


图 6-8　钢丝束镦头锚具

1—A 型锚环；2—螺母；3、4—钢丝束；5—锚板

③锥形螺杆锚具。锥形螺杆锚具由锥形螺杆、套筒、螺母和钢丝组成，如图 6-9 所示。

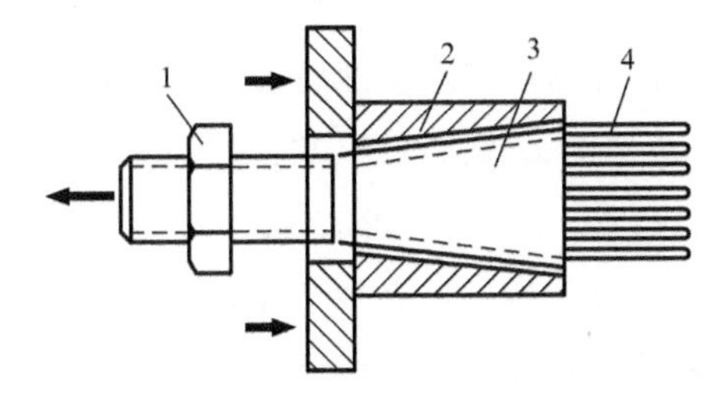


图 6-9　锥形螺杆锚具

1—螺母；2—套筒；3—锥形螺杆；4—钢丝

### 6.1.5 张拉设备

张拉设备主要有千斤顶和高压油泵。

**1. 千斤顶**

(1)千斤顶的选用

千斤顶的选用必须根据预应力钢筋及其锚具的类型确定。拉杆式千斤顶(YL型)主要用于张拉带有螺丝端杆锚具的粗钢筋、锥形螺杆锚具和镦头锚具的钢丝束。锥锚式千斤顶(Y2型)主要用于张拉KT-Z型锚具锚固的钢筋束或钢绞线束、钢质锥塞锚具的钢丝束。穿心式千斤顶(YC型)主要用于张拉采用JM12型、QM型、XM型系列锚具的钢丝束、钢筋束和钢绞线束。

(2)千斤顶的校验

千斤顶的校验应在具有检测条件和资格的部门进行。校验时应使千斤顶、油泵、油压表、油管等一起配套进行,校验期不应超过半年。在下列情况发生时应重新校验:新千斤顶初次使用前;油压表指针不能回零,更换新表后;千斤顶、油压表和油管进行更换或维修后;张拉时出现断筋而又找不到原因时;停放三个月后,重新使用之前;油压表受到摔碰等大的冲击时。

**2. 高压油泵**

高压油泵是千斤顶的动力源,与液压千斤顶配套使用,完成供油、回油过程。油泵的额定油压和流量,必须满足配套千斤顶的要求。后张有黏结预应力工程中常采用大吨位千斤顶,可选用ZB-630型、2ZB-500型、ZB-500型、2ZB10-326-80型等几种电动高压油泵。其中ZB-500型表示每分钟流量为4 L,额定油压为50 MPa。

## 6.2 先张法预应力混凝土工程施工

学习强国小案例

**某后张有粘结预应力混凝土框架结构设计实例**

在工业建筑设计中,后张有粘结预应力混凝土框架结构为常用的一种结构形式。本案例以某多层大跨工业厂房实际工程为背景,实践了预应力混凝土在超静定结构中的应用,设计中着重考虑了侧向约束、预应力筋张拉施工顺序及整个结构单元抗力目标协调一致性,使预应力筋及非预应力筋的选配更趋于合理,以满足结构的安全性、耐久性和经济性,可为类似工程提供参考。

## 6.2.1 先张法施工原理

先张法施工是在浇筑混凝土前张拉预应力钢筋并将张拉的预应力钢筋临时固定在台座或钢模上，然后浇筑混凝土，待混凝土达到一定强度(一般不低于设计强度标准值的 75%)，保证预应力钢筋与混凝土有足够的黏结力时，放张预应力钢筋，借助于混凝土与预应力钢筋的黏结，使混凝土产生预压应力。先张法施工如图 6-10 所示。

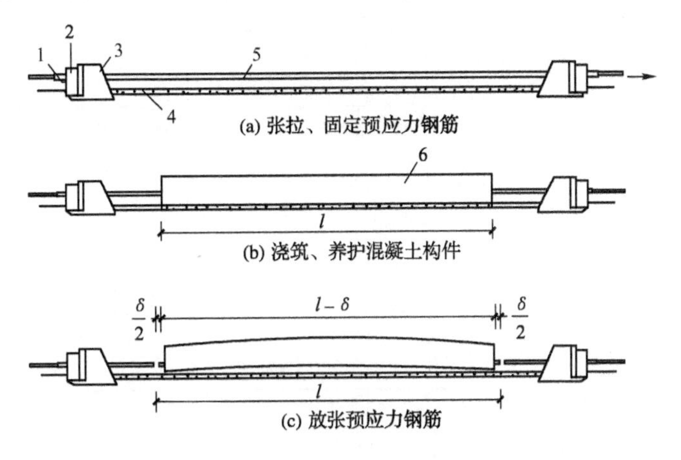


图 6-10 先张法施工

1—夹具；2—横梁；3—台座；4—预应力钢筋；5—台面；6—混凝土构件

## 6.2.2 先张法施工工艺

**1. 先张法施工工艺流程**

先张法施工工艺流程如图 6-11 所示。

**2. 台座及张拉设备**

(1)台座。常用的台座有墩式台座和槽式台座。墩式台座由台墩、台面与横梁组成，如图 6-12 所示。槽式台座由端柱、传力柱、柱垫、横梁和台面等组成，既可承受张拉力，又可做蒸汽养护槽，适用于张拉吨位较大的大型构件。

先张法施工工艺

(2)张拉设备。张拉设备有油压千斤顶、卷扬机、电动螺杆张拉机、弹簧测力计等。

**3. 预应力钢筋的铺设**

预应力钢筋铺设前先刷好台面的隔离剂，应选用非油类模板隔离剂，隔离剂不得使预应力钢筋受污，以免影响钢筋与混凝土的黏结。钢丝接长可借助钢丝拼接器，用 20～22 号铁丝密排绑扎。

**4. 预应力钢筋张拉应力的确定**

预应力钢筋的张拉控制应力应符合设计要求，施工如采用超张拉，可比设计要求高 5%。《混凝土结构设计规范》(GB 50010－2010)(2015 年版)规定预应力钢筋的张拉控制应力应符合表 6-1 的规定。

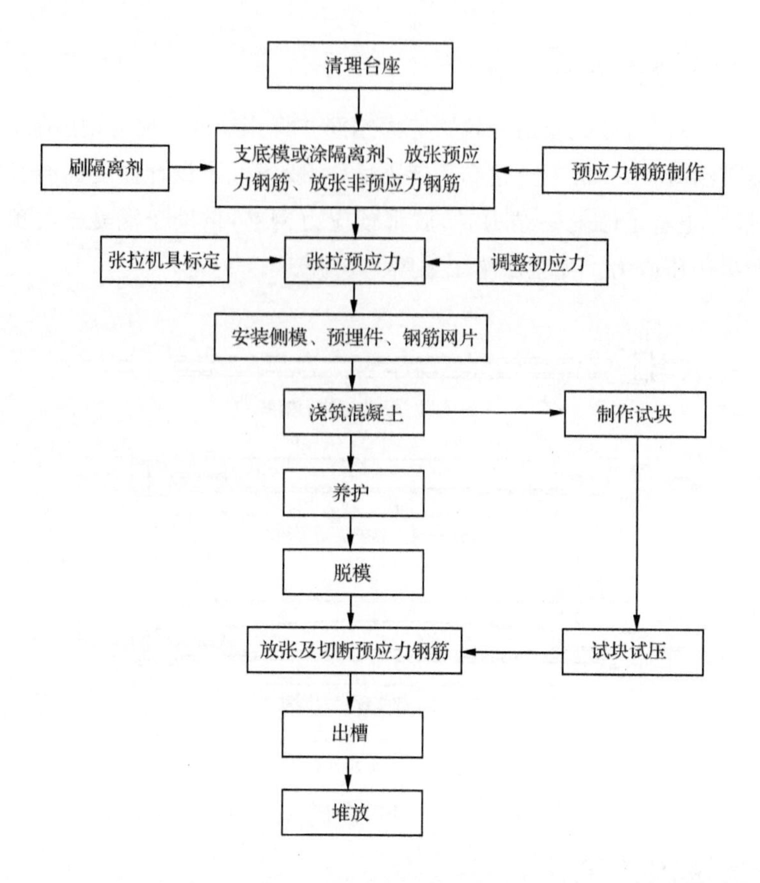


图 6-11 先张法施工工艺流程

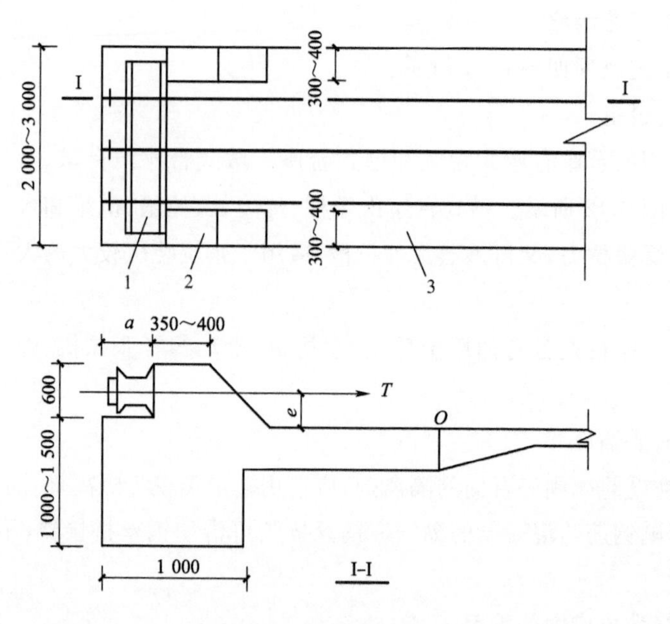


图 6-12 墩式台座

1—台墩；2—横梁；3—台面

表 6-1　　预应力钢筋的张拉控制应力

| 预应力钢筋类别 | 张拉控制应力 $\sigma_{con}$ |
| --- | --- |
| 清除应力钢丝、钢绞线 | $0.75f_{ptk}$ |
| 中强度预应力钢丝 | $0.70f_{ptk}$ |
| 预应力螺纹钢筋 | $0.85f_{pyk}$ |

注：$f_{ptk}$—预应力钢筋极限强度标准值；$f_{pyk}$—预应力螺纹钢筋屈服强度标准值。

施加预应力时，混凝土强度应符合设计要求，当设计无规定时，不宜低于设计的混凝土强度等级值的 75%。

**5. 预应力钢筋的张拉程序**

预应力钢筋的张拉一般可按下列程序之一进行：

$$0 \rightarrow 103\%\sigma_{con}$$

或

$$0 \rightarrow 105\%\sigma_{con}（持荷\ 2\ min）$$

在第一种张拉程序中，超张拉 3%，其目的是弥补预应力钢筋的松弛损失。

在第二种张拉程序中，超张拉 5%并持荷 2 min，其目的是减少预应力钢筋的松弛损失。

**6. 预应力钢筋的张拉要点**

钢筋张拉时应注意：多根成组张拉，应先调整各预应力钢筋的初应力，保证张拉完毕后各预应力钢筋的应力一致；为避免台座过大的偏心压力，应先张拉靠近台座重心处的预应力钢筋；拉速平稳，锚固松紧一致，设备缓慢放松；锚固时张拉端的预应力钢筋内缩量不得大于设计规定值；预应力钢筋位置与设计偏差不得大于 5 mm，并不大于构件截面短边长度的 4%；两端严禁站人，敲击楔块不得过猛。

**7. 混凝土浇筑与养护**

（1）浇筑。预应力钢筋张拉完毕后应立即浇筑混凝土，混凝土的浇筑应一次完成，不允许留设施工缝，混凝土的用水量和水泥用量必须严格控制，以减少混凝土由于收缩和徐变而引起的预应力损失。

（2）养护。当预应力混凝土构件在台座上进行湿热养护时，由于预应力钢筋张拉后锚固在台座上，温度升高时预应力钢筋膨胀伸长，使预应力钢筋的应力减小，在这种情况下混凝土逐渐硬化，而预应力钢筋由于膨胀伸长引起的应力损失不能恢复。因此，应采取正确的养护制度。

**8. 预应力钢筋的放张**

（1）放张要求。混凝土强度达到设计规定的数值（一般不小于混凝土标准强度的 75%）后，才可放张预应力钢筋；预应力钢筋放张应选用正确的方法和顺序，防止构件翘曲、开裂和断筋等。

（2）放张方法。配筋不多的中、小型构件，钢丝可用砂轮锯或切断机切断等方法放张预应力钢筋。钢筋数量较多时，可用千斤顶、砂箱、楔块等装置同时放张。

（3）预应力钢筋的放张顺序，如设计无规定，可按下列要求进行：

①轴心受预压的构件（如拉杆、桩等），所有预应力钢筋应同时放张。

②偏心受预压的构件（如梁等），应先同时放张预压应力较小区域的预应力钢筋，再同时放张预压应力较大区域的预应力钢筋。

③当不能满足上述要求时，应分阶段、对称、交错地放张，以防止在放张过程中构件弯曲、产生裂纹和预应力钢筋断裂。

# 6.3 后张法预应力混凝土工程施工

## 6.3.1 后张法施工原理

后张法施工是在浇筑混凝土构件时，在放置预应力钢筋的位置处预留孔道，待混凝土达到一定强度(一般不低于设计强度标准值的 75%)，将预应力钢筋穿入孔道中并进行张拉，然后用锚具将预应力钢筋锚固在构件上，最后进行孔道灌浆。后张法施工如图 6-13 所示。

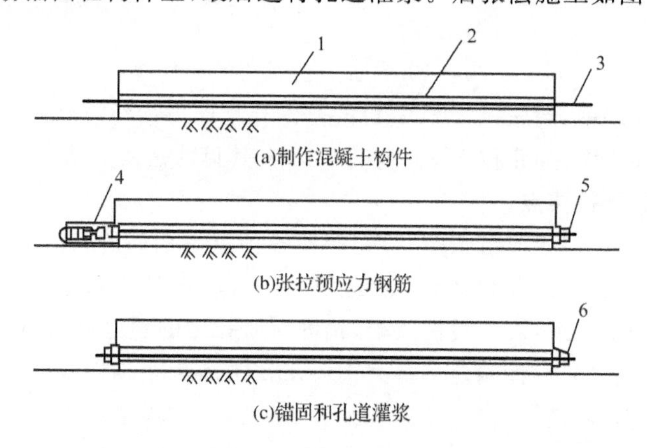


图 6-13 后张法施工

1—混凝土构件；2—预留孔道；3—预应力钢筋；4—千斤顶；5、6—锚具

学习强国小案例

**预应力钢筒混凝土管——筑起现代的“地下长城”**

预应力钢筒混凝土管(PCCP)是一种由混凝土及带承插口的钢筒构成管芯，在其外部缠绕高强度预应力钢丝并在其外侧喷射保护层砂浆而制成的复合型管材，它充分利用混凝土、砂浆的抗压、抗腐蚀性能及钢材的抗拉和密封性能，因此 PCCP 能够承受较高的内水压力及外部荷载。据不完全统计，全国主要 PCCP 生产企业共计生产 PCCP 总里程 17 000 km，折算 DN1600 标准管总长度 30 352 km，是黄河总长度的 5.4 倍，长江总长度的 4.6 倍。在 PCCP 的发展历程中，我国几代 PCCP 管道工程建设者们坚守使命，砥砺奋进，勇于创新，让一个个大型输水调水重点工程变成了一个又一个中国 PCCP 管道工程的丰碑，不断创造着 PCCP 管道最长里程、最大工压、最大管径等 PCCP 中国之最、亚洲之最、世界之最，为世界 PCCP 管道工程树立了“中国标杆”。

## 6.3.2　后张法施工工艺

**1. 后张法施工工艺流程**

后张法有黏结预应力混凝土施工工艺主要有预应力钢筋制作、孔道留设、预应力钢筋穿束、预应力钢筋张拉以及孔道灌浆等。用于现浇结构中时，其施工工艺流程如图6-14所示。

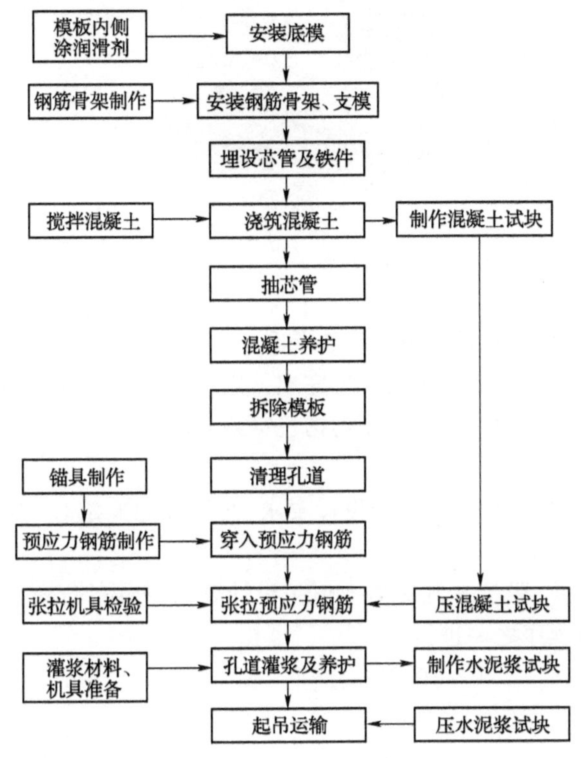


图6-14　后张法有黏结预应力混凝土施工工艺流程

后张法施工工艺

**2. 预应力钢筋制作**

用钢绞线作为预应力钢筋，其制作一般包括下料计算、切割、切口处理、组装挤压锚具(当为双端张拉时无此工序)和编束等工作。钢绞线应采用连续无接头的通长筋，计算下料长度。

**3. 孔道留设**

孔道留设有钢管抽芯法、胶管抽芯法和预埋波纹管法。

(1)钢管抽芯法。制作后张法有黏结预应力混凝土构件时，在预应力钢筋位置预先埋设钢管，待混凝土初凝后再将钢管旋转抽出的留孔方法称为钢管抽芯法。为防止在浇筑混凝土时钢管产生位移，每隔1.0 m用钢筋井字架固定牢靠。钢管接头处可用长度为30～40 cm的铁皮套管连接。在混凝土浇筑后，每隔一定时间慢慢转动钢管，使之不与混凝土黏结，待混凝土初凝后、终凝前抽出钢管，即形成孔道。钢管抽芯法仅适用于留设直线孔道。

(2)胶管抽芯法。制作后张法有黏结预应力混凝土构件时，在预应力钢筋位置预先埋设胶管，待混凝土结硬后再将胶管抽出的留孔方法称为胶管抽芯法。此法采用5～7层帆布胶管。为防止在浇筑混凝土时胶管产生位移，直线部分每隔60 cm用钢筋井字架固定牢靠，曲线部分应适当加密。胶管两端应有密封装置。在浇筑混凝土前，胶管内充入压力为0.6～0.8 MPa的压缩空气或压力水，管径增大约3 mm。待浇筑的混凝土初凝后，放出压缩空气或压力水，管径缩小,混凝土脱开,随即拔出胶管。胶管抽芯法适用于留设直线与曲线孔道。

(3)预埋波纹管法。预埋波纹管法适用于直线、曲线和折线孔道,更适用于现浇结构,目前应用较为普遍。金属波纹管是用冷轧钢带或镀锌钢带在卷管机上压波后螺旋咬合而成的,如图 6-15 所示。

图 6-15 金属波纹管

**4. 预应力钢筋穿束**

预应力钢筋穿入孔道,简称穿束。根据穿束与浇筑混凝土之间的先后关系,可分为先穿束法和后穿束法两种。先穿束法和后穿束法均可由人工完成。但对于超长束、特重束、多波曲线束等整束穿的情况,当人力穿束确有困难时,可采用卷扬机穿束或用穿束机穿束。

**5. 预应力钢筋张拉**

后张法张拉预应力钢筋时,混凝土强度应符合设计要求,当设计无规定时,不应低于混凝土设计强度等级的 75%。

(1)张拉控制应力和张拉程序。张拉控制应力取值按设计要求,并应符合表 6-1 的规定。预应力钢筋的张拉程序可按下列程序之一进行:

$$0 \rightarrow 103\%\sigma_{con}$$

或

$$0 \rightarrow 105\%\sigma_{con}(\text{持荷 } 2\ \text{min}) \rightarrow \sigma_{con}$$

(2)张拉顺序。张拉应使构件不扭转与侧弯,不产生过大偏心力,也不应使结构产生较大的不利影响,因此张拉顺序应按设计要求确定。预应力钢筋一般应对称张拉。当配有多束预应力钢筋而不能同时张拉时,应分批、分阶段对称张拉。

分批张拉时,由于后批张拉力的作用,使混凝土再次产生弹性压缩,导致先批预应力钢筋应力下降。施工时,可通过计算确定应力损失值并加到先批张拉的应力中去,也可在后批张拉后对先批预应力钢筋逐束补足。

(3)预应力值的校核和伸长值的测定。预应力钢筋的实际应力值测定也可在张拉锚固 24 h 后、孔道灌浆前重新张拉,测读前、后两次应力值之差,即钢筋预应力损失。

**6. 孔道灌浆**

预应力钢筋张拉完毕后,应进行孔道灌浆。其目的是防止预应力钢筋锈蚀,增加结构的整体性和耐久性,改善结构出现裂缝的状况,提高结构的抗裂性。

孔道上应设置灌浆孔、排气孔、排水孔与泌水管。灌浆孔和排气孔应设置在构件两端及跨中处或锚具处,孔距不宜大于 12 m;排水孔设在每跨曲线孔道的最低点,开口向下,便于排水;泌水管设在每跨曲线孔道的最高点,开口向上;灌浆顺序先下后上,至最高点排气孔排尽空气并溢出浓浆为止。

# 6.4　无黏结预应力混凝土工程施工

学习强国小案例

**和谐理念与建筑“三性”**

中华传统建筑文化，尤其是其中的和谐理念，是我们从事现代建筑设计可资借鉴的宝贵财富。现代建筑设计师应将和谐理念与现代生活和科学技术紧密结合，设计出富有中国特色和时代精神的现代建筑。这需要高度重视建筑的地域性、文化性、时代性。建筑的地域性、文化性、时代性是一个和谐统一的整体。地域性是建筑赖以生存的根基，文化性体现建筑的内涵和品位，时代性体现建筑的发展趋势。新形势下，中国建筑设计要不断发展，走向世界，需要培养一大批有文化自信和国际视野的建筑设计人才。

无黏结预应力混凝土是指在预应力构件中的预应力钢筋与混凝土没有黏结力，预应力钢筋的张拉力完全靠构件两端的锚具传递给构件，它属于后张法施工。

## 6.4.1　无黏结预应力钢筋的特点

**1. 构造简单，自重轻**

不需要预留预应力钢筋孔道，适合构造复杂、曲线布筋的构件，构件尺寸减小，自重减轻。

**2. 施工简便，设备要求低**

无须预留管道、穿筋灌浆等复杂工序，在中小跨度桥梁制造中代替先张法可省去张拉支架，简化了施工工艺，加快了施工进度。

**3. 预应力损失小，可补拉**

预应力钢筋与外护套间设防腐油脂层，张拉摩擦损失小，使用期预应力钢筋可补张拉。

**4. 抗腐蚀能力强**

涂有防腐油脂且外包 PE 护套的无黏结预应力钢筋，具有双重防腐能力，可避免因压浆不密实而可能发生的预应力钢筋锈蚀等危险。

**5. 抗疲劳性能好**

无黏结预应力钢筋与混凝土纵向可相对滑移，使用阶段应力幅度小，无疲劳问题。

## 6.4.2　无黏结预应力钢筋的制作和包装

**1. 无黏结预应力钢筋的制作**

无黏结预应力钢筋是采用专用防腐润滑油脂和塑料涂包的单根预应力钢绞线，其与被施加应力的混凝土之间可保持相对滑动。

无黏结预应力钢筋采用挤压涂塑工艺制作而成，即外包聚乙烯或聚丙烯套管，内涂防腐建筑油脂，经挤压机挤出成型。塑料包裹层一次成型在钢绞线或钢丝束上。无黏结预应力钢筋截面如图 6-16 所示。

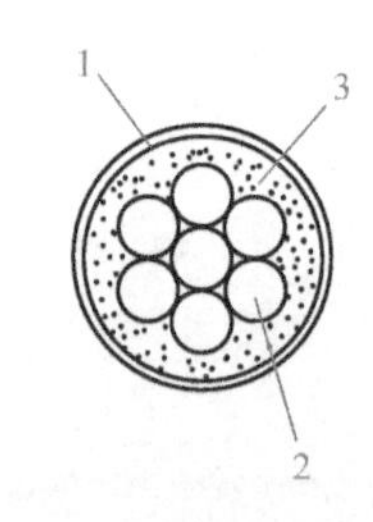

图 6-16　无黏结预应力钢筋截面
1—塑料套管；2—钢绞线或钢丝束；3—防腐建筑油脂

用于制作无黏结预应力钢筋的钢材由 7 根直径为 5 mm 或 4 mm 的钢丝绞合而成，或由 7 根直径为 5 mm 的碳素钢丝束组成，其质量应符合现行国家标准规定。

**2. 无黏结预应力钢筋的包装**

无黏结预应力钢筋出厂产品应有质量保证书，产品上应有明显标牌，标牌上应注明：产品名称、规格、标记、数量、商标、厂名和生产日期。产品出厂必须有妥善包装。当有特殊要求时，包装材料和包装方法按供需双方协商确定。

无黏结预应力钢筋在成品堆放期间，应按不同规格分类成捆、成盘挂牌，整齐堆放在通风良好的仓库中。露天堆放时，严禁放置在受热影响的场所，应搁在支架上，不得直接与地面接触，并覆盖雨布。在成品堆放期间严禁碰撞、踩压。

## 6.4.3　无黏结预应力混凝土施工工艺

无黏结预应力钢筋的施工工艺流程：制作无黏结预应力钢筋→将钢筋放入设计位置→直接浇混凝土并养护→张拉钢筋→锚固。

**1. 无黏结预应力钢筋的铺设及混凝土浇筑**

无黏结预应力钢筋铺设之前，应及时检查其规格尺寸和数量。逐根检查并确认其端部组装配件可靠无误后，方可在工程中使用。

后张法无黏结预应力混凝土施工工艺

张拉端端部模板预留孔应按施工图中规定的无黏结预应力钢筋的位置编号和钻孔。张拉端的承压板应采用可靠的措施固定在端部模板上，且应保持张拉作用线与承压板面垂直。

**2. 无黏结预应力钢筋的张拉**

预应力钢筋张拉时，混凝土强度应符合设计要求，当无要求时，混凝土强度达到设计强度的 75%时方可开始张拉。无黏结预应力钢筋的张拉控制应力不宜超过$0.75f_{ptk}$，并应符合设计要求。

张拉程序一般采用 0→103%$\sigma_{con}$。

张拉顺序应符合设计要求，当无设计要求时，可采用分批、分阶段对称张拉或依次张拉。一般根据其铺设顺序，先铺设的先张拉，后铺设的后张拉。

# 6.5 预应力混凝土工程冬雨季施工

学习强国小案例

**林同炎："预应力混凝土先生"**

林同炎，美籍华裔桥梁、结构工程学家。1912 年出生于福建省福州市，14 岁进入唐山交通大学土木工程系，开始跟"混凝土"打交道。18 岁留学美国，20 岁时，他写的论文《力矩分配法》被命名为"林氏法"。多年后，林同炎成为一代名师，仍常常提及此事，说道："我忘不了祖国，也忘不了我的老师！"

## 6.5.1 预应力混凝土工程冬季施工

当昼夜平均气温连续 3 天低于 5 ℃或最低气温低于－3 ℃时，混凝土、钢筋混凝土、预应力混凝土等工程施工应按冬季施工处理，采用冬季施工措施。混凝土冬季施工的关键问题是如何根据不同的温差、不同的部位，采取不同的加热保温等技术措施，确保混凝土在低于 5 ℃环境中的施工质量。

**1. 钢筋的对焊、冷拉**

钢筋的对焊及冷拉由于在室外进行，当外界气温的最低温度低于－2 ℃时，应停止对焊施工，避免过低的负温对钢筋焊接质量产生影响。焊接后的接头严禁立刻接触冰雪，并尽量减小焊件与外界环境的温度差。当外界环境的温度低于－15 ℃时，应停止冷拉施工，避开类似恶劣天气，选在气温较高的白天施工，一般能满足规范对气温的要求。

**2. 混凝土施工**

(1)混凝土的配制

混凝土的配制宜优先选用硅酸盐水泥、普通硅酸盐水泥，水泥的强度等级不宜低于 42.5，水胶比不宜大于 0.5。

(2)混凝土的搅拌

当混凝土入模温度低于 5 ℃时，首先考虑对拌和用水加热，根据现场实际情况可在拌和用水的水池内放入一较大功率的电热水器，每次灌注混凝土时，提前往罐内注入每片梁所需水量，然后用 6 kW 左右的电热水器加热，保证入模温度不低于 5 ℃。在对拌和用水加热时，拌和用水的最高温度不得超过表 6-2 的规定。

**表 6-2　　拌和用水及骨料的最高温度　　℃**

| 项　目 | 拌和用水 | 骨料 |
| --- | --- | --- |
| 强度等级小于 52.5 的普通硅酸盐水泥、矿渣硅酸盐水泥 | 80 | 60 |
| 强度等级等于及大于 52.5 的普通硅酸盐水泥、矿渣硅酸盐水泥 | 60 | 40 |

水泥不加热，应储藏于室内，保持与室内同温。水加热至所需温度后开始搅拌，并按砂石、水、水泥的顺序进行，不得颠倒，以免发生假凝现象。

冬季施工用的混凝土，为保证其和易性和流动性，应稍加延长拌和时间，但因采取热拌工艺，拌和时间太长也会影响混凝土质量和参数，混凝土搅拌时间一般较常温时延长50%。开盘第一次投料前，先用热水冲洗搅拌机及混凝土运输灰斗，并严格控制混凝土的配合比和坍落度。

(3)混凝土的运输和浇筑

混凝土的运输时间应尽可能缩短，以保证混凝土的入模温度。混凝土在浇筑前应清除模板、钢筋上的冰雪和污垢，并尽量缩短混凝土在浇筑过程中的停放时间。

(4)封锚混凝土

封锚混凝土的施工同梁体混凝土，主要是对拌和用水加热，灌注前用热水将凿毛处冲洗干净，灌注完毕后立即将其覆盖，以免受冻。

(5)混凝土的养护

冬季施工期间，用硅酸盐水泥或普通硅酸盐水泥配制的混凝土，在抗压强度达到设计强度的40%及5 MPa(C50混凝土为20 MPa)前，不得受冻。为保证结构物强度在达到规范规定数值前不受冻，在混凝土浇筑完毕后，采取搭棚加温养护的措施，先盖上一层棚布，外面再覆盖一层具有保温性能的草帘，每处接缝及梁两端口处用扎丝绑扎连接到一起，保证覆盖严密、不透风，之后立即将事先准备好的电热蒸汽炉放入棚内，如棚内气温仍低于5 ℃，则需在棚内加设火炉，火炉的数量根据棚内实际温度斟情而定，并确定做好防火、防煤气中毒措施。如棚内湿度不足，则应向混凝土面及模板上洒水，以确保棚内保持一定的湿度。

### 6.5.2 预应力混凝土工程雨季施工

(1)硬化施工现场，修建临时排水设施，保证施工运输畅通，雨季作业的场地不被洪水淹没并能及时排除地面水。

(2)认真做好防汛工作，备足备齐雨季施工材料和防雨物品，做好物资设备的防湿防潮工作，确保雨季正常施工。

(3)钢筋加工存放场、水泥库等应建在地势较高处，保证钢筋不生锈，水泥库不受潮，可采用下垫上覆盖方式。

(4)对机电设备要进行经常性检修并采取防雨措施，确保设备性能良好，线路不发生漏电、断电等情况。

(5)雨季施工时经常检测砂石料的含水率，及时调整砂浆、混凝土配合比，确保计量准确。

(6)混凝土工程施工完毕及时覆盖养护，终凝前避免受雨水冲刷。混凝土的浇筑，应事先做好施工组织，选在无大雨的期间进行，并备有防雨设施。

# 6.6　BIM 与预应力混凝土工程

学习强国小案例

**以“智能＋”推进和优化智慧城市标准**

2019 年政府工作报告指出，要打造工业互联网平台，拓展“智能＋”，为制造业转型升级赋能。这是人工智能连续三年被写入政府工作报告中，同时也是人工智能首次升级为“智能＋”国家战略。人工智能和互联网、大数据、物联网等一起构成了智慧城市的核心板块，“智能＋”则将人工智能与产业发展、经济转型、社会治理、文化消费、城市创新等更加密切地结合在一起。在此背景下，我们不能将“智能＋”简单理解为一个技术产业或平台，而应将其作为开展智慧城市规范治理、促进新型智慧城市建设的重要理念和重要手段，以推进和优化智慧城市标准为切入点，不断提升我国新型智慧城市的建设质量。

近年来，BIM 技术、仿真分析技术和监测技术在建筑的施工过程中得到了广泛的应用。为了满足预应力空间结构的施工需求，可把上述技术结合起来，实现学科交叉，建立一套完整的全过程施工控制及监测技术，从而保证结构的合理安全施工。

## 6.6.1　预应力混凝土工程应用 BIM 技术的必要性

针对预应力空间结构的特点，开展基于 BIM 的预应力结构施工全过程控制及监测成套技术研究，是非常有意义和必要的。具体表现为以下几个方面：

(1)BIM 技术能简化预应力结构分析过程，对施工过程的安全性能进行连续动态的分析和 4D 可视化模拟，具有准确性、快捷性和及时性。

(2)采用先进的全过程施工控制方法和现代结构分析手段，对结构施工全过程进行仿真分析。

(3)开展基于 BIM 技术的三维可视化动态监测技术，对施工过程进行实时施工监测，可以及时了解结构的受力和运行状态。

## 6.6.2　预应力混凝土工程施工控制在 BIM 中的主要内容

(1)研究 BIM 技术在预应力结构施工中的应用，基于 BIM 平台，以实际工程为例，定义与施工过程和时间相关的信息，建立 3D 施工过程模型。

(2)以施工进度为时间维度，编制相应的扩展数据接口，建立 4D 信息模型和 4D 施工管理系统。

(3)基于 ANSYS 平台，进行施工全过程仿真分析二次开发，确定适应施工全过程控制的目标体系，建立施工全过程仿真分析系统。

(4)开发相应程序，把基于 BIM 技术建立的 4D 施工管理系统引入施工全过程仿真分析平台中，并和监测与安全评价系统有效结合起来，最终形成施工全过程控制系统。

## 6.6.3 BIM 技术的应用

### 1. 基于 BIM 模型工程量复核

在 Revit 模型中利用明细表功能按体积、族类别、标高等方式统计预应力构件各节段混凝土的土方量，可以精确地指导进料、造价等，实现工程精细化管理，如图 6-17 所示。

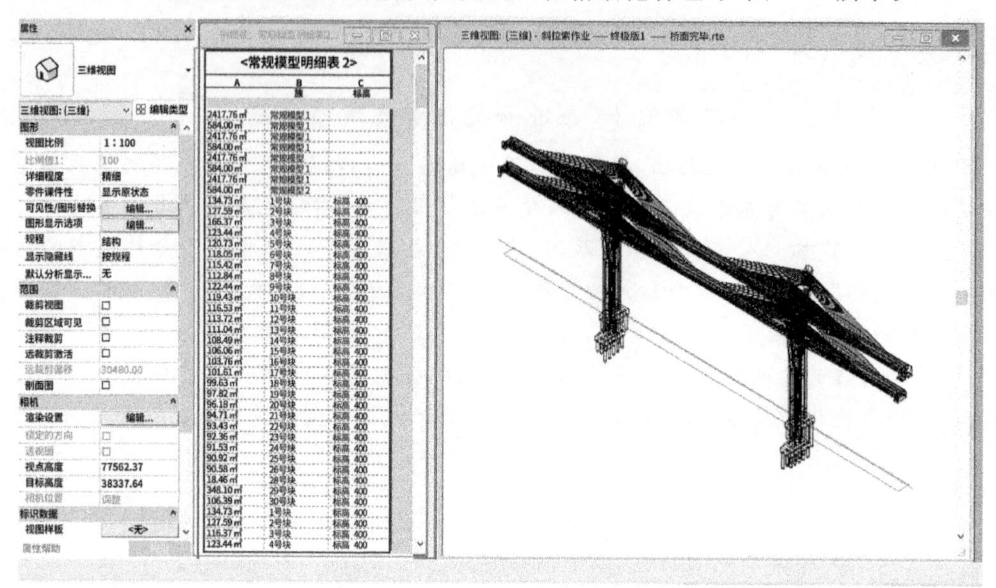


图 6-17　BIM 模型工程量复核

### 2. 施工阶段索力优化

利用 Midas civil 的未闭合配合力功能对图纸中施工阶段的索力进行优化，减小了施工过程中部分节段底板的拉应力，如图 6-18 所示。

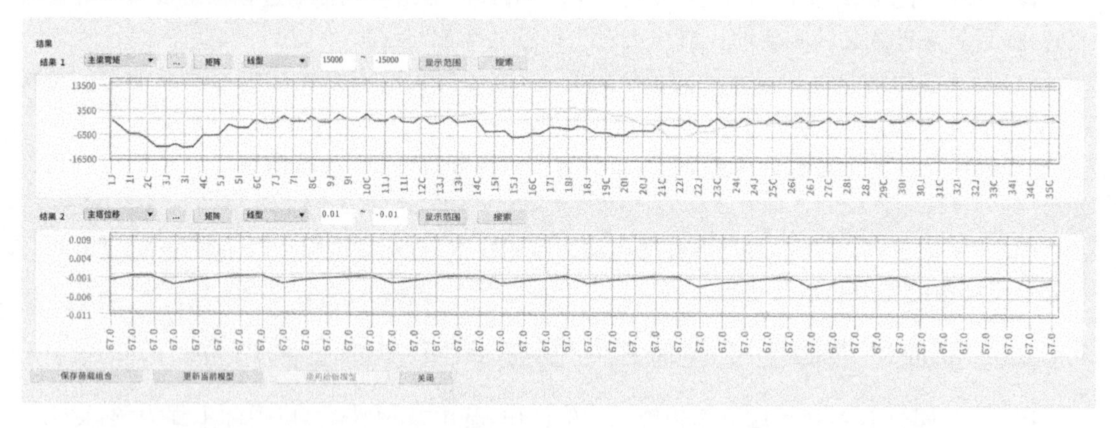

图 6-18　索力优化

### 3. 预应力钢筋与普通钢筋的碰撞检查

Clash Detective 利用 BIM 模型可进行普通钢筋与预应力钢筋的碰撞检查。通过碰撞，可检查系统整个模型并自动查找出模型中的碰撞点，生成需要的碰撞检查报告，如图 6-19 所示。

### 4. 基于 BIM 模型的漫游动画制作

通过在三维 BIM 模型中进行漫游审查，可以第三人的视角对模型内部进行查看，及时发现不易察觉的设计缺陷或问题，加强事前控制，减少损失，如图 6-20 所示。

Autodesk® Navisworks® 碰撞报告

| 普通钢筋VS预应力钢筋 | 公差 | 碰撞 | 新建 | 活动的 | 已审阅 | 已核准 | 已解决 | 类型 | 状态 |
|---|---|---|---|---|---|---|---|---|---|
| | 0.000m | 368 | 368 | 0 | 0 | 0 | 0 | 硬碰撞 | 确定 |

| | | | | | | | 项目1 | | | | 项目2 | | | |
|---|---|---|---|---|---|---|---|---|---|---|---|---|---|---|
| 图像 | 碰撞名称 | 状态 | 距离 | 说明 | 找到日期 | 碰撞点 | 项目ID | 图层 | 项目名称 | 项目类型 | 项目ID | 图层 | 项目名称 | 项目类型 |
| | 碰撞1 | 新建 | -0.010 | 硬碰撞 | 2019/6/4 08:19.37 | x=53.957、y=27.159、z=12.465 | 元素ID: 504997 | <无标高> | 钢筋 | 线 | 元素ID: 398549 | 标高1 | 渲染材质255-255-255 | 实体 |
| | 碰撞2 | 新建 | -0.010 | 硬碰撞 | 2019/6/4 08:19.37 | x=53.957、y=27.159、z=12.465 | 元素ID: 504997 | <无标高> | 钢筋 | 线 | 元素ID: 398549 | 标高1 | 渲染材质255-255-255 | 实体 |
| | 碰撞3 | 新建 | -0.010 | 硬碰撞 | 2019/6/4 08:19.37 | x=53.957、y=27.159、z=12.465 | 元素ID: 504997 | <无标高> | 钢筋 | 线 | 元素ID: 398549 | 标高1 | 渲染材质255-255-255 | 实体 |
| | 碰撞4 | 新建 | -0.010 | 硬碰撞 | 2019/6/4 08:19.37 | x=53.957、y=27.159、z=12.465 | 元素ID: 504997 | <无标高> | 钢筋 | 线 | 元素ID: 398549 | 标高1 | 渲染材质255-255-255 | 实体 |
| | 碰撞5 | 新建 | -0.010 | 硬碰撞 | 2019/6/4 08:19.37 | x=53.957、y=27.159、z=12.465 | 元素ID: 504997 | <无标高> | 钢筋 | 线 | 元素ID: 398549 | 标高1 | 渲染材质255-255-255 | 实体 |
| | 碰撞6 | 新建 | -0.010 | 硬碰撞 | 2019/6/4 08:19.37 | x=53.957、y=27.159、z=12.465 | 元素ID: 504997 | <无标高> | 钢筋 | 线 | 元素ID: 398549 | 标高1 | 渲染材质255-255-255 | 实体 |
| | 碰撞7 | 新建 | -0.010 | 硬碰撞 | 2019/6/4 08:19.37 | x=53.957、y=27.159、z=12.465 | 元素ID: 504997 | <无标高> | 钢筋 | 线 | 元素ID: 398549 | 标高1 | 渲染材质255-255-255 | 实体 |
| | 碰撞8 | 新建 | -0.010 | 硬碰撞 | 2019/6/4 08:19.37 | x=53.957、y=27.159、z=12.465 | 元素ID: 504997 | <无标高> | 钢筋 | 线 | 元素ID: 398549 | 标高1 | 渲染材质255-255-255 | 实体 |
| | 碰撞9 | 新建 | -0.010 | 硬碰撞 | 2019/6/4 08:19.37 | x=53.957、y=27.159、z=12.465 | 元素ID: 504997 | <无标高> | 钢筋 | 线 | 元素ID: 398549 | 标高1 | 渲染材质255-255-255 | 实体 |

图 6-19　预应力钢筋与普通钢筋的碰撞检查报告

图 6-20　BIM 模型的漫游动画

**5. 基于 BIM 模型的施工进度管理**

通过 Revit 把 BIM 模型导入 Navisworks 软件，根据计划时间节点，并关联进度计划，让模型按进度进行虚拟建造，通过可视化的预演练和施工过程模拟，检查设备空间位置和工艺实施的可行性，做到前期指导施工，过程把控施工，结果校核施工，实现项目的精细化管理，如图 6-21 所示。

**6. 基于 BIM 模型的施工质量管理**

如图 6-22 所示，BIM 技术可在技术交底、现场实体检查、现场资料填写、样板引路方面进行应用，帮助用户提高质量管理方面的效率和有效性，更好地实现工程项目的质量管理和安全管理。

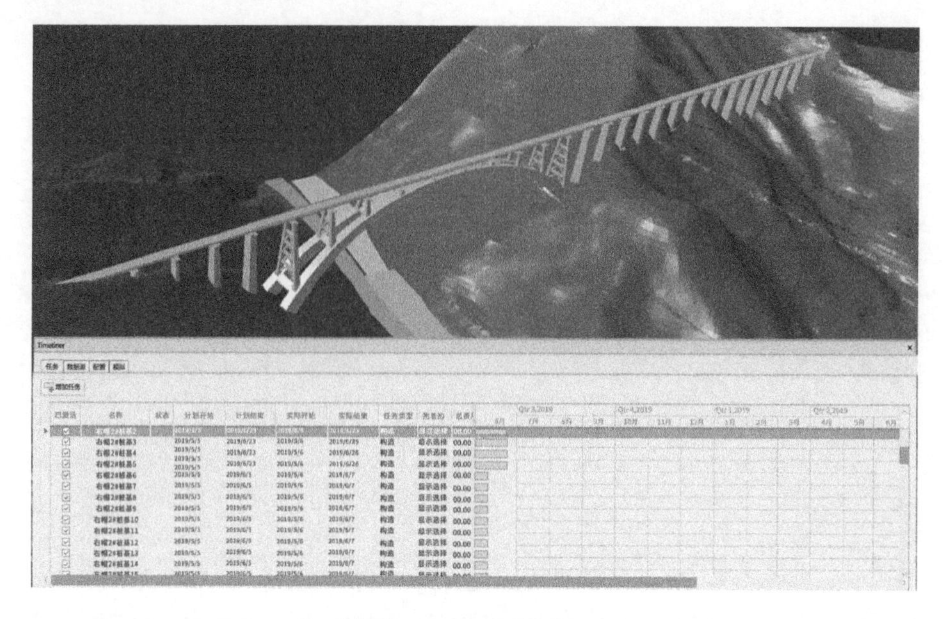


图 6-21　施工进度管理

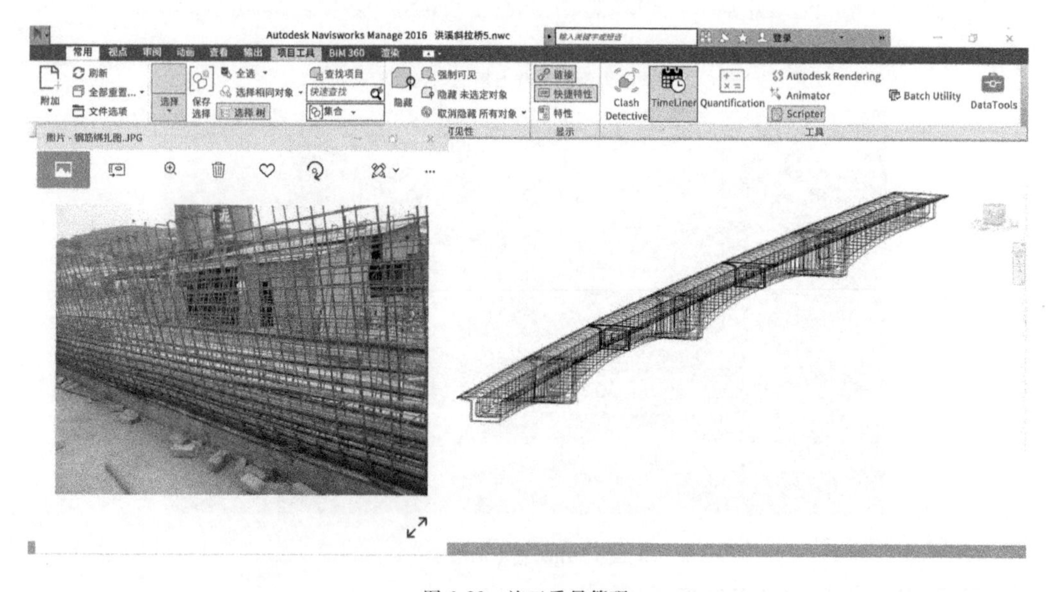


图 6-22　施工质量管理

# 思考与练习

## 背景资料

某高速公路 K20＋300 m 处有座主跨为 2×30 m 的预应力混凝土简支空心板梁桥，采用预制吊装，后张法施工。该桥左侧有大块空地，拟作为预制场地。主要施工要点如下：

(1)制作台座。在预制场地上放出台座大样，平整压实后现浇 20 cm 厚 C20 混凝土，台座上铺钢板底模。

(2)外模采用已经使用过的同尺寸板梁的定型钢模板,内模采用木模外包镀锌薄钢板。所有模板试拼合格。

(3)在台座上制作钢筋骨架,并按要求系好钢筋保护层垫块,在钢筋骨架制作过程中将波纹管按设计坐标固定在钢筋骨架上。

(4)安设锚垫块后,先安装端模板,再安装已涂刷脱模剂的外侧钢模,并按要求设置压浆孔和排气孔,报监理工程师检查,合格后吊运混凝土入模。先浇底板混凝土,再安装内模,后浇腹板和顶板,整个过程均用插入式振捣棒振捣密实。混凝土浇筑完成后,按要求养护。

(5)预应力张拉。将钢绞线(钢绞线下料长度考虑张拉工作长度)穿入波纹管道内进行张拉作业。千斤顶共两台。在另一工地上校验后才使用一个月,可直接进行张拉控制作业。使用一台千斤顶单端张拉,另一台备用。张拉时千斤顶的作用线必须与预应力轴线重合;张拉时采用伸长量控制,应力作为校核。

(6)拆除张拉设备,将孔道冲洗干净,即压注水泥浆。整个压浆过程符合设计规定。

**问题:**

(1)该方案中台座制作有何问题?

(2)空心板梁混凝土浇筑过程中有何问题?

(3)预应力钢筋张拉过程中有何错误之处?

(4)孔道压浆操作是否正确?并加以说明。

课题6思考与练习

## 拓展资源与在线自测

健身中心场馆预应力施工组织设计

预应力技术

混凝土楼地面一次成型技术

课题6

# 课题 7

# 装配式混凝土工程施工

## 能力目标

能够正确对装配式混凝土工程进行分类并选用合适的种类；明确装配式混凝土工程施工前准备工作；明确装配式混凝土竖向、水平受力构件的现场施工；明确装配式混凝土楼梯及外挂墙板的安装施工；能够正确进行装配式混凝土外挂墙板的防水施工；能够制定装配式混凝土水电安装施工方案；能够对装配式混凝土工程施工现场安全进行管理；能够利用BIM技术优化装配式混凝土施工组织。

## 知识目标

熟悉装配式混凝土工程的分类和特点；熟悉装配式混凝土工程施工前准备工作；掌握装配式混凝土竖向、水平受力构件的现场施工流程和方法；掌握装配式混凝土楼梯及外挂墙板的安装施工；掌握装配式混凝土外挂墙板的防水处理方法；掌握装配式混凝土工程水电安装施工方法；熟悉装配式混凝土工程冬雨季施工要求；了解BIM技术在装配式混凝土工程中的应用。

## 素质目标

培养学生正确解决专业问题的能力；培养学生正确分析专业技术文件的能力；培养学生制订专业施工方案和编制施工文件的能力；培养学生使用信息化技术的能力；培养学生的团队精神和创新能力；通过抗击新冠肺炎疫情中的“中国速度”和“中国奇迹”的创造，激发学生的民族自豪感和专业责任感，进而引导学生了解国家关于装配式建筑的相关政策和发展趋势，培养学生严谨的工作态度和大国工匠的情怀，鼓励学生树立职业奋斗的新目标、新方向，努力壮大我国的装配式建筑人才队伍。

装配式混凝土工程施工
1.装配式混凝土工程概述
装配式混凝土结构的概念及分类
装配式混凝土结构的适用范围
装配式混凝土结构工程的主要环节
2.装配式混凝土工程施工前准备
技术准备
进场预制构件的检验与存放
垂直起重设备及用具的选用与准备
3.预制混凝土竖向、水平受力构件的现场施工
预制混凝土竖向受力构件的施工前准备
预制混凝土竖向受力构件的安装施工
装配式混凝土工程后浇混凝土的施工
预制混凝土叠合楼板的安装施工
预制混凝土叠合梁、阳台、空调板、太阳能板的安装施工
预制混凝土楼梯的安装施工
预制混凝土外挂墙板的安装施工
4.装配式混凝土工程冬雨季施工
装配式混凝土工程冬季施工
装配式混凝土工程雨季施工
5.BIM与装配式混凝土工程
装配式混凝土BIM构建族的应用
装配式混凝土应用BIM的主要效果
构件生产阶段的BIM应用概况
构件施工吊装阶段的BIM应用概况
课题 7　思维导图

# 7.1 装配式混凝土工程概述

学习强国小案例

**解密！火神山、雷神山医院建设背后的中建“科技密码”**

2020年伊始，突如其来的新冠肺炎疫情席卷全球。面对极限的工期、严苛的标准，火神山、雷神山医院以令人惊叹的速度拔地而起，其背后是中国建筑的科技支撑。医院采用模块化设计，呈现独特的“鱼骨状”布局，每根“鱼刺”都是独立的医疗单元。这种构型能够严格划分污染区和洁净区，实现“双分离”设计，实现“医患隔离、通道分离”。火神山、雷神山项目施工内容覆盖场地平整、基础工程、管道预埋、防渗膜施工、混凝土浇筑、机电安装、室内装修等十几道工序，涉及基础工程、土建及装饰工程、给排水及消防系统、供配电系统、照明与监控、污水处理设施等十几个专业。现场千余台大型机械设备，万余名工人，忙而不乱。让世人惊呼“基建狂魔”的奇迹背后，最大的秘密武器是工业化装配式建筑建造技术。智能化、信息化系统则组成了医院的“智慧大脑”，让医院高效运转，实现信息互通。摄像系统全覆盖，实时监控，为医院安全可追溯运行保驾护航。项目采用污水、雨水、医疗垃圾单独收集处理工艺设计，一方面“两布一膜”的设计工艺全封闭收集废水，另一方面对污水进行严格的消毒处理后排放。看得见的装配式施工配上目前世界尖端的智能系统，加之其可靠的安全环保体系和各种防护措施，使得火神山与雷神山医院成了近代中国建筑史上的一大传奇。

## 7.1.1 装配式混凝土结构的概念及分类

**1. 装配式混凝土结构的概念**

装配式混凝土结构是指由预制混凝土构件通过可靠的连接方式进行连接并与现场后浇混凝土、水泥基灌浆料形成整体的装配式混凝土结构，简称装配整体式结构。

装配式混凝土结构适用于住宅建筑和公共建筑。

**2. 装配式混凝土结构的分类**

(1)装配式混凝土框架结构

装配式混凝土框架结构，即全部或部分框架梁、柱采用预制构件构建成的装配式混凝土结构，简称装配式框架结构，如图7-1所示。

(2)装配式混凝土剪力墙结构

装配式混凝土剪力墙结构，即全部或部分剪力墙采用预制墙板构建成的装配式混凝土结构，简称装配式剪力墙结构，如图7-2所示。

(3)装配式混凝土框架-现浇剪力墙结构

装配式混凝土框架-现浇剪力墙结构由装配整体式框架结构和现浇剪力墙(现浇核心筒)两部分组成。这种结构形式中的框架部分采用与预制装配整体式框架结构相同的预制装配技术，使预制装配框架技术在高层及超高层建筑中得以应用。鉴于对该种结构形式的整体受力研究不够充分，目前，装配式混凝土框架-现浇剪力墙结构中的剪力墙只能采用现浇方式施工。

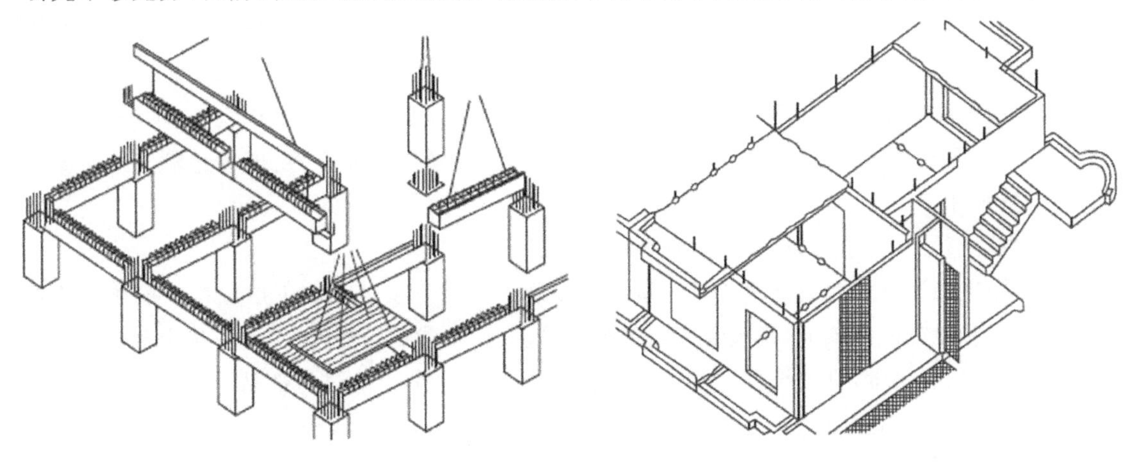

图 7-1 装配式混凝土框架结构

图 7-2 装配式混凝土剪力墙结构

## 7.1.2 装配式混凝土结构的适用范围

根据《装配式混凝土结构技术规程》(JGJ 1—2014)的规定，装配整体式结构房屋的最大适用高度见表 7-1，最大高宽比见表 7-2。

**表 7-1** **装配整体式结构房屋的最大适用高度** m

| 结构类型 | 非抗震设计 | 抗震设防烈度 | | | |
|---|---|---|---|---|---|
| | | 6 度 | 7 度 | 8 度(0.2g) | 8 度(0.3g) |
| 装配整体式框架结构 | 70 | 60 | 50 | 40 | 30 |
| 装配整体式框架-现浇剪力墙结构 | 150 | 130 | 120 | 100 | 80 |
| 装配整体式剪力墙结构 | 140(130) | 130(120) | 110(100) | 90(80) | 70(60) |
| 装配整体式部分框支剪力墙结构 | 120(110) | 110(100) | 90(80) | 70(60) | 40(30) |

注：房屋高度指室外地面到主要屋面的高度，不包括局部凸出屋面的部分，当预制剪力墙构件底部承担的总剪力大于该层总剪力的 80%时，最大高度取表中括号内的数值。

**表 7-2** **装配整体式结构房屋适用的最大高宽比**

| 结构类型 | 非抗震设计 | 抗震设防烈度 | |
|---|---|---|---|
| | | 6 度、7 度 | 8 度 |
| 装配整体式框架结构 | 5 | 4 | 3 |
| 装配整体式框架-现浇剪力墙结构 | 6 | 6 | 5 |
| 装配整体式剪力墙结构 | 6 | 6 | 5 |

## 7.1.3 装配式混凝土结构工程的主要环节

装配式混凝土结构工程的主要环节应包括前期技术策划、方案设计、初步设计、施工图设计、构件深化(加工)图设计、室内装修设计等相关内容。

**1. 装配式混凝土结构工程设计**

装配式混凝土建筑在各个阶段的设计深度除应符合现行国家标准的规定外，还应满足下列要求：

(1)前期技术策划应在项目规划审批立项前进行，对项目定位、技术路线、成本控制、效率目标等做出明确要求，对项目所在区域的构件生产能力、施工装配能力、现场运输与吊装条件等进行技术评估。

(2)装配式混凝土结构应充分体现标准化设计理念。

(3)施工图设计应由设计单位进一步结合预制构件生产工艺和施工单位初步的施工组织计划，在初步设计的基础上，建筑专业完善建筑平、立面及建筑功能，结构专业确定预制构件的布局及其形状和尺度，机电设备专业确定管线布局，室内装修专业进行部品设计，同时，各专业完成统一协调工作，避免各专业之间的错漏碰缺。

**2. 预制构件深化设计**

预制构件制作前应进行深化设计，设计文件应包括以下内容：

(1)预制构件平面图、模板图、配筋图、安装图、预埋件及细部构造图等。

(2)带有饰面板材的构件应绘制板材模板图。

(3)夹心外墙板应绘制内、外叶墙板拉结件布置图与保温板排板图。

(4)预制构件脱模、翻转过程中混凝土强度验算。

**3. 装配式混凝土结构预制构件制作**

(1)预制构件的制作应有保证生产质量要求的生产工艺和设施、设备，生产全过程应有健全的安全保证措施。

(2)预制构件制作应编制生产方案，并应由技术负责人审批后实施，包括生产计划、工艺流程、模具方案、质量控制、成品保护、运输方案等。

(3)预制构件生产的通用工艺流程：

模台清理→模具组装→钢筋加工安装→管线、预埋件等安装→混凝土浇筑→养护→脱模→表面处理→成品验收→运输存放。

**4. 装配式混凝土结构施工**

(1)预制构件安装施工前，应编制专项施工方案，并按设计要求对各工况进行施工验算和施工技术交底。

(2)预制构件安装应根据构件吊装顺序运抵施工现场，并根据构件编号、吊装计划和吊装序号在构件上标出序号，并在图纸上标出序号位置。

**5. 装配式混凝土结构质量验收**

(1)预制构件的生产全过程应有健全的质量管理体系及相应的试验检测手段。

(2)预制构件的各种原材料在使用前应进行试验检测，其质量标准应符合现行国家标准的有关规定。

(3)预制构件的各种预埋件、连接件等在使用前应进行试验检测，其质量标准应符合现行国家标准的有关规定。

(4)预制构件各项性能指标应符合设计要求，并应建立构件标识系统，还应有出厂质量检验合格报告，进场验收记录。

# 7.2 装配式混凝土工程施工前准备

学习强国小案例

**装配式建筑发展——扬帆逐浪正当时**

"2019 年全国新开工装配式建筑面积较 2018 年增长 45%，近 4 年年均增长率为 55%。""重点推进地区新开工装配式建筑占全国的比例为 47.1%。""积极推进地区和鼓励推进地区新开工装配式建筑占全国比例的总和为 52.9%。"……一连串的数据显示，重点推进地区、积极推进地区和鼓励推进地区装配式建筑发展齐头并进、爆发式增长。作为一艘航行中的巨轮，装配式建筑风正、舱实、船稳、帆悬，呈现良好发展态势。通过实施加快优化建筑技术体系，提高产业配套能力等措施，引领建筑业转型升级和高质量发展。企业也应当立足发展实际进行规划，重视创新能力，提高产品质量品质，重视高科技人才培养，增强产业链协同能力，向信息化、智能化方向持续发力。

## 7.2.1 技术准备

**1. 深化设计图准备**

装配式混凝土结构工程施工前，应由相关单位完成深化设计，并经原设计单位确认。预制构件的深化设计图应包括但不限于下列内容：

(1)预制构件模板图、配筋图，预埋吊件及各种预埋件的细部构造图等。

(2)夹心保温外墙板，应绘制内外叶墙板拉结件布置图及保温板排板图。

(3)水、电线、管、盒预埋预设布置图。

(4)预制构件脱模、翻转过程中混凝土强度及预埋吊件的承载力的验算。

(5)对带饰面砖或饰面板的构件，应绘制排砖图或排板图。

**2. 施工现场平面布置**

施工现场平面布置图是在拟建工程的建筑平面上(包括周围环境)，布置为施工服务的各种临时建筑、临时设施及材料、施工机械、预制构件等，是施工方案在现场的空间体现。它反映已有建筑与拟建工程之间、临时建筑与临时设施之间的相互空间关系。

现针对装配式建筑施工重点介绍装配式结构工程施工阶段现场总平面图的设计与管理工作。

(1)施工总平面图的设计内容

①装配式建筑项目施工用地范围内的地形状况。

②全部拟建建(构)筑物和其他基础设施的位置。

③项目施工用地范围内的构件堆放区、运输构件车辆装卸点、运输设施。

④供电、供水、供热设施与线路、排水排污设施、临时施工道路。

⑤办公用房和生活用房。

⑥施工现场机械设备布置图。

⑦现场常规的建筑材料及周转工具。

⑧现场加工区域。

⑨必备的安全、消防、保卫和环保设施。

⑩相邻的地上、地下既有建(构)筑物及相关环境。

(2)施工总平面图的设计原则

①平面布置科学合理,减小施工场地的占用面积。

②合理规划预制构件堆放区域,减少二次搬运;构件堆放区域单独隔离设置,禁止无关人员进入。

③施工区域的划分和场地的临时占用应符合总体施工部署和施工流程的要求,减少相互干扰。

④充分利用既有建(构)筑物和既有设施为项目施工服务,降低临时设施的建造费用。

⑤临时设施应方便生产和生活,办公区、生活区、生产区宜分离设置。

⑥符合节能、环保、安全和消防等要求。

⑦遵守当地主管部门和建设单位关于施工现场安全文明施工的相关规定。

(3)施工总平面图的设计要点

①设置大门,引入场外道路。施工现场宜考虑设置两个及以上大门。大门应考虑周边路网情况、道路转弯半径和坡度限制,大门的高度和宽度应满足大型运输构件车辆的通行要求。

②布置大型机械设备。布置塔式起重机时,应充分考虑其塔臂覆盖范围、塔式起重机端部吊装能力、单体预制构件的重量以及预制构件的运输、堆放和构件装配施工。

③布置构件堆场。构件堆场应满足施工流水段的装配要求,且应满足大型运输构件车辆、汽车起重机的通行、装卸要求。为保证现场施工安全,构件堆场应设围挡,防止无关人员进入。

④布置运输构件车辆装卸点。装配式建筑施工构件采用大型运输车辆运输。车辆运输构件多、装卸时间长,因此,应该合理地布置运输构件车辆构件装卸点,以免因车辆长时间停留影响现场内道路的畅通,阻碍现场其他工序的正常作业施工。装卸点应在塔式起重机或者起重设备的塔臂覆盖范围之内,且不宜设置在道路上。

**3. 图纸会审**

建筑设计图纸是施工企业进行施工活动的主要依据,图纸会审是技术管理的一个重要方面,熟悉图纸,掌握图纸内容,明确工程特点和各项技术要求,理解设计意图,是确保工程质量和工程顺利进行的重要前提。

对于装配式结构的图纸会审应重点关注以下几个方面:

(1)装配式结构体系的选择和创新应该得到专家论证,深化设计图应该符合专家论证的结论。

(2)对于装配整体式结构与常规结构的转换层,其固定墙部分需与预制墙板灌浆套筒对接的预埋钢筋的长度和位置。

(3)墙板间边缘构件竖缝主筋的连接和箍筋的封闭,后浇混凝土部位粗糙面和键槽。

(4)预制墙板之间上部叠合梁对接节点部位的钢筋(包括锚固板)搭接是否存在矛盾。

(5)外挂墙板的外挂节点做法、板缝防水和封闭做法。

(6)水、电线管盒的预埋、预留,预制墙板内预埋管线与现浇楼板的预埋管线的衔接。

## 7.2.2　进场预制构件的检验与存放

**1. 构件停放场地及存放**

根据装配式混凝土结构专项施工方案制订预制构件场内的运输与存放计划。预制构件场内运输与存放计划包括进场时间、次序、存放场地、运输线路、固定要求、码放支垫及成品保护措施等内容，对于超高、超宽、形状特殊的大型构件的运输和码放应采取专项质量安全保证措施。

**2. 预应力带肋混凝土叠合楼板(PK 板)的存放**

预应力带肋混凝土叠合楼板的堆放场地应进行平整夯实，堆放场地应安排在起重机的覆盖区域内。堆放或运输时，PK 板不得倒置，最底层板下部应设置垫块，各层 PK 板间需设垫木，且垫木应上下对齐。每跺堆放层数不大于 7 层，不同板号应分别堆放，如图 7-3 所示。

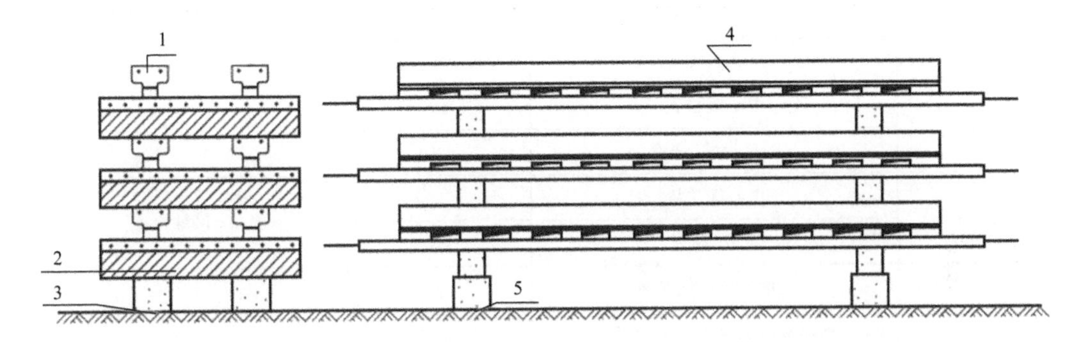


图 7-3　预应力带肋混凝土叠合楼板施工现场堆放图

1、4—预应力预制墙板；2—方木条；3、5—垫块

**3. 构件入场检验**

(1)对入场的预制构件的外观质量进行全数检查，见表 7-3。检查方法是观察检查，要求外观质量不宜有一般缺陷，不应有严重缺陷。

(2)入场的预制构件的尺寸偏差应符合表 7-3 的规定，对于施工过程中临时使用的预埋件中心线位置及后浇混凝土部位的预制构件尺寸偏差可按表 7-3 中的规定放大一倍执行。检查数量：按同一生产企业、同一品种的构件，不超过 100 个为一批，每批抽查构件数量的 5%，且不少于 3 件。

**表 7-3　　预制构件尺寸的允许偏差及检验方法**

| 项　目 | | | 允许偏差/mm | 检查方法 |
|---|---|---|---|---|
| 长度 | 板、梁、柱、桁架 | <12 m | ±5 | 尺寸检查 |
| | | ≥12 m 且<18 m | ±10 | |
| | | ≥18 m | ±20 | |
| | 墙板 | | ±4 | |
| 宽度、高(厚)度 | 板、梁、柱、桁架截面尺寸 | | ±5 | 钢尺量一端及中部，取其中偏差绝对值较大处 |
| | 墙板的高度、厚度 | | ±3 | |
| 表面平整度 | 板、梁、柱、墙板内表面 | | 5 | 2 m 靠尺和塞尺检查 |
| | 墙板外表面 | | 3 | |

续表

| 项目 | | 允许偏差/mm | 检查方法 |
|---|---|---|---|
| 侧向弯曲 | 板、梁、柱 | $L/750$ 且≤20 | 拉线、钢尺量最大侧向弯曲处 |
| | 墙板外表面 | $L/1\ 000$ 且≤20 | |
| 翘曲 | 板 | $L/750$ | 调平尺在两端量测 |
| | 墙板 | $L/1\ 000$ | |
| 对角线差 | 板 | 10 | 钢尺量两个对角线 |
| | 墙板 | 5 | |
| 挠曲变形 | 梁、板、桁架设计起拱 | ±10 | 拉线、钢尺量最大弯曲处 |
| | 梁、板、桁架下垂 | 0 | |
| 预留孔 | 中心线位置 | 5 | 尺量检查 |
| | 孔尺寸 | ±5 | |
| 预留洞 | 中心线位置 | 10 | 尺量检查 |
| | 洞口尺寸、深度 | ±10 | |
| 门窗口 | 中心线位置 | 5 | 尺量检查 |
| | 宽度、高度 | ±3 | |
| 预埋件 | 预埋板中心线位置 | 5 | 尺量检查 |
| | 预埋板与混凝土面平面高差 | 0,−5 | |
| | 预埋螺栓中心线位置 | 2 | |
| | 预埋螺栓外漏长度 | 0,−5 | |
| | 线管、电盒、木砖、吊环与构件平面的中心线位置偏差 | 20 | |
| | 线管、电盒、木砖、吊环与构件表面混凝土高差 | 0,−10 | |
| 预留插筋 | 中心线位置 | 3 | 尺量检查 |
| | 外露长度 | +5,−5 | |
| 键槽 | 中心线位置 | 5 | 尺量检查 |
| | 长度、宽度、深度 | ±5 | |
| 桁架钢筋高度 | | +5,0 | 尺量检查 |

注:$L$ 为构件最长边的长度(mm)。

(3)应详细复查其粗糙面(露集料)是否达到规范和设计要求;检查灌浆筒是否畅通、有无异物和油污;检查钢筋的锚固方式及锚固长度。

## 7.2.3 垂直起重设备及用具的选用与准备

### 1.起重吊装设备

选择吊装主体结构预制构件的起重机械时,应按照以下要求进行:起重量、作业半径(最大半径和最小半径)、力矩应满足最大预制构件组装作业要求。

(1)汽车起重机(图 7-4)。汽车起重机是以汽车为底盘的动臂起重机,主要优点是机动灵活。在装配式工程中,主要是用于低层钢结构吊装和外墙吊装,现场构件二次倒运,塔式起重机或履带吊的安装与拆卸等。

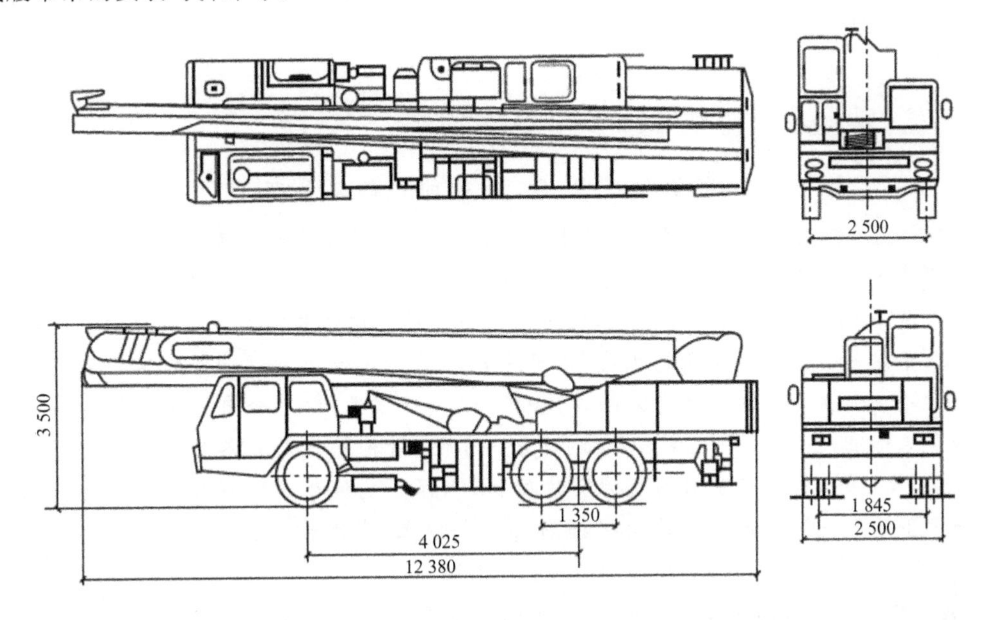


图 7-4　汽车起重机

(2)履带起重机。履带起重机也是一种动臂起重机,机动性不如汽车起重机,其动臂可以加长,起重量大,并在起重力矩允许的情况下可以吊重行走。在装配式结构建筑工程中,主要针对大型公共建筑的大型预制构件的装卸和吊装,大型塔式起重机的安装与拆卸,塔式起重机难以覆盖的吊装死角的吊装等。

(3)塔式起重机。目前,用于建筑工程的塔式起重机按架设方式分为固定式、附着式、内爬式;按变幅形式分为小车变幅和动臂变幅两种。

塔式起重机安装工艺流程

(4)内爬式塔式起重机。内爬式塔式起重机简称内爬吊,是一种安装在建筑物内部电梯井或楼梯间里的塔机,可以随施工进程逐步向上爬升。

**2. 吊具的选择**

(1)吊具应按现行国家相关标准的有关规定进行设计验算或试验检验,经验证合格后方可使用;应根据预制构件的形状、尺寸及重量要求选择适宜的吊具;尺寸较大或形状复杂的预制构件应选择设置分配梁或分配桁架的吊具,并应保证吊车主钩位置、吊具及构件重心在竖直方向重合。

(2)吊具、吊索的使用应符合施工安装的安全规定。预制构件起吊时的吊点应合理,应与构件重心重合,宜采用标准吊具均衡起吊就位,吊具可采用预埋吊环或埋置式接驳器的形式。

(3)预制混凝土构件吊点应提前设计好,根据预留吊点选择相应的吊具。在起吊构件时,为了使构件稳定,不出现摇摆、倾斜、转动、翻倒等现象,应选择合适的吊具。

# 7.3 装配式混凝土竖向、水平受力构件的现场施工

学习强国小案例

**郭洪猛："90后"小将的大国工匠梦**

2015年，郭洪猛毕业于河北工业大学，随后入职天津住宅集团工业化建筑有限公司。2016年担任生产制造部工长，主要负责生产管理、工艺指导和预制构件生产质量管理。作为一名"90后"，在担任工长期间，他可谓敢打敢拼。由于装配式预制构件的精细度高，产品尺寸误差往往要求在几毫米内，为了更好地了解装配式预制构件的现场使用情况，郭洪猛还主动要求调到条件更差的工地项目组。一方面，他结合自身工作经验，结合地方和企业标准，悉心指导一线生产人员；另一方面，对构件生产的各个工艺环节，他严格管控，认真组织，对执行不力的行为坚决处罚，确保了构件生产顺利进行，质量达标。产品一次下线率从试生产阶段的66%提高到97%以上，产品出厂合格率达到100%。

## 7.3.1 装配式混凝土竖向受力构件的施工前准备

**1. 现浇混凝土固定墙钢筋的定位及复核**

《装配式混凝土结构技术规程》(JGJ 1—2014)规定，对于高层装配整体式结构，宜设计地下室，地下室宜采用现浇混凝土；剪力墙结构底部加强部位的剪力墙宜采用现浇混凝土；框架结构首层柱宜采用现浇混凝土，顶层宜采用现浇楼盖结构；承重墙、柱等竖向构件，宜上、下连续设计；对于采用钢筋灌浆套筒连接的装配式剪力墙结构，其现浇混凝土结构与预制墙体连接转换部位预埋钢筋定位的准确性，将直接影响预制墙板吊装的结构安全和施工速度。

为保证预制墙体定位插筋位置准确，可以采用钢筋定位措施件预绑和钢筋定位措施件调整准确定位。钢筋定位措施件如图7-5、图7-6所示。

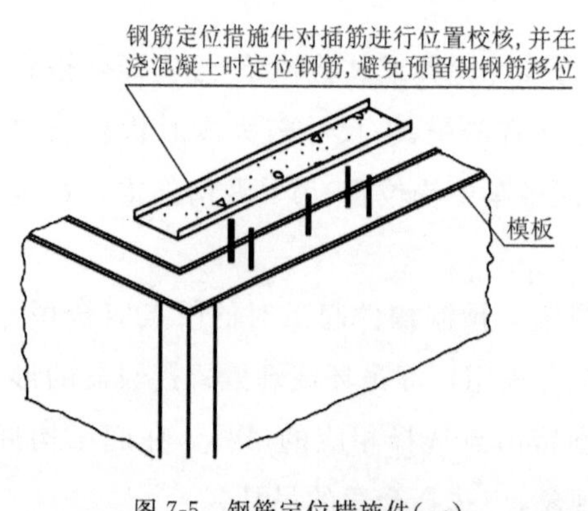


图7-5 钢筋定位措施件(一)

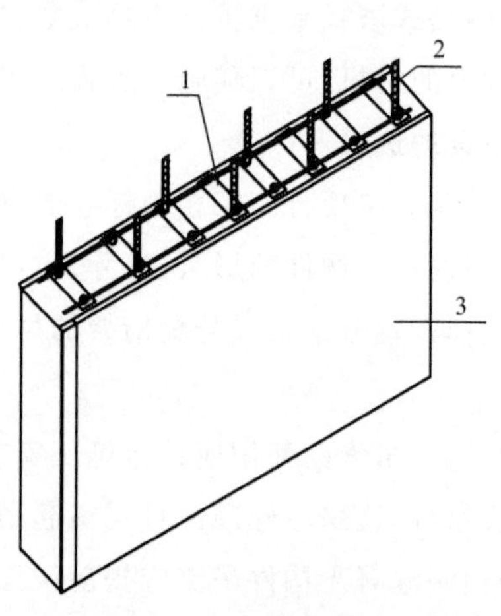


图7-6 钢筋定位措施件(二)

1—定形钢板框架；2—预埋钢筋；3—现浇墙体

在吊装前，定位钢筋位置的准确性还应再认真地复查一遍，浇筑混凝土前应该将定位钢筋插入端全部用塑料管包敷，避免被混凝土沾挂污染，如图 7-7 所示，待上部墙板吊装安放前拆除。

图 7-7　钢筋定位及保护

**2. 钢筋套筒灌浆连接构件接头的结构试验**

装配整体式结构构件的竖向钢筋连接主要是采用钢筋套筒灌浆连接方式，如图 7-8 所示。目前我国装配整体式建筑较普遍使用球墨铸铁半灌浆套筒。

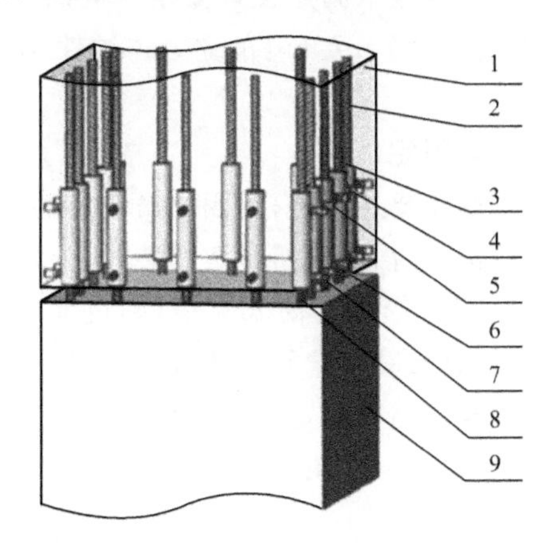


图 7-8　钢筋套筒灌浆连接构件接头

1—柱上端；2—螺纹端钢筋；3—水泥灌浆直螺纹连接套筒；4—出浆孔接头 T-1；5、7—PVC 管；6—灌浆孔接头 T-1；8—灌浆端钢筋；9—柱下端

## 7.3.2　装配式混凝土竖向受力构件的安装施工

**1. 墙板安装位置测量放线，铺设坐浆料**

(1)墙板安装位置测量放放线。安装施工前，应在预制构件和已完成的结构上测量放线，设置安装定位标志。装配式剪力墙结构测量、安装、定位主要包括以下内容：每层楼面轴线垂直控制点不应少于 4 个，楼层上的控制轴线应使用经纬仪由底层原始点直接向上引测。每个楼层应设置 1 个引程控制点。预制构件控制线应由轴线引出，每块预制构件应有纵、横控制线各 2 条。预制外墙板安装前应在墙板内侧弹出竖向与水平线，安装

预制主体安装

时应与楼层上该墙板控制线相对应。

(2)测量过程中应该及时将所有柱、墙、门洞的位置在地面弹好墨线,并准备铺设坐浆料。将安装位置洒水阴湿,地面上、墙板下放好垫块,垫块可保证墙板底标高的正确,由于坐浆料通常在 1 h 内初凝,因此吊装必须连续作业,相邻墙板的调整工作必须在坐浆料初凝前进行。

(3)铺设坐浆料。坐浆时坐浆区域需运用等面积法计算出三角形区域面积,如图 7-9 所示。

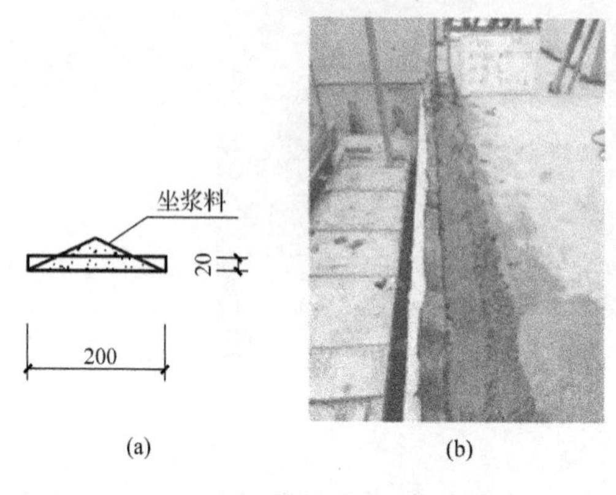


图 7-9 坐浆示意及现场图

装配式建筑之剪力墙——柱钢筋绑扎

(4)剪力墙底部接缝处坐浆强度应该满足设计要求。同时,以每层为一检验批;每工作班应制作一组且每层不少于 3 组边长为 70.7 mm 的立方体试件,标准养护 28 d 后进行抗压强度试验。

**2. 墙板吊装、定位校正和临时固定**

(1)墙板吊装。由于吊装作业需要连续进行,因此吊装前的准备工作非常重要。预制构件在吊装过程中应保持稳定,不得偏斜、摇摆和扭转。吊装时,一定采用扁担式吊具吊装。

(2)墙板定位校正。墙板底部若局部套筒未对准,则可使用倒链将墙板手动微调、对孔。底部没有灌浆套筒的外填充墙板直接顺着角码缓缓放下墙板。

(3)墙板临时固定。安装阶段的结构稳定性对保证施工安全和安装精度非常重要,构件在安装就位后,应采取临时措施进行固定,如图 7-10 所示。

图 7-10 临时斜支撑兼做调整杆

**3. 钢筋套筒灌浆施工**

(1)钢筋套筒灌浆施工规定

①钢筋套筒灌浆的灌浆施工是装配式混凝土结构工程的关键环节之一。在实际工程中,

连接的质量在很大程度上取决于施工过程控制，因此，要对作业人员进行专业培训考核；套筒灌浆及浆锚搭接连接施工尚需符合有关技术规程和认证配套产品使用说明书的要求。

②灌浆料进场时，应对其拌和物 30 min 流动度、泌水率及 1 d 强度、28 d 强度、3 h 膨胀率进行检验，检验结果应符合建筑工程行业标准《钢筋连接用套筒灌浆料》(JG/T 408—2019)的规定。

(2)钢筋套筒灌浆施工工艺

①灌浆前，应制定灌浆操作的专项质量保证措施。

②湿润注浆孔，注浆前应用水将注浆孔进行润湿。

③搅拌灌浆料。灌浆料与水拌和，加水量与干料量为标准配合比，拌和用水必须经称量后加入。

④灌浆及封堵。在预制墙板校正后、预制墙板两侧现浇部分合模前进行灌浆操作，如图 7-11 所示。

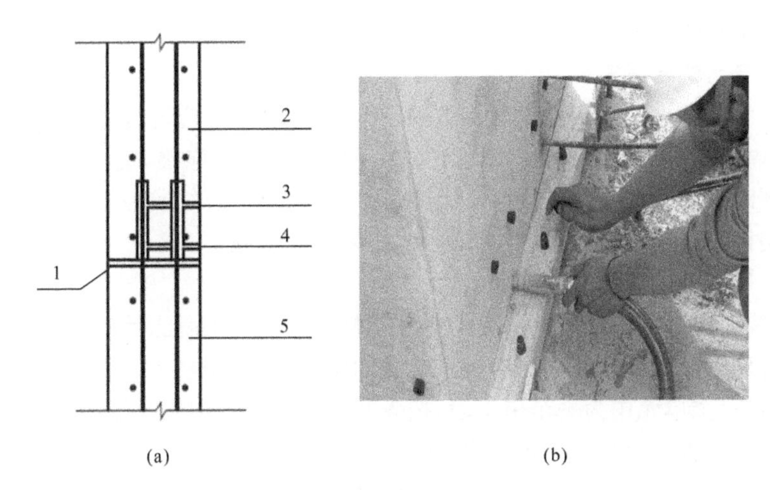


图 7-11 钢筋套筒灌浆

1—坐浆层；2—上层预制墙体；3—出浆口；4—注浆口；5—下层现浇墙体

⑤灌浆作业应及时形成施工质量检查记录表和影像资料。

## 7.3.3 装配式混凝土工程后浇混凝土的施工

装配式混凝土结构竖向构件安装完成后的效果如图 7-12 所示。应及时穿插进行边缘构件后浇混凝土带的钢筋安装和模板施工，并完成后浇混凝土施工。

图 7-12 装配式混凝土结构竖向构件安装完成后的效果

**1. 后浇混凝土的钢筋工程**

(1)钢筋连接。装配式混凝土的钢筋连接如果采用钢筋焊接连接,接头应符合现行行业标准《钢筋焊接及验收规程》(JGJ 18—2012)的有关规定。

(2)钢筋定位。装配式混凝土工程后浇混凝土内的连接钢筋应埋设准确,连接与锚固方式应符合设计和现行有关技术标准的规定。

(3)预制墙板连接部位宜先校正水平连接钢筋,后安装箍筋套,待墙体竖向钢筋连接完成后绑扎箍筋,连接部位加密区的箍筋宜采用封闭箍筋;预制梁柱节点区的钢筋安装时,节点区柱箍筋应预先安装于预制柱钢筋上,随预制柱一同安装就位;预制叠合梁采用封闭箍筋时,预制梁上部纵筋应预先穿入箍筋内临时固定,并随预制梁一同安装就位。预制叠合梁采用开口箍筋时,预制梁上部纵筋可在现场安装。

(4)节点间的钢筋安装注意事项。装配式混凝土工程后浇混凝土节点间的钢筋安装做法受操作顺序和空间的限制,与常规做法有很大的不同,必须在符合相关规范要求的前提下满足装配式混凝土工程的要求。

**2. 后浇混凝土的模板安装**

墙板间后浇混凝土带连接宜采用工具式定型模板支撑,并应符合下列规定:定型模板应通过螺栓(预置内螺母)或预留孔洞拉结的方式与预制构件可靠连接,定型模板安装应避免遮挡预制墙板下部灌浆预留孔洞,夹心墙板的外叶板应采用螺栓拉结或夹板等加强固定,墙板接缝部位及与定型模板连接处均应采取可靠的密封、防漏浆措施。

**3. 混凝土后浇带的浇筑**

(1)对于装配式混凝土结构的墙板间边缘构件竖缝混凝土后浇带的浇筑,应该与水平构件的混凝土叠合层以及按设计非预制而必须现浇的结构(如作为核心筒的电梯井、楼梯间)同步进行,一般选择一个单元作为一个施工段,按先竖向、后水平的顺序浇筑施工。这样的施工安排就使后浇混凝土将竖向和水平预制构件结构组成了一个整体。

(2)后浇带混凝土浇筑前,应进行所有隐蔽项目的现场检查与验收。

(3)浇筑混凝土过程中应按规定见证取样留置混凝土试件。同一配合比的混凝土,每工作班且建筑面积不超过 1 000 $m^2$ 应制作 1 组标准养护试件。同一楼层应制作不少于 3 组标准养护试件。

(4)混凝土应采用预拌混凝土,预拌混凝土应符合现行相关标准的规定;装配式混凝土结构施工中的结合部位或接缝处混凝土的工作性能应符合设计施工规定;当采用自密实混凝土时,应符合现行相关标准的规定。

## 7.3.4 装配式混凝土叠合楼板的安装施工

**1. 预应力带肋混凝土叠合楼板(PK 板)的安装施工**

(1)设置 PK 板板底支撑。在叠合板板底设置临时可调节支撑杆,支撑杆应具有足够的承载能力、刚度和稳定性,能可靠地承受混凝土构件的自重和施工过程中所产生的荷载及风荷载。

装配式建筑之安装叠合楼板

当 PK 叠合板板端遇梁时,梁端支撑设置如图 7-13 所示;当 PK 叠合板板端遇剪力墙时,在叠合板板端处设置一根横向木方,木方顶面与板底标高相平,木方下方沿横向每隔 1 m 间距设置一根竖向墙边支撑。当板下支撑间距大于 3.3 m 或支撑间距不大于 3.3 m 但板面施工荷载较大时,板底跨中需设置竖向支撑，如图 7-14 所示。

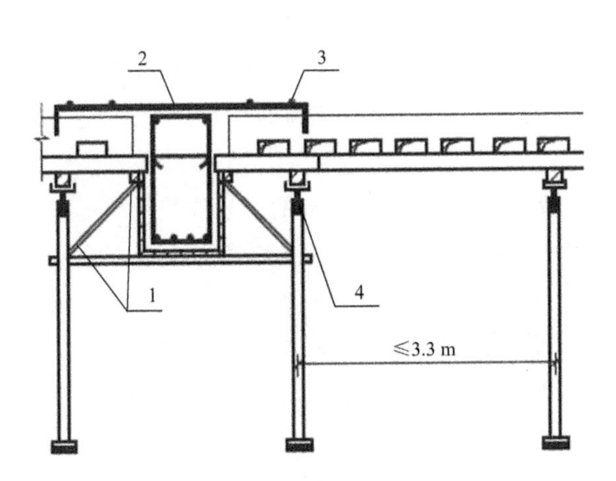


图 7-13　梁端支撑和跨中支撑

1—支撑；2—支座负筋；3—分布筋；4—调节丝杠

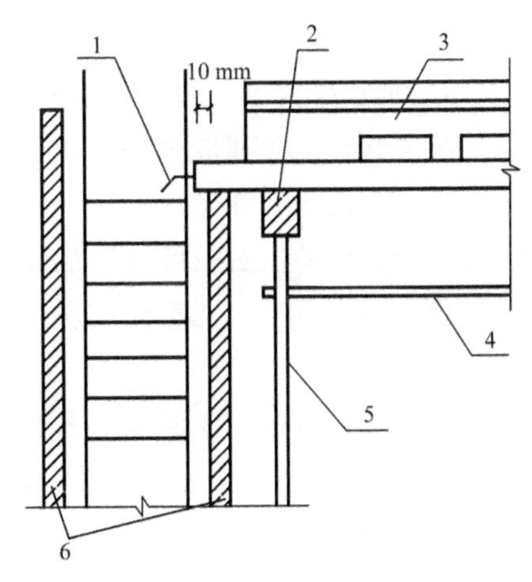


图 7-14　墙边支撑

1—PK 板预留钢丝；2—横向木方；3—PK 板；4—横向拉杆；5—竖向拉杆；6—剪力墙模板

(2)PK 板吊装。PK 板吊装采用专用夹钳式吊具吊装，在吊装过程中应使板面基本保持水平，起吊、平移及落板时，应保持速度平缓。

(3)设置 PK 板预留孔洞。在 PK 板上开孔时，灯线孔采用凿孔工艺，洞口直径不大于 60 mm，则且开洞应避开板肋及预应力钢筋，严禁凿断预应力钢丝。如果需要在板肋上凿孔或需凿孔直径大于 60 mm，则应与生产厂家协商在生产时预留孔洞或增设孔洞周边加强筋。

(4)PK 板钢筋布置原则。肋上每个预留孔中穿一根穿孔钢筋，此时穿孔钢筋间距为 200 mm；当穿孔钢筋需加密时，可在每个孔内穿两根钢筋，在布置穿孔钢筋时应保证穿孔钢筋锚入两端支座的长度不小于 40 mm 且至少到支座中心。PK 叠合板负弯矩筋和分布钢筋的布置原则：平行于板肋方向的钢筋配置在下面，垂直于板肋方向的钢筋配置在上面，如图 7-15 所示。

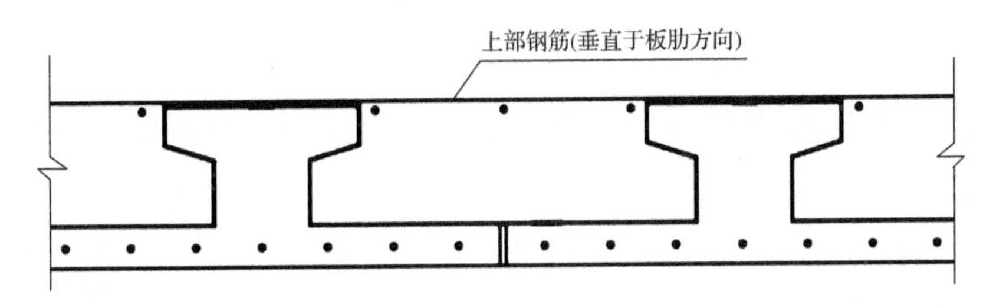


图 7-15　PK 板负弯矩筋布置原则

(5)预埋管线布置原则。预埋管线可布置在预应力预制 PK 板板肋间，并且可以从肋上预留孔中穿过，不能从板肋上跨过；当预留管线孔与板肋有冲突时，板肋损坏不能超过 400 mm。

(6)浇筑叠合层混凝土。叠合层混凝土的浇筑必须满足《混凝土结构工程施工质量验收规范》(GB 50204—2015)中规定的要求；浇筑混凝土过程应该按规定见证取样留置混凝土试件。

浇筑混凝土前用塑料管和胶带缠住灌浆套筒预留钢筋，防止预留钢筋粘上混凝土，影响后续灌浆连接的强度和黏结性；同时，必须将板表面清扫干净并浇水充分湿润，但板面不能有积水。

**2. 钢筋桁架混凝土叠合楼板安装施工**

(1)钢筋桁架混凝土叠合楼板和 PK 板都是叠合构件，其安装施工均应符合下列规定：

①叠合构件的支撑应根据设计要求或施工方案设置，支撑标高除应符合设计规定外，还应考虑支撑本身的施工变形。

②叠合构件的搁置长度应满足设计要求，宜设置厚度不大于 30 mm 的坐浆或垫片。

③叠合构件混凝土浇筑前，应检查结合面的表面粗糙度，并应检查及校正预制构件的外露钢筋。

④叠合构件应在后浇混凝土强度达到设计要求后，方可拆除支撑或承受施工荷载。

(2)钢筋桁架混凝土叠合楼板安装施工的现场堆放、板底支撑与 PK 板的做法相似，其主要区别包括：

①由于钢筋桁架混凝土叠合楼板面积较大，吊装必须采取多点吊装的方式。将每根钢丝绳与吊装架的柔性钢丝绳相连接，达到每个吊点受力均匀的目的，如图 7-16 所示。

②水电预埋和预设 PK 板应在吊装完成后、浇筑混凝土前开孔布管，钢筋桁架混凝土叠合楼板应在工厂预制时预埋接头、预留孔洞，在吊装完成后、浇筑混凝土前布管。

图 7-16 钢筋桁架混凝土叠合楼板多点吊具

## 7.3.5 装配式混凝土叠合梁、阳台、空调板、太阳能板的安装施工

**1. 叠合梁**

装配式结构梁基本以叠合梁形式出现。叠合梁吊装的定位和临时支撑非常重要，准确的定位决定着安装质量，而合理地使用临时支撑不仅是保证定位质量的手段，也是保证施工安全的必要措施。

装配式建筑之安装叠合梁

在钢筋连接时，普通钢筋混凝土工程梁柱节点钢筋交错密集但有调整的空间，而装配式混凝土结构后浇混凝土节点间受空间限制，很容易发生暗梁节点钢筋冲突的情况。因此，一是要在拆分设计时就考虑好各种钢筋的关系，直接设计出必要的弯折，如图 7-17 所示；二是吊装方案要按拆分设计考虑吊装顺序，吊装时必须严格按吊装方案控制工序。

**2. 阳台、空调板、太阳能板**

(1)装配式结构其阳台一般设计成封闭式阳台结构。阳台板采用钢筋桁架叠合板,其吊装如图 7-18 所示;还有一种悬挑式全预制阳台,如图 7-19 所示。空调板、太阳能板也是全预制悬臂式结构,都应按设计预留出钢筋并通过后浇混凝土与结构连接。

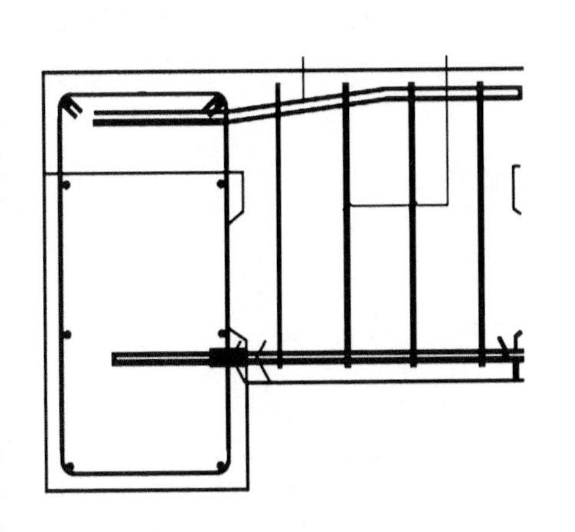

图 7-17 拆分设计考虑节点处钢筋的弯折

图 7-18 阳台板吊装

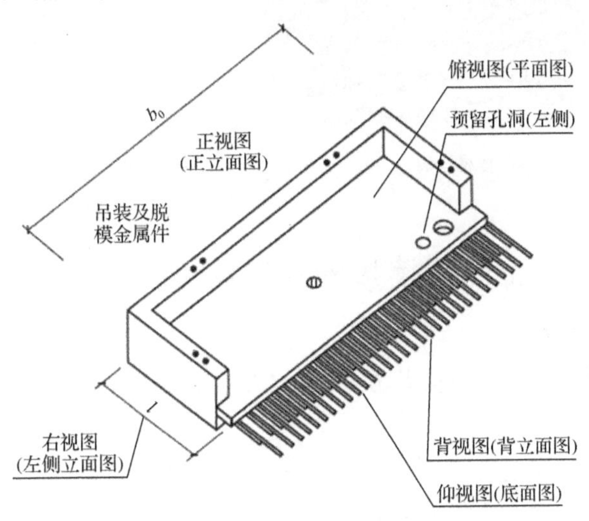


图 7-19 悬挑式全预制阳台

## 7.3.6 装配式混凝土楼梯的安装施工

**1. 预制楼梯的入场检验**

根据《混凝土结构工程施工质量验收规范》(GB 50204—2015)的规定,梁板类简支预制构件进场时应进行结构性能检验。检验数量:每批进场不超过 1 000 个同类型预制构件为一批,在每批中应随机取样一个构件进行检验。因此,楼梯进场应核查和收存项目需要的合格的结构性能检验报告。

**2. 预制楼梯的安装**

预制楼梯采用水平吊装,用螺栓将通用吊耳与楼梯板预埋吊装内螺母连接,起吊前检查卸扣卡环,确认牢固后方可继续缓慢起吊。调整索具铁链长度,使楼梯段休息平台处于水平位置，试吊预制楼梯板，检查吊点位置是否准确，吊索受力是否均匀等；试起吊高度不应超过1 m，如图 7-20 所示。

楼梯吊至梁上方 30～50 cm 后，调整楼梯位置板边线基本与控制线吻合。

就位时要求缓慢操作，严禁快速猛放，以免造成预制楼梯吊装楼梯板震折损坏。楼梯板基本就位后，根据控制线，再使用水平尺和倒链调节楼梯水平。若利用撬棍微调、校正，则应先保证楼梯两侧准确就位。

**3. 预制楼梯的固定**

预制楼梯的固定，详见如图 7-21 所示的预制楼梯固定铰端做法。

图 7-20 预制楼梯吊装

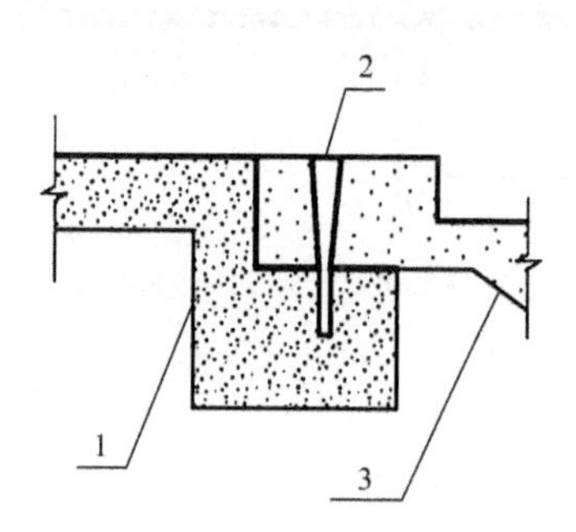


图 7-21 装配式楼梯固定铰端做法

1—楼梯梁；2—销钉连接；3—楼梯

## 7.3.7 装配式混凝土外挂墙板的安装施工

**1. 外挂墙板施工前准备**

(1)外挂墙板安装前应该编制安装方案，确定外挂墙板水平运输、垂直运输的吊装方式，进行设备选型及安装调试。

(2)外挂墙板进场前应进行检查验收，不合格的构件不得安装使用，安装用连接件及配套材料应进行现场报验，复试合格后方可使用。

**2. 外挂墙板的安装与固定**

(1)外挂墙板正式安装前要根据施工方案要求进行试安装，经过试安装并验收合格后可进行正式安装。

(2)外挂墙板应该按顺序分层或分段吊装，吊装应采用慢起、稳升、缓放的操作方式，应系好缆风绳控制构件转动；吊装过程中应保持稳定，不得偏斜、摇摆和扭转。

(3)外挂墙板安装就位后应对连接节点进行检查验收，隐藏在墙内的连接节点必须在施工过程中及时做好隐检记录。

(4)外挂墙板均为独立自承重构件，应保证板缝四周为弹性密封构造，安装时，严禁在板缝中放置硬质垫块，避免外挂墙板通过垫块传力造成节点连接破坏。

(5)节点连接处露明铁件均应做防腐处理，对于焊接处镀锌层破坏部位必须涂刷三道防腐涂料防腐，有防火要求的铁件应采用防火涂料喷涂处理。

## 7.4　装配式混凝土工程冬雨季施工

学习强国小案例

**装配式建筑引领技术前沿 施工人员为质量保驾护航——**
**“装配式建筑施工员”新职业正式发布**

2020 年 2 月，“装配式建筑施工员”职业正式纳入国家职业分类目录，建筑行业大军有了职业奋斗的新目标、新方向。装配式建筑施工是采用预制构件技术，即预先在厂内完成建筑构件加工，现场只需进行装配化施工的新型建筑施工方式，具有流程清晰、操作规范、调度灵活和进度较快的优势。装配式建筑施工员的职业定义是在装配式建筑施工过程中从事构件安装、进度控制和项目现场协调的人员。2016 年国务院办公厅印发了《关于大力发展装配式建筑的指导意见》，2017 年住房和城乡建设部发布了国家标准《装配式建筑评价标准》(GB/T 51129—2017)，有力推进了装配式建筑施工技术发展进入快车道。装配式建筑人才队伍的建设是行业发展的关键，行业和企业将逐渐加大对装配式建筑施工管理人员和技术工人的职业培训力度。装配式建筑施工员作为新职业公布，表明了国家对于建筑行业职业发展的关注和肯定，填补了装配式建筑职业领域的空白。

### 7.4.1　装配式混凝土工程冬季施工

**1. 冬季施工的定义**

当连续 5 d 日平均气温降低到 5 ℃以下，或者最低气温降低到 0 ℃以下时，用一般施工方法难以达到预期效果，必须采取特殊措施进行施工方能满足要求，即认为进入了冬季施工阶段。

**2. 施工技术措施**

(1)在入冬前，要对职工进行一次冬季施工技术工程质量、安全生产重要性的教育，牢固树立“质量第一”“安全第一”的思想。

(2)在冬季施工前后，要指定专人负责搜集、整理当地气象记录，以防温度急剧下降，遭受寒流和霜冻的袭击。

(3)钢筋在负温下焊接应先预热，焊后未冷却接头严禁碰水、冰雪；在负温下焊接必须做好防护措施。

(4)冬季施工时，禁止使用氯盐防冻剂，早强剂、防冻剂用量应严格控制。搅拌后的混凝土应及时入模浇灌，泵送混凝土浇筑中，对泵管进行保温，保证温度不低于 10 ℃，入模浇筑后及时覆盖保温养护。

(5)入冬前，要注意做好地面排水工作，做到排水畅通。

**3. 安全措施**

(1)凡遇雨雪冰冻天气，施工现场的道路、斜道、脚手架通道、扶梯、平台等工作面上，必须扫清冰雪，做好防滑工作。

(2)脚手架施工，特别是高层多排架子，应在冰雪前认真做好检查加固，原则上脚手架每隔三排应满铺一排，安全防护栏杆必须保留，不能因翻排而拆除。

（3）高层建筑的四周必须按安全规程或施工组织设计（方案）的规定满挂安全网或护栏，防止坠落事故，并根据工程进度，及时提升安全网或扎好护栏。

（4）严禁从脚手架、施工电梯上攀登上下和向下抛丢任何东西。

（5）严格执行使用安全网、安全带、安全帽的规定，工作时间要集中思想，严肃认真，服从指挥。

### 7.4.2 装配式混凝土工程雨季施工

**1.雨季施工准备工作**

（1）掌握天气变化情况。进入雨季施工后，需及时了解近两天的天气情况，特别是中大雨、雷电的气象预报，随时掌握天气变化情况，以便提早做好预防工作。

（2）搞好思想教育。为保证工程质量和安全生产，必须切实做好思想上的教育、动员工作，有关措施要落实到班组、个人。

（3）搞好材料准备。施工现场准备防洪、防雨材料，潜水泵、草袋、塑料防雨布、铁锹等材料若干。

**2.技术措施**

（1）严格控制混凝土配合比的用水量，考虑到雨季砂、石含水率增大，应及时对其进行测定，调整用水量。

（2）混凝土浇筑前，要了解近两天的天气预报，尽量避开大雨，并备足塑料布，当浇筑过程中遇到大雨时，应振实已浇混凝土后停止浇筑，已浇筑部分用塑料布覆盖。

（3）控制混凝土的坍落度应考虑运输和浇筑过程中可能增加的水分，在拌制混凝土时适当减少一些用水量，以利于保证混凝土的密实度。

（4）混凝土浇筑前应根据结构情况和现场实际，多考虑几道施工缝的留设位置，以备临时使用。

**3.安全措施**

（1）根据总图利用自然地形确定排水方向，按规定坡度挖好排水沟，以确保施工工地和临时设施的安全。

（2）雨季施工前，应对施工场地原有排水系统进行检查、疏通或加固，必要时应增加排水措施，雨季设专人负责，随时疏通，确保施工现场排水畅通。

（3）施工现场的大型临时设施，在雨季前应整修完毕，保证不漏、不塌、不倒、周围不积水。

（4）脚手架、施工电梯底架的埋深、缆风绳的地锚等应进行全面检查，特别是大风大雨前后要及时检查，发现问题应及时处理，斜道上必须钉好防滑条。

（5）施工现场的机电设施（配电箱、闸箱、电焊机、水泵）应有可靠的防雨措施。

## 7.5 BIM与装配式混凝土工程

BIM技术与装配式建筑的结合可以在工程的全生命周期中发挥重大的作用，有利于现场的精细化管理，缩短周期，节约成本，保证质量，提高项目管理水平。BIM技术与装配式建筑必将为我国未来建筑业的发展推波助澜。

## 7.5.1　装配式混凝土 BIM 构建族的应用

**1. 设计优化**

在装配式建筑中要做好预制构件的“拆分设计”，俗称“构件拆分”，如图 7-22 所示。

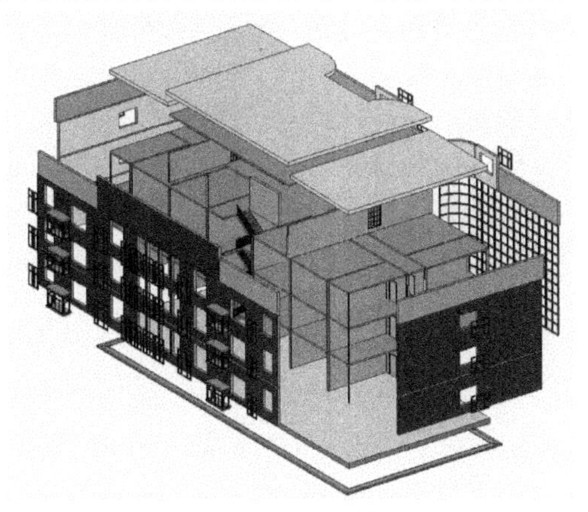

图 7-22　构件拆分

**2. 碰撞检查**

在构件设计中进行碰撞检查，根据其结果，调整和修改构件的设计，保证构件在制造和安装时都不存在问题，可有效缩短后期图纸审核时间。

**3. 生产加工**

预制构件的出图分为构件生产图和构件安装图。构件安装图各种 BIM 软件都能出，而构件生产图则大部分 BIM 软件都需要手动一步步生成，如图 7-23 所示。

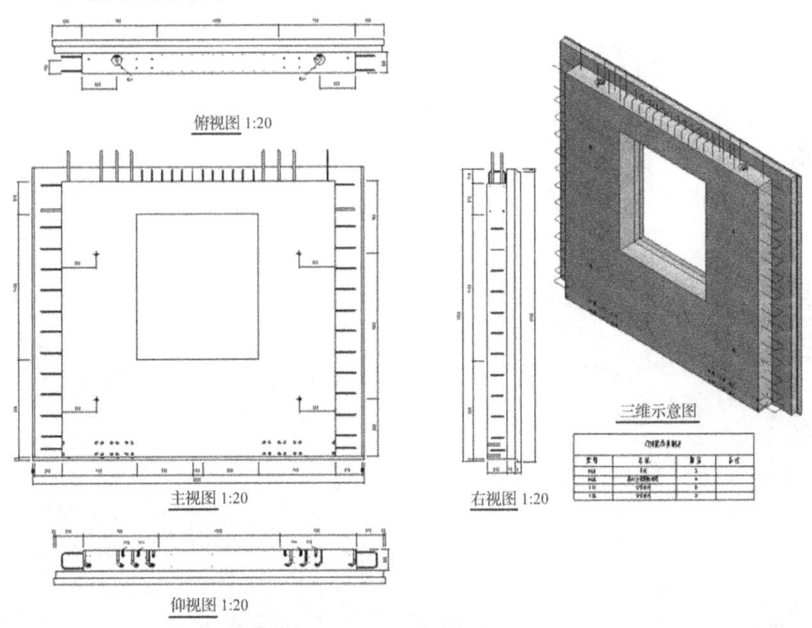


图 7-23　构件生产图

**4. 物料信息**

BIM 模型导出的物料文件需包含每个构件的详细物料信息，并且统计单位和采购单位一致，与 ERP 系统对接，用于项目物料管理。

## 7.5.2 装配式混凝土应用 BIM 的主要效果

**1. 产业化建造工期可控,效率提高**

采用 BIM 技术建立标准构件库,提升了设计单位、构件厂和施工企业的可视化协同能力,将生产工艺集中在工业流水线上,避免了建筑材料浪费,可减少人力劳动,增加机械生产,提高生产率,降低建造成本。

**2. 实现设计、施工一体化建造**

通过强化设计与施工的联系,搭建基于 BIM 技术预制装配式设计施工一体化协同平台,搭建预制装配式 BIM 模型并进行拆分模拟。根据设计阶段的 BIM 成果,完成施工过程中深化设计计算。

**3. 培养专业队伍**

利用 BIM 技术对施工方案进行三维直观展示,可以模拟现场构件安装过程和周边环境。对劳务队伍则采用三维技术交底,指导工人安装。

学习强国小案例

**五天一层楼 上海装配式建筑“玩出新高度”**

五天搭建一层 1 000 平方米的楼房,还能节约 35%的人工、提升 58%的工效……上海建设者把装配式建筑“玩出新高度”。2019 年研发的“超高性能装配式结构新型体系”(PCUS),已成功运用到上海白龙港污水处理厂改造项目,不仅节约运输费、灌浆套筒材料人工费,更提高了房屋强度与质量,即便超负荷承载 200 吨的沙子也稳如泰山。这依靠现代工匠的齐心合力,让构件节点做到了高效安全。PCUS 体系是上海建工二建集团联合上海理工大学等开展产学研合作攻关,以新型预制构件节点连接方式为重点,利用一种“超高性能混凝土”作为后浇材料研制出的。据估算,这套新体系能节约成本 39%。

## 7.5.3 构件生产阶段的 BIM 应用概况

以精益建造的理论体系做指导,借助 BIM 的信息化平台,充分发挥 BIM 强大的技术功能支持与数据信息集中化存储的优势,保证项目全生命周期准确、及时、有效的信息流。

通过 RFID 芯片将虚拟的 BIM 模型与现实中的构件联系起来,实现了构件生产的集约型管理,如图 7-24 所示。

图 7-24 使用手持机及 RFID 芯片进行构件生产管理

## 7.5.4　构件施工吊装阶段的 BIM 应用概况

在设计 3D-BIM 模型数据库的基础上，将施工进度数据与模型对象相关联，可产生具有时间属性的 4D 模型。借助 Autodesk Navisworks 的 API，可实现基于 WEB 的 3D 环境工程进度管理，如图 7-25 所示。

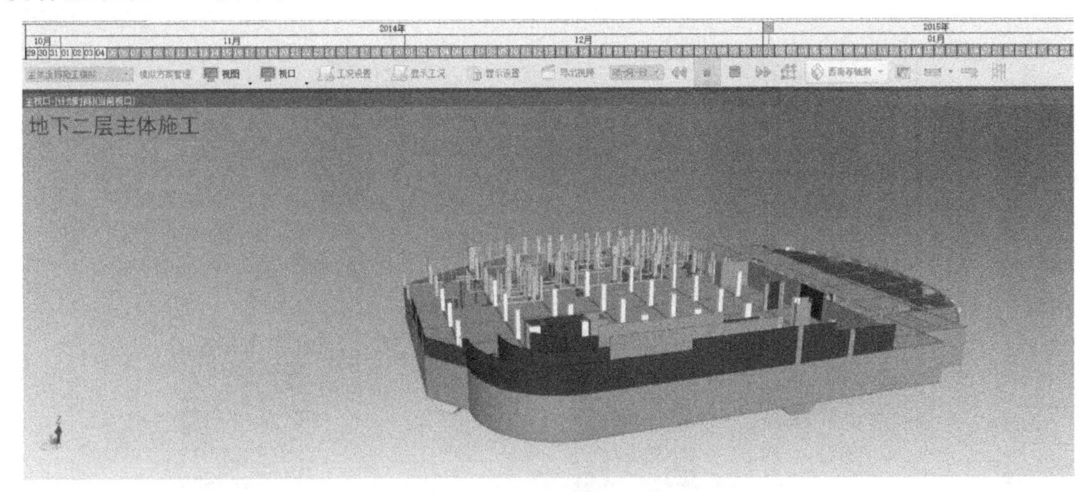


图 7-25　基于 WEB 的 3D 环境工程进度管理

目前，装配式混凝土结构住宅产业化工程已在我国逐步发展起来，建筑产业化可节省资源，推动技术创新，提高建筑品质，是建筑行业发展的必然趋势。BIM 技术的推广有利于推动住宅产业化进程，也是实施住宅产业化的重要手段。

## 思考与练习

**背景资料**

某新建高层住宅工程建筑面积为 16 000 $m^2$，地下一层，地上十二层，二层以下为现浇钢筋混凝土结构，二层以上为装配式混凝土结构，预制墙板钢筋采用套筒灌浆连接施工工艺。

监理工程师在检查第 4 层外墙板安装质量时发现：钢筋套筒连接灌浆满足规范要求；留置了 3 组边长为 70.7 mm 的立方体灌浆料标准养护试件；留置了 1 组边长为 70.7 mm 的立方体坐浆料标准养护试件；施工单位选取第 4 层外墙板竖缝两侧 11 mm 的部位在现场进行水试验，对此要求整改。

**问题**：指出第 4 层外墙板施工中的不妥之处，并写出正确做法。装配式混凝土构件钢筋套筒连接灌浆质量要求有哪些？

课题 7 思考与练习

## 拓展资源与在线自测

住宅小区装配式施工组织设计

叠合剪力墙结构技术

建筑物墙体免抹灰技术

课题 7

# 课题 8

# 钢结构工程施工

## 能力目标

能够正确选用钢结构工程施工所用钢材；明确钢结构连接的种类和特点；明确钢结构加工工艺及流程；能够分析钢结构涂装材料的种类和施工特点；能够制订钢结构安装方案；能够制订钢结构冬雨季施工方案；能够利用BIM技术优化钢结构施工组织。

## 知识目标

熟悉钢结构工程所用钢材的型号、特点；掌握钢结构常用的连接方法和施工工艺；熟悉钢结构加工制作过程；掌握钢结构涂装工程的材料、机具、工艺流程和施工方法；掌握钢结构安装方法和工艺顺序；熟悉钢结构冬雨季施工要求；了解BIM技术在钢结构中的应用。

## 素质目标

培养学生正确解决专业问题的能力；培养学生正确分析专业技术文件的能力；培养学生制定专业施工方案和编制施工文件的能力；培养学生使用信息化技术的能力；培养学生的团队精神和创新能力；引导学生不断探索钢结构工程的新材料、新形式和新技术，不断推动技术进步和科技创新；加强学生对钢结构施工组织和施工工艺的理解，树立学生“安全生产红线不可逾越”的意识，将钢结构生产的智能制造管理思维引入教学中。

钢结构工程施工
1.钢结构施工所用钢材
钢材的种类
钢材的规格
2.钢结构的连接
钢结构连接的种类和特点
焊接连接施工
螺栓连接施工
连接质量验收
3.钢结构加工制作
加工前准备
零件加工
构件组装
构件成品的表面处理
4.钢结构涂装工程
防腐涂装工程
防火涂装工程
5.钢结构安装工程
钢柱安装
钢吊车梁安装
钢屋架安装
6.钢结构冬雨季施工
钢结构冬季施工
钢结构雨季施工
7.BIM与钢结构工程
关于钢结构BIM模型的建立
BIM技术在钢结构中的应用
利用BIM技术进行钢结构工程量统计

课题8　思维导图

# 8.1 钢结构施工所用钢材

钢材的品种繁多，各自的性能、产品规格及用途都不相同，适用于建筑的钢材，只是其中的一小部分。为了保证结构的安全，钢结构所采用的钢材在性能方面必须具有较高的强度、较好的塑性和韧性以及良好的加工性能。对于焊接结构，还要求可焊性良好。在低温下工作的结构，要求钢材保持较好的韧性。在易受大气侵蚀的露天环境下工作的结构，或在有害介质侵蚀环境下工作的结构，要求钢材具有较好的抗锈能力。

## 8.1.1 钢材的种类

按用途分类，钢可分为结构钢、工具钢和特殊钢（如不锈钢等）。结构钢又分为建筑用钢和机械用钢。

按冶炼方法分类，钢可分为氧气转炉钢、平炉钢和电炉钢。电炉钢是特种合金钢，不用于建筑。平炉钢质量好，但冶炼时间长，成本高。氧气转炉钢质量与平炉钢相当，而成本较低。

按脱氧方法分类，钢可分为沸腾钢、镇静钢和特殊镇静钢。镇静钢脱氧充分，沸腾钢脱氧较差。

按成形方法分类，钢又分为轧制钢（热轧、冷轧）、锻钢和铸钢。

按化学成分分类，钢又分为碳素钢和合金钢。

在建筑钢材中采用的是碳素结构钢、低合金高强度结构钢和优质碳素结构钢。

**1. 碳素结构钢**

国家标准《碳素结构钢》（GB/T 700—2006）是参照国际标准《结构钢》（ISO 630）制定的。钢的牌号由代表屈服强度的字母 Q、屈服强度数值、质量等级符号（A、B、C、D）、脱氧方法符号四个部分按顺序组成。

钢的质量等级分为 A、B、C、D 四级，由 A 到 D 表示质量由低到高。A 级钢只保证抗拉强度、屈服强度、伸长率，必要时可附加冷弯试验的要求，化学成分对碳、锰可以不作为交货条件。B、C、D 级钢均保证抗拉强度、屈服强度、伸长率、冷弯和冲击韧性（分别为 20 ℃、0 ℃、−20 ℃）等力学性能。

沸腾钢、镇静钢和特殊镇静钢的代号分别为 F、Z 和 TZ。其中，镇静钢和特殊镇静钢的代号可以省去。对于常用的 Q235 钢，A、B 级钢可以是 Z、F，C 级钢只能是 Z，D 级钢只能是 TZ。例如，Q235AF 表示屈服强度为 235 $N/mm^2$ 的 A 级沸腾钢；Q235C 表示屈服强度为 235 $N/mm^2$ 的 C 级镇静钢；Q235-D 表示屈服强度为 235 $N/mm^2$ 的 D 级特殊镇静钢。

**2. 低合金高强度结构钢**

该种钢是在冶炼过程中添加一种或几种总量低于 5%的合金元素的钢，执行国家标准《低合金高强度结构钢》（GB/T 1591—2018）的规定。低合金高强度结构钢采用与碳素结构钢相同的牌号表示方法，即根据钢材厚度（直径）≤16 mm 时的屈服强度大小，分为 Q295、Q345、Q390、Q420、Q460、Q500、Q550、Q20、Q90，其中，Q390、Q420、Q460 较常用。

钢的牌号仍有质量等级符号，除与碳素结构钢 A、B、C、D 四个等级相同外，增加了等级 E，主要是要求 −40 ℃的冲击韧性。低合金高强度结构钢一般为镇静钢，因此钢的牌号中不注明脱氧方法，冶炼方法也由供方自行选择。

**3. 优质碳素结构钢**

优质碳素结构钢以不进行热处理或进行热处理(退火、正火或高温回火)状态交货,要求进行热处理状态交货的应在合同中注明,未注明者按不进行热处理状态交货,如用于高强度螺栓的45号优质碳素结构钢需经热处理,强度较高,对塑性和韧性又无显著影响。

## 8.1.2 钢材的规格

钢结构采用的型材有热轧成形的钢板和型钢以及冷弯(或冷压)成形的薄壁型钢(图8-1)。

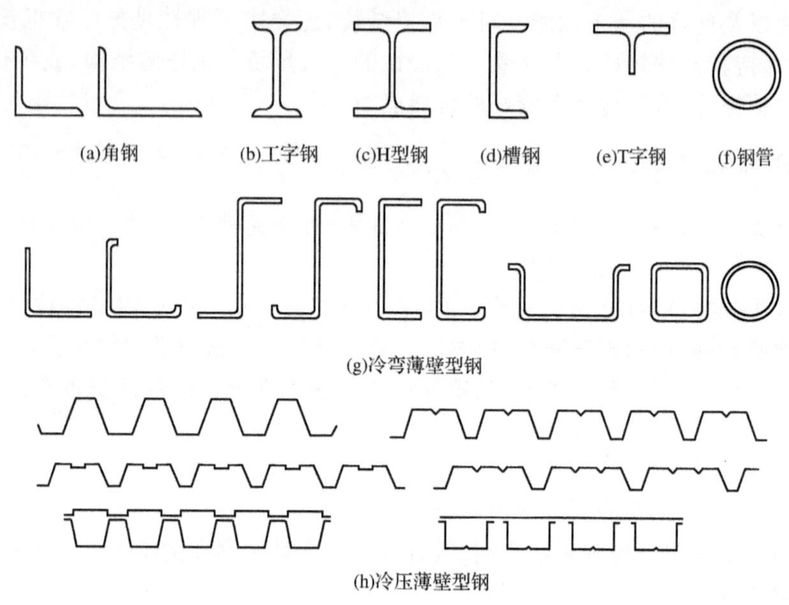


图8-1 型钢

**1. 钢板**

热轧钢板有薄钢板(厚度为0.35~4 mm)、厚钢板(厚度为4.5~60 mm)、特厚钢板(板厚>60 mm)和扁钢(厚度为4~60 mm,宽度为30~200 mm,此钢板宽度小)。钢板的表示方法:在符号"—"后加"宽度×厚度×长度"或"宽度×厚度",如—450×10×300、—450×10。

**2. 型钢**

型钢主要有角钢、工字钢、H型钢、槽钢、钢管、薄壁型钢等。

(1)角钢

角钢分为等边和不等边两种。不等边角钢的表示方法:在符号"L"后加"长肢宽×短肢宽×厚度",如L80×50×6;等边角钢则以肢宽和厚度表示,如L80×6,单位皆为mm。

(2)工字钢

工字钢分普通工字钢和轻型工字钢。普通工字钢和轻型工字钢用"工"后加其截面高度的厘米数表示。20号以上的工字钢,同一号数有三种腹板厚度,分别为a、b、c三类,其中a类腹板最薄,翼缘最窄,用作受弯构件较为经济,如工32a。轻型工字钢的腹板和翼缘均较普通工字钢薄,因而在相同重量下其截面模量和回转半径均较大。

(3)H型钢

H型钢是世界各国使用很广泛的热轧型钢,与普通工字钢相比,其翼缘内外两侧平行,便于与其他构件相连。它可分为宽翼缘H型钢(代号HW,翼缘宽度$B$与截面高度$H$相等)、中翼缘H型钢[代号HM,$B=(1/2\sim2/3)H$]、窄翼缘H型钢[代号HN,$B=(1/3\sim1/2)H$]。

各种 H 型钢均可剖分为 T 型钢供应,代号分别为 TW、TM 和 TN。H 型钢和剖分 T 型钢的规格标记均采用:高度($H$)×宽度($B$)×腹板厚度($t_1$)×翼缘厚度($t_2$)。例如 HM340×250×9×14,其剖分 T 型钢为 TM170×250×9×14,单位均为 mm。

(4)槽钢

槽钢有普通槽钢和轻型槽钢两种,以其截面高度的厘米数编号,前面加上符号"[",如[30a。号码相同的轻型槽钢,其翼缘较普通槽钢宽而薄,腹板也较薄,回转半径较大,重量较轻,表示方法为符号"Q["加上截面高度的厘米数。

(5)钢管

钢管有无缝钢管和焊接钢管两种,由于回转半径较大,常用作桁架、网架、网壳等平面和空间格构式结构的杆件,钢管混凝土柱中也有广泛的应用。用符号"$\phi$"后面加"外径×厚度"表示,如 $\phi$273×5,单位为 mm。国产热轧无缝钢管的最大外径可达 630 mm。供货长度为 3~12 m。焊接钢管的外径可以做得更大,一般由施工单位卷制。

对普通钢结构的受力构件,不宜采用厚度小于 5 mm 的钢板,壁厚小于 3 mm 的钢管,截面小于∟56×36×4、∟45×4 的角钢。

(6)薄壁型钢

薄壁型钢是用薄钢板(一般采用 Q235 钢或 Q345 钢)经模压或弯曲而制成的,其壁厚一般为 1.5~12 mm,在国外薄壁型钢厚度有加大范围的趋势。它能充分利用钢材的强度,节约钢材,在轻钢结构中得到了广泛应用。常用的截面形式有等边角钢、卷边等边角钢、Z 型钢、卷边 Z 型钢、槽钢、卷边槽钢(C 型钢)、钢管等。薄壁型钢的表示方法为:字母 B 加"截面形状符号"加"长边宽度×短边宽度×卷边宽度×壁厚",单位为 mm。

有防锈涂层的彩色压型钢板是冷弯薄壁型钢的另一种形式,所用钢板厚度为 0.4~1.6 mm,用作轻型屋面及墙面等构件。

学习强国小案例

**轻钢,提高建筑自由度**

作为一种新的建筑形式,轻钢结构近年来发展迅速,已经在多个建筑领域得到广泛应用。比起传统建筑结构,轻钢结构可以最大限度提高建筑的"自由度"。轻钢结构是钢结构的衍生概念,根据《门式刚架轻型房屋钢结构技术规范》(GB 51022—2015)中的描述,具有轻型屋盖和轻型外墙(也可以有条件地采用砌体外墙)的单层实腹门式刚架结构即轻钢结构。不过,轻钢结构与普通钢结构之分并不在于结构本身的轻重,两者在于结构所承受围护材料的轻重,两者在结构设计概念上是一致的。

## 8.2 钢结构的连接

### 8.2.1 钢结构连接的种类和特点

钢结构是由各种型钢或板材通过一定的连接方法而组成的。因此,连接方法及其连接质量直接影响钢结构的工作性能。钢结构的连接必须符合安全可靠、传力明确、构造简单、制造方便和节约钢材的原则。钢结构的连接方法有焊缝连接、铆钉连接和螺栓连接三种,如图 8-2

所示。

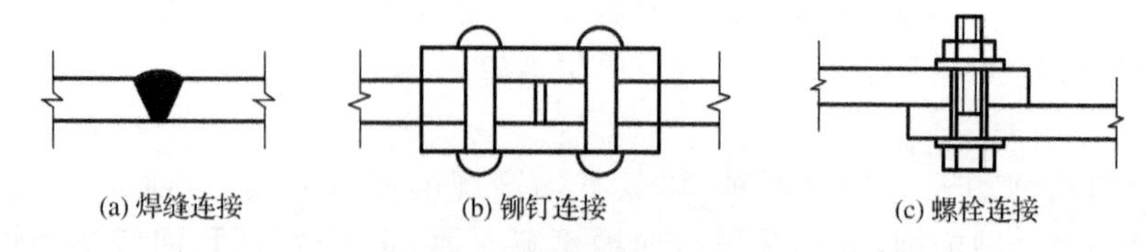

(a) 焊缝连接　(b) 铆钉连接　(c) 螺栓连接

图 8-2　钢结构的连接方法

**1. 焊缝连接**

焊缝连接是钢结构最主要的连接方法。其优点是构造简单,任何形式的构件都可直接相连;用料经济,不削弱截面;制作加工方便,可实现自动化操作;连接的密闭性好,结构刚度大。其缺点是在焊缝附近的热影响区内,钢材的金相组织发生改变,导致局部材质变脆;焊接残余应力和残余变形使受压构件承载力降低;焊接结构对裂纹很敏感,局部裂纹一旦发生,就容易扩展到整体,低温冷脆现象较为突出。

**2. 铆钉连接**

铆钉连接由于构造复杂、费钢费工,现已很少采用。但是铆钉连接的塑性和韧性较好,传力可靠,质量易于检查,在一些重型和直接承受动力荷载的结构中,有时仍然采用。

**3. 螺栓连接**

螺栓连接是通过螺栓这种紧固件把被连接件连接成一体,它是钢结构的重要连接之一。其优点是施工工艺简单,安装方便,特别适用于工地安装连接,工程进度和质量易得到保证;且由于装拆方便,适用于需装拆结构连接和临时性连接。其缺点是螺栓连接需制孔,拼装和安装需对孔,增加了工作量,且对制造的精度要求较高;此外,螺栓连接因开孔对截面有一定的削弱,有时在构造上还须增设辅助连接件,故用料增加,构造较烦琐。

## 8.2.2 焊接连接施工

**1. 焊接方法**

焊接方法很多,但在钢结构中通常采用电弧焊。电弧焊有焊条电弧焊,自动(半自动)埋弧焊以及气体保护焊等。在某些特殊场合,则必须使用电渣焊。钢结构焊接方法的选择参见表 8-1。

表 8-1　钢结构焊接方法

| 焊接的类型 | | | 特点 | 适用范围 |
|---|---|---|---|---|
| 电弧焊 | 药皮焊条手工焊 | 交流焊机 | 利用焊条与焊件之间产生的电弧热焊接,设备简单,操作灵活,可进行各种位置的焊接,是建筑工地应用最广泛的焊接方法 | 焊接普通钢结构 |
| | | 直流焊机 | 焊接技术与交流焊机相同,成本比交流焊机高,但焊接时电弧稳定 | 焊接要求较高的钢结构 |
| | 自动埋弧焊 | | 利用埋在焊剂层下的电弧热焊接,效率高,质量好,操作技术要求低,劳动条件好,是大型构件制作中应用最广的高效焊接方法 | 焊接长度较大的对接、贴角焊缝,一般用于有规律的直焊缝 |
| | 半自动埋弧焊 | | 与自动埋弧焊基本相同,操作灵活,但使用不够方便 | 焊接较短的或弯曲的对接、贴角焊缝 |
| | $CO_2$ 气体保护焊 | | 用 $CO_2$ 或惰性气体保护的实心焊丝或药芯焊丝焊接,设备简单,操作简便,焊接效率高,质量好 | 构件长焊缝的自动焊 |
| 电渣焊 | | | 利用电流通过液态熔渣所产生的电阻热焊接.能焊大厚度焊缝 | 箱形梁及柱隔板与面板全焊透连接 |

**2. 焊缝形式**

焊缝连接按被连接钢材的相互位置可分为对接、搭接、T 形连接和角部连接四种形式，如图 8-3 所示。这些连接所采用的焊缝主要有对接焊缝和角焊缝。

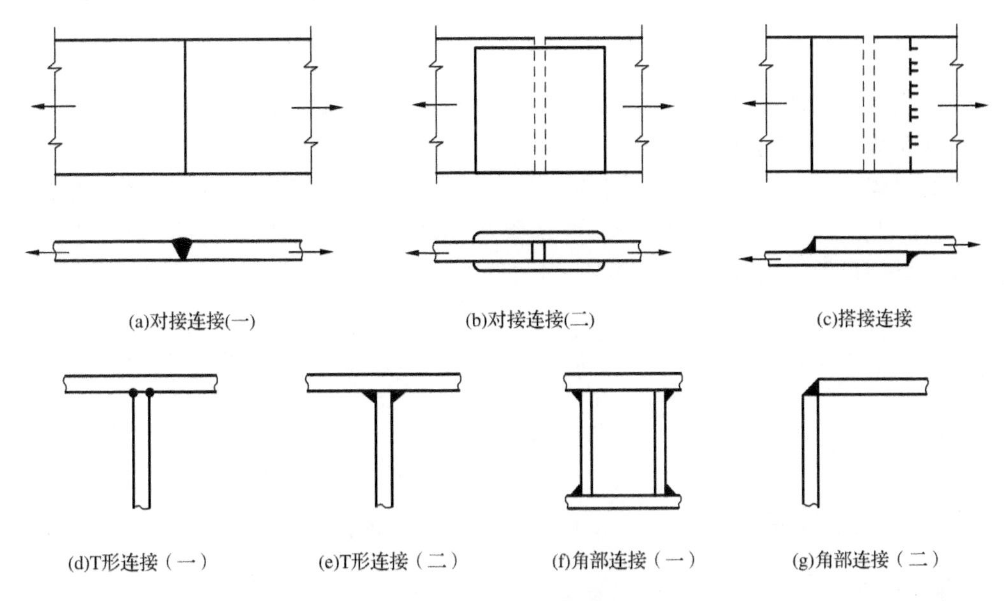


图 8-3　焊缝连接的形式

对接连接主要用于厚度相同或接近相同的两个构件的相互连接。图 8-3(a)所示为采用对接焊缝的对接连接，由于相互连接的两构件在同一平面内，因而传力均匀平缓，没有明显的应力集中，且用料经济，但是焊件边缘需要加工，被连接两板的间隙有严格的要求。

图 8-3(b)所示为用双层盖板和角焊缝的对接连接，这种连接传力不均匀、费料，但施工简便，所连接两板的间隙大小无须严格控制。

图 8-3(c)所示为用角焊缝的搭接连接，适用于不同厚度构件的连接。这种连接作用力不在同一直线上，较耗费材料，但构造简单，施工方便。

T 形连接省工省料，常用于制作组合截面。当采用角焊缝连接时，如图 8-3(d)所示，焊件间存在缝隙，截面突变，应力集中现象严重，疲劳强度较低，可用于不直接承受动力荷载的结构中，对于直接承受动力荷载的结构，如重级工作制吊车梁上翼缘与腹板的连接，应采用图 8-3(e)所示的 T 形坡口焊缝进行连接。

角部连接主要用于制作箱形截面，如图 8-3(f)和图 8-3(g)所示。

(1)对接焊缝

对接焊缝按受力方向分为正对接焊缝和斜对接焊缝(图 8-4)。

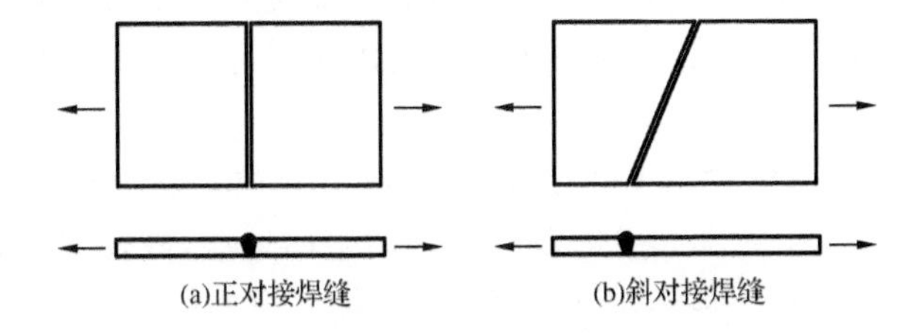


图 8-4　对接焊缝

对接焊缝的坡口形式有直边焊缝、单边 V 形焊缝、V 形焊缝、U 形焊缝、K 形焊缝、X 形焊缝。坡口形式取决于焊件厚度 $t$。当焊件厚度为 4 mm$<t\leqslant$10 mm 时，可用直边焊缝；当焊件厚度 $t$=10～20 mm 时，可用斜坡口的单边 V 形或 V 形焊缝；当焊件厚度 $t>$20 mm 时，则采用 U 形、K 形或 X 形坡口焊缝。对于 U 形焊缝和 V 形焊缝，需对焊缝根部进行补焊，埋弧焊的熔深较大。

(2)角焊缝

角焊缝是最常用的焊缝形式。角焊缝按其与作用力的关系可分为焊缝长度方向与作用力垂直的正面角焊缝，焊缝长度方向与作用力平行的侧面角焊缝(图 8-5)以及斜焊缝。

按施焊时焊缝在焊件之间的相对空间位置，焊缝连接可分为平焊、横焊、立焊和仰焊，如图 8-6 所示。平焊(又称为俯焊)施焊方便，质量最好；横焊和立焊的质量及生产效率比平焊差；仰焊的操作条件最差，焊缝质量不易保证，因此设计和制造时应尽量避免。

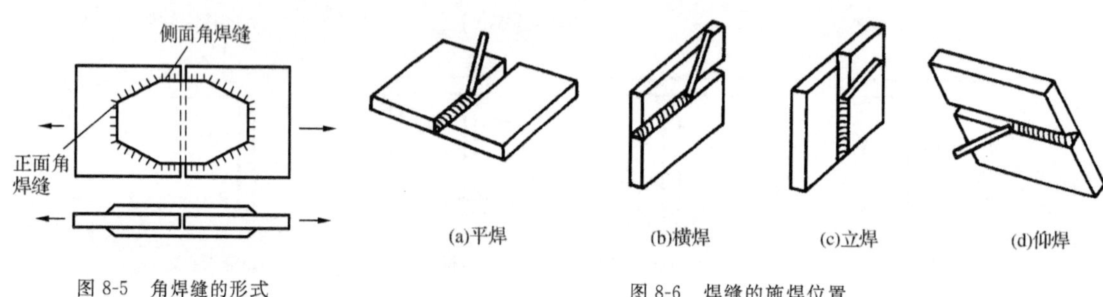


图 8-5　角焊缝的形式

图 8-6　焊缝的施焊位置

**3. 焊接施工工艺**

钢结构焊接施工工艺主要有：药皮焊条手工焊、埋弧焊(SAW)、$CO_2$ 气体保护焊和电渣焊(ESW)，本教材主要介绍药皮焊条手工焊、埋弧焊以及 $CO_2$ 气体保护焊的焊接原理，而电渣焊(ESW)一般用于工业化的专业构件加工厂，此外不做介绍。

(1)药皮焊条手工焊

在涂有药皮的金属电极与焊件之间施加一定电压时，由于电极强烈放电，使气体电离产生焊接电弧。电弧的高温足以使焊条和工件局部熔化，形成气体、熔渣和熔池，气体和熔渣对熔池起保护作用，原理如图 8-7 所示。

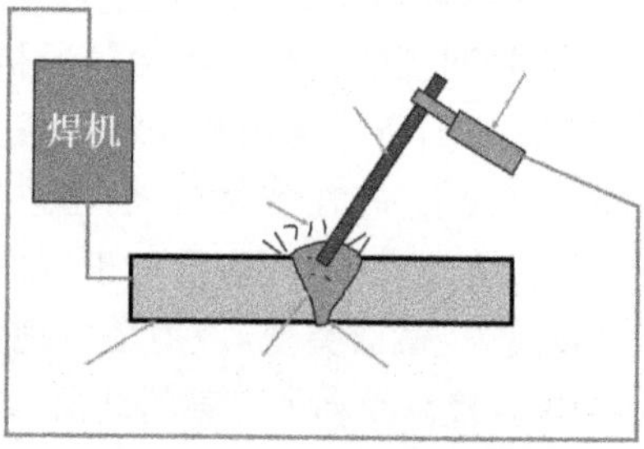

图 8-7　药皮焊条手工焊原理

(2)埋弧焊

埋弧焊与药皮焊条手工焊都是利用电弧热作为熔化金属的热源，但与药皮焊条手工焊不同的是焊丝外表没有药皮，熔渣是由覆盖在焊接坡口区的焊剂形成的。当焊丝与母材之间施加电压并互相接触引燃电弧后，电弧热将焊丝端部及电弧区的焊剂和母材熔化，形成金属熔滴、熔池及熔渣。金属熔池受到浮于表面的熔渣和焊剂蒸气的保护，不与空气接触，避免氮、氢、氧有害气体的侵入。自动埋弧焊焊机如图 8-8 所示。

(3)$CO_2$ 气体保护焊

$CO_2$ 气体保护焊是用喷枪喷出 $CO_2$ 气体作为电弧焊的保护介质，使熔化金属与空气隔绝，以保持焊接过程的稳定。由于焊接时没有焊剂产生的熔渣，故便于观察焊缝的成形过程，但操作时需在室内避风处，在工地操作则需搭设防风棚。根据保护气体的不同，可分为纯 $CO_2$ 气体保护焊和 Ar+$CO_2$ 混合气体保护焊。$CO_2$ 气体保护焊焊机如图 8-9 所示。

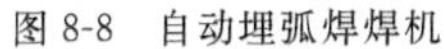

图 8-8　自动埋弧焊焊机

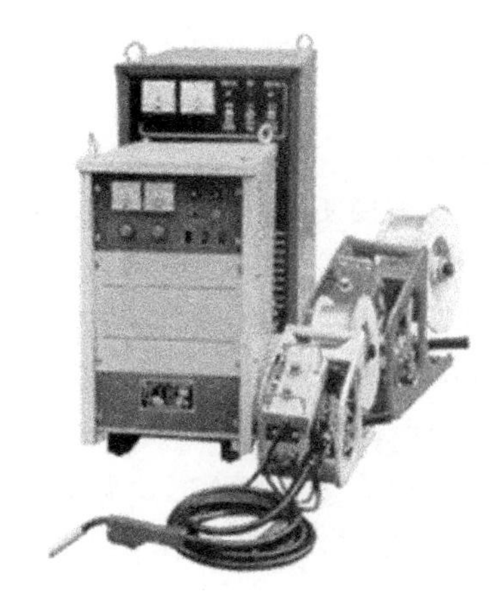

图 8-9　$CO_2$ 气体保护焊焊机

**4. 焊缝缺陷和焊接变形**

焊缝缺陷是指焊接过程中产生于焊缝金属及其附近热影响区钢材表面或内部的缺陷。

焊缝缺陷是影响焊缝质量的主要因素，可分为外部缺陷和内部缺陷两类。焊缝缺陷如图 8-10 所示。

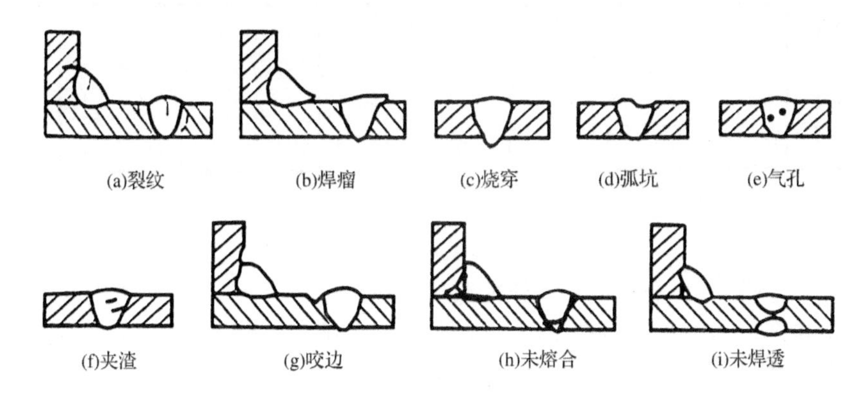


图 8-10　焊缝缺陷

(1)焊缝外表面形状高低不平，焊缝宽度不齐，尺寸过大或过小，均属于焊缝尺寸不符合要求。尺寸过小的焊缝，使焊缝连接强度降低；尺寸过大的焊缝，则浪费焊接材料，增加焊接结构的变形和残余应力。

(2)裂纹是施焊过程中或冷却过程中，在焊缝内部及其热影响区内所出现的局部开裂现象。裂纹既可能发生在焊缝金属中，也可能发生在母材中；既可能存在于焊缝表面或焊缝内部，也可能与焊缝平行或与焊缝垂直。常见的裂纹形式有两种：一种是当焊缝金属还是热塑性状态时，产生在焊缝金属内部的凝固裂纹，称为热裂纹；另一种是焊缝连续冷却后，产生在热影响区材料中的氢致裂纹，称为冷裂纹。

(3)未焊透是母材之间或母材与熔敷金属之间存在的局部未熔合现象。未焊透一般存在于单面焊缝连接的根部。可导致未焊透现象的因素为：焊件的坡口设计不当；焊条、焊丝角度不正确；电流过小，电压过低，焊速过快，电弧过长；坡口未清除干净等。

## 8.2.3　螺栓连接施工

螺栓连接分为普通螺栓连接和高强度螺栓连接。普通螺栓通常采用 Q235 钢材制成，安装时用普通扳手拧紧；高强度螺栓则用高强度钢材经热处理制成，用能控制螺栓杆的力矩或拉力的特制扳手，拧紧到预定的预拉力值，把被连接件牢牢夹紧。

**1. 普通螺栓**

普通螺栓连接使用的螺栓分为 A、B、C 三级。C 级为粗制螺栓，由未经加工的圆钢轧制而成，制作精度差，螺栓孔的直径比螺栓杆的直径大 1.5～2 mm。A、B 级精制螺栓是由毛坯在车床上经过切削加工精制而成的，表面光滑，尺寸准确，螺栓直径与螺栓孔径之间的缝隙只有 0.3～0.5 mm 左右。

(1)螺栓的规格

钢结构采用的普通螺栓形式为大六角头型，其代号用字母 M 和公称直径的毫米数表示。为制造方便，一般情况下同一结构中宜尽可能采用一种直径的螺栓，需要时也可采用 2～3 种螺栓直径。

(2)螺栓的排列

螺栓的排列有并列和错列两种基本形式，如图 8-11 所示。并列较简单，但螺栓孔对截面削弱较多；错列较紧凑，可减少截面削弱，但排列较繁杂。

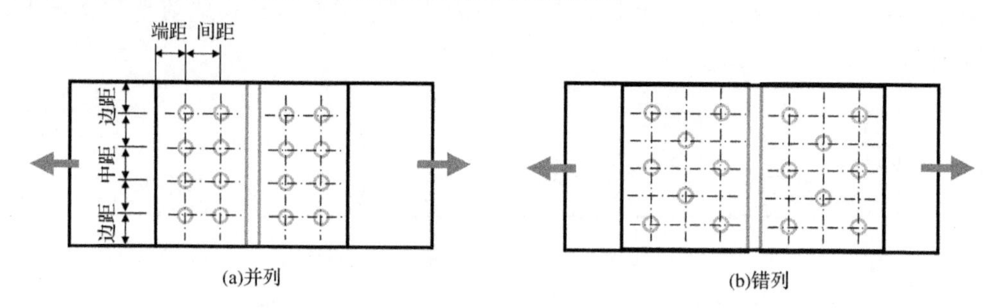


图 8-11　螺栓的排列

螺栓在构件上排列时，螺栓间距及螺栓至构件边缘的距离不应太小，否则螺栓之间的钢板以及边缘处螺栓孔前的钢板可能沿作用力方向被剪断；同时，螺栓间距及边距太小，也不利于扳手操作。另一方面，螺栓的间距及边距也不应太大，否则连接钢板不易夹紧，潮气容易侵入缝隙引起钢板锈蚀。对于受压构件，螺栓间距过大还容易引起钢板鼓曲。

(3)螺栓连接的构造要求

螺栓连接除了满足上述螺栓排列的允许距离外，根据不同情况，尚应满足下列构造要求：

①为了使连接可靠，每一杆件在节点上以及拼接接头的一端，永久性螺栓数量不宜少于两个。但根据实践经验，对于组合构件的缀条，其端部连接可采用一个螺栓。

②对直接承受动力荷载的普通螺栓连接，应采用双螺帽或其他防止螺帽松动的有效措施。例如采用弹簧垫圈，或将螺帽和螺杆焊死等方法。

③当型钢构件的拼接采用高强度螺栓连接时，由于型钢的抗弯刚度较大，不能保证摩擦面紧密贴合，故不能用型钢作为拼接件，而应采用钢板。

(4)普通螺栓的抗剪承载力

抗剪螺栓连接达到极限承载力时，可能的破坏有：

①当螺栓杆直径较小，板件较厚时，螺栓杆可能先被剪断，如图 8-12(a)所示。

②当螺栓杆直径较大，板件可能先被挤压破坏，如图 8-12(b)所示。

③板件可能因螺栓孔削弱太多而被拉断，如图 8-12(c)所示。

④端距太小，端距范围内的板件有可能被螺栓杆冲剪破坏，如图 8-12(d)所示。

⑤当板件太厚，螺栓杆较长时，可能发生螺栓杆受弯破坏，如图 8-12(e)所示。

普通螺栓连接的抗剪承载力，应考虑螺栓杆受剪和孔壁承压两种情况。

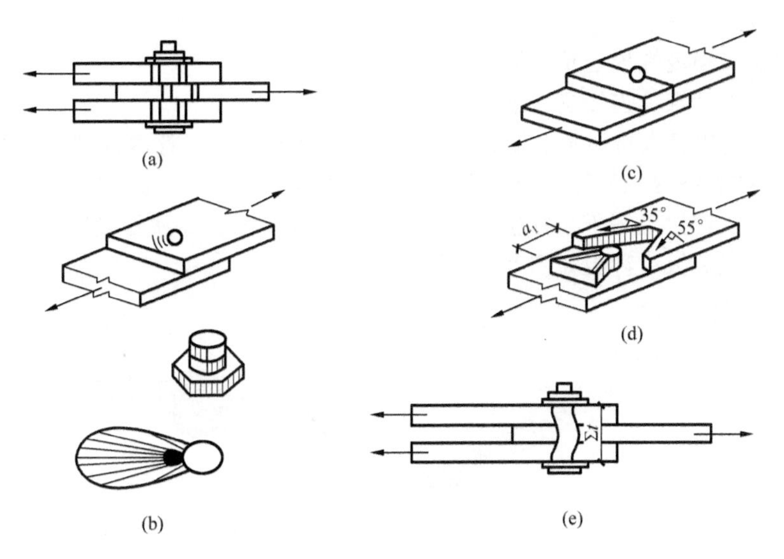


图 8-12　抗剪螺栓连接的破坏形式

**2. 高强度螺栓**

高强度螺栓从连接形式上分两种类型：一种是只依靠摩擦阻力传力，并以剪力不超过接触面摩擦力作为设计准则的，称为摩擦型连接；另一种是允许接触面滑移，以连接达到破坏的极限承载力作为设计准则的，称为承压型连接。

摩擦型连接的剪切变形小，弹性性能好，施工较简单，可拆卸，耐疲劳，特别适用于承受动力荷载的结构。承压型连接的承载力高于摩擦型，连接紧凑，但剪切变形大，故不得用于承受动力荷载的结构中。

高强度螺栓从外形上可分为大六角头高强度螺栓(即扭矩型高强度螺栓)和扭剪型高强度螺栓两种。高强度螺栓和与之配套的螺母、垫圈总称为高强度螺栓连接副。大六角头高强度螺栓连接副由一个大六角头螺栓、一个螺母和两个垫圈组成，如图 8-13 所示；扭剪型高强度螺栓连接副由一个螺栓、一个螺母和一个垫圈组成，如图 8-14 所示。

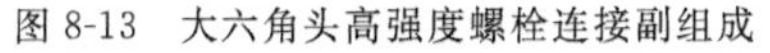

图 8-13　大六角头高强度螺栓连接副组成

图 8-14　扭剪型高强度螺栓连接副组成

(1)一般要求

①高强度螺栓连接副应由制造厂按批配套供货，并必须有出厂质量保证书。使用前，应按有关规定对高强度螺栓的各项性能进行检验。

②工地储存高强度螺栓时，应放在干燥、通风、防雨、防潮的仓库内，并不得沾染脏物，堆放不宜过高，在安装前严禁随意开箱。

③安装时，按当天需用量领取，当天没有用完的螺栓，必须装回容器内，妥善保管，不得乱扔、乱放。在安装过程中，不得碰伤螺纹及沾染脏物，以防扭矩系数发生变化。

(2)紧固方法

①大六角头高强度螺栓连接副紧固

大六角头高强度螺栓连接副一般采用扭矩法和转角法紧固。

● 扭矩法。使用可直接显示扭矩值的专用扳手，分初拧和终拧两次拧紧。对于大型节点应分为初拧、复拧和终拧。初拧扭矩为施工扭矩的50%，其目的是通过初拧，使接头各层钢板达到充分密贴。复拧扭矩等于初拧扭矩。终拧用于拧紧螺栓。每次拧紧都应在螺母上涂不同颜色作为标志。扭矩扳手种类如图 8-15 所示。

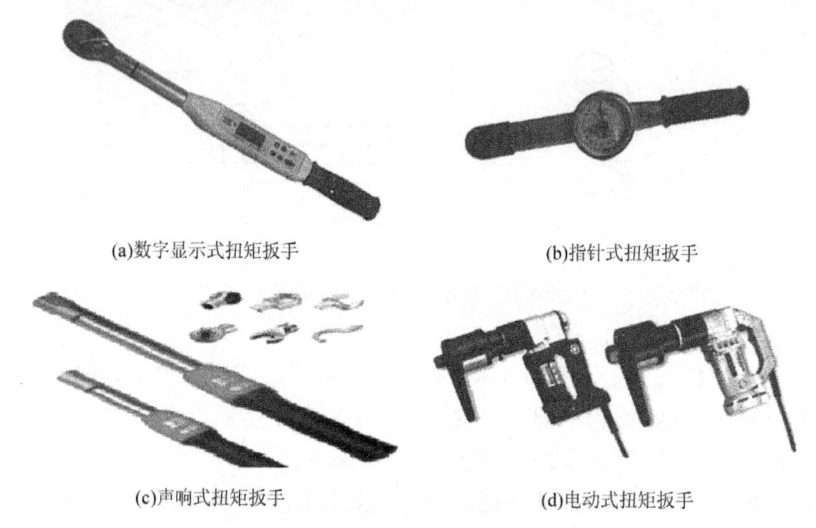


图 8-15 扭矩扳手种类

● 转角法。根据构件紧密接触后螺母的旋转角度与螺栓的预拉力成正比的关系确定紧固的一种方法。操作时分初拧和终拧两次施拧。初拧可用短扳手将螺母拧至与构件靠拢，并做好标志。终拧用长扳手将螺母从标志位置拧至规定的终拧位置。转动角度的大小在施工前由试验确定。

②扭剪型高强度螺栓连接副紧固

扭剪型高强度螺栓有一特制尾部，采用带有两个套筒的专用电动扳手紧固。紧固时用专用电动扳手的两个套筒分别套住螺母和螺栓尾部的梅花头，接通电源后，两个套筒按反方向旋转，拧断尾部后即达相应的扭矩值。扭剪型高强度螺栓连接副的扭紧过程如图 8-16 所示。

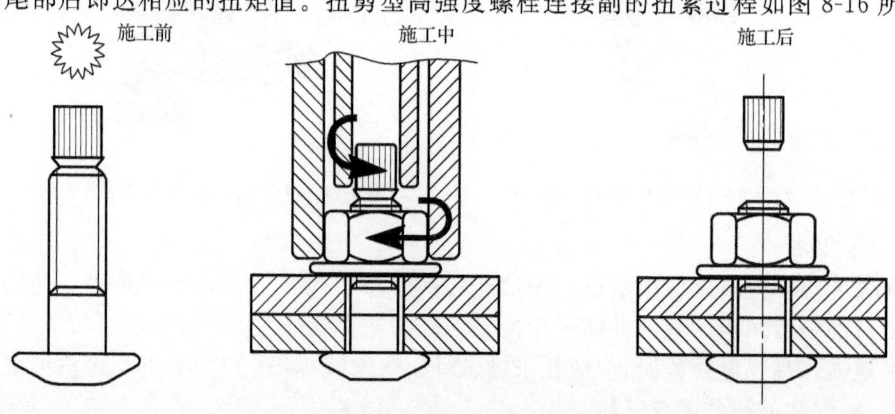


图 8-16 扭剪型高强度螺栓连接副的扭紧过程

### 8.2.4　连接质量验收

钢结构连接质量应符合规范的规定。钢结构连接质量验收按相应的钢结构制作工程或钢结构安装工程检验批的划分原则划分为一个或若干个检验批进行。

钢结构外观质量检测

**1. 焊缝质量检查**

钢结构焊缝质量应根据不同要求分别采用外观检查、超声波检查、射线探伤检查、浸渗探伤检查、磁粉探伤检查等。

碳素结构钢应在焊缝冷却至环境温度后进行焊缝探伤检查，低合金结构钢应在焊接完成 24 h 以后进行焊缝探伤检查。

**2. 高强度螺栓连接副终拧检查**

大六角头高强度螺栓连接副应在完成 1～48 h 内进行终拧扭矩检查。检查数量：按节点数抽查 10%，且不应少于 10 个；每个被抽查节点按螺栓数抽查 10%，且不应少于 2 个。

学习强国小案例

**珠海无人船基地项目荣获"中国钢结构金奖"**

2020 年 7 月 1 日，由中国中铁二局承建的珠海无人船基地项目荣获第十四届第一批"中国钢结构金奖"。该工程总建筑面积约 5.4 万平方米，总高度为 69.7 米，总用钢量约 8 700 吨。其中超大悬挑(17 m)、超大跨度(46.63 m)是该工程施工的重难点。在评审过程中，行业专家对珠海无人船项目基地的超大悬挑和超大跨度的施工精度、焊缝外观、除锈和涂装质量进行了严格考察，认为项目在施工过程中，采用新技术、新工法解决了工程施工中一系列难度较高的技术难点，体现出了现代施工技术及现代管理方面的先进性。在钢结构施工过程中，技术人员充分利用 BIM 技术，建立桁架结构施工、吊装的信息模型，有效指导现场作业，确保钢结构整体提升施工质量精度和安全，攻克了大跨度连廊桁架跨度大，构件重，安装精度要求高，桁架截面尺寸大，单件重量大，预拼装和吊装难度大的技术难题，先后完成工法一项、专利四项、论文两篇。

## 8.3　钢结构加工制作

### 8.3.1　加工前准备

**1. 图纸审查**

图纸审查的目的，一方面是检查图纸设计的深度能否满足施工的要求，核对图纸上构件数量和安装尺寸，检查构件之间有无相互矛盾之处等；另一方面对图纸进行工艺审核，即审查在技术上是否合理，构造是否便于施工，图纸上的技术要求按施工单位的施工水平能否实现等。

**2. 备料**

根据设计图纸计算各种材质、规格的材料净用量，并根据构件的不同类型和供货条件，按一定的损耗率(一般为实际所需量的10%)提出材料预算计划。目前国际上采取根据构件规格尺寸增加加工余量的方法,不考虑损耗,国内已开始实行,由钢厂按构件表加余量直接供料。

**3. 工艺装备和机具的准备**

(1)根据设计图纸及国家标准制定出成品的技术要求。

(2)编制工艺流程,确定各工序的工序尺寸、公差要求和技术标准。

(3)根据用料要求和来料尺寸统筹安排,合理配料,确定拼装顺序和位置。

(4)根据工艺和图纸要求,准备必要的工艺装备(胎、夹、模具)。

## 8.3.2 零件加工

**1. 放样**

放样是指把零(构)件加工边线、坡口尺寸、孔径和弯折、滚圆半径等以1∶1的比例从图纸上准确地放置到样板和样杆上,并注明图号、零件号、数量等。样板和样杆是下料、制弯、铣边、制孔等加工的依据。

**2. 画线**

画线亦称号料,即根据放样提供的零件的材料、尺寸和数量,在钢材上面画出切割、铣、刨边、弯曲、钻孔等加工位置,并标出零件的工艺编号。画线时,要使材料得到充分利用,损耗率降到最低。因此,应按照先下大料、后下小料的原则进行。

**3. 切割下料**

(1)氧气切割

氧气切割是以氧气和燃料(常用的有乙炔气、丙烷气和液化气等)燃烧时产生的高温熔化钢材,并以氧气压力进行吹扫,形成割缝,使金属按要求的尺寸和形状被切割成零件。另外,氧气切割所使用的氧气纯度对氧气消耗量、气割速度和质量有决定性的影响。熔点高于火焰温度或难于氧化的材料(如不锈钢),也不宜采用氧气切割。

目前广泛采用多头气割、仿形气割、数控气割、光电跟踪气割等自动切割技术。

(2)机械切割

①带锯、圆盘锯切割

带锯切割适用于型钢、扁钢、圆钢和方钢,具有效率高、切割端面质量好等优点。圆盘锯的锯盘有带齿的、无齿的,有便携式的、台式的,可适用于不同材料的切割。

②砂轮锯切割

砂轮锯适用于薄壁型钢的切割,它具有切口光滑、毛刺较薄、容易清除等优点。

③无齿锯切割

无齿锯的锯片在高速旋转中与钢材接触,摩擦产生的高温把钢材熔化,从而形成切口,其生产率高,切割边缘整齐且毛刺易清除,但切割时有很大的噪声。

④冲剪切割

用剪切机和冲切机切割钢材是最方便的切割方法,可以对钢板、型钢切割下料。当钢板较厚时,冲剪困难,切割钢材不易保证平直,故应改用氧气切割下料。

**4. 矫正**

钢材由于运输和对接焊接等原因产生翘曲时,在画线切割前需矫正平直,可以采用冷矫和热矫的方法,也可采用人工矫正或机械矫正。

(1)冷矫

冷矫是在常温下,利用机械(或人工)的外力作用矫正钢材。辊式型钢矫正机一般用于矫正板材;机械顶直矫正机一般用于矫正型钢。

(2)热矫

热矫利用局部火焰加热的方法矫正。当钢材型号超过矫正机负荷能力或不适于采用机械矫正时,可采用热矫。

**5. 边缘加工**

边缘加工分为刨边、铣边和铲边三种。

刨边是用刨边机切削钢材边缘,加工质量高,但工作效率低,成本高。

铣边是用铣边机滚铣切削钢材边缘,工作效率高,能量损耗少,操作维修方便,加工质量高,应尽可能用铣边代替刨边。

铲边分为手工铲边和风镐铲边两种,对加工质量不高、工作量不大的边缘加工可以采用。

**6. 滚圆和煨弯**

滚圆是用滚圆机把钢板或型钢加工成设计要求的曲线状或卷成螺旋管。

煨弯是钢材热加工的方式之一,即把钢材加热到 900～1 000 ℃(黄赤色)后立即进行弯曲成形,在 700～800 ℃(樱红色)前结束。

**7. 零件的制孔**

零件的制孔方法有冲孔、钻孔两种。

冲孔一般在冲床上进行,冲孔只能冲较薄的钢板,孔径一般大于钢材的厚度,冲孔周围会产生冷作硬化。冲孔生产率较高,但质量较差,只有在不重要的部位才能使用,如图 8-17 所示。

钻孔在钻床上进行,可以钻任何厚度的钢材,成孔质量好。对于重要结构节点,先预钻小一级孔眼,在装配完成并调整好尺寸后,扩成设计孔径。铆钉孔、精制螺栓孔多采用这种方法,如图 8-18 所示。

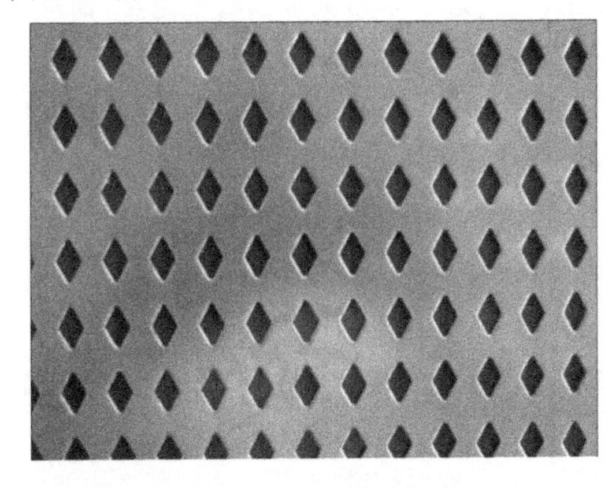

图 8-17 零件冲孔

图 8-18 零件钻孔

## 8.3.3 构件组装

组装亦称装配、组拼,是把加工好的零件按照施工图要求拼装成单个构件。构件组装大小应根据运输道路、现场条件、运输和安装机械设备能力与结构受力允许条件等确定。

**1. 一般要求**

(1)构件组装应在测平的平台上进行。用于装配的组装架及胎模要牢固地固定在平台上。

(2)组装开始前要编制组装顺序表,组装应严格按照顺序表所规定的顺序进行。

(3)组装时要根据零件加工编号,严格核对材质、外形尺寸。零件的毛刺、飞边要清除干净,对称零件要注意方向,避免错装。

(4)对于尺寸较大、形状较复杂的构件,应先分成几个部分组装成简单组件,再逐渐拼成整个构件,并注意先组装内部组件,再组装外部组件。

**2. 焊接连接的构件组装**

(1)根据图纸尺寸在平台上画出构件的位置线,焊上组装架及胎模夹具,组装架离平台面不小于 50 mm,并用卡兰、左右螺旋丝杠或梯形螺纹,作为夹紧、调整零件的工具。

(2)每个构件的主要零件位置调整好并检查合格后,再把全部零件组装上并进行点焊,使之定形,在零件定位前,要留出焊缝收缩量及变形量。

(3)为了减小焊接变形,应选择合理的焊接顺序。常用的焊接方法有对称法、分段逆向焊接法、跳焊法等。

学习强国小案例

**冬奥工程传捷报,“雪如意”钢结构成功卸载**

自 2020 年春节以来,工程人员按各项要求严格有序推进“北京 2022 年冬奥会奥运村及场馆群项目”建设,日前完成“雪如意”钢结构卸载。“雪如意”是跳台滑雪中心的别名,是北京冬奥会的主要比赛场馆之一。其钢结构直径为 78 米,中空内圆直径为 36 米。项目总工张裕介绍,“雪如意”钢结构卸载前,项目部召开专题会议,各项工作按照清单逐一排查,确保卸载阶段各项工作完成,工程钢结构所含分项工程质量验收均合格。整个卸载过程分为七步,每一步卸载完成后对 P1～P20 的各观测点进行测量,数据分析与设计理论计算值对比无误后进行下一步卸载安排,当最后一步胎架刀板割除完成,钢结构卸载过程与设计模拟计算结果一致,未超出设计最大形变量,圆满完成了钢结构卸载节点目标,为下一阶段外装修施工打下了坚实基础。

## 8.3.4 构件成品的表面处理

**1. 高强度螺栓摩擦面的处理**

采用高强度螺栓连接时,应对构件摩擦面进行加工处理,摩擦面处理后的抗滑移系数必须符合设计文件的要求。

处理好的摩擦面应平整,无焊接飞溅、毛刺、油污,并采取保护措施,防止沾染脏物和油污,在运输过程中防止摩擦面损伤。严禁在高强度螺栓摩擦面上做任何标记。摩擦面的处理方法一般有喷砂、酸洗、砂轮打磨等,其中喷砂处理过的摩擦面的抗滑移系数较大,离散率较小。

**2. 构件成品的防腐涂装**

钢结构构件在加工验收合格后,应进行防腐涂料涂装。但构件焊缝连接处和高强度螺栓摩擦面处不能做防腐涂装,应在现场安装完成后再补刷防腐涂料。

# 8.4　钢结构涂装工程

学习强国小案例

**我国研制新型涂料挑战 120 年耐久性 联合防护技术守护港珠澳大桥**

万众瞩目的港珠澳大桥于 2018 年 10 月 23 日正式开通。这座世界最长的跨海大桥设计标准打破了国内通常的“百年惯例”，制定了 120 年设计标准。其背后有一项护航的关键技术，是由中国科学院金属研究所(简称中科院金属所)自主研发的联合防护技术。港珠澳大桥基础桥墩使用的混凝土是海工混凝土，除应满足设计、施工要求外，在抗渗性、抗蚀性、防止钢筋锈蚀和抵抗施工撞击方面都有更高的要求。为此，中科院金属所科研人员开发出一种高性能涂层钢筋技术，专家鉴定认为其技术性能超过现有国内外相关涂层钢筋的技术指标，在同类产品中处于国际领先水平，可满足港珠澳大桥工程需求。

钢结构在自然环境中，易受水、氧气和其他物质的化学作用而被腐蚀。钢结构的腐蚀不仅会造成经济损失，还直接影响到结构安全。另外，钢材由于导热快、比热小，虽是一种不易燃烧材料，但极不耐火。因此，钢结构涂装工程可分为防腐涂装工程和防火涂装工程。

## 8.4.1　防腐涂装工程

**1. 钢材表面除锈等级与除锈方法**

除锈的方法分成喷射或抛射除锈、手工和动力工具除锈、火焰除锈三种类型。

(1)喷射或抛射除锈

喷射或抛射除锈用字母“Sa”表示，分为四个等级：

①Sa1：轻度的喷射或抛射除锈。

②Sa2：彻底的喷射或抛射除锈。

③Sa2 1/2：非常彻底的喷射或抛射除锈。

④Sa3：使钢材表面洁净的喷射或抛射除锈。

(2)手工和动力工具除锈

手工和动力工具除锈用字母“St”表示，分为两个等级：

①St2：彻底的手工和动力工具除锈。

②St3：非常彻底的手工和动力工具除锈。

(3)火焰除锈

火焰除锈用字母“Ft”表示，它是在火焰加热作业后，以动力钢丝刷清除加热后附着在钢材表面的产物，且只有一个等级。

**2. 钢结构防腐涂料**

钢结构防腐涂料是一种含油或不含油的胶体溶液，涂敷在钢材表面，结成一层薄膜，使钢材与外界腐蚀介质隔绝。涂料分为底漆和面漆两种。

**3. 防腐涂装方法**

钢结构防腐涂装常用的施工方法有刷涂法和喷涂法两种。

(1)刷涂法

刷涂法较广泛地适用于油性基料刷涂。因为油性基料干燥得慢,但渗透性强,流动性好,不论面积大小,涂刷起来都会平滑流畅。一些形状复杂的构件,使用刷涂法也比较方便。

(2)喷涂法

喷涂法的施工工效高,适用于大面积施工,对于快干和挥发性强的涂料尤为适合。喷涂的漆膜较薄,为了达到设计要求的厚度,有时需要增加喷涂次数。喷涂施工比刷涂施工涂料损耗大,用量一般要增加20%左右。

### 8.4.2 防火涂装工程

钢结构防火涂料能够起到防火作用,主要有三个方面的原因:一是涂层对钢材起屏蔽作用,隔离了火焰,使钢构件不至于直接暴露在火焰或高温之中;二是涂层吸热后,部分物质分解出水蒸气或其他不燃气体,起到消耗热量、降低火焰温度和燃烧速度及稀释氧气的作用;三是涂层本身为多孔轻质或受热膨胀材料,受热后形成碳化泡沫层,热导率降低,阻止热量迅速向钢材传递,推迟钢材升温到极限温度的时间,从而提高钢结构的耐火极限。

**1. 钢结构防火涂料**

钢结构防火涂料按涂层的厚度分为以下两类:

(1)B类

B类属于薄涂型钢结构防火涂料,涂层厚度一般为2~7 mm,有一定装饰效果,高温时涂层膨胀增厚,耐火极限一般为0.5~2 h,又称为钢结构膨胀防火涂料。

(2)H类

H类属于厚涂型钢结构防火涂料,涂层厚度一般为8~50 mm,粒状表面,密度较小,热导率低,耐火极限可达0.5~3 h,又称为钢结构防火隔热涂料。

**2. 薄涂型钢结构防火涂料涂装**

(1)施工方法与机具

喷涂底层、主涂层涂料,宜采用重力(或喷斗)式喷枪。

面层装饰涂料一般采用喷涂施工,也可以采用刷涂或滚涂方法,局部修补或小面积施工可采用抹灰等工具手工抹涂。

(2)施工操作

底层及主涂层一般应喷2~3遍,每遍间隔4~24 h,待前一遍基本干燥后,再喷后一遍。头一遍喷涂以盖住基底面70%即可,第二、三遍喷涂以每遍厚度不超过2.5 mm为宜。施工过程中应采用测厚针检测涂层厚度,确保各部位涂层达到设计规定的厚度。

面层涂料一般涂饰1~2遍。若第一遍从左至右喷涂,第二遍则应从右至左喷涂,以确保全部覆盖住下部主涂层。

**3. 厚涂型钢结构防火涂料涂装**

(1)施工方法与机具

厚涂型钢结构防火涂料一般采用喷涂施工。机具可为压送式喷涂机或挤压泵,局部修补可采用抹灰刀等工具手工抹涂。

(2)施工操作

喷涂应分 2～5 次完成,第一次喷涂以基本盖住钢材表面即可,以后每次喷涂厚度为 5～10 mm,一般以 7 mm 左右为宜。通常情况下每天喷涂一遍即可。

## 8.5 钢结构安装工程

学习强国小案例

**中建埃及新首都 CBD 标志塔钢结构首吊**

开罗当地时间 2019 年 11 月 16 日下午,中建埃及新首都 CBD 项目在施工现场举行标志塔钢结构工程首吊仪式。本次首吊仪式的成功举办,标志着"非洲第一高楼"标志塔工程进入了钢结构主体施工新阶段。"非洲第一高楼"标志塔总建筑面积为 26.7 万平方米,建筑高度为 385.8 米,地下 2 层,地上 78 层,是由钢结构外框和钢筋混凝土核心筒构成的。其中钢结构单件最大质量为 28 吨,总用钢量约 18 000 吨。此次首吊的钢管柱共有 16 根,未来将以内倾 1.5°的形式安装在标志塔核心筒周围,随着高度增加,钢管柱截面变小、壁厚变薄,在整个标志塔结构中扮演着重要角色。此次钢结构首吊是标志塔项目建设的重大节点,意义非凡。

### 8.5.1 钢柱安装

钢柱类型很多,有单层和多层,长和短,轻和重之分,其安装过程中有以下内容:

钢柱的吊装与固定

**1. 吊点选择**

吊点位置及吊点数量应根据钢柱形状、断面、长度、起重机性能等具体情况确定。

通常,钢柱弹性和刚性都很好,可采用一点正吊,吊点设在柱顶处。这样,柱身垂直,易于对线校正。当受到起重机械臂杆长度限制时,吊点也可设在柱长的三分之一处,此时,吊点斜吊,对线校正较难。

对细长钢柱,为防止钢柱变形,也可采用两点或三点吊装。

**2. 起吊方法**

起吊方法应根据钢柱类型、起重设备和现场条件确定。起重机械可采用单机、双机、三机等。钢柱吊装如图 8-19 所示。

起吊方法可采用旋转法、滑行法、递送法。

(1)旋转法　起重机边起钩边回转,使钢柱绕柱脚旋转而将钢柱吊起(图 8-20)。

(2)滑行法　采用单机或双机抬吊钢柱,起重机只起钩,使钢柱滑行而将钢柱吊起。为减少钢柱与地面的摩擦阻力,需要在柱脚下铺设滑行道(图 8-21)。

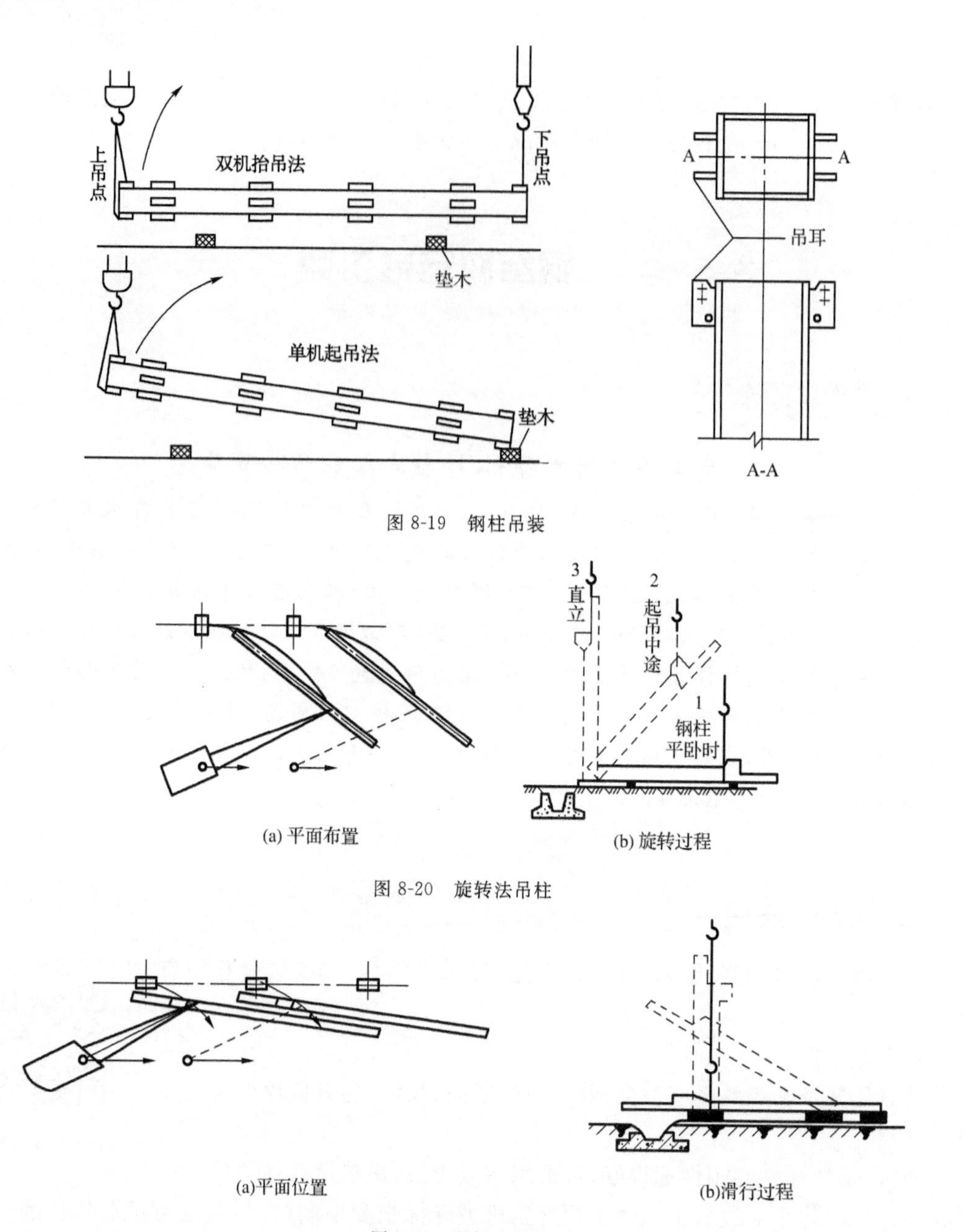


图 8-19 钢柱吊装

图 8-20 旋转法吊柱

图 8-21 滑行法吊柱

(3)递送法 采用双机或三机抬吊钢柱。一台为副机，吊点选在钢柱下面，起吊时配合主机起钩，随着主机的起吊，副机行走或回转。在递送过程中副机承担了一部分荷载，将钢柱脚递送到柱基础顶面，副机脱钩卸去荷载，此时主机满荷，将钢柱就位(图 8-22)。

**3. 钢柱临时固定**

对于采用杯口基础的钢柱，钢柱插入杯口就位，初步校正后即可用钢(或硬木)楔临时固定。方法是当钢柱插入杯口使柱身中心线对准杯口(或杯底)中心线后刹车，用撬杠拨正初校，在钢柱与杯口壁之间的四周空隙，每边塞入两个钢(或硬木)楔，再将钢柱下落到杯底后复查对位，同时打紧两侧的楔子，起重机脱钩完成一根钢柱吊装，如图 8-23 所示。

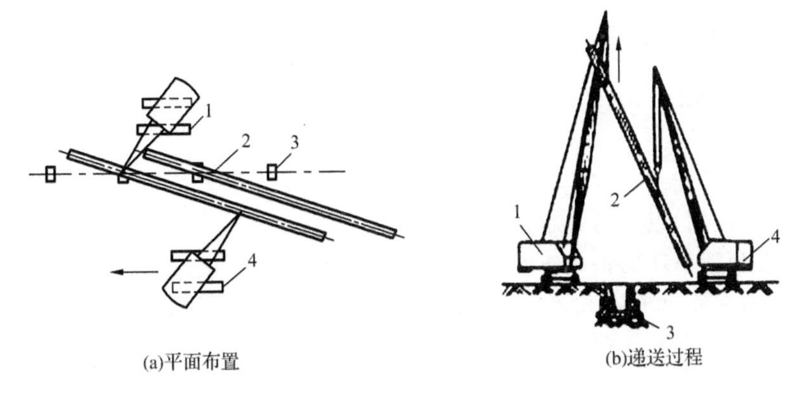


图 8-22　双机抬吊递送法吊柱
1—主机；2—钢柱；3—基础；4—副机

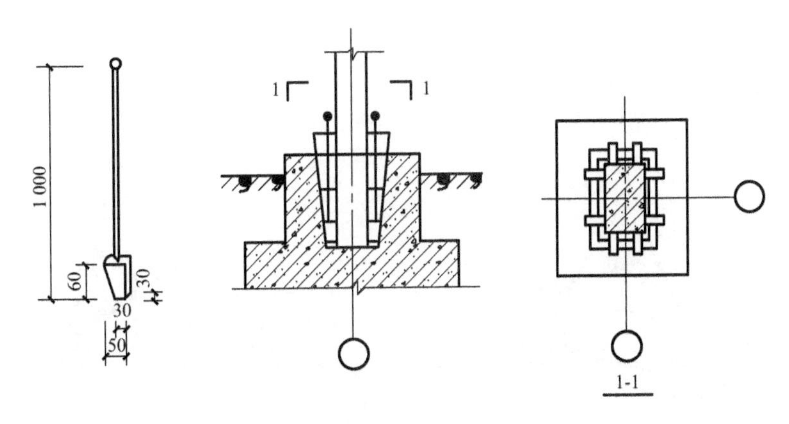


图 8-23　钢柱临时固定

**4. 钢柱的校正**

钢柱的校正工作一般包括平面位置、标高及垂直度三个内容。钢柱的校正工作主要是校正垂直度和复查标高，钢柱的平面位置在钢柱吊装时基本校正完毕。

(1)标高校正

标高是否校正根据钢柱实际长度、柱底平整度、钢牛腿顶部距柱底部距离确定。对于采用杯口基础的钢柱，可采用抹水泥砂浆或设钢垫板来校正标高；对于采用地脚螺栓连接方式的钢柱，首层钢柱安装时，安装钢柱后通过调整螺母来控制钢柱的标高；钢柱底板下预留的空隙，用无收缩砂浆填实。基础标高调整数值主要保证钢牛腿顶面标高偏差在允许范围内。若安装后还有偏差，则在安装吊车梁时予以纠正；若偏差过大，则将钢柱拔出重新安装。

(2)垂直度校正

钢柱垂直度校正可以采用两台经纬仪或吊线坠测量的方式进行观测，如图 8-24 所示。校正方法：采用松紧钢楔，千斤顶顶推柱身，使钢柱绕柱脚转动来校正垂直度，或采用不断调整柱底板下的螺母进行校正，直到校正完毕，将钢柱底板下的螺母拧紧。

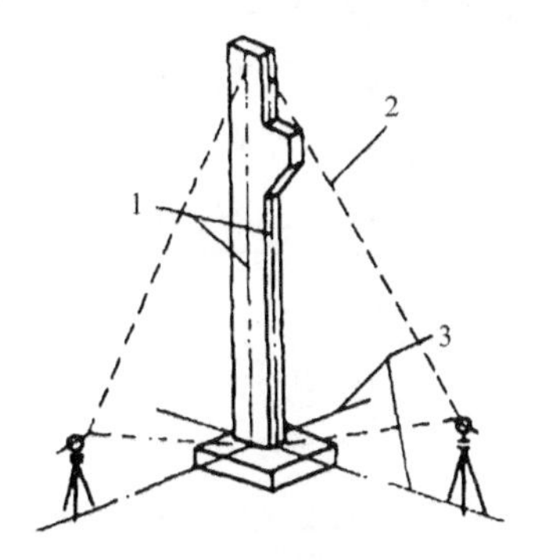


图 8-24　钢柱垂直度校正
1—钢柱中心线；2—经纬仪视线；
3—杯口基础顶面轴线

## 8.5.2 钢吊车梁安装

在钢柱吊装完成并经校正固定于基础上之后，即可吊装吊车梁等构件。

**1. 吊点选择**

钢吊车梁一般采用两点绑扎，对称起吊。吊钩应对称于梁的重心，以便使梁起吊后保持水平，梁的两端用绳控制，以防吊升就位时左右摆动，碰撞柱子。

对梁上设有预埋吊环的钢吊车梁，可采用带钢钩的吊索直接钩住吊环起吊；对梁自重较大的钢吊车梁，应用卡环与吊环吊索相互连接起吊；梁上未设置吊环的钢吊车梁，可在梁端靠近支点处用轻便吊索配合卡环绕钢吊车梁下部左右对称绑扎吊装(图 8-25)，或用工具式吊耳吊装(图 8-26)。

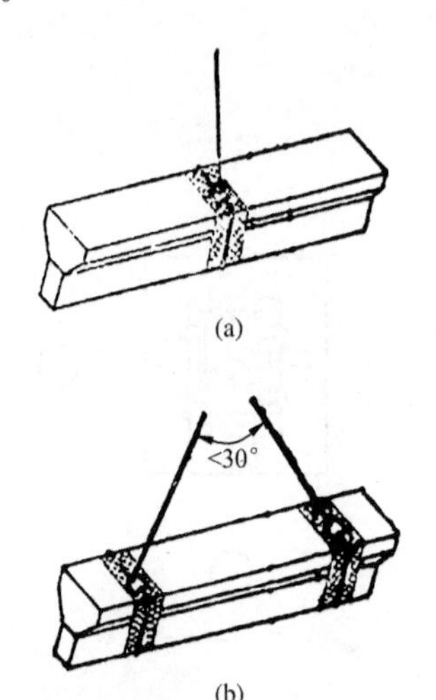


图 8-25 钢吊车梁的绑扎吊装

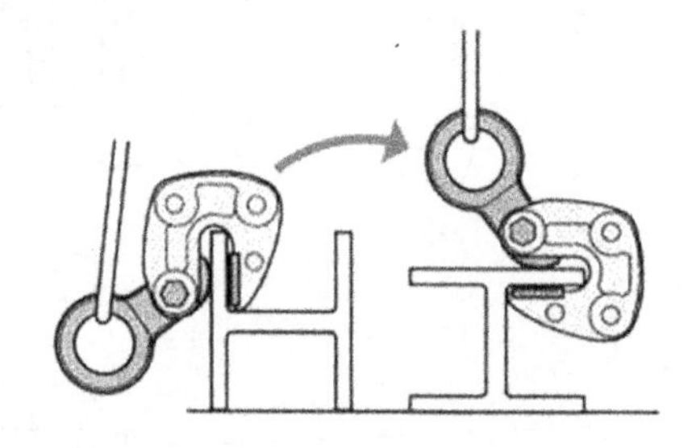

图 8-26 工具式吊耳吊装

**2. 吊升就位和临时固定**

在屋盖吊装之前安装钢吊车梁时，可采用各种起重机进行；在屋盖吊装完毕之后安装钢吊车梁时，可采用短臂履带式起重机或独脚桅杆起吊，如无起重机械，也可在屋架端头或柱顶拴滑轮组来安装钢吊车梁，采用此法时对屋架绑扎位置或柱顶应通过验算确定。

**3. 校正**

钢吊车梁校正一般在梁全部安装完毕，屋面构件校正并最后固定后进行，但对重量较大的钢吊车梁，因脱钩后撬动比较困难，宜采取边吊边校正的方法。校正内容包括中心线(位移)、轴线间距(跨距)、标高、垂直度等。纵向位移在就位时已基本校正，故主要校正横向位移。

## 8.5.3 钢屋架安装

**1. 吊点选择**

钢屋架的绑扎点应选在屋架节点上，左右对称于钢屋架的重心，否则应采取防止屋架倾斜的措施。由于钢屋架的侧向刚度较差，吊装前应验算钢屋架平面外刚度，如刚度不足，可采取增加吊点的位置或加铁扁担的施工方法。

为减少高空作业，提高生产率，可在地面上将天窗架预先拼装在屋架上，并将吊索两面绑扎，把天窗架夹在中间，以保证整体安装的稳定，如图 8-27 中虚线所示。

**2. 吊升就位**

当屋架起吊离地 20 m 时，检查无误后再继续起吊，使屋架基座中心线与定位轴线就位，并做初步校正，然后进行临时固定。

**3. 临时固定**

第一榀屋架吊升就位后，可在屋架两侧设缆风绳固定，然后再使起重机脱钩，如果端部有抗风柱，校正后可与抗风柱连接固定。第二榀屋架同样吊升就位后，每坡用一个屋架间调节器，进行屋架垂直度校正，固定两端支座处，然后用螺栓固定或者焊接，最后进行垂直支撑、水平支撑的安装，支撑安装完检查无误后即成为样板间。

**4. 校正及最后固定**

钢屋架校正主要是垂直度的校正。在屋架下弦一侧拉一根通长钢丝，同时在屋架上弦中心线挑出一个同样距离的标尺，然后用线锤校正，如图 8-28 所示。

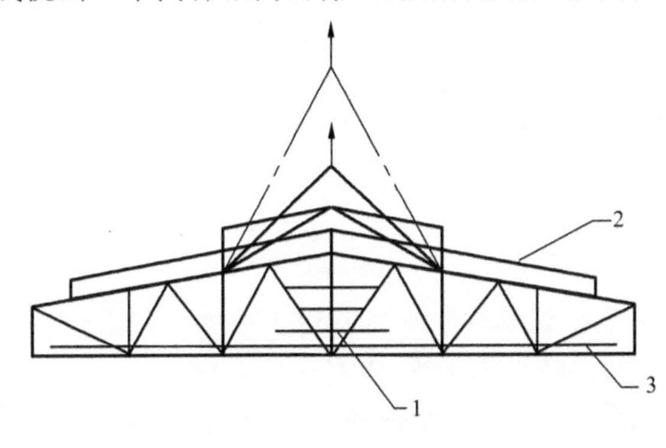


图 8-27　钢屋架吊装

1—上下梯子；2—护身栏；3—加固杆

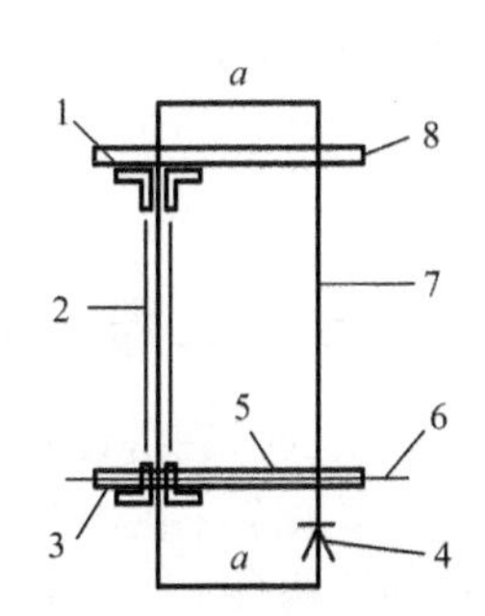


图 8-28　钢屋架垂直度校正

1—上弦；2—屋架；3—下弦；4—经纬仪；5—标尺；6—通长钢丝；7—线锤；8—标尺

钢屋架校正完毕后，拧紧连接螺栓或电焊焊牢作为最后固定。

# 8.6　钢结构工程冬雨季施工

**学习强国小案例**

**安全生产红线不可逾越**

安全生产无小事，安全生产和监管责任不落实就有可能导致无法预计的后果和不可挽回的损失。生命至上、安全第一。习近平总书记曾多次就安全生产工作发表重要讲话、做出重要指示批示，强调“人命关天，发展决不能以牺牲人的生命为代价。这必须作为一条不可逾越的红线。”明确提出要坚决落实安全生产责任制，切实做到党政同责、一岗双责、失职追责。党的十九届四中全会提出，完善和落实安全生产责任和管理制度。中央政治局会议在分析研究 2020 年经济工作时，强调要落实安全生产责任制。

## 8.6.1　钢结构工程冬季施工

(1)钢结构制作和安装冬季施工应严格依据有关钢结构冬季施工规定执行。

(2)钢构件正温制作负温安装时，应根据环境温度的差异考虑构件收缩量，并在施工中采取调整偏差的技术措施。

(3)参加负温钢结构施工的电焊工应经过负温焊接工艺培训,考试合格,并取得相应的合格证。

(4)负温下使用的钢材及有关连接材料须附有质量证明书,性能符合设计和产品标准的要求。

(5)构件下料时,应预留收缩余量,焊接收缩量和压缩变形量应与钢材在负温下产生的收缩变形量相协调。

(6)构件组装时,按工艺规定的顺序由里往外扩展组拼,在负温组拼时做试验确定需要预留的焊缝收缩值。

(7)不合格的焊缝铲除重焊,按照在负温下钢结构焊接工艺的规定进行施焊。

(8)环境温度低于 0 ℃时,在涂刷防腐涂料前进行涂刷工艺试验,涂刷时必须将构件表面的铁锈、油污、毛刺等物清理干净,并保持表面干燥。雪天或构件上有薄冰时不得进行涂刷工作。

### 8.6.2 钢结构工程雨季施工

(1)雨天施工时,宜搭设临时防护棚,雨水不得飘落在炽热的焊缝上。如焊接部位比较潮湿,必须用干布擦净并在焊接前用氧炔焰烤干,保持接缝干燥,没有残留水分。

(2)吊装时,构件上如有积水,安装前应清除干净,但不得损坏涂层,高强度螺栓接头安装时,构件摩擦面应干净,不能有水珠,更不能雨淋和接触泥土、油污等脏物。

(3)雨天天气构件不能进行涂刷工作。

(4)雨天及五级以上大风天气不能进行屋面保温的施工。

(5)雨天由于空气比较潮湿,焊条储存应防潮并进行烘烤,同一焊条重复烘烤次数不宜超过两次,并由管理人员及时做好烘烤记录。

(6)如遇上大风天气,柱、主梁、支撑等大构件应立即进行校正,位置校正正确后立即进行永久固定,以防止发生单侧失稳。当天安装的构件,应形成空间稳定体系。

## 8.7 BIM与钢结构工程

学习强国小案例

**河南首家装配式钢结构智能工厂将落地郑州**

2019 年 7 月 6 日,上海宝冶钢结构智能化建设启动发布会暨钢结构智能制造论坛在郑州举行,“郑州宝冶钢结构有限公司”与“国家装配式建筑产业基地”正式揭牌。自此,一家装配式钢结构的智能工厂在中原大地“安家”了。“我们将立足中原打造最具品牌影响力的装配式钢结构智能化示范基地,推动和引领钢结构行业的智能化发展。”郑州宝冶钢结构有限公司董事长唐兵传介绍,公司引进全球领先的智能化生产设备,利用 BIM 技术、物联网、大数据等手段,研发一站式智能制造信息管理系统,贯通钢结构生产的数据链,实现全过程管理。

钢结构制作企业在接到订单后的第一要务就是通过 3D 实体建模进行深化设计。钢结构 BIM 三维实体建模出图进行深化设计的过程，其本质就是进行电脑预拼装，实现“所见即所得”的过程。接下来就让我们了解一下。

## 8.7.1　关于钢结构 BIM 模型的建立

三维实体建模出图进行深化设计的过程，基本可分为四个阶段：

第一阶段，根据结构施工图建立轴线布置和搭建杆件实体模型。

导入 AutoCAD 中的轴线布置图，并进行相应的校核和检查，保证两套软件设计出来的构件数据理论上完全吻合，从而确保了构件定位和拼装的精度，如图 8-29 所示。

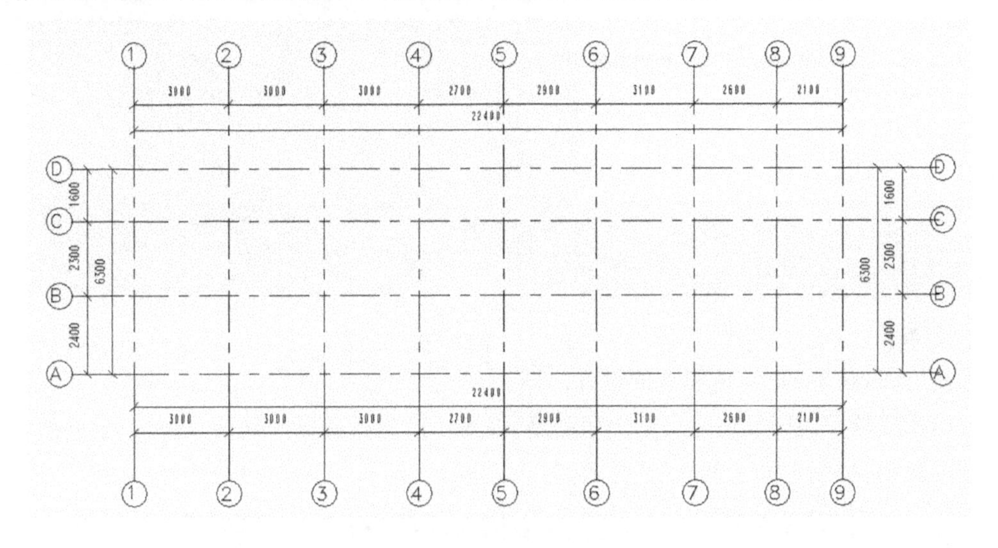


图 8-29　建立轴线布置

第二阶段，根据设计图纸对模型中的杆件连接节点、构造、加工和安装工艺细节进行安装和处理。

在整体模型建立后，需要对每个节点进行装配，结合工厂制作条件、运输条件，考虑现场拼装、安装方案及土建条件，对模型进行修正，如图 8-30 所示。

图 8-30　杆件连接节点

第三阶段，对搭建的模型进行“碰撞校核”，并由审核人员进行整体校核、审查。

所有连接节点装配完成之后，运用“碰撞校核”功能进行所有细微的碰撞校核，以检查出设计人员在建模过程中的误差，如图 8-31 所示。

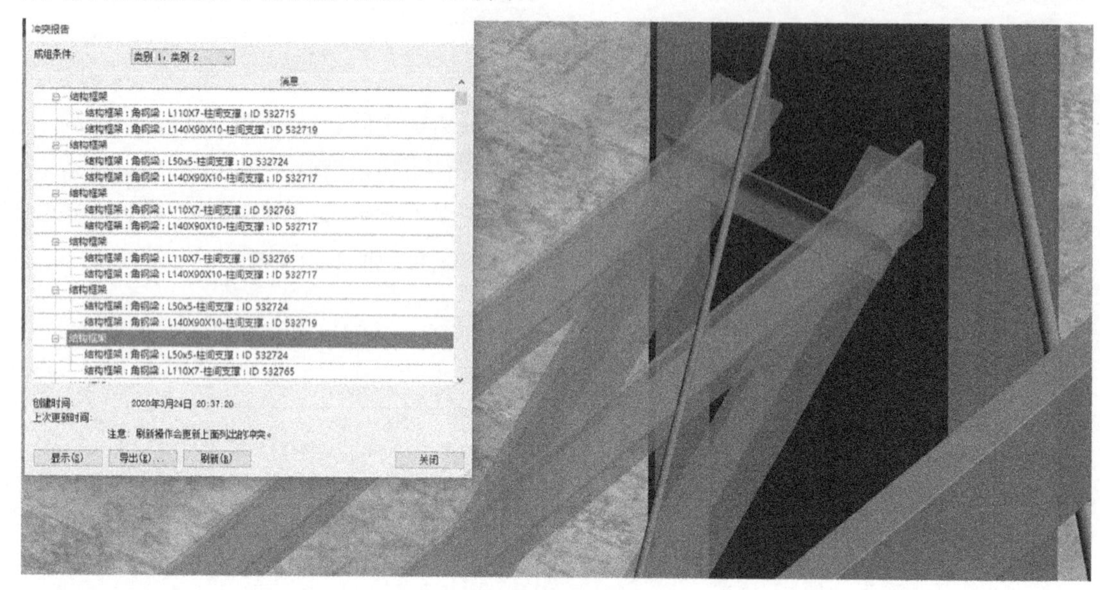


图 8-31 碰撞校核

第四阶段，基于 3D 实体模型的设计出图。

运用建模软件的图纸功能自动产生图纸，并对图纸进行必要的调整，同时产生供加工和安装的辅助数据，如图 8-32～图 8-34 所示。

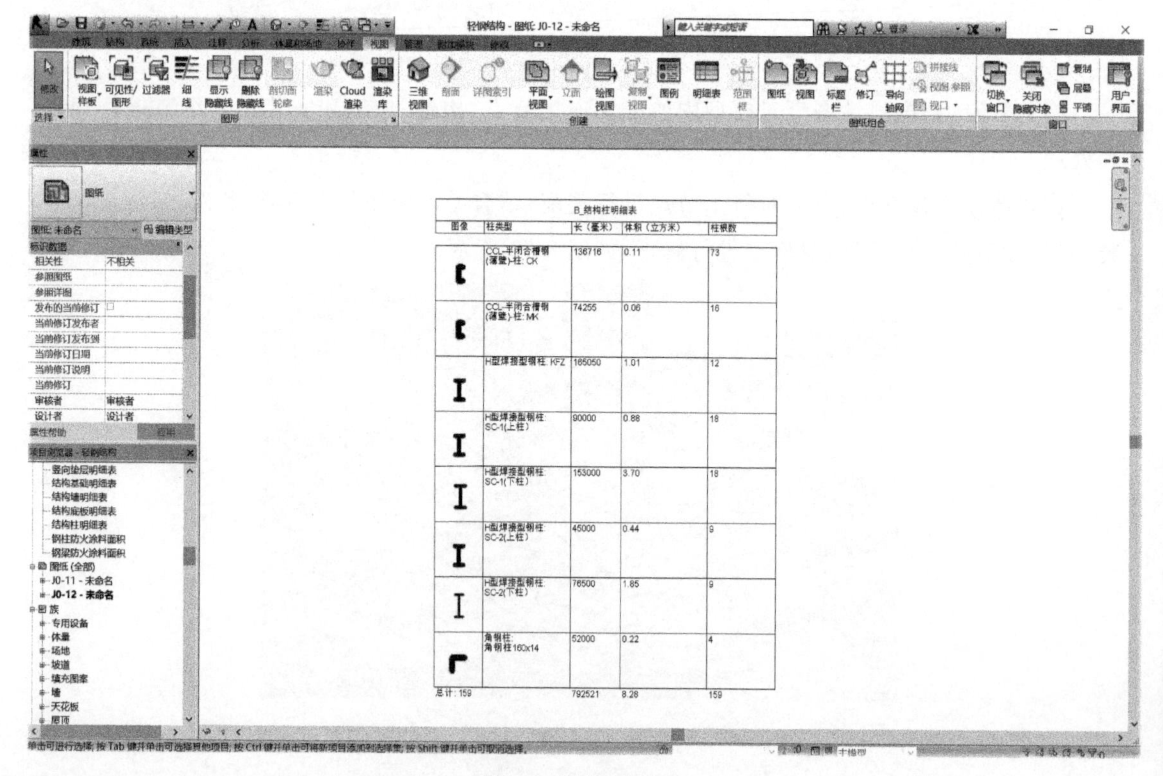

B_结构柱明细表

| 图像 | 柱类型 | 长（毫米） | 体积（立方米） | 柱根数 |
|---|---|---|---|---|
| | CCL-半闭合槽钢(薄壁)-柱: CK | 136716 | 0.11 | 73 |
| | CCL-半闭合槽钢(薄壁)-柱: MK | 74255 | 0.06 | 16 |
| | H型焊接型钢柱: KFZ | 165050 | 1.01 | 12 |
| | H型焊接型钢柱: SC-1(上柱) | 90000 | 0.88 | 18 |
| | H型焊接型钢柱: SC-1(下柱) | 153000 | 3.70 | 18 |
| | H型焊接型钢柱: SC-2(上柱) | 45000 | 0.44 | 9 |
| | H型焊接型钢柱: SC-2(下柱) | 76500 | 1.85 | 9 |
| | 角钢柱: 角钢柱160x14 | 52000 | 0.22 | 4 |
| 总计: 159 | | 792521 | 8.28 | 159 |

图 8-32 设计出图(一)

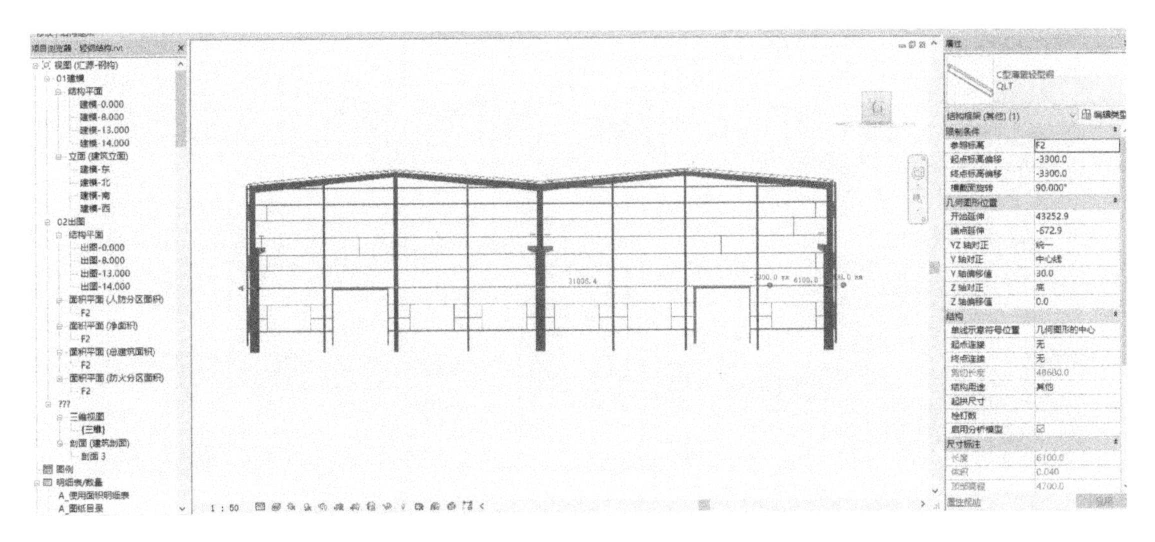

图 8-33　设计出图(二)

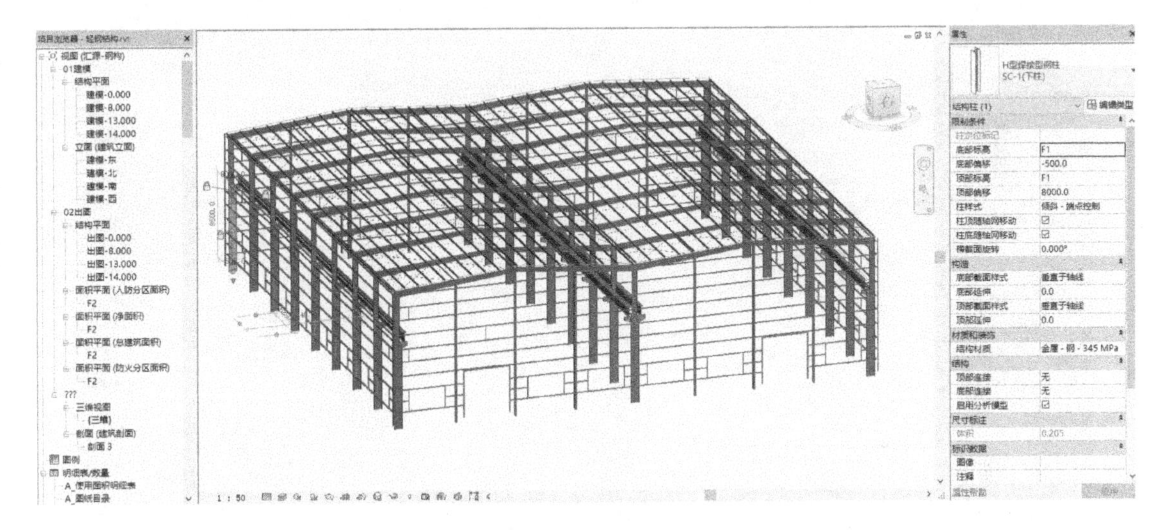

图 8-34　设计出图(三)

## 8.7.2　BIM 技术在钢结构中的应用

**1. 基于 BIM 的三维场地布置**

绘制工程三维场地布置,需利用无人机对现场进行扫描,计算出点云模型,为后期建立场地布置提供准确定位。根据安全文明施工及绿色施工要求建立三维场地模型,设置塔吊喷淋系统与环场喷淋系统(图 8-35),以此为据指导现场施工。

**2. 施工可视化交底**

通过建立斜柱支模模型,验证支撑系统的合理性,对模型构件进行标注,协助现场进行专项方案论证,并进行可视化交底,以利于施工人员理解与施工,保证现场高支模工程安全、高效、高质量地实施,如图 8-36 所示。

图 8-35　三维场地布置

图 8-36　斜柱支模模型

**3. 钢结构深化设计**

利用 Tekla 建立钢结构模型，根据图纸对模型中的杆件连接节点、构造和安装工艺细节进行安装和处理，如图 8-37 所示。

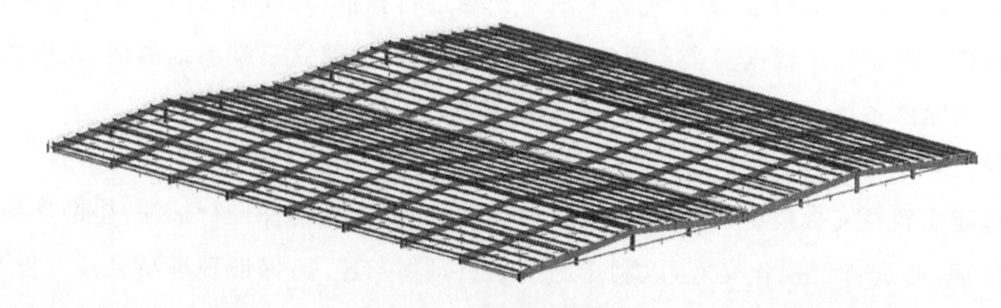

图 8-37　钢结构深化设计

## 8.7.3　利用 BIM 技术进行钢结构工程量统计

随着 BIM 时代的到来，计算机根据 BIM 模型可快速对各种构件进行统计分析，大大减少烦琐的人工操作和潜在错误，真实地提供造价管理需要的工程量信息，如图 8-38 所示。

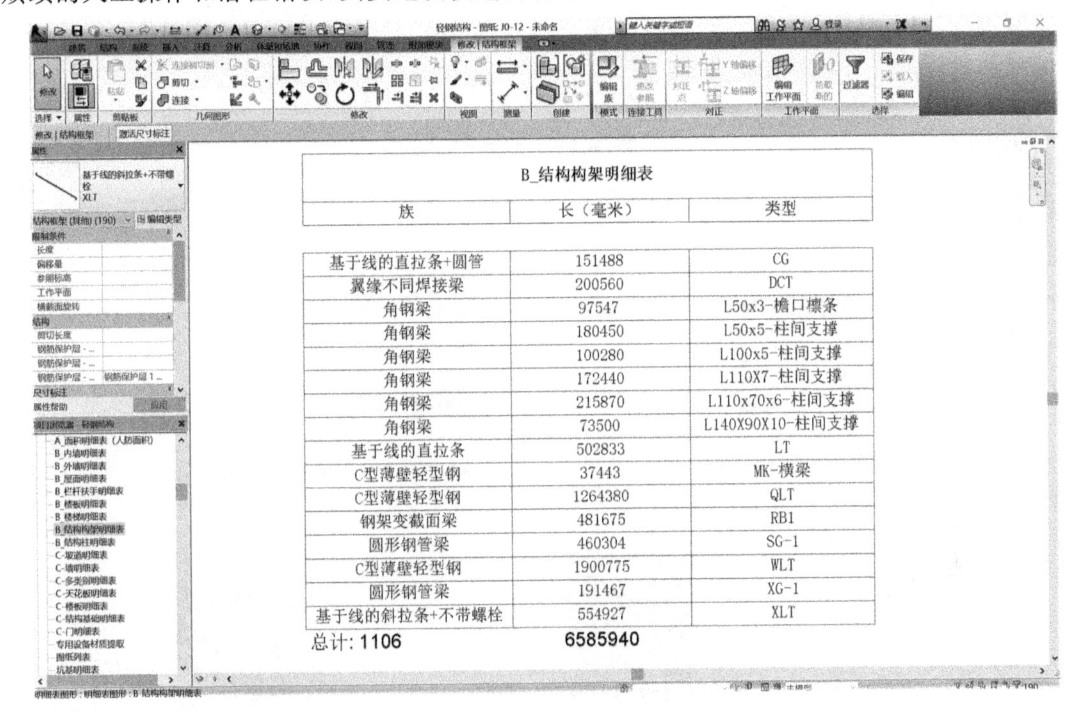

B_结构构架明细表

| 族 | 长（毫米） | 类型 |
|---|---|---|
| 基于线的直拉条+圆管 | 151488 | CG |
| 翼缘不同焊接梁 | 200560 | DCT |
| 角钢梁 | 97547 | L50x3-檐口檩条 |
| 角钢梁 | 180450 | L50x5-柱间支撑 |
| 角钢梁 | 100280 | L100x5-柱间支撑 |
| 角钢梁 | 172440 | L110X7-柱间支撑 |
| 角钢梁 | 215870 | L110x70x6-柱间支撑 |
| 角钢梁 | 73500 | L140X90X10-柱间支撑 |
| 基于线的直拉条 | 502833 | LT |
| C型薄壁轻型钢 | 37443 | MK-横梁 |
| C型薄壁轻型钢 | 1264380 | QLT |
| 钢架变截面梁 | 481675 | RB1 |
| 圆形钢管梁 | 460304 | SG-1 |
| C型薄壁轻型钢 | 1900775 | WLT |
| 圆形钢管梁 | 191467 | XG-1 |
| 基于线的斜拉条+不带螺栓 | 554927 | XLT |
| 总计：1106 | 6585940 | |

图 8-38　各阶段工程量自动统计

未来将进一步完善和巩固现阶段取得的阶段性 BIM 应用成果，在施工项目中探寻更多更好的 BIM 应用点。

# 思考与练习

**背景资料**

某施工单位承包了一栋 6 层钢结构住宅楼的施工工程。该住宅楼建筑面积为 8 465 $m^2$，采用钢框架结构体系，工厂预制构件，现场拼装施工。框架梁、柱间采用栓焊型连接，即梁翼缘和柱翼缘采用焊缝焊接，梁腹板和柱翼缘间通过连接件用高强度螺栓连接的连接形式。工程从开始施工至竣工，工期仅 100 多天，创造了良好的经济效益。

**问题：**

1. 上述工程中，施工单位应检验钢材的哪些指标，以保证钢材的塑性？

2. 在进行框架梁、柱节点施工时，施工单位可采用哪些焊接方法？常见的焊缝缺陷有哪几类？

课题 8 思考与练习

3.施工中为保证连接质量,需要对梁、柱之间的高强度螺栓连接进行检验,检验项目有哪些?

# 课题 9

# 防水工程施工

## 能力目标

能明确防水等级和防水材料；能够结合现场情况选择对应的防水等级和防水材料；能够进行防水工程施工质量验收检查；能够利用BIM技术进行防水工程精细化管理。

## 知识目标

熟悉建筑工程防水内容、防水方法；熟悉地下防水工程施工、变形缝防水工程施工、屋面防水工程施工的方法；掌握防水工程施工方法和要求；熟悉防水施工材料的特点和适用范围；掌握防水工程冬雨季施工措施；了解BIM技术对防水工程实施的改革。

## 素质目标

培养学生正确识读施工图纸的能力；培养学生独立解决专业问题的能力；培养学生正确分析专业技术文件的能力；培养学生制订专业施工方案和编制施工文件的能力；激发学生创新兴趣，提高学生创新能力；指导学生了解传统建筑防水技艺，坚定中国建筑文化自信；引导学生明确人大代表的提案形式，坚定中国制度自信；带领学生回顾中国建造的创新发展，坚定中国建筑业发展的道路自信。

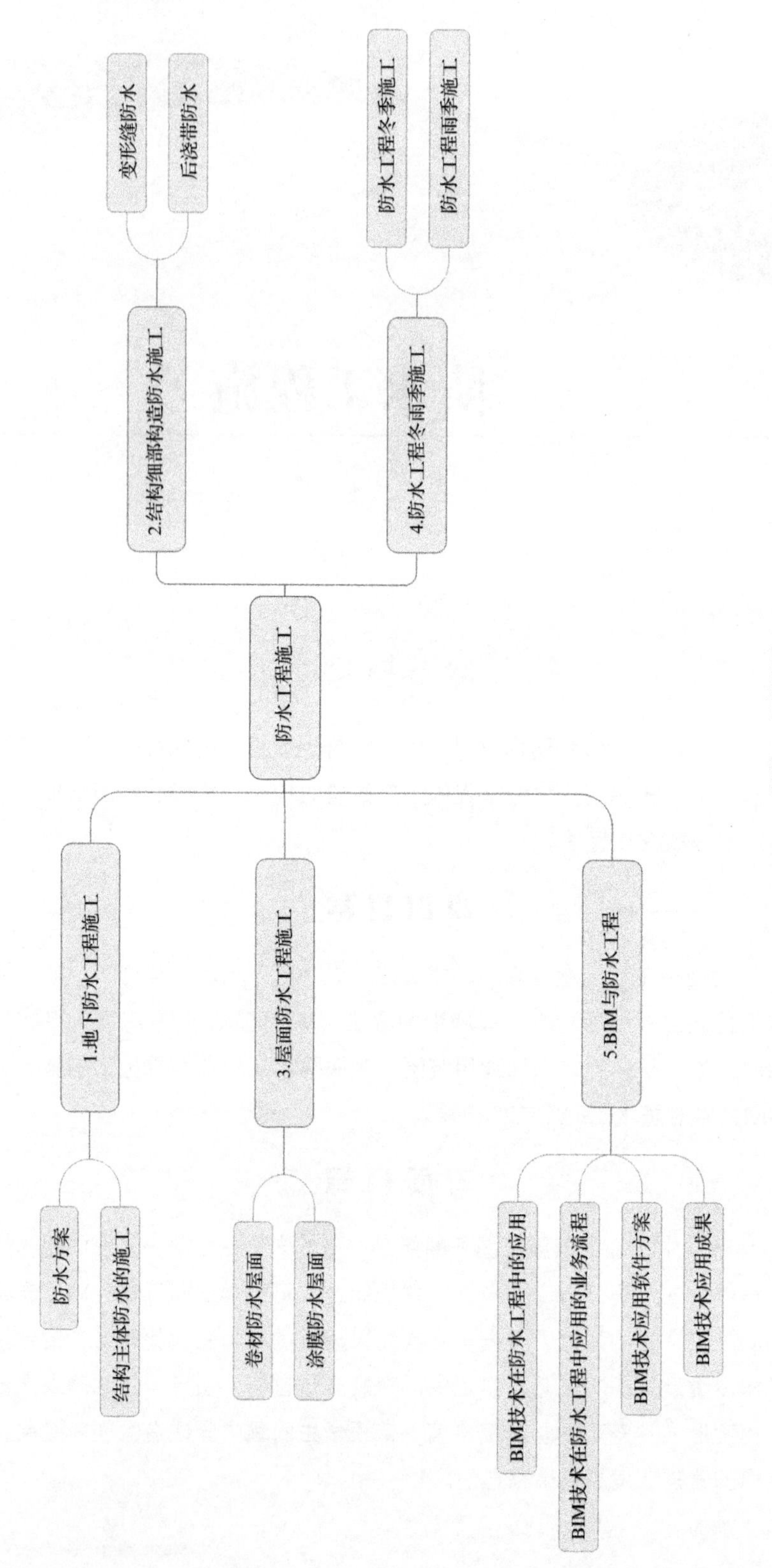
防水工程施工
1.地下防水工程施工
防水方案
结构主体防水的施工
2.结构细部构造防水施工
变形缝防水
后浇带防水
3.屋面防水工程施工
卷材防水屋面
涂膜防水屋面
4.防水工程冬雨季施工
防水工程冬季施工
防水工程雨季施工
5.BIM与防水工程
BIM技术在防水工程中的应用
BIM技术在防水工程中应用的业务流程
BIM技术应用软件方案
BIM技术应用成果

课题 9　思维导图

建筑中防水主要用在屋面防水、地下防水、卫生间防水、变形缝防水等。按照材料划分，防水材料主要有防水卷材、涂膜防水材料、复合防水材料和刚性防水材料等。

建筑防水通常分为刚性防水层和柔性防水层，二者各有优缺点，通常需要刚柔结合进行防水处理。

(1)刚性防水层

刚性防水层是采用较高强度和无延伸能力的防水材料构成的防水层(如防水砂浆、防水混凝土)。刚性防水层有较强的抗压、抗渗能力，但不具有延伸性，抵抗结构拉伸变化的能力不高。一般，整体性不好、结构变形大的部位不宜仅设置一道单独的刚性防水层。

(2)柔性防水层

柔性防水层是采用具有一定柔韧性和较大延伸率的防水材料(如防水卷材、有机防水涂料)构成的防水层。柔性防水层具有一定的拉伸强度和较好的延展性，在一定程度上能够适应结构或基层的变形，在结构或基层不利的条件下能实现防水功能，但其力学强度、耐老化和耐穿刺性能不如刚性防水层。通常，阴阳角、地漏、管根、接缝等应力集中或易开裂的部位以柔性防水层为首选方案。

建筑防水技术在房屋建筑中发挥功能保障作用。防水工程的质量不仅关系到建(构)筑物的使用寿命，而且直接影响到人们生产、生活环境和卫生条件。因此，建筑防水工程质量除了考虑设计的合理性、防水材料的正确选择外，还需要注意其施工工艺及施工质量。

## 9.1 地下防水工程施工

### 9.1.1 防水方案

目前，地下防水工程的方案主要有以下几种：

地下室防水施工

(1)采用防水混凝土结构。通过调整配合比或掺入外加剂等方法，来提高混凝土本身的密实度和抗渗性，使其成为具有一定防水能力的整体式混凝土或钢筋混凝土结构。

(2)结构表面另加防水层。如抹水泥砂浆防水层或贴涂料防水层等。

(3)采用防水加排水措施。排水方案通常可用盲沟排水、渗排水与内排法排水等方法把地下水排走，以达到防水的目的。

《地下防水工程质量验收规范》(GB 50208—2011)根据防水工程的重要性、使用功能和建筑物类别的不同，按围护结构允许渗漏水的程度，将地下工程防水等级分为四级，各级标准应符合表 9-1 的要求。

表 9-1 地下防水工程等级标准

| 防水等级 | 防水标准 |
| --- | --- |
| 一级 | 不允许渗水，结构表面无湿渍 |
| 二级 | 不允许漏水，结构表面可有少量湿渍。<br>房屋建筑地下工程：湿渍总面积不大于总防水面积（包括顶板、墙面、地面）的1‰，任意100 $m^2$ 防水面积上的湿渍不超过2处，单个湿渍的面积不大于0.1 $m^2$。<br>其他地下工程：湿渍总面积不大于总防水面积的2‰，任意100 $m^2$ 防水面积不超过3处，单个湿渍的面积不大于0.2 $m^2$；其中，隧道工程平均渗水量不大于0.05 L/($m^2$·d)，任意100 $m^2$ 防水面积上的渗水量不大于0.15 L/($m^2$·d) |
| 三级 | 有少量漏水点，不得有线流和漏泥砂。<br>任意100 $m^2$ 防水面积上的漏水或湿渍不超过7处，单个漏水点的漏水量不大于2.5 L/d，单个湿渍面积不大于0.3 $m^2$ |
| 四级 | 有漏水点，不得有线流和漏泥砂。<br>整个工程平均漏水量不大于2 L/($m^2$·d)，任意100 $m^2$ 防水面积上的平均漏水量不大于4 L/($m^2$·d) |

## 9.1.2 结构主体防水的施工

**1.防水混凝土结构的施工**

(1)防水混凝土的种类

防水混凝土一般分为普通防水混凝土、外加剂防水混凝土和膨胀水泥防水混凝土三种。

①普通防水混凝土是用调整和控制配合比的方法，达到提高密实度和抗渗性要求的一种混凝土。

②外加剂防水混凝土是指用掺入适量外加剂的方法，改善混凝土内部组织结构，以增加密实性，提高抗渗性的混凝土。按所掺外加剂种类的不同可分为减水剂防水混凝土、加气剂防水混凝土、三乙醇胺防水混凝土、氯化铁防水混凝土等。

③膨胀水泥防水混凝土是指以膨胀水泥为胶结料配制而成的防水混凝土。

(2)防水混凝土的施工内容

①防水混凝土结构工程的质量，除了取决于设计、材料的性质及配合成分以外，还取决于施工质量。因此，对施工中的各主要环节，如混凝土搅拌、运输、浇筑、振捣、养护等，均应严格遵循施工及验收规范和操作规程的各项规定进行施工。

②防水混凝土所用模板，除满足一般要求外，应特别注意模板是否拼缝严密，支撑牢固。在浇筑防水混凝土前，应将模板内部清理干净。如果两侧模板需用对拉螺栓固定，则应在螺栓或套管中间加焊止水环，螺栓加堵头，如图9-1所示。

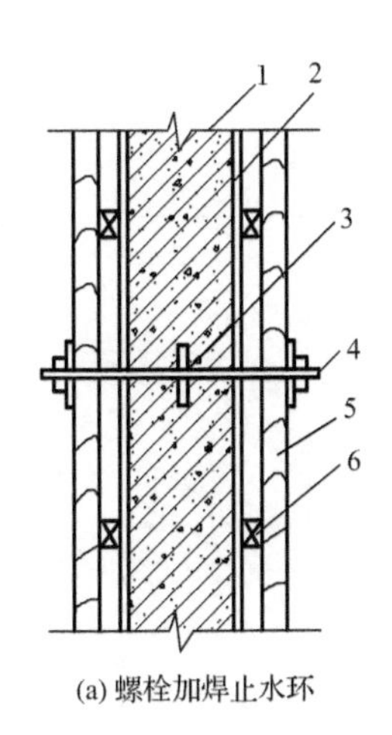

(a) 螺栓加焊止水环

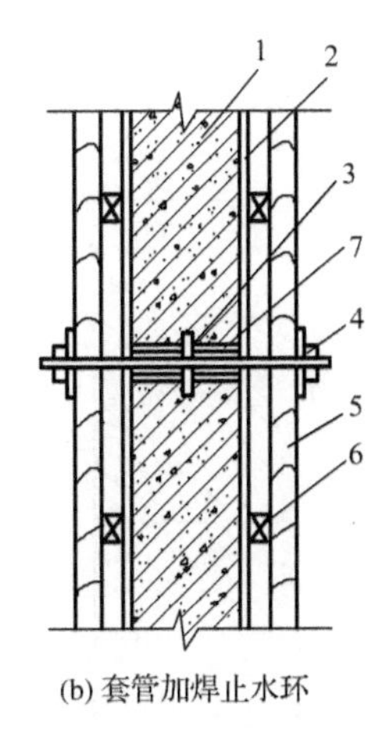

(b) 套管加焊止水环

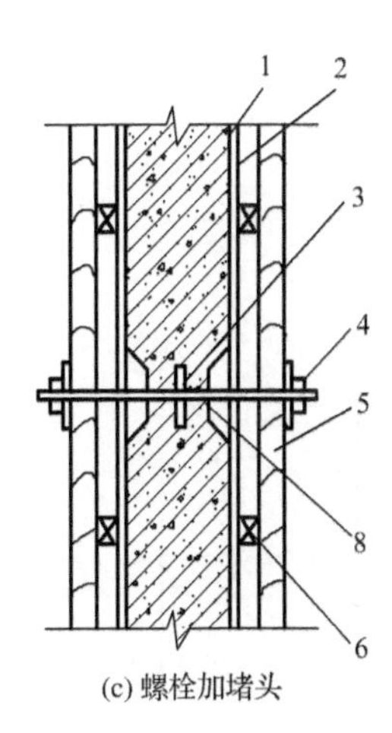

(c) 螺栓加堵头

图 9-1 螺栓穿墙止水措施

1—防水建筑；2—模板；3—止水环；4—螺栓；5—水平加劲肋；6—垂直加劲肋；
7—预埋套管（拆模后将螺栓拔出，套管内用膨胀水泥砂浆封堵）；
8—堵头（拆模后将螺栓沿平凹坑底割去，再用膨胀水泥砂浆封堵）

学习强国小案例

**高分子技术助力综合管廊外墙防水**

在成都天府国际机场建设项目中，引入了一种新型高分子模板加固止水杆，成功地应用于机场综合管廊工程中。成都天府国际机场是国家“十三五”规划建设的最大民用运输枢纽机场，工程投资为562亿元，用地面积为20.83平方千米。该项工程最大限度地发挥绿色设计、绿色建造、绿色技术的特点和优势，设计中采用了大量的建筑新材料、新工艺。其综合管廊的设计规划为单层矩形两仓布局，最大结构尺寸为7.8米宽、4.95米高。在这样大尺寸的高分子模板整体加固中，如何实现管廊防水成了该工程施工的难点。项目科研组通过研究，引入新型高分子模板加固止水杆，在传统工艺基础上，改进传统模板加固与防水工艺，增设一套三段式套筒连接，提高高分子模板加固中的调整精度。该技术通过优化高分子模板加固方式，有效增加了综合管廊外墙防水、止水性能，并优化了施工流程，免去管廊建设后期拆卸中的切割工序，使得连接结构两端可重复利用，大大提高了综合管廊施工效率，为类似工程施工积累了经验。

③钢筋不得用钢丝或铁钉固定在模板上，必须采用相同配合比的细石混凝土或砂浆块作为垫块，并确保钢筋保护层厚度符合规定，不得有负误差。如结构内设置的钢筋确需用铁丝绑扎，则均不得接触模板。

④防水混凝土的配合比应通过试验选定。选定配合比时，应按设计要求的抗渗标号提高0.2 MPa。防水混凝土的抗渗等级不得低于P6，所用水泥的强度等级不低于32.5级，石子的粒径宜为5～40 mm，宜采用中砂，防水混凝土可根据抗裂要求掺入钢纤维或合成纤维，其掺和料、外加剂的掺量应经试验确定，其水灰比不大于0.50。

⑤防水混凝土应连续浇筑，尽量不留或少留施工缝。必须留设施工缝时，宜留在下列部位：墙体水平施工缝不应留在剪力与弯矩最大处或底板与侧墙的交接处，应留在高出底板表面不小于300 mm的墙体上；拱（板）墙结合的水平施工缝，宜留在拱（板）墙接缝线以下150～300 mm

处;墙体有预留孔洞时,施工缝距孔洞边缘不应小于 300 mm;垂直施工缝应避开地下水和裂隙水较多的地段,并宜与变形缝相结合。施工缝防水构造如图 9-2 所示。

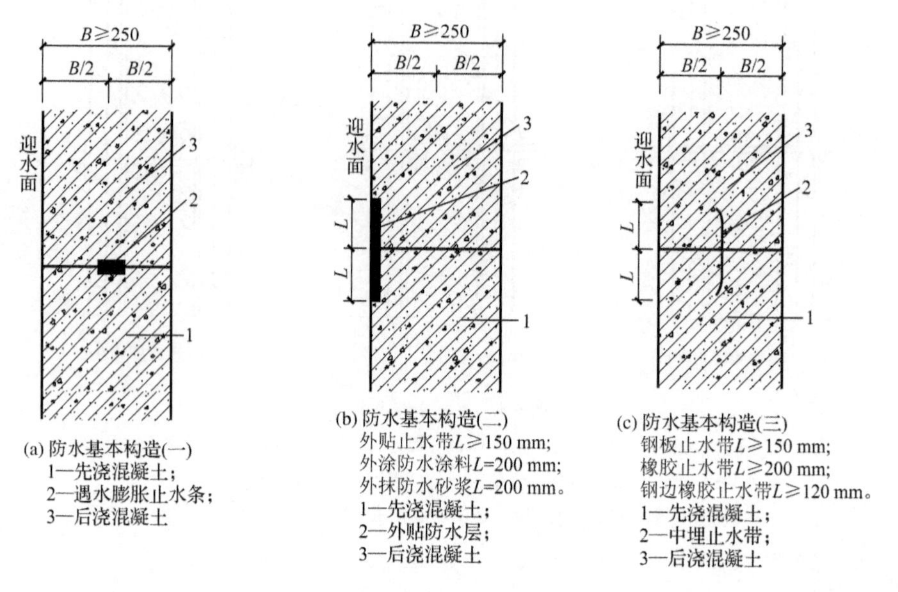


(a) 防水基本构造(一)
1—先浇混凝土;
2—遇水膨胀止水条;
3—后浇混凝土

(b) 防水基本构造(二)
外贴止水带$L\geqslant150$ mm;
外涂防水涂料$L=200$ mm;
外抹防水砂浆$L=200$ mm。
1—先浇混凝土;
2—外贴防水层;
3—后浇混凝土

(c) 防水基本构造(三)
钢板止水带$L\geqslant150$ mm;
橡胶止水带$L\geqslant200$ mm;
钢边橡胶止水带$L\geqslant120$ mm。
1—先浇混凝土;
2—中埋止水带;
3—后浇混凝土

图 9-2　施工缝防水构造

⑥施工缝浇灌混凝土前,应将其表面浮浆和杂物清除干净,先刷水泥净浆或涂刷混凝土界面处理剂,再铺 30～50 mm 厚的 1∶1 水泥砂浆,并及时浇灌混凝土,垂直施工缝可不铺水泥砂浆,选用的遇水膨胀止水条应牢固地安装在缝表面或预留槽内,且该止水条应具有缓胀性能,其 7 d 的膨胀率不应大于最终膨胀率的 60%,当采用中埋式止水带时,应位置准确,固定牢靠。

⑦防水混凝土浇筑后严禁打洞,因此,所有的预留孔和预埋件在混凝土浇筑前必须埋设准确。对防水混凝土结构内的预埋铁件、穿墙管道等防水薄弱之处,应采取措施,仔细施工。防水混凝土抗渗性能,应采用标准条件下养护的混凝土抗渗试件的试验结果评定,试件应在浇筑地点制作。连续浇筑混凝土每 500 $m^3$ 应留置一组抗渗试件,一组为 6 个试件,每项工程不得小于两组。

⑧防水混凝土的施工质量检验,应按混凝土外露面积每 100 $m^2$ 抽查 1 处,每处 10 $m^2$,且不得少于 3 处,细部构造应全数检查。

⑨防水混凝土的抗压强度和抗渗压力必须符合设计要求,其变形缝、施工缝、后浇带、穿墙管道、埋设件等设置和构造均要符合设计要求,严禁有渗漏。

**2. 水泥砂浆防水层的施工**

(1)水泥砂浆防水层的种类

水泥砂浆防水层根据防水砂浆材料组成及防水层构造不同,可分为掺外加剂的水泥砂浆防水层与刚性多层抹面防水层两种。

①掺外加剂的水泥砂浆防水层。近年来已从掺用一般无机盐类防水剂发展至用聚合物外加剂改性水泥砂浆,从而提高了水泥砂浆防水层的抗拉强度及韧性,有效地增强了防水层的抗渗性,可单独用于防水工程,防水效果较好。

②刚性多层抹面防水层。主要是依靠特定的施工工艺要求来提高水泥砂浆的密实性,从而达到防水抗渗的目的,适用于埋深不大,不会因结构沉降、温度和湿度变化及受振动等产生

有害裂缝的地下防水工程。

(2)水泥砂浆防水层施工内容

①水泥砂浆防水层所采用的水泥强度等级不应低于 32.5 级，宜采用中砂，其粒径在 3 mm 以下，外加剂的技术性能应符合国家或行业标准等以上的质量要求。刚性多层抹面防水层通常采用四层或五层抹面做法，一般在防水工程的迎水面采用五层抹面做法(图 9-3)，在背水面采用四层抹面做法(少道水泥浆)。

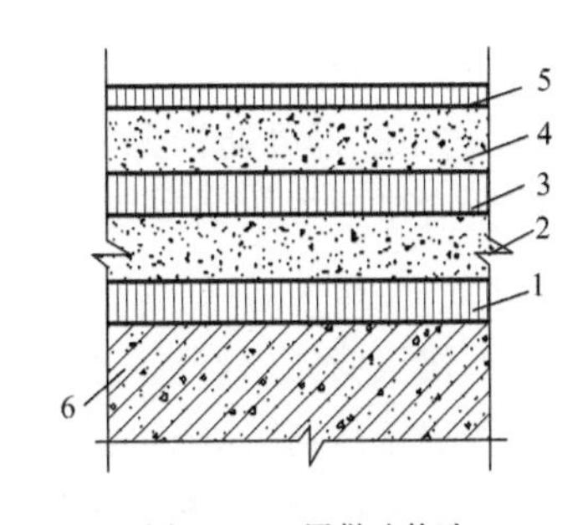

图 9-3 五层做法构造

1、3—素灰层 2 mm；2、4—砂浆层 4～5 mm；5—水泥浆 1 mm；6—结构层 200 mm

②分层做法如下：

第一层，在浇水湿润的基层上先抹 1 mm 厚素灰(用铁板用力刮抹 5～6 遍)，再抹 1 mm 找平。

第二层，在素灰层初凝后终凝前进行，使砂浆压入素灰层 0.5 mm 并扫出横纹。

第三层，在第二层凝固后进行，做法同第一层。

第四层，同第二层做法，抹后在表面用铁板抹压 5～6 遍，最后压光。

第五层，在第四层抹压两遍后刷水泥浆一遍，随第四层压光。铺抹时采用砂浆收水后二次抹光，使表面坚固密实。

**3. 卷材防水层施工**

(1)防水卷材的种类

防水卷材按原材料性质分类主要有沥青防水卷材、高聚物改性沥青防水卷材和合成高分子防水卷材三大类。

①沥青防水卷材

沥青防水卷材的传统产品是石油沥青纸胎油毡。由于其原料 80%左右是沥青，而沥青类建筑防水卷材在生产过程中会产生较大污染，加之工艺落后、耗能高、资源浪费，自 1999 年以来，国家及地方政府不断发文，曾勒令除新型改性沥青类产品以外的其他产品逐步退市，并一再提高技术标准。从 2008 年开始，工信部、国家发展改革委、国家质量监督检验检疫总局(2018 年 3 月进行职责整合，组建国家市场监督管理总局)等部门也分别从淘汰落后产能、调整产业结构、管理生产许可证等方面，限制沥青类防水卷材的生产量。

②高聚物改性沥青防水卷材

高聚物改性沥青防水卷材使用的是高聚物改性沥青，是在石油沥青中添加聚合物，以改善沥青的感温性差、低温易脆裂、高温易流淌等不足。用于沥青改性的聚合物较多，主要有以 SBS (苯乙烯-丁二烯-苯乙烯合成橡胶)为代表的弹性体聚合物和以 APP (无规聚丙烯合成树脂)为代表的塑性体聚合物两大类。

③合成高分子防水卷材

合成高分子防水卷材是一类无胎体的卷材。其特点是拉伸强度大，断裂伸长率高，抗撕裂强度大，耐高低温性能好等，因而对环境气温变化和结构基层伸缩、变形、开裂等状况具有较强的适应性。此外，由于其耐腐蚀性和抗老化性好，可以延长卷材的使用寿命，降低防水工程的综合费用。合成高分子防水卷材按其原料可分为合成橡胶和合成树脂两大类。

(2)防水卷材的施工方法

地下防水工程一般把卷材防水层设置在建筑结构的外侧迎水面上,称为外防水。外防水有两种设置方法,即外防内贴法和外防外贴法。外防水层的铺贴可以借助土压力压紧,并与结构一起抵抗有压地下水的渗透和侵蚀作用,防水效果良好,采用比较广泛。

①外防外贴法

在地下建筑墙体做好后,直接将卷材防水层铺贴在墙上,然后砌筑保护墙(图 9-4)。

其施工程序是:首先浇筑需防水结构的底面混凝土垫层,并在垫层上砌筑永久性保护墙,墙下干铺油毡一层,墙高不小于结构底板厚度 $B$+200～500 mm;在永久性保护墙上用石灰砂浆砌临时性保护墙,墙高为 150 mm×(卷材层数+1);在永久性保护墙上和垫层上抹 1∶3 水泥砂浆找平层,临时性保护墙上用石灰砂浆找平;待找平层基本干燥后,即在其上满涂冷底子油,然后分层铺贴立面和平面卷材防水层,并将顶端临时固定。

在铺贴好的卷材表面做好保护层后,再进行需防水结构的底板和墙体施工。需防水结构施工完成后,将临时固定的接槎部位的各层卷材揭开并清理干净,再在此区段的外墙外表面上补抹水泥砂浆找平层,找平层上满涂冷底子油,将卷材分层错槎搭接向上铺贴在结构墙上。

卷材接槎的搭接长度,高聚物改性沥青卷材为 150 mm,合成高分子卷材为 100 mm。当使用两层卷材时,卷材应错槎接缝,上层卷材应盖过下层卷材;应及时做好防水层的保护结构。

②外防内贴法

在地下建筑墙体施工前先砌筑保护墙,然后将卷材防水层铺贴在保护墙上,最后施工并浇筑地下建筑墙体(图 9-5)。

其施工程序是:先在垫层上砌筑永久性保护墙,然后在垫层及保护墙上抹 1∶3 水泥砂浆找平层,待其基本干燥后满涂冷底子油,沿保护墙与垫层铺贴卷材防水层。卷材防水层铺贴完成后,在立面防水层上涂刷最后一层沥青胶时,趁热粘上干净的热砂或散麻丝,待冷却后,随即抹一层 10～20 mm 厚 1∶3 水泥砂浆保护层。在平面防水层上可铺设一层 30～50 mm 厚 1∶3水泥砂浆或细石混凝土保护层。最后进行需防水结构的施工。

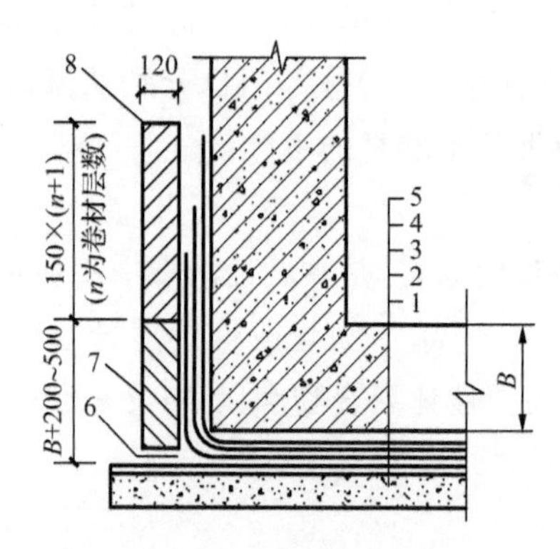


图 9-4 外防外贴法

1—垫层;2—找平层;3—卷材防水层;4—保护层;5—构筑物;6—油毡;7—永久性保护墙;8—临时性保护墙

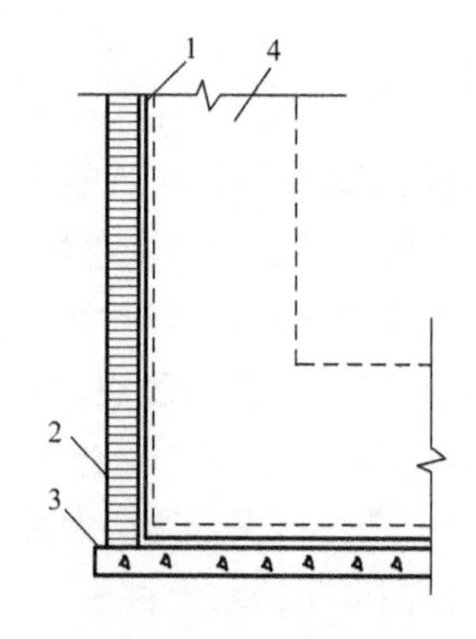


图 9-5 外防内贴法

1—卷材防水层;2—永久性保护墙;3—垫层;4—尚(未)施工的构筑物

# 9.2　结构细部构造防水施工

## 9.2.1　变形缝防水

设置变形缝是为了适应地下工程由于温度、湿度作用及混凝土收缩、徐变而产生的水平变位，以及地基不均匀沉降而产生的垂直变位，以保证工程结构的安全和满足密封防水的要求。

当变形缝与施工缝均用外贴式止水带(中埋式)时，其相交部位宜采用十字配件，如图 9-6 所示。变形缝用外贴式止水带的转角部位宜采用直角配件，如图 9-7 所示。

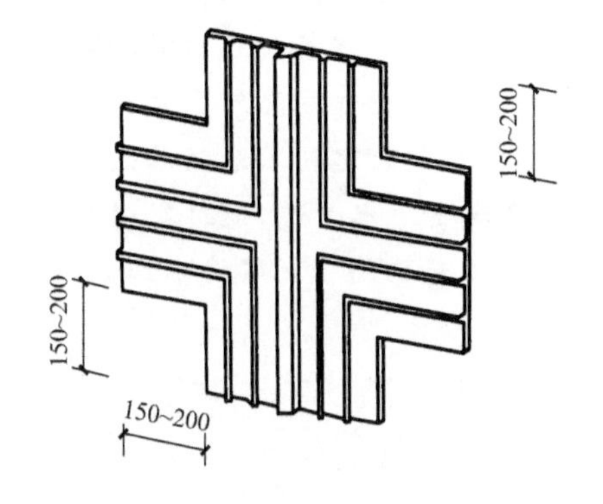


图 9-6　外贴式止水带在施工缝与变形缝相交处的十字配件

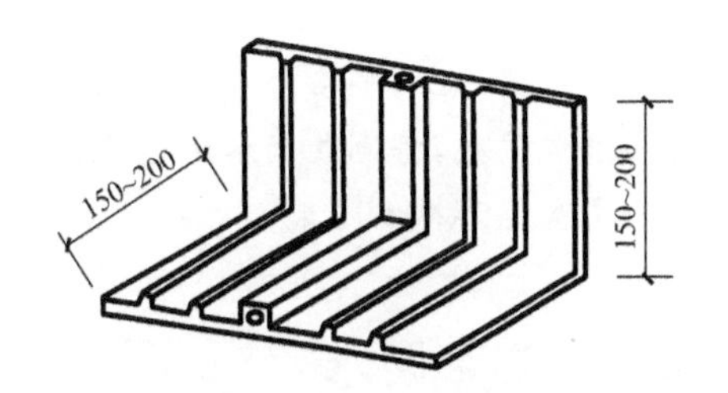


图 9-7　外贴式止水带在转角处的直角配件

**1. 止水带施工应符合的规定**

(1)止水带埋设位置应准确，其中间空心圆环应与变形缝的中心线重合。

(2)止水带应固定，顶、底板内止水带应成盆状安设。

(3)中埋式止水带先施工一侧混凝土时，其端模应支撑牢固，并应严防漏浆。

(4)止水带的接缝宜为一处，应设在边墙较高位置上，不得设在结构转角处，接头宜采用热压焊接。

(5)中埋式止水带在转弯处应做成圆弧形，(钢边)橡胶止水带的转角半径不应小于 200 mm，转角半径应随止水带的宽度增大而相应加大。

**2. 安设于结构内侧的可卸式止水带施工时应符合的规定**

(1)所需配件应一次配齐。

(2)转角处应做成 45°折角，并应增加紧固件的数量。

**3. 密封材料嵌填施工时应符合的规定**

(1)缝内两侧基面应平整、干净、干燥，并应刷涂与密封材料相容的基层处理剂。

(2)嵌缝底部应设置背衬材料。

(3)嵌填应密实连续、饱满，并应黏结牢固。

在缝表面粘贴卷材或涂刷涂料前，应在缝上设置隔离层。卷材防水层、涂料防水层的施工应符合规定。

学习强国小案例

**龙舟水下不停，古人防雨有高招**

没有现代先进的科技手段，古人如何防水？在广州地区出土的汉墓中，当时人们居住的一种陶屋模型，让我们对汉代岭南建筑的防水设计有了一定了解。陶屋的形制各异，都是多层，底层用于饲养家禽、牲畜，架空的楼阁用于居住，这是因为岭南地区地势低洼，河流众多，常有虫蛇猛禽出没，这样的结构和居住方式能够提高安全性，保证良好的通风防潮，防止龙舟水导致的洪涝淹没住宅。关于屋顶的设计，虽然根据相关统计坡顶比平顶泄漏率更高，但由于古人大多遵循排水为主、防水为辅的原则，古代建筑仍多采用"八"字形的坡顶。屋顶使用阴阳瓦，瓦缝前合后开，有利于防水，也减少了虹吸现象。古人还发明了类似现代水泥砂浆的青灰背，铺设在瓦片之下，使瓦片拥有了更好的防水、隔水效果。在建材的选择上，古人以因地制宜、就地取材为重要原则，发展出了极具特色的蚝壳建造的房屋。这种房屋不怕腐蚀，不怕虫蛀，下雨天雨水能顺着蚝的外壳直接流到地上，夏天高温天气下，生蚝斑驳不平的表面和倾斜的排列方式又起到了遮阴隔热的作用。在城市规划上，早在两千年前的南越国时期就普遍建设了下水管道，通过纵横交错的地下排水设施，将地表雨水迅速地排到地势低洼处，南越宫苑内还使用了渗水地漏，防止垃圾堵塞地下排水暗渠。

## 9.2.2 后浇带防水

**1. 后浇带**

后浇带是在建筑施工中为防止现浇钢筋混凝土结构由于自身收缩不均或沉降不均可能产生的有害裂缝，按照设计或施工规范要求，在基础底板、墙、梁相应位置留设的混凝土带。虽然先后浇筑混凝土的接缝形式和防水混凝土施工缝大致相同，但后浇带位置与结构形式、地质情况、荷载差异等有很大关系，故后浇带应按设计要求留设。后浇带应在两侧混凝土收缩变形基本稳定后施工，混凝土的收缩变形一般在龄期为 6 周后才能基本稳定，在条件许可时，间隔时间越长越好。

**2. 后浇带的一般要求**

(1)后浇带宜用于不允许留设变形缝的工程部位。

(2)后浇带应在其两侧混凝土龄期达到 42 d 后再施工；高层建筑的后浇带施工应按规定时间进行。

(3)后浇带应采用补偿收缩混凝土浇筑，其抗渗和抗压强度等级不应低于两侧混凝土。

(4)后浇带应设在受力和变形较小的部位，其间距和位置应按结构设计要求确定，宽度宜为 700～1 000 mm。

(5)后浇带两侧可做成平直缝或阶梯缝，其防水构造形式宜采用图 9-8～图 9-10 所示构造。

(6)采用掺膨胀剂的补偿收缩混凝土，水中养护 14 d 后的限制膨胀率不应小于 0.05%，膨胀剂的掺量应根据不同部位的限制膨胀率设定值经试验确定。后浇带混凝土施工前，后浇带部位和外贴式止水带应防止落入杂物和损伤外贴止水带，后浇带混凝土应一次浇筑，不得留设施工缝；混凝土浇筑后应及时养护，养护时间不得少于 28 d。

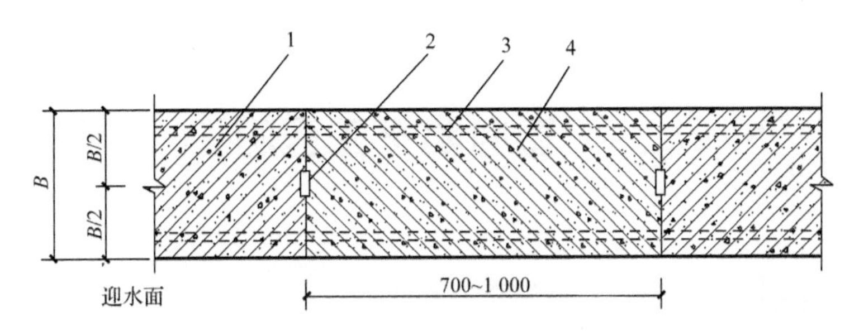


图 9-8　后浇带防水构造(一)

1—先浇混凝土；2—遇水膨胀止水条(胶)；3—结构主筋；4—后浇补偿收缩混凝土

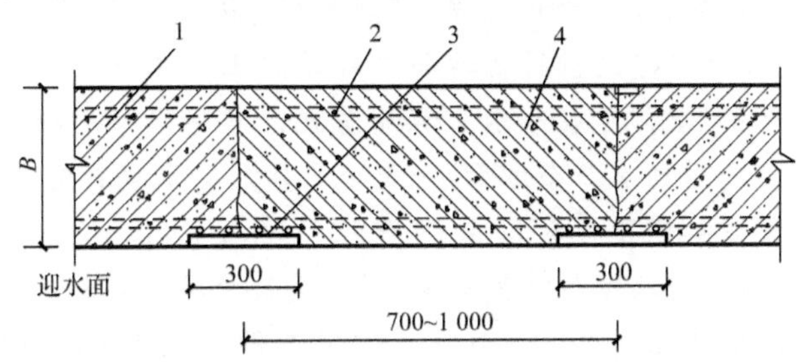


图 9-9　后浇带防水构造(二)

1—先浇混凝土；2—结构主筋；3—外贴式止水带；4—后浇补偿收缩混凝土

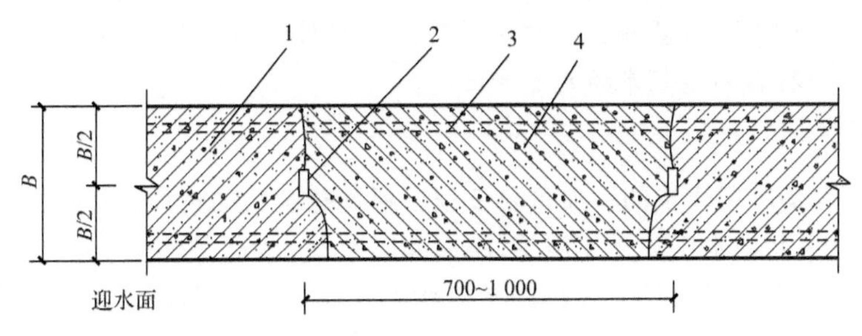


图 9-10　后浇带防水构造(三)

1—先浇混凝土；2—遇水膨胀止水条(胶)；3—结构主筋；4—后浇补偿收缩混凝土

后浇带需超前止水时，后浇带部位的混凝土应局部加厚，并应增设外贴式或中埋式止水带，如图 9-11 所示。

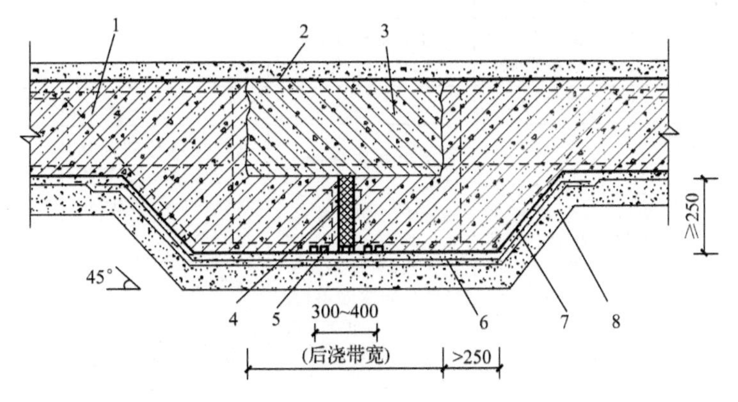


图 9-11　后浇带超前止水构造

1—混凝土结构；2—钢丝网片；3—后浇带；4—填缝材料；5—外贴式止水带；
6—细石混凝土保护层；7—卷材防水层；8—垫层混凝土

## 9.3 屋面防水工程施工

学习强国小案例

**聚焦代表建议，推进建筑防水材料产业结构调整升级**

防水是一个系统工程，贯穿于标准规范、原材料、施工、全过程管理等各个环节。全国人大代表、上海同济大学建筑材料科学与工程学院土木工程材料系教授、博士生导师张雄在全国两会提交了《修订建筑防水工程质量规范与防水材料标准的建议》。认为造成建筑渗漏问题的主要原因有三个方面：一是现行建筑防水材料国家标准品质标准要求偏低。标准中对有关防水产品的耐久性、可靠性等要求不高。低品质标准的导向，导致防水材料产业鱼龙混杂，低端防水材料充斥市场，高质量防水材料产业发展和生存受限。二是建筑防水工程质量监控制度存在盲区。控制工程用建筑防水材料品质的依据是产品检验报告，而产品检验报告只对来样负责，现行材料送检制度在产品质量监控过程中存在盲区。三是现行规定建筑防水工程质量保质期要求偏短。建筑防水工程保修期通常规定为 5 年，使房地产、基础设施建设等防水工程质量锁定在满足 5 年保质期，这也是低端建筑防水材料占领建筑市场的原因之一。

屋面防水工程是房屋建筑的一项重要工程。根据建筑物的性质、重要程度、使用功能要求及防水层耐用年限等，将屋面防水分为四个等级，并按不同等级进行设防(表 9-2)。防水屋面的常用种类有卷材防水屋面和涂膜防水屋面。

屋面施工工艺

表 9-2 屋面防水等级和设防要求

| 项目 | 屋面防水等级 | | | |
|---|---|---|---|---|
| | Ⅰ | Ⅱ | Ⅲ | Ⅳ |
| 建筑物类别 | 特别重要或对防水有特殊要求的建筑 | 重要的建筑和高层建筑 | 一般的建筑 | 非永久性的建筑 |
| 防水层合理使用年限 | 25 年 | 15 年 | 10 年 | 5 年 |
| 防水层选用材料 | 宜选用合成高分子防水卷材、高聚物改性沥青防水卷材、金属板材、合成高分子防水涂料、细石混凝土等材料 | 宜选用高聚物改性沥青防水卷材、合成高分子防水卷材、金属板材、合成高分子防水涂料、高聚物改性沥青防水涂料、细石混凝土、平瓦、油毡瓦等材料 | 宜选用三毡四油沥青防水卷材、高聚物改性沥青防水卷材、合成高分子防水卷材、金属板材、高聚物改性沥青防水涂料、合成高分子防水涂料、细石混凝土、平瓦、油毡瓦等材料 | 可选用二毡三油沥青防水卷材、高聚物改性沥青防水涂料等材料 |
| 设防要求 | 三道或三道以上防水设防 | 两道防水设防 | 一道防水设防 | 一道防水设防 |

## 9.3.1　卷材防水屋面

卷材防水屋面是用胶结材料粘贴卷材进行防水的屋面。这种屋面具有重量轻、防水性能好的优点。其防水层的柔韧性好，能适应一定程度的结构振动和胀缩变形。所用卷材主要有高聚物改性沥青防水卷材和合成高分子防水卷材等。

**1. 卷材防水的施工准备及构造**

(1)施工准备

①基底：不得有空鼓、开裂、起砂、脱皮等缺陷。基本平整，凹陷不平整处用聚合物水泥砂浆分层修补平整，凸出基底的鼓包、棱、模板、钉子头必须打凿平整，平整度≤8 mm。将基面的尘土、浮浆清理干净，充分湿润基底。

②如有穿过防水层的管道、预埋件等均应施工完毕，并做了防水加强层处理。防水层铺贴后，严禁在防水层上打眼开洞，以免引起渗漏水。

③施工机具：扫帚、塑料桶、电动搅拌钻、专用搅拌头、刮板、刷子等有关工具。

(2)卷材防水屋面构造

卷材防水屋面的构造如图 9-12 所示。

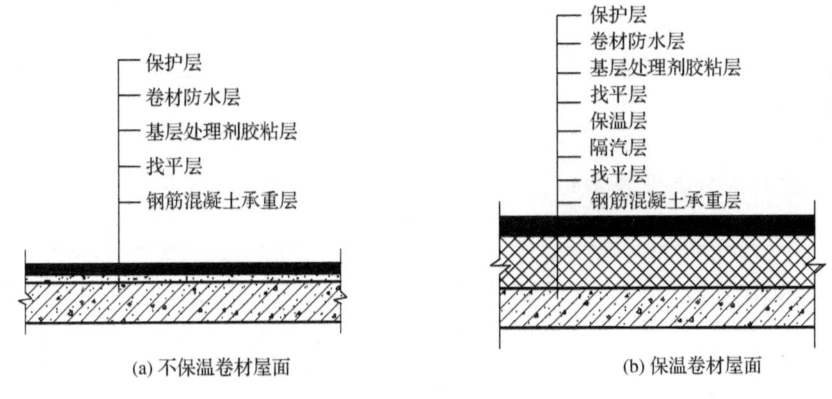


(a) 不保温卷材屋面　　(b) 保温卷材屋面

图 9-12　卷材防水屋面的构造

**2. 对基层的要求**

(1)基层施工质量将直接影响屋面工程的防水。基层应有足够的强度和刚度，承受荷载时不致产生显著变形。基层一般采用水泥砂浆、细石混凝土或沥青砂浆找平，做到平整、坚实、清洁、无凹凸形及尖锐颗粒。

(2)铺设屋面隔汽层和防水层以前，基层必须清扫干净。屋面及檐口、檐沟、天沟找平层的排水坡度，必须符合设计要求，平屋面采用结构找坡应不小于 3%，采用材料找坡宜为 2%，天沟、檐沟纵向找坡不应小于 1%，沟底落水差不大于 200 mm，在与凸出屋面结构的连接处以及基层的转角处均应做成圆弧，其圆弧半径应符合要求：高聚物改性沥青防水卷材为 50 mm，合成高分子防水卷材为 20 mm。

(3)为防止由于温差及混凝土构件收缩而使防水屋面开裂，找平层应留分格缝，缝宽一般为 5～20 mm。缝应留在预制板支承边的拼缝处，其纵、横向最大间距不宜大于 6 mm，分格缝处应附加 200～300 mm 宽的油毡，用沥青胶结材料单边点贴覆盖。

(4)采用水泥砂浆、细石混凝土或沥青砂浆做找平层时，其厚度和技术要求应符合表 9-3 的规定。

表 9-3 找平层厚度和技术要求

| 类别 | 基层种类 | 厚度/mm | 技术要求 |
| --- | --- | --- | --- |
| 水泥砂浆找平层 | 整体混凝土 | 15～20 | 1∶2.5～1∶3(水泥,砂)体积比,水泥强度等级不低于 32.5 |
| | 整体或板状材料保温层 | 20～25 | |
| | 装配式混凝土板,松散材料保温层 | 20～30 | |
| 细石混凝土找平层 | 松散材料保温层 | 30～35 | 混凝土强度等级不低于 C20 |
| 沥青砂浆找平层 | 整体混凝土 | 15～20 | 质量比 1∶8(沥青;砂) |
| | 装配式混凝土板、整体或板状材料保温层 | 20～25 | |

**3. 材料选择**

(1)基层处理剂

基层处理剂是为了增强防水材料与基层之间的黏结力,在防水层施工前预先涂刷在基层上的涂料,其选择应与所用卷材的材料性质相容。

(2)胶粘剂

①卷材防水层的黏结材料,必须选用与卷材相应的胶粘剂。

②高聚物改性沥青防水卷材可选用橡胶或再生橡胶改性沥青的汽油溶液或水乳液做胶粘剂。

③合成高分子防水卷材可选用以氯丁橡胶和丁基酚醛树脂为主要成分的胶粘剂或以氯丁橡胶乳液制成的胶粘剂。

(3)卷材

主要防水卷材的分类见表 9-4。

表 9-4 主要防水卷材分类

| 类别 | | 防水卷材名称 |
| --- | --- | --- |
| 沥青类防水卷材 | | 纸胎、玻璃胎、玻璃布、黄麻、铝箔沥青卷材 |
| 高聚物改性沥青防水卷材 | | SBS、APP、SBS-APP、丁苯橡胶改性沥青卷材;胶粉改性沥青卷材、再生橡胶改性沥青卷材、PVC 改性煤焦油沥青卷材等 |
| 合成高分子防水卷材 | 硫化型橡胶或橡胶共混卷材 | 三元乙丙橡胶卷材、氯磺化聚乙烯卷材、丁基橡胶卷材、氯丁橡胶卷材、氯化聚乙烯-橡胶共混卷材等 |
| | 非硫化型橡胶或橡胶共混卷材 | 氯化聚乙烯-橡胶共混卷材、增强型氯化聚乙烯卷材、三元丁再生橡胶等 |
| | 合成树脂系防水卷材 | 氯化聚乙烯卷材、PVC 卷材等 |
| 特殊卷材 | | 热熔卷材、冷自贴卷材、带孔卷材、热反射卷材、沥青瓦等 |

高聚物改性沥青防水卷材的外观质量要符合要求,各种防水材料及制品均应符合设计要求,具有质量合格证明,进场前应按规范要求进行抽样复检,严禁使用不合格产品。

**4. 卷材防水层施工**

卷材防水层施工的一般工艺流程:基层表面清理、修补→喷、涂基层处理剂→节点附加增强处理→定位、弹线、试铺→铺贴卷材→收头处理,节点密封→清理、检查、修整→保护层施工。

(1)卷材防水层铺贴方向

卷材防水层铺贴方向应结合卷材搭接缝顺应流水方向和卷材铺贴可操作性两方面因素综合考虑。卷材铺贴应在保证顺直的前提下,宜平行屋脊铺贴。屋面坡度大于 25%时,为了防止卷材下滑,应采取满粘和钉压等方法固定,固定点应封闭严密。当卷材防水层采用叠层方法施工时,上下层卷材不得相互垂直铺贴,应尽可能避免接缝叠加。

(2)卷材防水层施工顺序

屋面防水层施工时,应先做好节点、附加层和屋面排水比较集中部位(如屋面与水落口连接处、檐口、天沟、屋面转角处、板端缝等)的处理,然后由屋面最低标高处向上施工。铺贴天沟、檐沟卷材时,宜顺天沟、檐口方向,尽量减少搭接。铺贴多跨和有高低跨的屋面时,应按先高后低、先远后近的顺序进行。大面积屋面施工时,应根据屋面特征及面积大小等因素合理划分流水施工段。施工段的界线宜设在屋脊、天沟、变形缝等处。

(3)卷材防水层搭接方法及宽度要求

为确保卷材防水层的质量,所有卷材按表 9-5 的规定搭接。为了避免卷材防水层搭接缝缺陷重合,上下层卷材长边搭接缝应错开,错开的距离不得小于幅宽的三分之一。为了避免四层卷材重叠,影响接缝质量,同一层相邻两幅卷材短边搭接缝也应错开,错开的距离不得小于 500 mm。

**表 9-5　　卷材搭接宽度**　　mm

| 卷材类别 | | 搭接宽度 |
|---|---|---|
| 合成高分子防水卷材 | 胶粘剂 | 80 |
| | 胶粘带 | 50 |
| | 单缝焊 | 60,有效焊接宽度不小于 25 |
| | 双缝焊 | 80,有效焊接宽度为 10×2+空腔宽 |
| 高聚物改性沥青防水卷材 | 胶粘剂 | 100 |
| | 自粘 | 80 |

叠层铺设的各层卷材,在天沟与屋面的连接处应采用叉接法搭接,搭接缝应错开,搭接缝宜留在屋面或天沟侧面,不宜留在沟底。

(4)屋面特殊部位的铺贴要求

①天沟、檐沟、檐口、水落口、泛水、变形缝和伸出屋面管道的防水构造,必须符合设计要求。天沟、檐沟、檐口、泛水和立面卷材收头的端部应裁齐,塞入预留凹槽内,用金属压条钉压固定,最大钉距不应大于 900 mm,并用密封材料嵌填封严,凹槽距屋面找平层不小于 250 mm,凹槽上部墙体应做防水处理。

②水落口杯应牢固地固定在承重结构上,当采用铸铁制品时,所有零件均应除锈,并刷防锈漆;天沟、檐沟铺贴卷材应从沟底开始。如沟底过宽,卷材纵向搭接时,搭接缝必须用密封材料封口,密封材料嵌填必须密实、连续、饱满,黏结牢固,无气泡,不开裂脱落。沟内卷材附加层在与屋面交接处宜空铺,其空铺宽度不小于 200 mm,其卷材防水层应由沟底翻上至沟外檐顶部,卷材收头应用水泥钉固定并用密封材料封严,铺贴檐口 800 mm 范围内的卷材应采取满粘法。

③铺贴泛水处的卷材应采取满粘法,防水层贴入水落口杯内不小于 50 mm,水落口周围直径 500 mm 范围内的坡度不小于 5%,并用密封材料封严。

(5)排汽屋面的施工

①卷材应铺设在干燥的基层上。当屋面保温层或找平层干燥有困难而又急需铺设屋面卷材时,应采用排汽屋面。

②排汽屋面是整体连续的,在屋面与垂直面连接的地方,隔汽层应延伸到保温层顶部,并高出 150 mm,以便与防水层相连,要防止房间内的水蒸气进入保温层,造成防水层起鼓破坏,保温层的含水率必须符合设计要求。

③在铺贴第一层卷材时,采用空铺、条粘、点粘等方法(图 9-13)使卷材与基层之间留有纵横相互贯通的空隙做排汽道,排汽道的宽度为 30～40 mm,深度一直到结构层。

④对于有保温层的屋面,也可在保温层的找平层上留槽做排汽道,并在屋面或屋脊上设置

一定的排气孔(每 36 $m^2$ 左右一个)与大气相通,这样就能使潮湿基层中的水分蒸发排出,预防了油毡起鼓。排汽屋面适用于气候潮湿,雨量充沛,夏季阵雨多,保温层或找平层含水率较大且干燥有困难的地区。

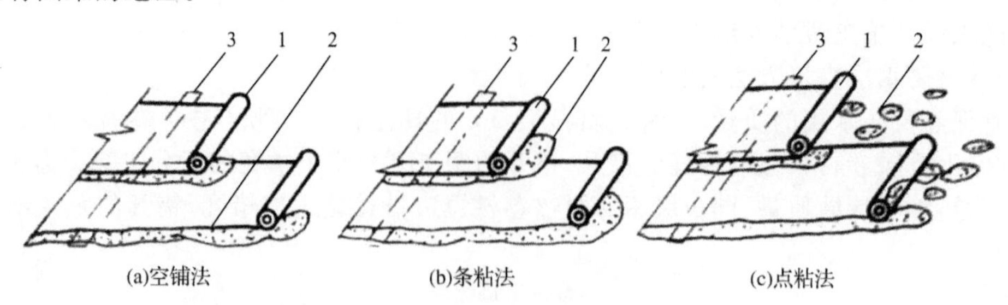


图 9-13 排汽屋面卷材铺法
1—卷材;2—沥青胶;3—附件卷材条

(6)高聚物改性沥青防水卷材施工

依据高聚物改性沥青防水卷材的特性,其施工方法有冷粘法、热熔法和自粘法之分。在立面或大坡面铺贴高聚物改性沥青防水卷材时,应采用满粘法,并宜减少短边搭接。

①冷粘法施工

冷粘法施工是利用毛刷将胶粘剂涂刷在基层或卷材上,然后直接铺贴卷材,使卷材与基层、卷材与卷材黏结的方法。施工时,胶粘剂涂刷应均匀,不露底,不堆积;应控制胶粘剂涂刷与卷材铺贴的间隔时间;卷材下面的空气应排尽,并应辊压黏结牢固;卷材铺贴应平整顺直,搭接尺寸应准确,不得扭曲、皱折;接缝应满涂胶粘剂,辊压黏结牢固,溢出的胶粘剂随即刮平封口;也可采用热熔法接缝。接缝口应用密封材料封严,宽度不应小于 10 mm。

②热熔法施工

热熔法施工是指利用火焰加热器熔化热熔型防水卷材底层的热熔胶进行粘贴的方法。施工时,熔化热熔型改性沥青胶结料时,为了防止加热温度过高,导致改性沥青中的高聚物发生裂解而影响质量,宜采用专用导热油炉加热,加热温度不应高于 200 ℃,使用温度不宜低于 180 ℃;粘贴卷材的热熔型改性沥青胶结料厚度宜为 1.0～1.5 mm;采用热熔型改性沥青胶结料粘贴卷材时,应随刮随铺,并应展平压实。

用火焰加热器加热卷材应均匀,施工加热时卷材幅宽内的温度必须均匀一致,要求火焰加热器的喷嘴与卷材的距离应适当,加热至卷材表面有光亮黑色时方可粘合。若熔化不够,会影响卷材接缝的黏结强度和密封性能;若加热温度过高,会使改性沥青老化变焦且把卷材烧穿。卷材表面热熔后应立即滚铺,卷材下面的空气应排尽,并应辊压粘贴牢固;卷材接缝部位应溢出热熔的改性沥青胶,溢出的改性沥青胶宽度宜为 8 mm;铺贴的卷材应平整顺直,搭接尺寸应准确,不得扭曲、皱折。厚度小于 3 mm 的高聚物改性沥青防水卷材,严禁采用热熔法施工。

③自粘法施工

自粘法施工是指采用带有自粘胶的防水卷材直接进行黏结的方法。此法不用热施工,也不需涂胶结材料。铺贴前,基层表面应均匀涂刷基层处理剂,待干燥后及时铺贴卷材。铺贴卷材时,应将自粘胶底面的隔离纸全部撕净;卷材下面的空气应排尽,并应辊压粘贴牢固;铺贴的卷材应平整顺直,搭接尺寸应准确,不得扭曲、皱折,接缝口应用密封材料封严,宽度不应小于10 mm;低温施工时,接缝部位宜采用热风加热,并应随即粘贴牢固。

(7)合成高分子卷材防水施工

①合成高分子卷材的主要品种有:三元乙丙橡胶防水卷材、氯化聚乙烯-橡胶共混防水卷

材、氯化聚乙烯防水卷材和聚氯乙烯防水卷材等。其施工工艺流程与前面相同。

②施工方法一般有冷粘法、自粘法和热风焊接法三种。

a. 冷粘法、自粘法施工要求与高聚物改性沥青防水卷材基本相同，但冷粘法施工时搭接部位应采用与卷材配套的接缝专用胶粘剂，在搭接缝粘合面上涂刷均匀，并控制涂刷与粘合的间隔时间，排除空气，辊压黏结牢固。

b. 热风焊接法是利用热空气焊枪进行防水卷材搭接粘合的方法。

焊接前卷材应铺设平整、顺直，搭接尺寸应准确，不得扭曲、皱折；卷材焊接缝的结合面应干净、干燥，不得有水滴、油污及附着物。

焊接时应先焊长边搭接缝，后焊短边搭接缝；焊缝质量与焊接速度、热风温度和操作人员的熟练程度关系极大，焊接施工时必须严格控制加热温度和时间，焊接缝不得有漏焊、跳焊、焊焦或焊接不牢现象，焊接时不得损害非焊接部位的卷材。

**5. 隔离层施工**

(1)在柔性防水层上设置块体材料、水泥砂浆、细石混凝土等刚性保护层时，若刚性保护层胀缩变形，则会对防水层造成破坏，故应在保护层与防水层之间铺设隔离层。

(2)当基层比较平整时，在已完成雨后或淋水、蓄水检验合格的防水层上面，可以直接干铺塑料膜、土工布或卷材。当基层不太平整时，隔离层宜采用低强度等级黏土砂浆、水泥石灰砂浆或水泥砂浆。铺抹砂浆时，铺抹厚度宜为 10 mm，表面应抹平、压实并养护，待砂浆干燥后，其上干铺一层塑料膜、土工布或卷材。隔离层所用的材料应经得起保护层的施工荷载，故建议塑料膜的厚度不应小于 0.4 mm，土工布应采用聚酯土工布，单位面积质量不应小于 200 g/m$^2$。卷材厚度不应小于 2 mm。

(3)隔离层所用材料的质量及配合比应符合设计要求；隔离层不得有破损和漏铺现象。塑料膜、土工布、卷材应铺设平整，其搭接宽度不应小于 50 mm，不得有皱折。低强度等级砂浆表面应压实、平整，不得有起壳、起砂现象。

**6. 保护层施工**

防水层上的保护层施工，应待卷材铺贴完成或涂料固化成膜，并经检验合格后进行。沥青类的防水卷材也可直接采用卷材上表面覆有的矿物粒料或铝箔作为保护层。

(1)混凝土预制板保护层

混凝土预制板保护层的结合层可采用砂或水泥砂浆。混凝土板的铺砌必须平整，并满足排水要求。在砂结合层上铺砌块体时，砂层应洒水压实、刮平；板块对接铺砌，缝隙应一致，缝宽 10 mm 左右，砌完洒水轻拍压实。板缝先填砂一半高度，再用 1∶2 水泥砂浆勾成凹缝。为防止砂子流失，在保护层四周 500 mm 范围内，应改用低强度等级水泥砂浆做结合层。采用水泥砂浆做结合层时，应先在防水层上做隔离层，隔离层可采用热砂、干铺油毡、铺纸筋灰或麻刀灰、黏土砂浆、白灰砂浆等多种方法施工。预制块体应先浸水湿润并阴干。摆铺完后应立即挤压密实、平整，使之结合牢固。预留板缝(10 mm)用 1∶2 水泥砂浆勾成凹缝。上人屋面的预制块体保护层，块体材料应按照楼地面工程质量要求选用，结合层应选用 1∶2 水泥砂浆。

(2)细石混凝土保护层

施工前应在防水层上铺设隔离层，并按设计要求支设好分格缝木模。当设计无要求时，分格缝纵、横间距不大于 6 m，分格缝宽度为 10～20 mm。一个分格内的混凝土应连续浇筑，不留施工缝。振捣宜采用铁辊滚压或人工拍实，以防破坏防水层；拍实后随即用刮尺按排水坡度刮平，初凝前用木抹子提浆抹平，初凝后及时取出分格缝木模，终凝前用铁抹子压光。细石混凝土保护层浇筑后应及时进行养护，养护时间不应少于 7 d，养护期满即将分格缝清理干净，待干燥后嵌填密封材料。

## 9.3.2 涂膜防水屋面

涂膜防水屋面是在屋面基层上涂刷防水涂料，经固化后形成一层有一定厚度和弹性的整体涂膜，从而达到防水目的的一种防水屋面形式。其典型的构造层次如图 9-14 所示。涂膜防水屋面适用于防水等级为Ⅲ级、Ⅳ级的屋面防水，也可作为Ⅰ级、Ⅱ级屋面多道防水设防中的一道防水层。

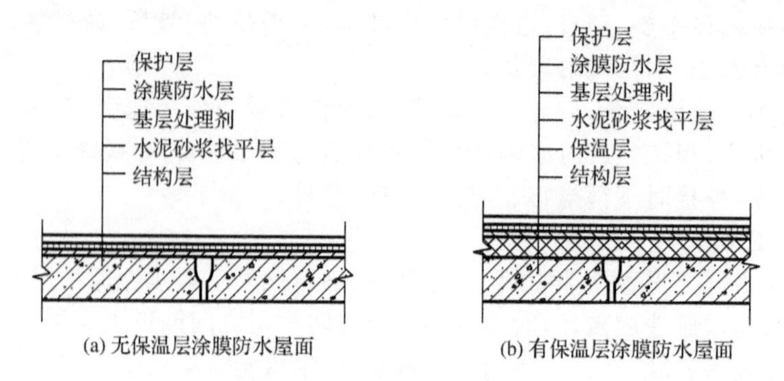


(a) 无保温层涂膜防水屋面　(b) 有保温层涂膜防水屋面

图 9-14　涂膜防水屋面结构

**1. 防水涂料**

(1)沥青防水涂料

该类涂料的主要成膜物质是以乳化剂配制的乳化沥青和填料。在Ⅲ级防水卷材屋面上单独使用时的厚度不应小于 8 mm，每平方米涂布量约为 8 kg，因而需多遍涂抹。由于这类涂料的沥青用量大，含固量低，弹性和强度等综合性能较差，在防水工程中已逐渐被淘汰。

(2)高聚物改性沥青防水涂料

该类涂料的品种有以化学乳化剂配制的乳化沥青为基料，掺加氯丁橡胶或再生橡胶水乳液的防水涂料，还有众多的溶剂型改性沥青涂料，如氯丁橡胶沥青涂料、SBS 橡胶沥青涂料、丁基橡胶沥青涂料等。

(3)合成高分子防水涂料

①该类涂料的类型有水乳型、溶剂型和反应型三种。其中综合性能较好的品种是反应型的聚氨酯类防水涂料。

②聚氨酯类防水涂料是以甲组分(聚氨酯预聚体)和乙组分(固化剂)按一定比例混合的双组分涂料。常用的品种有聚氨酯防水涂料(不掺加焦油)和焦油聚氨酯防水涂料两种。

a. 聚氨酯防水涂料大多为彩色，固体含量高，具有橡胶状弹性，延伸性好，拉伸强度和抗撕裂强度高，耐油、耐磨、耐海水侵蚀，使用温度范围宽，涂膜反应速度易调整，因而是一种综合性能好的高档次涂料，但其价格也较高。

b. 焦油聚氨酯防水涂料为黑色，气味较大，涂膜反应速度不易调整，性能易出现波动。由于焦油对人体有害，故这种涂料不能用于冷库内壁和饮水工程；室内施工时应采取通风措施。

**2. 基层要求**

涂膜防水层要求基层的刚度大，空心板安装牢固，找平层有一定强度，表面平整、密实，不应有起砂、起壳、龟裂、爆皮等现象。表面平整度应用 2 m 直尺检查，基层与直尺的最大间隙不应超过 5 mm，间隙仅允许平缓变化。基层与凸出屋面结构连接处及基层转角处应做成圆弧形或钝角。按设计要求做好排水坡度，不得有积水现象。施工前应将分格缝清理干净，不得有异物和浮灰。对屋面的板缝处理应遵守有关规定。基层干燥后方可进行涂膜施工。

**3. 涂膜防水层施工**

(1)涂膜防水层施工的一般工艺流程:基层表面清理、修理→喷涂基层处理剂→特殊部位附加增强处理→涂布防水涂料及铺贴胎体增强材料→清理与检查修理→保护层施工。

(2)基层处理剂常用涂膜防水材料稀释后使用,其配合比应根据不同防水材料按要求配置。涂膜防水必须由两层以上涂层组成,每层应刷 2～3 遍,且应根据防水涂料的品种,分层分遍涂布,不能一次涂成,并待先涂的涂层干燥成膜后,方可涂后一遍涂料,其总厚度必须达到设计要求。

(3)涂料的涂布顺序:先高跨后低跨,先远后近,先立面后平面。同一屋面上先涂布排水较集中的水落口、天沟、檐口等节点部位,再进行大面积涂布。涂层应厚薄均匀、表面平整,不得有露底、漏涂和堆积现象。两涂层施工间隔时间不宜过长,否则易形成分层现象。涂层中夹铺增强材料时,宜边涂边铺胎体。

(4)涂膜防水屋面应设置保护层。保护层材料可采用水泥砂浆或块材等。采用水泥砂浆或块材时,应在涂膜与保护层之间设置隔离层。胎体增强材料长边搭接宽度不得小于 5 mm,短边搭接宽度不得小于 70 mm。当屋面坡度小于 15%时,可平行屋脊铺设;当屋面坡度大于 15%时,应垂直屋脊铺设。采用两层胎体增强材料时,上、下层不得互相垂直铺设,搭接缝应错开,其间距不应小于幅宽的三分之一。找平层分格缝处应增设胎体增强材料的空铺附加层,其宽度以 200～300 mm 为宜。涂膜防水层收头应用防水涂料多遍涂刷或用密封材料封严。在涂膜未干前,不得在防水层上进行其他施工作业。涂膜防水屋面上不得直接堆放物品。涂膜防水屋面的隔汽层设置原则与卷材防水屋面相同。

## 9.4 防水工程冬雨季施工

学习强国小案例

**我国首条穿越冰碛层的铁路隧道预计年内贯通**

米林隧道位于西藏米林县境内,坐落于世界屋脊青藏高原之上念青唐古拉山与喜马拉雅山之间的藏南谷地高山区,是川藏铁路拉萨至林芝段中隧道群之一,是拉林铁路重点控制性工程。隧道全长 11 560 米,地质条件复杂,是我国首条穿越冰碛层地质的隧道。冰碛层为古老冰川堆积体,带有大量卵石、漂石、泥沙堆积物。由于地质松散,透水性很强,日涌水量极高,最高时近三万六千立方米。为确保安全穿越冰碛层,施工队采用了地质雷达、红外探水、超前探孔等多种方法,加强超前地质预报工作。施工中建设者创新采用整体帷幕注浆法,在隧道掌子面呈扇形状打入 25 米长、15 厘米直径的 100 多个孔并向内注浆,让冰碛体与注浆材料快速固结在一起,形成一道类似于帷幕的混凝土防渗墙后再进行开挖,有效避免了突泥涌水和容易坍塌的问题。为解决缺氧问题,隧道采用大功率风机 24 小时向洞内送入新鲜空气,并现场备有氧气袋和急救药品。

注:米林隧道已于 2020 年 4 月 7 日成功贯通。

### 9.4.1 防水工程冬季施工

(1)防水工程冬季施工应选择晴朗天气进行,不得在雨、雪天气和五级风及其以上或基层潮湿、结冰、霜冻条件下进行。保温及屋面工程应依据材料性能确定施工气温界限,最低施工环境气温宜符合表9-6的规定。

表9-6 保温及屋面工程施工环境气温要求

| 防水与保温材料 | 施工环境气温 |
|---|---|
| 黏结保温板 | 有机胶粘剂不低于−10 ℃;无机胶粘剂不低于5 ℃ |
| 现喷硬泡聚氨酯 | 15～30 ℃ |
| 高聚物改性沥青防水卷材 | 热熔法不低于−10 ℃ |
| 合成高分子防水卷材 | 冷粘法不低于5 ℃;焊接法不低于−10 ℃ |
| 高聚物改性沥青防水涂料 | 溶剂型不低于5 ℃;热熔型不低于−10 ℃ |
| 合成高分子防水涂料 | 溶剂型不低于−5 ℃ |
| 防水混凝土、防水砂浆 | 符合本工程混凝土、砂浆相关规定 |
| 改性石油沥青密封材料 | 不低于0 ℃ |
| 合成高分子密封材料 | 溶剂型不低于0 ℃ |

(2)保温与防水材料进场后,应存放于通风、干燥的暖棚内,并严禁接近火源和热源。棚内温度不宜低于0 ℃,且不得低于施工环境规定的温度。屋面防水施工时,应先做好排水比较集中的部位,凡节点部位均应加铺一层附加层。施工时,应合理安排隔汽层、保温层、找平层、防水层的各项工序,连续操作,已完成部位应及时覆盖,防止受潮与受冻。

### 9.4.2 防水工程雨季施工

(1)卷材层面应尽量在雨季前施工,并同时安装屋面的落水管。

(2)雨天严禁进行油毡屋面施工,油毡、保温材料不准淋雨。

(3)雨天屋面工程宜采用"湿铺法"施工工艺。"湿铺法"就是在"潮湿"基层上铺贴卷材,先喷刷1～2道冷底子油,喷刷工作宜在水泥砂浆凝结初期进行操作,以防基层浸水。如基层浸水,待基层表面干燥后方可铺贴油毡。若基层潮湿且干燥有困难,则可采用排汽屋面。

## 9.5 BIM与防水工程

随着时代的发展,在目前的施工过程中,BIM技术的运用与其起到的作用可谓是越来越明显,越来越出众。那么BIM技术在防水工程施工过程中的应用有哪些方面的体现呢?

## 9.5.1　BIM 技术在防水工程中的应用

通过创建地下室、楼地面以及屋面等分部分项工程的 BIM 模型，打破地下水侵蚀、防水构造措施、防水材料等设计、施工和监测间的隔阂，直观体现项目全貌，实现多方无障碍信息共享，让不同团队在同一环境下工作。通过三维可视化沟通，全面评估防水工程全部项目，使管理更科学、措施更有效，提高工作效率，节约投资。具体内容包括：

(1)建立 BIM 深化模型。

(2)防水工程量的核算。

(3)地下室防水结构及屋面防水措施三维模型的建立。

(4)防水层施工顺序的模拟。

(5)防水各部分的工程量统计。

(6)三维模型转二维的自动成图。

(7)基于 BIM 的防水信息化施工与检测。

## 9.5.2　BIM 技术在防水工程中应用的业务流程

(1)获取屋面、楼地面、地下室等模型的数据，建立施工场地布置模型。

(2)设计防水材料以及它的厚度。

(3)细化墙面、楼地面接缝处、阴阳角、水管等模型数据，进行防水工程模型建立。

## 9.5.3　BIM 技术应用软件方案

防水工程 BIM 应用软件有多种选择，常用的有 Revit、Navisworks、广联达等，具体应用可参考图 9-15。

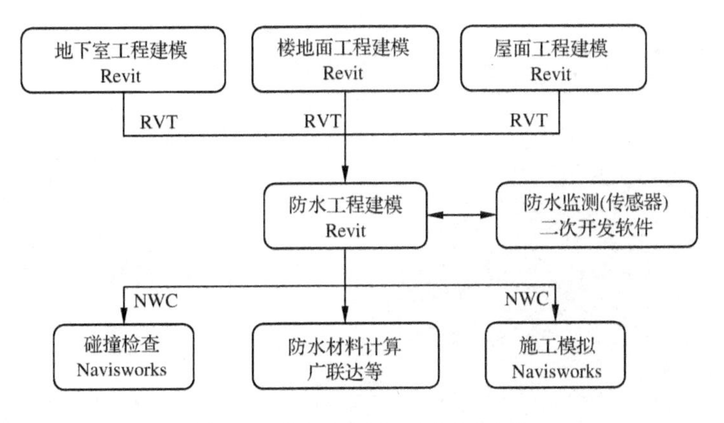


图 9-15　防水工程 BIM 应用软件方案

## 9.5.4　BIM 技术应用成果

### 1. 三维可视化 BIM 模型

防水施工 BIM 模型包括：屋面模型、楼地面模型(图 9-16)和地下室模型等。

以设计方案为初始数据，将二维防水资料转换成三维防水模型，在 Revit 中与建筑模型合并，可实时、任意视角查看地下室、楼地面、屋面等工程的不同防水构造，快速查看防水材料属

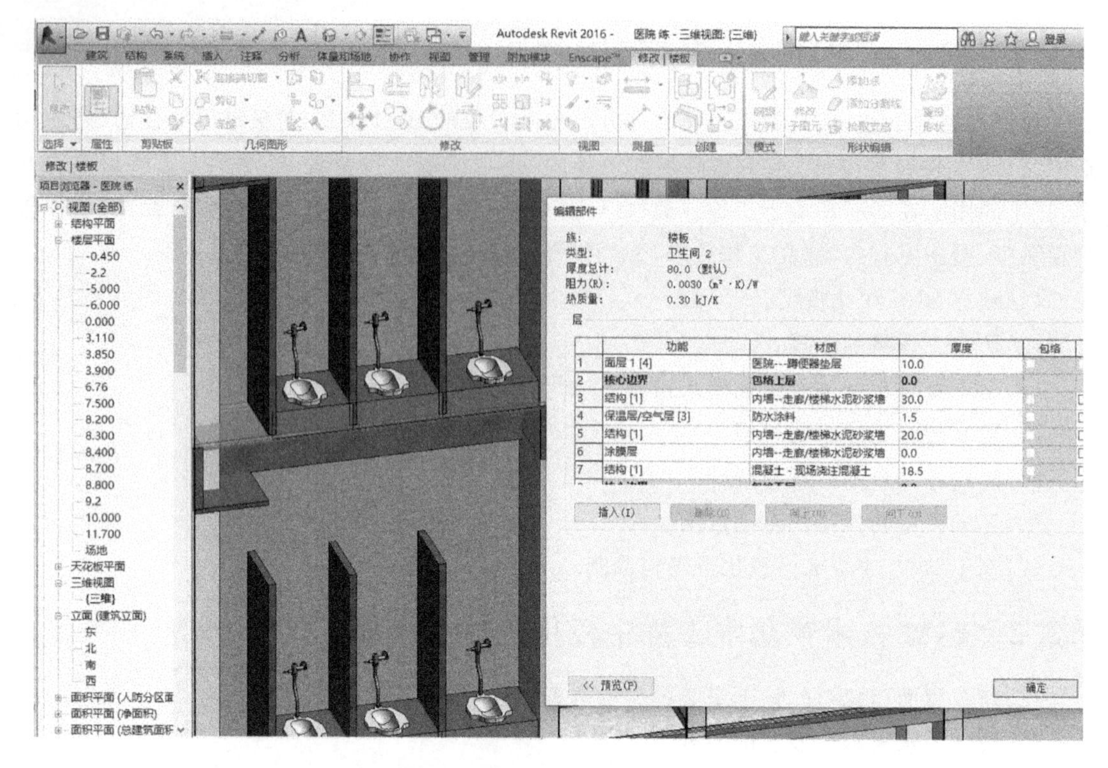


图 9-16　楼地面防水施工 BIM 模型

性信息，指导设计、施工。

**2. 施工模拟**

屋面防水工程施工 BIM 模型如图 9-17 所示，在输入相关信息后，可直观地看到基层清理和防水材料施工过程、周边环境变化、建成后的运营效果等。同时可以科学指导方案优化和现场施工，方便业主和监理及时了解工程进展状况，让更多非专业领域人员参与进来。

图 9-17　屋面防水工程施工 BIM 模型

**3. 工程算量**

根据防水的各种材料对应的属性、名称，在视图区可自动生成工程明细表，在明细表中可根据需求查看任意命名构件的工程数量，如图 9-18 所示。

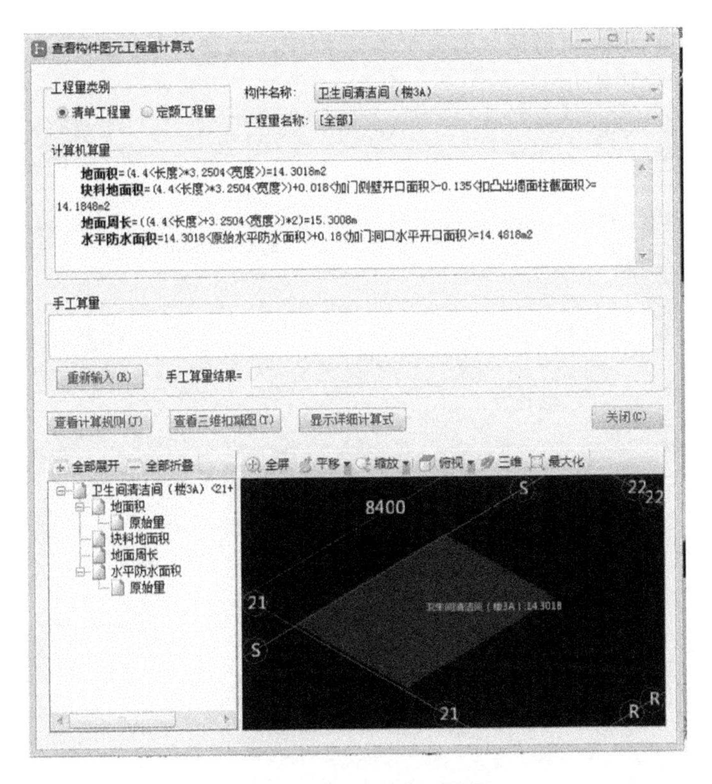


图 9-18　防水工程 BIM 算量

学习强国小案例

**"中国建造"在创新中发力**

建设北京地铁 8 号线三期 01 标段时，施工队遇到了棘手难题，这刷新了我们对大型工程现场的认知。作业场地比同类型工地面积小 40%，只有 1 000 平方米，正中用篱笆围着一棵 268 年树龄的银杏树，为保护古树还专门腾出 4 平方米。不仅如此，此处位于北京王府井地区，地上建筑鳞次栉比、人口稠密，甚至还有重点保护文物。这就需要充分利用空间，在狭小场地内做出大文章，最大限度降低对周围环境和居民影响。施工难度极大，根据这一现实情况，工程采取了高难度的借助竖井来完成所有复杂工序的"暗挖模式"，研发了专门用于狭小空间施工的机器人，成为该领域的先行者。地下施工没法预先设计，只能边施工、边设计、边解决，但同时也促成了很多技术突破。在实践中不断解决新问题，同样是一种重要的创新能力。身处地铁、隧道这样的大型工程施工现场，才能真正体会中国建造带来的震撼。正是这些中国制造者们的踏实勤勉以及解决实际问题时的智慧和能力，造就了今天拥有宏大场面及宏伟构造、令人称赞震撼的中国工程。随着我国在人工智能、云计算、5G 技术等前沿科技领域的不断攻关、在基础设施建设领域中的不断创新，相信集万般技术于一身的中国制造将在更多领域中持续领跑。

**4. 信息化施工和监测**

利用信息模型，可有效地避开管线，协同各施工作业安全施工。将防水模型集成到 Revit 中，并赋予其材料属性，可使监理、设计、施工人员能在平台上进行设计、校核工作。将 BIM 技术引入防水工程验收工作，可解决以往在防水工程中无法观察并施工到的缝隙处的问题。基于 BIM 养水试验验收如图 9-19 所示。

图 9-19 基于 BIM 养水试验验收

## 思考与练习

**背景资料**

某办公楼工程，建筑面积为 45 000 $m^2$，钢筋混凝土框架-剪力墙结构，地下一层，地上十二层，层高 5 m，抗震等级为一级，地下工程防水为混凝土自防水和外卷材防水。外围护结构为玻璃幕墙和石材幕墙，外墙保温材料为新型保温材料；屋面为现浇钢筋混凝土板，防水等级为Ⅰ级，采用卷材防水。屋面设女儿墙，屋面防水材料采用 SBS 卷材。合同履行过程中，监理工程师分别对地下防水和屋面卷材防水进行了检查，对防水混凝土强度、抗渗性能和细部节点构造进行了检查，提出了整改要求；发现女儿墙根部漏水、屋面女儿墙墙根处等部位的防水做法存在问题（防水节点施工做法如图 9-20 所示），提出了整改要求，责令施工单位整改。

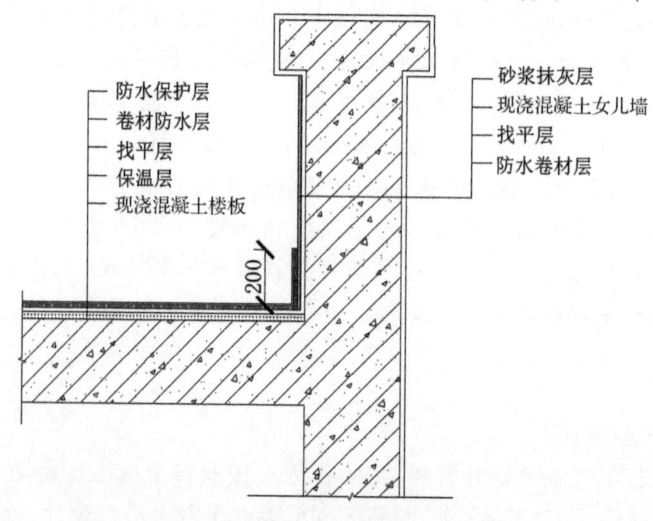


图 9-20 女儿墙防水节点施工做法

**问题：**

1. 地下工程防水分为几个等级？一级防水的标准是什么？防水混凝土验收时，需要检查哪些部位的设置和构造做法？

2. 按先后顺序说明图中女儿墙根部漏水质量问题的治理步骤。

3. 指出防水节点施工做法图示中的错误。

课题 9 思考与练习

## 拓展资源与在线自测

医院建筑项目地下防水施工方案

地下工程预铺反粘防水技术

施工现场太阳能、空气能利用技术

课题 9

# 课题 10

# 保温工程施工

## 能力目标

能熟悉屋面保温工程和外墙保温工程的验收标准；了解冬、雨季施工中保温工程选材和做法的区别；能够利用BIM技术进行保温工程施工的精细化管理。

## 知识目标

能够确定每个保温材料的性能；熟悉屋面保温工程的保温层构造及材料选用和外墙保温工程的两种做法及每种做法的优、缺点；能够掌握屋面保温工程和外墙保温工程的工艺流程和施工要点；了解BIM技术对保温工程施工的改革。

## 素质目标

培养学生阅读专业技术文件的能力；培养学生使用专业术语的严谨态度；培养学生的专业计算分析能力；培养学生编制专项施工方案的能力；培养学生利用信息化技术的能力；培养学生的团队协作能力；了解我国能源现状，增强忧患意识；了解中国古建筑中的低耗、环保思想，提高学生的民族自豪感；培养学生科学选材的意识和与时俱进的精神；唤醒学生主动实践的需求，培养其工匠精神和竞争意识，鼓励学生积极投身中国梦的实现和民族复兴。

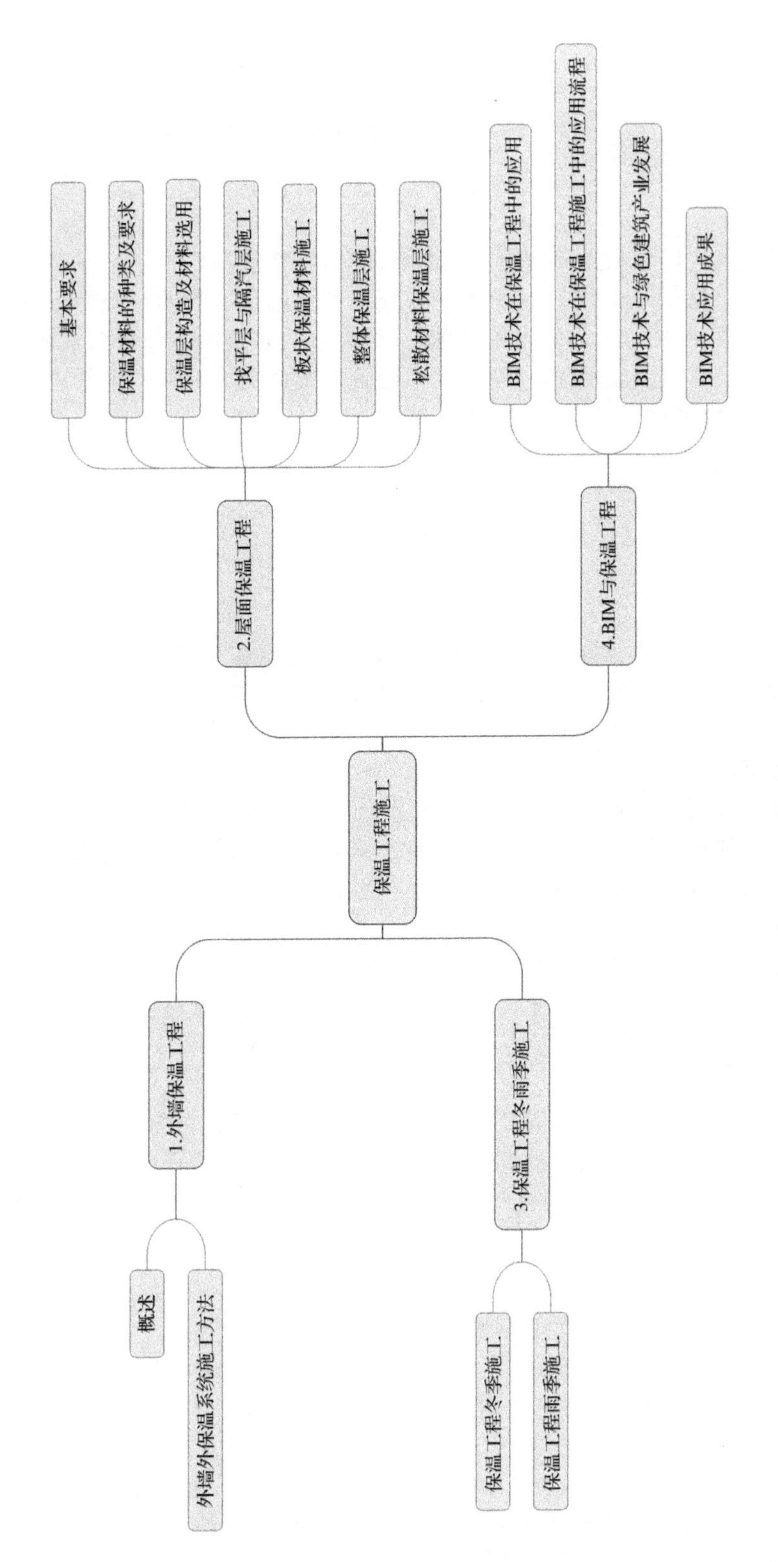
保温工程施工
1.外墙保温工程
概述
外墙外保温系统施工方法
2.屋面保温工程
基本要求
保温材料的种类及要求
保温层构造及材料选用
找平层与隔汽层施工
板状保温材料施工
整体保温层施工
松散材料保温层施工
3.保温工程冬雨季施工
保温工程冬季施工
保温工程雨季施工
4.BIM与保温工程
BIM技术在保温工程中的应用
BIM技术在保温工程施工中的应用流程
BIM技术与绿色建筑产业发展
BIM技术应用成果

课题 10 思维导图

# 10.1 外墙保温工程

随着人们对建筑热环境和光环境的需求不断提高，建筑能耗已占据全球能耗总量的三分之一。这一数字每年仍在逐步升高，能源消耗对环境产生的负面影响也开始显现。为了进一步提高建筑的舒适性，在增进人体健康的基础上，尽力节约建筑能源和自然资源，大幅度地降低污染，减少温室气体排放，减轻环境负荷，成为建筑节能的努力目标。降低建筑能耗对建筑业来说，最主要的手段就是提高建筑的保温隔热性能。

## 10.1.1 概 述

近几十年来，人们逐步认识到建筑围护结构的保温性能在建筑节能中的重要性。按照保温材料设置位置的不同，外墙保温可分为以下四种：

**1. 外墙内保温**

外墙内保温是指将保温材料置于外墙体的内侧。其优点在于：对保温材料的防水、耐水性等要求不高；内保温材料被楼层分隔，施工时不需搭设过高的脚手架。但外墙内保温也存在一定的技术缺陷。

**2. 外墙夹芯保温**

外墙夹芯保温是指将保温材料置于同一外墙的内、外侧墙之间。其优点在于：内、外墙可对保温材料形成有效的保护；对保温材料选材要求不高；施工简便。但此类墙体往往偏厚，内、外墙构造连接复杂，外围护结构热桥较多。因此，使用也受到了一些限制。

**3. 结构自保温**

结构自保温是指采用具有较高热阻的墙体材料实现墙体保温。虽然已在一些工程中开始使用，但要求墙体材料既能够保温，又具有一定的强度，对材料的选择范围减小。因此，目前还处在尝试阶段。

**4. 外墙外保温**

外墙外保温是指在围护结构外侧设置保温层。虽然对保温材料的防水、耐候性要求较高，但对材料的环保要求较低并能最大限度地消除热桥现象，保温结构合理，能充分发挥材料的保温性能。从实施和使用情况来看，外墙外保温已成为外墙保温技术的首选。

学习强国小案例

**中国科学家研制出“超级保温材料”**

新华社南京2019年5月29日电（记者王珏玢）记者从中科院苏州纳米技术与纳米仿生研究所获悉，该所科研人员最近研制出一种“超级保温材料”。相比普通的保温材料，新材料可在极低与极高的温度下长时间发挥隔热保温性能。它有望取代超细纤维，甚至颠覆羽绒，成为下一代保暖纤维的主要发展方向。相关研究成果已于近日在美国有关杂志上发表。对于其超强保温的原理，研究人员介绍，将凯夫拉纤维制成纳米纤维分散液，再用湿法纺丝将分散液制成水凝胶纤维，再采用特种干燥技术脱水，最终制出了这一新型保温材料。实验测试显示，新材料能在零下196摄氏度至300摄氏度的范围内发挥防寒隔热作用。在零下60摄氏度环境中，其保温能力是棉纤维的2.8倍，而且与目前市场上两种最好的人造保温纤维材料进行对比，其保温性能绝对可以说是力拔头筹的。

## 10.1.2　外墙外保温系统施工方法

外墙保温施工工艺

**1. 外墙外保温技术应用的基本要求**

(1)各组成材料(包括粘贴、保温、防护、饰面层材料等)技术性能应符合现行行业标准。

(2)保温层厚度应满足外墙节能指标。

(3)注意防火。采用外保温的分段高度应满足防火等级要求,如设置防火隔离带等。

(4)应采用可靠的固定措施提高抗风和抗震能力。现阶段所采用的可靠固定措施主要为锚栓辅助连接,这对提高外保温的安全性和可靠性十分重要。

(5)一般情况下外保温层表面宜采用涂料饰面,粘贴面砖要有可靠措施。

(6)对保温材料产品和生产企业有资质审查,并进行产品认定。

**2. 外墙外保温系统的主要种类**

EPS 模块混凝土剪力墙保温施工

(1)聚苯板薄抹灰外墙外保温系统

该系统是将聚苯板通过粘贴并在局部薄弱部位辅以锚栓固定形成保温层,其表面进行薄抹灰保护形成的保温系统。

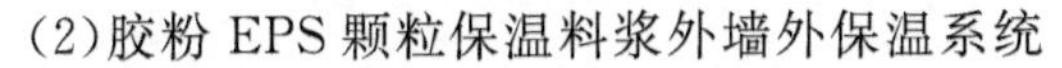

(2)胶粉 EPS 颗粒保温料浆外墙外保温系统

EPS 板是模塑聚苯乙烯泡沫塑料板的简称。EPS 颗粒是指 EPS 加工成的散装颗粒。该系统是将所配有的专用胶凝材料和外加剂的混合材料与一定比例的 EPS 颗粒加水拌和成膏状材料进行保温层抹灰,并在其上进行抗裂砂浆和饰面层施工以形成保护,从而构成了胶粉 EPS 颗粒保温料浆外墙外保温系统。

(3)聚苯板现浇混凝土外墙外保温系统

该系统简称为无网现浇系统。它以现浇混凝土为基层,以聚苯板为保温层。聚苯板内表面(与现浇混凝土接触表面)沿水平方向制作成矩形齿槽,以增加与现浇混凝土的黏结力。施工时置于外模板的内侧进行现浇,拆模后进行抗裂砂浆和饰面层施工以形成保护。

(4)聚苯板钢丝网架现浇混凝土外墙外保温系统

该系统简称为有网系统。它与无网现浇系统的区别在于:聚苯板作为保温板,其外表面布有钢丝网架,并用挑头钢丝穿透保温板,称为腹丝穿透型 EPS 钢丝网架板。混凝土浇筑后挑头钢丝可嵌入混凝土,使保温层有更好的锚固能力。

(5)机械固定 EPS 钢丝网架板外墙外保温系统

该系统简称为机械固定系统。它与有网系统的区别在于:EPS 保温板外表面布有钢丝网架,挑头钢丝没有穿透保温板,称为腹丝非穿透型 EPS 钢丝网架板。由于没有挑头钢丝嵌入混凝土,故采用机械固定的方法来保证保温层的锚固能力。

(6)其他形式的外墙外保温系统

①XPS 板薄抹灰外墙外保温系统

该系统是在 EPS 板薄抹灰外墙外保温系统的基础上发展起来的,其主要区别在于保温材料采用挤塑聚苯乙烯泡沫塑料板,简称 XPS 板。XPS 板与 EPS 板相比强度高,保温性能好,但表面黏结力较 EPS 板差,故在施工时为提高黏结力采取的构造措施有所区别。

②岩(矿)棉板外墙外保温系统

该系统是以岩(矿)棉为保温材料与混凝土浇筑一次成型,或采用钢丝网架机械锚固,具有耐火等级高、保温效果好的特点,对防火要求高的建筑是较好的选择。

③喷涂硬泡聚氨酯外墙外保温系统

该系统采用了聚氨酯硬泡体(PURC)与水泥纤维加压(FC)板复合构成了保温层和保护层。有些聚氨酯硬泡体也采用了现场发泡的施工方法。由于聚氨酯材料具有比 XPS 板更小的导热系数,所以该系统保温性能更好,但造价较高。

④泡沫玻璃外墙外保温系统

该系统是一种以泡沫玻璃防水防火保温板为保温层的外墙外保温系统。其构造层次与 EPS 板薄抹灰外墙外保温系统一致,但其组成材料与构造方法有所不同。

**3. 聚苯板薄抹灰外墙外保温系统**

(1)基本构造与适用范围

①基本构造

聚苯板薄抹灰外墙外保温系统是以阻燃型聚苯乙烯泡沫塑料板为保温材料,用聚苯板胶粘剂(必要时加设机械锚固件)安装于外墙外表面,用耐碱玻璃纤维网格布或者镀锌钢丝网增强的聚合物砂浆做防护层,用涂料、饰面砂浆或饰面砖等进行表面装饰,具有保温功能和装饰效果的构造总称。聚苯乙烯泡沫塑料板(简称为聚苯板)包括模塑聚苯板(EPS 板)和挤塑聚苯板(XPS 板)。聚苯板薄抹灰外墙外保温系统基本构造见表 10-1。系统饰面层应优先采用涂料、饰面砂浆等轻质材料。

②适用范围

采取防火构造措施后,聚苯板薄抹灰外墙外保温系统适用于各类气候区域的,按设计需要保温、隔热的新建、扩建、改建的,高度在 100 m 以下的住宅建筑和 24 m 以下的非幕墙建筑。基层墙体可以是混凝土或砌体结构。

表 10-1 聚苯板薄抹灰外墙外保温系统基本构造

| 基本构造 | | | | | | | | 构造示意图 |
|---|---|---|---|---|---|---|---|---|
| 基层墙体① | 黏结层② | 保温层③ | 抹面层 | | | | 饰面层⑧ | |
| | | | 底层④ | 增强材料⑤ | 辅助连接件⑥ | 面层⑦ | | |
| 现浇混凝土墙体,各种砌体墙 | 聚苯板胶粘剂 | 聚苯乙烯泡沫塑料板 | 抹面砂浆 | 耐碱玻纤网或镀锌钢丝网 | 机械锚固件 | 抹面砂浆 | 涂料、饰面砂浆或饰面砖 | |

(2)施工流程

施工准备→基层处理→测量、放线→挂基准线→配胶粘剂(XPS 板背面涂界面剂)→贴翻包网布→粘贴聚苯板(按设计要求安装锚固件,做装饰条)→打磨、修理、隐检→(XPS 板面涂界面剂)抹聚合物砂浆底层→压入翻包网布和增强网布→贴压增强网布→抹聚合物砂浆面层(伸缩缝)→修整、验收→外饰面→检测验收。

(3)施工要点

①外保温工程应在外墙基层的质量检验合格后,方可施工。施工前,应装好门窗框或附框、阳台栏杆和预埋件等,并将墙上的施工孔洞堵塞密实。

②聚苯板胶粘剂和抹面砂浆应按配合比要求严格计量,机械搅拌。超过可操作时间后严

禁使用。

③粘贴聚苯板时，基面平整度≤5 mm时宜采用条粘法，>5 mm时宜采用点框法；当设计饰面为涂料时，黏结面积率不小于40%；当设计饰面为面砖时，黏结面积率不小于50%；聚苯板应错缝粘贴，板缝拼严。对于XPS板宜采用配套界面剂涂刷后使用。

④锚固件数量：当采用涂料饰面、墙体高度为20～50 m时，不宜少于4个/m²，50 m以上时不宜少于6个/m²；当采用面砖饰面时不宜少于6个/m²。锚固件安装应在聚苯板粘贴24 h后进行，涂料饰面外保温系统安装时锚固件盘片压住聚苯板，面砖饰面盘片压住抹面层的增强网。

⑤增强网：涂料饰面时应采用耐碱玻纤网，面砖饰面时宜采用后热镀锌钢丝网；施工时增强网应绷紧绷平。对于搭接长度，玻纤网不少于80 mm，钢丝网不少于50 mm且保证两个完整网格的搭接。

⑥聚苯板安装完成后应尽快抹灰封闭，抹灰分底层砂浆和面层砂浆两次完成，中间包裹增强网，抹灰时切忌不停揉搓，以免形成空鼓。

⑦各种缝、装饰线条及防火构造措施的具体做法参见相关标准。

⑧外墙饰面宜选用涂装饰面。当采用面砖饰面时，其相关产品要求应符合相关现行标准的规定。外饰面应在抹面层达到施工要求后方可进行施工。选择面砖饰面时应在样板件检测合格、抹面砂浆施工7天后进行。

**4. 聚苯板现浇混凝土外墙外保温系统**

(1)基本构造与适用范围

①基本构造

采用内表面带有齿槽的聚苯板作为现浇混凝土外墙的外保温材料，聚苯板内外表面喷涂界面剂，安装于墙体钢筋之外，用尼龙锚栓将聚苯板与墙体钢筋绑扎，安装内外大模板，浇筑混凝土墙体并拆模后，聚苯板与混凝土墙体连接成一体，在聚苯板表面薄抹抹面抗裂砂浆后，同时铺设玻纤网格布，再做涂料饰面层。其基本构造见表10-2。

**表10-2 聚苯板现浇混凝土外墙外保温系统基本构造**

| 基层墙体① | 系统的基本构造 | | | |
|---|---|---|---|---|
| | 保温层② | 连接件③ | 抹面层④ | 饰面层⑤ |
| 现浇混凝土墙体或砌体墙 | EPS板或XPS板 | 锚栓 | 抗裂砂浆薄抹面层，同时铺设玻纤网格布 | 涂料 |

②适用范围

采取防火构造措施后，聚苯板现浇混凝土外墙外保温系统可适用于各类气候区域现浇混凝土结构的100 m以下住宅建筑和24 m以下非幕墙建筑涂料做法。

(2)施工流程

聚苯板分块→聚苯板安装→模板安装→混凝土浇筑→模板拆除→涂刮抹面层砂浆→压入玻纤网格布→饰面→检测验收。

**5. 聚苯板钢丝网架现浇混凝土外墙外保温系统**

(1)基本构造与适用范围

①基本构造

聚苯板钢丝网架现浇混凝土外墙外保温系统采用外表面有梯形凹槽和带斜插丝的单面钢

丝网架聚苯板，在聚苯板内外表面及钢丝网架上喷涂界面剂后，将带网架的聚苯板安装于墙体钢筋之外，再在聚苯板上插入经防锈处理的L形 $\phi6$ 钢筋或尼龙锚栓，并与墙体钢筋绑扎，安装内外大模板，浇筑混凝土墙体并拆模后，有网聚苯板与混凝土墙体连接成一体，在有网聚苯板表面厚抹掺有抗裂剂的水泥砂浆后，再做饰面层。其基本构造见表10-3。

**表10-3　聚苯板钢丝网架现浇混凝土外墙外保温系统基本构造**

| 基层墙体① | 系统的基本构造 | | | | |
|---|---|---|---|---|---|
| | 保温层② | 抹面层③ | 钢丝网④ | 饰面层⑤ | 连接件⑥ |
| 现浇混凝土墙体或砌体墙 | EPS单面钢丝网架 | 聚合物砂浆厚抹面层 | 钢丝网架 | 饰面砖或涂料 | 钢筋 |

②适用范围

采取防火构造措施后，聚苯板钢丝网架现浇混凝土外墙外保温系统适用于各气候分区高度小于100 m以下的住宅建筑和24 m以下的非幕墙建筑涂料或面砖做法。

(2)施工流程

钢丝网架聚苯板分块→钢丝网架聚苯板安装→模板安装→混凝土浇筑→模板拆除→抹专用抗裂砂浆→外饰面。

**6. 喷涂硬泡聚氨酯外墙外保温系统**

(1)基本构造与适用范围

①基本构造

喷涂硬泡聚氨酯外墙外保温系统是指由聚氨酯硬泡体保温层、界面层、增强网、防护层、饰面层构成，形成于外墙外表面的非承重保温构造的总称。聚氨酯硬泡保温层为采用专用的喷涂设备，将A组分料和B组分料按一定比例从喷枪口喷出后瞬间均匀混合，迅速发泡，在外墙基层上形成无接缝的聚氨酯硬泡体，基本构造见表10-4。

**表10-4　喷涂硬泡聚氨酯外墙外保温系统基本构造**

| 基层墙体① | 系统的基本构造 | | | | |
|---|---|---|---|---|---|
| | 保温层② | 界面层③ | 增强网④ | 防护层⑤ | 饰面层⑥ |
| 现浇混凝土墙体或砌体墙 | 喷涂的聚氨酯硬泡体 | 硬泡聚氨酯专用界面剂 | 耐碱网格布或热镀锌钢丝网 | 抹面胶浆 | 柔性耐水泥子+涂料或面砖 |

②适用范围

采取防火构造措施后，喷涂硬泡聚氨酯外墙外保温系统可适用于各类气候区域建筑高度在100 m以下的住宅建筑和24 m以下的非幕墙建筑，基层墙体为混凝土或砌体结构。

（2）施工流程

基层处理→吊垂线，弹控制线→门窗口等部位遮挡→喷涂硬泡聚氨酯保温层→修整硬泡聚氨酯保温层→涂刷聚氨酯专用界面剂→抹面胶浆复合增强网→饰面层→检测验收。

# 10.2　屋面保温工程

## 10.2.1　基本要求

建筑屋面保温是建筑节能这一系统工程中的重要组成部分。建筑物能源消耗的30%～50%是通过屋面与围护结构损失的，因而提高屋面的保温功能是降低建筑物能源消耗的有效措施。

屋面保温效果通过在屋面系统中设置保温材料层，增加屋面系统的热阻来达到。保温材料的性能对保温效果的影响是决定性的。

保温材料种类繁多，其中泡沫玻璃、挤塑聚苯乙烯泡沫板、硬泡聚氨酯这几种材料性能最优异，它们同属于低吸水率材料，而且具有表观密度小、导热系数小、强度高、耐久性好的优点，适用于倒置式屋面。

目前可采用的其他保温材料，如膨胀珍珠岩制品、膨胀蛭石制品、岩棉制品、微孔硅酸钙制品、加气混凝土及其制品等均为高吸水率、吸湿性保温材料，部分制品添加了憎水剂，改善了吸水性能，如憎水膨胀珍珠岩板等。采用这些保温材料时，一般都要采用排汽屋面的形式，构造较为复杂，施工难度大。

## 10.2.2　保温材料的种类及要求

**1. 保温材料的种类**

我国目前屋面保温层按形式可分为松散材料保温层、板状保温层和整体现浇（喷）保温层三种。松散材料保温层采用的材料为松散膨胀珍珠岩和松散膨胀蛭石；板状保温层采用的材料包括各种膨胀珍珠岩板制品、膨胀蛭石板制品、聚苯乙烯泡沫塑料板、硬泡聚氨酯板、泡沫玻璃板等；整体现浇（喷）保温层使用的材料有沥青膨胀蛭石和硬泡聚氨酯。

**2. 保温材料的贮存保管**

（1）进场的保温材料应对密度、厚度、形状和强度进行检查，松散材料还应进行粒径检查，施工时还要检查含水率是否符合设计要求。

（2）保温材料储运保管时应分类堆放，防止混杂，并应采取防雨、防潮措施。块状保温板搬运时应轻放，防止损伤断裂、缺棱掉角，以保证外形完整。

## 10.2.3　保温层构造及材料选用

**1. 保温层的构造**

保温屋面的构造如图10-1所示。

**2. 保温层的材料**

（1）屋面保温可采用板状材料或整体现浇（喷）保温层，应优先选用表观密度小、导热系数

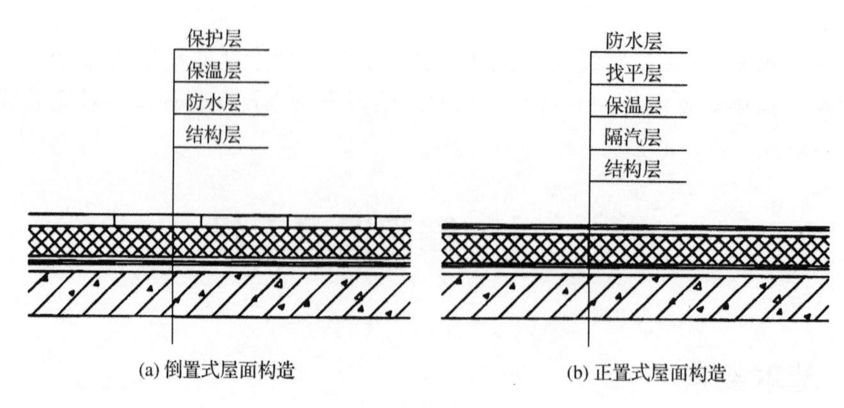


图 10-1 保温屋面的构造

小、吸水率低或憎水性的保温材料，尤其是整体封闭式保温层和倒置式屋面，必须选用低吸水率的保温材料。松散材料保温层基本均为高吸水率、高吸湿性材料，难以保证保温效果，通常不建议采用。

(2)屋面保温材料的强度应满足搬运和施工要求，一般屋面上只要抗压强度大于或等于 $0.1\ N/mm^2$ 即可。

(3)保温材料含水率过大，不能干燥或施工中浸水不能干燥时，应采取排汽屋面做法。封闭式保温层的含水率，应相当于该材料在当地自然风干状态下的平衡含水率。吸湿性保温材料不宜用于封闭式保温层。

(4)保温层设置在防水层上部时，保温层的上面应做保护层；保温层设置在防水层下部时，保温层的上面应做找平层。

(5)保温层的厚度应根据热工计算确定，还应考虑自然状态下保温材料含水率对保温性能降低的因素。

学习强国小案例

**紫禁城古建屋顶上藏着这些绿色秘密**

近年来，注重低耗、高效、经济、环保、集成与优化的绿色建筑越来越受到人们的推崇。其不仅能够最大限度地节约资源，而且还是人与自然和谐相处的一种建筑形式。在北京城中，有着近 600 年历史的紫禁城古建筑不仅雄伟壮观，也兼具保温、隔热、排水等功能，彰显着古人对绿色建筑的精益求精。如护板灰、青灰、麻刀泥等被用于木板基层之上，使外界的温度变化很难影响到建筑内部。又如那向上翘起的屋檐，不仅美观，还有着为建筑物保温隔热的功能。不仅如此，紫禁城在排水上也采取了新的结构样式，这种巧妙构造之法的功效与优势还表现在它的排雨速率上。根据物理推算，曲面形的界面要比平面形的界面在排水时间上更快些，并且不容易产生积水的现象，而紫禁城古建中屋顶的界面在弧度与角度的推算上，都十分得当。除此之外，紫禁城古建中的屋顶出檐深远，还有利于防止雨水对建筑内部木构件的侵蚀，保护其内部梁柱与斗拱构造的完好性。

## 10.2.4 找平层与隔汽层施工

当室内产生水蒸气或室内常年空气湿度大于 75%时，保温屋面应设置隔汽层。隔汽层应选用气密性、水密性好的防水卷材或防水涂料沿墙面向上铺设，并与屋面防水层相连，形成全封闭的整体。

（1）屋面结构层为现浇混凝土时，宜随打随抹并压光，不再单独做找平层；结构层为装配式预制板时，应在板缝灌掺膨胀剂的 C20 细石混凝土，然后铺抹水泥砂浆。找平层宜在砂浆收水后进行二次压光，表面应平整。

（2）隔汽层可采用单层卷材或涂膜，卷材可采取空铺法、点粘法或条粘法，其搭接宽度不得小于 70 mm，搭接要严密；涂膜隔汽层则应在板端处留分格缝嵌填密封材料。采用沥青基防水涂料时，其耐热度应比室内或室外的最高温度高出 20～25 ℃。隔汽层在屋面与墙面连接处应沿墙面向上连续铺设，高出保温层上表面不得小于 150 mm。

（3）排汽道应纵横贯通，找平层设置的分格缝可兼做排汽道；并与连通大气的排汽管相通；排汽管可设在檐口下或屋面排汽道交叉处。

（4）排汽道宜纵横设置，间距宜为 6 m。屋面面积每 36 $m^2$ 宜设置一个排汽孔，排汽孔应做防水处理。

（5）在保温层下也可铺设带支点的塑料板，通过空腔层排水、排汽。

## 10.2.5 板状保温材料施工

板状保温材料有水泥、沥青或有机材料做胶结料的膨胀珍珠岩板、蛭石保温板、微孔硅酸钙板、泡沫混凝土板、加气混凝土板和岩棉板、挤塑或模塑聚苯乙烯泡沫板、硬泡聚氨酯板、泡沫玻璃板等。

（1）铺设板状保温材料的基层应平整、干净、干燥。

（2）板状保温材料不应破碎、缺棱掉角，铺设时遇有缺棱掉角、破碎不齐的，应锯平拼接使用。

（3）干铺板状保温材料，应紧靠基层表面，铺平、垫稳。分层铺设时，上、下接缝应互相错开，接缝处应用同类材料碎屑填嵌饱满。

（4）粘贴的板状保温材料，应铺砌平整、严实。分层铺设的接缝应错开，胶粘剂应视保温材料的性质选用，如热沥青胶结料、冷沥青胶结料、有机材料或水泥砂浆等。板缝间或缺角处应用碎屑加胶料拌匀，填补严密。

## 10.2.6 整体保温层施工

整体保温层的材料有沥青膨胀蛭石和现喷硬质聚氨酯泡沫塑料。

（1）保温层的基层应平整、干净、干燥。

（2）沥青膨胀蛭石应采取人工搅拌，避免颗粒破碎。

（3）以热沥青做胶结料时，沥青加热温度不应高于 240 ℃，使用温度不宜低于 190 ℃，膨胀蛭石的预热温度宜为 100～120 ℃，拌和以色泽均匀一致、无沥青团为宜。

（4）铺设沥青膨胀蛭石整体保温层时，应拍实、抹平至设计厚度，虚铺厚度和压实厚度应根据试验确定。保温层铺设后，应立即进行找平层施工。

### 10.2.7 松散材料保温层施工

松散保温材料主要有膨胀珍珠岩、膨胀蛭石，它们具有堆积密度小、保温性能高的优越性能，但当松铺施工时，一旦遇雨或浸入施工用水，则保温性能大大降低，而且容易引起柔性防水层鼓泡破坏。所以，在干燥少雨地区尚可应用，而在多雨地区应避免采用。同时，松散保温材料施工时，较难控制厚薄匀质性和压实表观密度。

(1)松散材料保温层应干燥，含水率不得超过设计规定；否则，应采取干燥或排汽措施。

(2)松散材料保温层应分层铺设，并适当压实、每层虚铺厚度不宜大于 150 mm；压实的程度与厚度应经试验确定；压实后，不得直接在保温层上行车或堆放重物。

(3)保温层施工完成后，应及时进行下道工序，抹找平层和防水层施工。雨季施工时，应采取遮盖措施，防止雨淋。

(4)为了准确控制铺设的厚度，可在屋面上每隔 1 m 摆放保温层厚度的木条作为厚度标准。

(5)下雨和五级风以上天气时不得铺设松散材料保温层。

(6)铺抹找平层时，可在松散材料保温层上铺一层塑料薄膜等隔水物，以阻止砂浆中水分被吸收，造成砂浆缺水，强度降低；同时，可避免保温层吸收砂浆中的水分而降低保温性能。

## 10.3 保温工程冬雨季施工

### 10.3.1 保温工程冬季施工

(1)冬季施工采用的屋面保温材料应符合设计要求，屋面各层在施工前，均应将基层上面的冰、水、积雪和杂物等清扫干净，并不得含有冰雪、冻块和杂质。

(2)干铺的保温层可在负温度下施工，采用沥青胶结的整体保温层和板状保温层应在气温不低于－10 ℃时施工，采用水泥、石灰或乳化沥青胶结的整体保温层和板状保温层，应在气温不低于 5 ℃时施工。如气温低于上述要求，应采取保温、防冻措施。

(3)采用水泥砂浆粘贴板状保温材料以及处理板间缝隙，可采用掺有防冻剂的保温砂浆。防冻剂掺量应通过试验确定。

(4)干铺的板状保温材料在负温施工时，板材应在基层表面铺平、垫稳，分层铺设。板块上下层缝隙应相互错开，缝隙应采用同类材料的碎屑填嵌密实。

(5)雪天和五级风及以上天气不得施工。

(6)当采用倒置式屋面进行冬季施工时，应符合以下要求：

①倒置式屋面冬季施工，应选用憎水性保温材料，施工之前应检查防水层平整度及有无结冰、霜冻或积水现象，合格后方可施工。

②当采用 EPS 板或 XPS 板做倒置式屋面的保温层时，可用机械方法固定，板缝和固定处的缝隙应用同类材料碎屑和密封材料填实，表面应平整无瑕疵。

③倒置式屋面的保温层上应按设计要求做覆盖保护。

学习强国小案例

**冰冻圈工程学助力互联互通基础设施建设**

蕴藏着丰富的石油、天然气和矿产资源等自然资源的冰冻圈区域，因其独特的地理环境使其区域的重大工程安全和正在运行的重大基础设施均会受冰川、冻土、积雪、海(河、湖)冰等冰冻圈各要素变化所诱发的冰冻圈灾害的巨大威胁。其中，气候变暖使冰冻圈区域工程安全和服役功能面临环境变化带来的新平衡及适应问题，容易诱发较大的风险，特别是目前正处于气候快速变化期，加之我国众多大型规划项目的推进，就使得我国众多大型工程的建设和安全运行面临重大挑战。所以，研究冰冻圈要素(如冰川、积雪、冻土、河冰、湖冰和海冰等)与工程构筑物之间的相互作用关系就显得十分重要。20世纪，世界各国就曾对其做过重大研究。而气候转暖也正影响基础设施稳定性和脆弱性。而随着诸如"一带一路"倡议等的实施，对于冰冻圈资源的利用，还需在相对薄弱的工程"硬核"上提出相应的对策。

### 10.3.2　保温工程雨季施工

保温工程雨季施工时应注意：

(1)保温材料应采取防雨、防潮的措施，并应分类堆放，防止混杂。

(2)保温层施工完成后，应及时铺抹找平层，以减少受潮和浸水，尤其在雨季施工，要采取遮盖措施。

## 10.4　BIM 与保温工程

在目前的施工过程中，BIM 技术的运用与其起到的作用可谓是越来越明显，越来越出众。那么 BIM 技术在保温工程施工过程中的应用有哪些方面的体现呢？

### 10.4.1　BIM 技术在保温工程中的应用

利用 BIM 技术信息化管理，完成保温板的组砌、粘贴、排布，绘制关键节点、热桥等部位的施工详图，对项目建设方、监督方、管理方和操作方进行可视化交流交底，真正实现所见即所得，最大化地减少错施返工现象发生。具体内容包括：

(1)项目外墙保温与屋面保温三维模型的建立。

(2)外墙与屋面保温工程量的核算。

(3)保温材料精细化排布。

(4)保温工程施工顺序的模拟。

(5)保温材料各部分的工程量统计。

(6)三维模型转二维的自动成图。

(7)基于 BIM 的保温工程信息化施工与检测。

## 10.4.2 BIM 技术在保温工程施工中的应用流程

(1)剖析施工计划,确定建模次序。

(2)族库的搜集和创立。依据施工现场不同情况进行不同族品种的创立,或者是依据现场要求进行标准化族模型的搜集、选取。

(3)模拟保温工程施工,按施工次序建立模型。

(4)分阶段创立资料明细表,计算保温材料实际准确用量。

(5)将 Revit 模型导入 Navisworks 进行施工模拟,对重要节点进行检查。

## 10.4.3 BIM 技术与绿色建筑产业发展

BIM 能为绿色建筑提供节能、节水、节材、室内外环境分析、施工和运维管理等技术支持。同时,BIM 能将建筑全生命周期各个阶段的数据进行有效连通整合,对工程对象进行完整描述,实现协同工作和资源共享,有力地支撑了全生命周期中动态工程信息的创建、管理以及共享。

## 10.4.4 BIM 技术应用成果

### 1. 三维可视化 BIM 模型

保温施工 BIM 有外墙和屋顶等保温模型,其中外墙保温模型如图 10-2 所示。

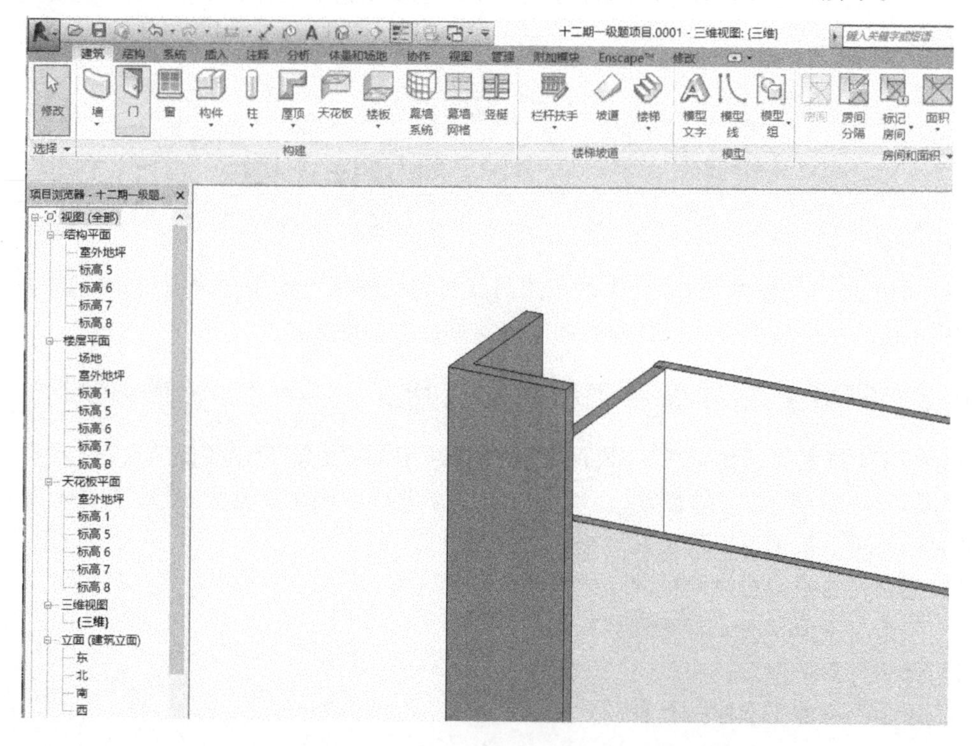


图 10-2 外墙保温模型

**2. 保温施工模拟**

利用 BIM 技术，输入模型的相关信息，可直观地看到保温材料和嵌缝材料的施工过程、粘接剂的涂抹、建成后的运营效果等。同时可以科学指导方案优化和现场施工，方便业主和监理及时了解工程的进展状况。外墙保温施工模拟如图 10-3 所示。

图 10-3　外墙保温施工模拟

**3. 绿色建筑物理模拟隔热计算**

在软件中设定维护结构的做法后要进行隔热验算，主要是通过暖通空调相关计算规范给出的计算公式算出表面最高温度，之后对比最高限值，验证隔热是否满足要求。模拟隔热计算如图 10-4 所示。

隔热计算

计算参数：　气象数据采用 北京-北京　最大迭代天数 15

| 类别\名称 | 厚度(mm) | 密度(kg/m3) | 导热系数(W/m. K) | 比热容(J/kg. K) | 热惰性指标(D) | 时间步长(分钟) | 差分步长(mm) | 网格数 |
|---|---|---|---|---|---|---|---|---|
| ⊟屋顶 | | | | | | | | |
| ⊟屋顶构造一 | | | | | 1.208 | 5 | | |
| 沥青油毡、油毡纸 | 2 | 600.0 | 0.170 | 1470.0 | 0.039 | | 2.0 | 1 |
| 岩棉板、矿棉板 | 100 | 95.0 | 0.044 | 840.0 | 1.148 | | 11.1 | 9 |
| 建筑钢材 | 10 | 7850.0 | 58.200 | 480.0 | 0.022 | | 10.0 | 1 |
| ⊟外墙 | | | | | | | | |
| ⊟外墙构造一 | | | | | 3.281 | 5 | | |
| 水泥砂浆 | 20 | 1800.0 | 0.930 | 1050.0 | 0.245 | | 10.0 | 2 |
| 挤塑聚苯乙烯泡沫塑料（带表皮） | 50 | 35.0 | 0.030 | 1380.0 | 0.567 | | 10.0 | 5 |
| 水泥砂浆 | 20 | 1800.0 | 0.930 | 1050.0 | 0.245 | | 10.0 | 2 |
| 钢筋混凝土 | 200 | 2500.0 | 1.740 | 920.0 | 1.977 | | 12.5 | 16 |
| 石灰砂浆 | 20 | 1600.0 | 0.810 | 1050.0 | 0.249 | | 10.0 | 2 |

全部计算　节点图　输出报告　关闭

计算结果：

| 类型 | 构造 | 计算 | 最高温度(℃) | 限值(℃) | 结论 |
|---|---|---|---|---|---|
| 屋顶 | 上:屋顶构造一 | ☑ | 28.38 | 29.50 | 满足 |
| 外墙 | 东:外墙构造一 | ☑ | 26.95 | 28.00 | 满足 |
| | 西:外墙构造一 | ☑ | 27.06 | 28.00 | 满足 |
| | 南:外墙构造一 | ☑ | 27.01 | 28.00 | 满足 |
| | 北:外墙构造一 | ☑ | 26.79 | 28.00 | 满足 |
| 热桥柱 | 东:热桥柱构造一 | ☑ | 27.86 | 28.00 | 满足 |
| | 西:热桥柱构造一 | ☑ | 28.09 | 28.00 | 不满足 |
| | 南:热桥柱构造一 | ☑ | 27.98 | 28.00 | 满足 |
| | 北:热桥柱构造一 | ☑ | 27.54 | 28.00 | 满足 |

图 10-4　模拟隔热计算

学习强国小案例

### 中国高铁：智能触手可及

在2019年11月20～22日举行的第十五届中国国际现代化铁路技术装备展上，智能高铁的“硬科技”让观众大呼过瘾。这也让当时即将开通运营的我国首条智能高铁——京张高铁备受关注与期待。智能高铁是广泛应用云计算、大数据、物联网、移动互联、人工智能、北斗导航、BIM等新技术，综合高效利用资源，实现高铁移动装备、固定基础设计以及外部环境间信息的全面感知、泛在互联、融合处理、主动学习和科学决策，实现全生命周期一体化管理的新一代智能化高速铁路系统。而其中，BIM技术在建造过程中起到提高生产效率、节约成本和缩短工期的重要作用，通过对建筑的数据化、信息化模型进行整合，使得智能建造从之前的不稳定变为了安全可控。而且在所经地区外部环境复杂、技术要求高的背景下，利用BIM的三维技术在前期进行碰撞检查，优化工程设计，减少了施工阶段可能存在的错误损失和返工的可能性。除此之外，京张高铁还使用了诸如人脸识别、5G、站内智能导航等多种前沿高新技术，开启了中国智能高铁的新篇章。

注：本稿发表于2019年12月3日，京张高铁已于2019年12月30日正式开通运营。

## 思考与练习

**背景资料**

某高层钢结构工程，建筑面积为28 000 $m^2$，地下一层，地上十二层，外围护结构为玻璃幕墙和石材幕墙，外墙保温材料为新型保温材料。

合同履行过程中，发生了下列事件：

事件一：该工程的外墙保温材料进场后，项目部会同监理工程师核查了其导热系数、燃烧性能等质量证明文件；在监理工程师见证下对保温材料进行了复验取样。

事件二：本工程采用某新型保温材料，按规定进行了材料评审、鉴定并备案，同时施工单位完成相应程序性工作后，经监理工程师批准投入使用。施工完成后，由施工单位项目负责人主持，组织总监理工程师、建设单位项目负责人、施工单位技术负责人、相关专业质量员和施工员进行了节能工程分部验收。

课后答案

课题10思考与练习

**问题：**

1. 事件一中，外墙保温材料复试项目有哪些？
2. 事件二中，新型保温材料使用前还应有哪些程序性工作？

## 拓展资源与在线自测

高层建筑项目保温施工方案

高性能外墙保温技术

绿色施工在线监测评价技术

课题 10

# 参 考 文 献

[1] 钱大行.建筑施工技术[M].3版.大连:大连理工大学出版社,2017.

[2] 姚谨英.建筑施工技术[M].6版.北京:中国建筑工业出版社,2017.

[3] 陈雄辉.建筑施工技术[M].3版.北京:北京大学出版社,2018.

[4] 高雁.钢筋混凝土工程施工与组织[M].北京:北京大学出版社,2012.

[5] 唐丽萍,杨晓敏.钢结构制作与安装[M].北京:机械工业出版社,2016.

[6] 张波.装配式混凝土结构工程[M].北京:北京理工大学出版社,2016.

[7] 贾瑞晨,甄精莲,项林.建筑结构[M].北京:中国建材工业出版社,2012.

[8] 全国一级建造师执业资格考试用书编写委员会.建筑工程管理与实务[M].北京:中国建筑工业出版社,2020.

[9] 建筑施工手册(第五版)编写组.建筑施工手册[M].5版.北京:中国建筑工业出版社,2011

[10] GB 50202—2018,建筑地基基础工程施工质量验收标准[S].

[11] GB50203—2011,砌体结构工程施工质量验收规范[S].

[12] GB50204—2015,混凝土结构工程施工质量验收规范[S].

[13] GB50205—2001,钢结构工程施工质量验收规范[S].

[14] GB50207—2012,屋面工程质量验收规范[S].

[15] GB50208—2011,地下防水工程质量验收规范[S].

[16] JGJ 130—2011,建筑施工扣件式钢管脚手架安全技术规范[S].

[17] JGJ 166—2016,建筑施工碗扣式钢管脚手架安全技术规范[S].

[18] GB 50924—2014,砌体结构工程施工规范[S].

[19] JGJ 144—2019,外墙外保温工程技术标准[S].

[20] GB 50345—2012,屋面工程技术规范[S].